21世纪数字印刷专业教材

特种数字印刷

姚海根　孔玲君　谷继军　编 著

印刷工业出版社

内容提要

除静电照相和喷墨印刷外，其他数字印刷技术也正在发挥各自的作用，即使最早作为计算机硬拷贝输出技术的撞击打印技术也不例外，这些技术构成第一章的主要内容。热成像的独特“个性”导致这种数字印刷方法特别适合于某些应用，已发展成仅次于静电照相和喷墨印刷的技术，由于内容众多，从第二章到第五章都属于热成像数字印刷的范围，分成热成像原理与热打印头、直接热打印、热转移印刷和染料扩散热转移印刷四章展开讨论。第六章和第七章分别介绍磁成像数字印刷和离子成像数字印刷，以使用固体墨粉和需要显影、转移和熔化过程为共同特征，与静电照相数字印刷多少有些类似，两者彼此的区别以及与静电照相数字印刷的差异仅在于成像方法。除热成像、磁成像和离子成像数字印刷外，其他数字印刷技术也值得讨论，已经成熟并成功地实现了商业化的技术有直接成像、照相成像和视频打印等；某些数字印刷技术虽然尚未实现商业化，但有可能成长为重要的技术；所有已经成熟和正在出现的技术都包含在本书的第八章内，其中的某些技术适合于特殊的应用。

本书尽可能收集除静电照相和喷墨印刷外的其他数字印刷方法，为那些对数字印刷感兴趣的读者提供尽可能全面的知识。读者在使用本书时应该以第二章到第七章及第八章的前半部分为重点，可供各院校数字印刷和图文信息处理专业学生使用，也可作为印刷工程、包装工程、数字（电子）出版和办公自动化等专业的教学参考书。此外，本书可供数字印刷、商业印刷和数字出版等相关领域的专业人员参考。

图书在版编目（CIP）数据

特种数字印刷/姚海根，孔玲君，谷继军编著. —北京:印刷工业出版社，2013.7
21世纪数字印刷专业教材
ISBN 978-7-5142-0859-7

Ⅰ.特… Ⅱ.①姚…②孔…③谷… Ⅲ.数字印刷－教材 Ⅳ.TS805.4

中国版本图书馆CIP数据核字(2013)第097949号

特种数字印刷

编　著：姚海根　孔玲君　谷继军

责任编辑：张宇华　　责任校对：郭　平
责任印制：张利君　　责任设计：张　羽
出版发行：印刷工业出版社（北京市翠微路2号　邮编：100036）
网　址：www.keyin.cn　　pprint.keyin.cn
网　店：//pprint.taobao.com
经　销：各地新华书店
印　刷：河北省高碑店市鑫宏源印刷包装有限公司

开　本：787mm×1092mm　1/16
字　数：325千字
印　张：13.75
印　数：1～2000
印　次：2013年7月第1版　2013年7月第1次印刷
定　价：39.00元
ISBN：978-7-5142-0859-7

◆ 如发现印装质量问题请与我社发行部联系　直销电话：010-88275811

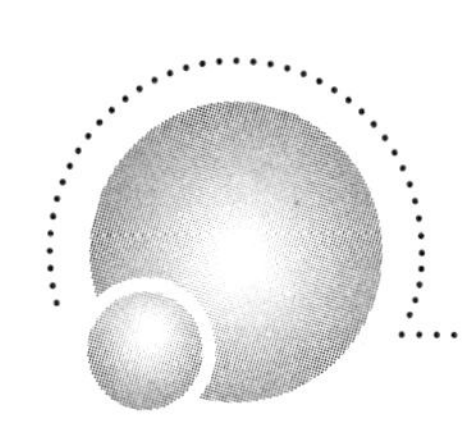

前 言

尽管各种数字印刷技术都有自己的起源和发展历史，但就整体的发展而言，各种技术最终都必须走到由计算机控制输出的阶段，否则就称不上数字印刷。例如，静电照相技术发明于20世纪30年代末期，因缺乏数字控制特征而只能称之为静电复印，仅当作计算机外围设备使用的激光打印机等出现后，才真正迎来了静电照相数字印刷时代。就计算机外围设备或硬拷贝输出设备而论，由于点阵打印机和行式打印机出现得最早，撞击式打印视为数字印刷的源头技术是理所当然的。正因为如此，本书才专设一章讨论这种技术，更何况点阵打印和行式打印技术符合数字印刷无须印版和复制信息可变的基本特征，且目前仍在某些领域使用着，例如需要输出多联表格的领域。

显然，热成像依赖于热量作用实现图文复制的工作原理，通过不同的热量分布可形成与页面图文的直接对应关系，无须喷墨印刷那样通过转换过程形成墨滴，比起静电照相必须经过充电、曝光和显影过程形成墨粉图像来要简单得多。从电能转换成热能最为直接，电加热元件容易加工成集成电路的形式，由于热成像印刷是对于热量的直接利用，因而以集成电路形式出现的热打印头体积比热喷墨打印头更小，原因在于热打印头无须热喷墨打印头加热墨水形成气泡并转换成墨滴的机制。染料扩散热转移（俗称热升华）印刷因复制质量很高而得名连续调印刷，特别适用于要求输出高质量彩色图像的应用领域，例如包含照片的护照和身份证卡片等小规格印刷品。热转移印刷以油墨的集群转移为主要特征，对印刷品的规格没有限制，大到足以覆盖车体的广告，目前以标签和条形码印刷为主。热打印头的体积可以制作得很小，适合于现场应用的便携式设备，例如信用卡终端的打印装置和移动打印机。随着热打印头分辨率的进一步提高和应用的扩展，热成像有可能发展成第三种主流数字印刷技术。考虑到热成像印刷的现状和发展趋势，本书以四章的篇幅介绍这种技术。

磁成像数字印刷基于磁记录技术，因具有永久记忆能力而区别于其他方法，目前主要受磁性墨粉纯度较低的限制。离子成像数字印刷与静电照相数字印刷多少有点类似，区别在于离子成像数字印刷通过有控制的离子流生成电荷潜像。这两种数字印刷方法都使用固体墨粉，除成像方法与静电照相不同外，显影、转移和熔化过程不存在原则差异。由于磁成像数字印刷和离子成像数字印刷均已实现了商业化，且印刷速度和输出规格与商业印刷要求接近，故分别专设一章讨论。对于那些已经有商业产品（例如直接成像和照相成像数字印刷）或正在出现的应用范围狭窄的技术，读者可以从第八章找到有关的信息。

本书以《特种数字印刷》的名称出版，其实并不在于讨论的技术有多特殊，而是因为这些技术的应用面较窄，不能归入主流数字印刷之列。因此，所谓的特种数字印刷指目前尚不属于主流技术的所有方法，若称之为非主流数字印刷也并无不当。

本书的出版得到教育部图文信息处理国家级教学团队建设经费的支持，编写的主要理由是图文处理结果需要更多的输出通道。本书的编写得到作者所在上海出版印刷高等专科学校领导和教师的关心和支持，与兄弟院校教师的讨论也使作者受益匪浅，在此深表感谢。

由于作者理论知识和实践经验的局限性，本书不足和疏漏之处在所难免，希望广大使用本书的读者和教师予以指正，作者在此预先对他们表示诚挚的谢意。

姚海根

2013年3月

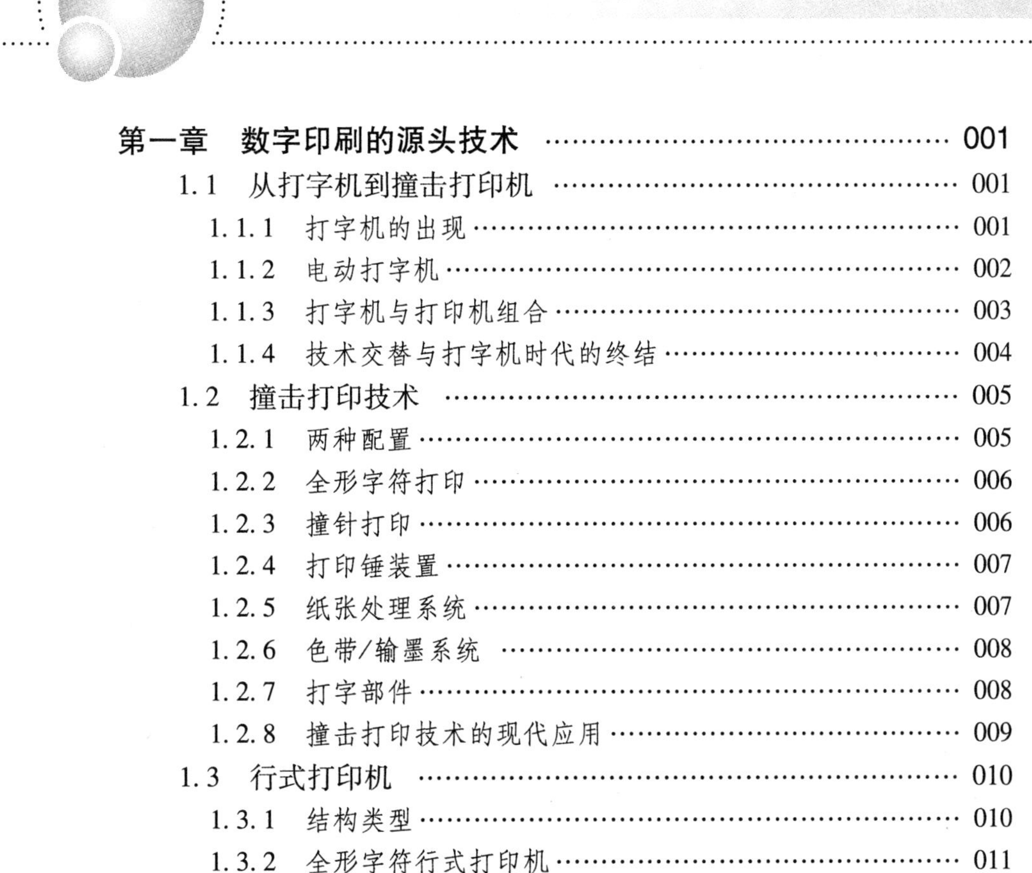

目 录

第一章 数字印刷的源头技术

各种数字印刷都有自己的技术源头和发展轨迹，大多经历了从模拟工作方式到数字控制的演变。尽管如此，从所有数字印刷方法整体发展的角度看，在各种技术原理上建立起来的设备首先都作为计算机外围设备使用，由市场来决定某种方法能否发展到足以称之为数字印刷的技术。撞击打印机首先成为计算机外围设备，由于在撞击打印机与打字机之间又存在密切的继承关系，非撞击打印机则出现在撞击打印机之后，从而有理由认为打字机是数字印刷的源头技术，但不能否认各种数字印刷方法都有自己的技术源头。

1.1 从打字机到撞击打印机

虽然打字机的出现与数字印刷并无直接关系，但打字机无须复杂的转换机制直接在页面上产生记录结果的工作方式却与数字印刷的基本能力不谋而合。1878 年，美国速记员和技术开发者 James Clephane 潜心研究打字机和莱诺整行铸排机，打算架通横在人类思想与印刷页面间的桥梁。到 20 世纪 80 年代时出现了桌面出版系统这一重要概念，建立在页面拼版和硬拷贝输出两种对数字印刷至关重要的基本能力的基础上。后来，打字机逐步演变成普通消费使用的产品，而莱诺铸排机则发展成面向印刷工业的专业设备。两条不同发展道路的最终结果由市场决定，由于数字印刷机的出现而交汇到一起。

1.1.1 打字机的出现

打字机是带有键盘的机械或电动机械设备，当击打键盘时，就在记录介质上形成与键盘上对应的字符，通常以纸张为记录介质。在 20 世纪相当长的时间内，打字机是许多专业作家和商业办公领域不可缺少的工具。20 世纪 80 年代末，个人计算机上运行的字处理软件应用逐步流行起来，以至于取代了大多数以前由打字机承担的任务。打字机以按一次键盘在纸张上建立一个字符为典型工作方式，油墨转移到纸张的原理与活字印刷相似。

1714 年，英国人 Henry Mill 获得专利授权，他发明的设备类似于后来的打字机。早期打字机真正的发明者应该是意大利人 Pellegrino Turri，他在 1808 年发明了打字机，也发明了复写纸，为打字机提供油墨。许多早期打字机是针对盲人而开发，包括 Turri 打字机。

到了 1829 年，美国人 William Austin Burt 取得称为 Typographer 设备的专利授权，这种设备连同其他早期的类似设备一起，被公认为世界上第一批打字机。英国当时的“科学博物馆”仅将这些设备描述为第一种书写机器，或许还称不上机器，因为即使由发明者自己来使用，速度也比不上手写。由于这一原因，发明者和他的助手从未找到专利的买主，当然也不可能投入商业生产。这种“打字机”使用拨盘选择字符，以至于更应该称之为转位打字机（Index Typewriter），并非后来大行其道的键盘式打字机。

19 世纪中期，由于商业通讯的发展步伐加快，产生了对于书写机械的需求。那时，速记员和电报员每分钟能记录或发送130个单词的信息，而作家用笔书写的速度每分钟最多只能书写30个，两者的差距如此之大，电报员的高速度处理尤其引人关注。

键盘打字机的发明可追溯到19世纪40年代美国人Charles Thurber取得的多个专利，他于1845年发明了帮助盲人书写的Chirographer（书法家）打字机。真正的键盘打字机原型出现在1855年，由意大利人Giuseppe Ravizza发明，实现了用键盘书写。

1865年，丹麦人Rev. Rasmus Malling-Hansen发明汉森书写球（Hansen Writing Ball），于1870年进入商业化生产，成为第一批开展商业销售的打字机。这种键盘打字机在欧洲取得了很大的成功，据说在英国伦敦的办公室一直用到1909年。经过训练的使用者击打键盘的速度相当快，使汉森书写球成为第一款速度比手写快的文本输出设备。

大约1910年时，手工的或机械的打字机达到可以标准化的程度。虽然那时仍然有少量的打字机由于制造商的不同而存在差异，但大多数打字机制造商遵循每一个键与打字杆连接的概念，在“铅字”与键盘的每一个键之间建立一一对应关系。键盘受到手指快速而有力的击打作用时，与打字杆连接的“铅字”撞击色带，在纸张上产生字符标记。色带通常由着墨的纤维材料制成，纸张则绕在卷筒上。打字时托板从左到右地移动，每打完一个字符就自动地水平移动到下一打字位置；打完一行文字后，由回车杠杆带动纸张沿垂直方向移动一小段距离。以上描述的工作过程后来成为打字机结构的基础，图1－1是1910年生产的键盘打字机主要部件照片，按半圆形排列字符，用于加拿大Saskatoon的一家报社。

图1－1　半圆形键盘打字机

1.1.2　电动打字机

机械打字机发明后大约100年的时间内，电动打字机没有广泛地流行。一直到1870年，爱迪生发明通用股票价格收报机（Universal Stock Ticker）后，才奠定了电动打字机的框架结构基础。爱迪生发明的股票价格收报机可以在远程打印出字母和数字，堪称在电话线另一端的特殊打字机，收到的信息作为打字机的输入，打印在纸条上。

世界上第一台电动打字机（电传打字机）由位于美国康涅狄格州Stamford市的布里斯德福制造公司生产于1902年。类似于手动操作的布里斯德福打字机那样，电动布里斯德福打字机以圆柱形的活字轮（Typewheel）代替活字杆。然而，这种电动打字机并未在商业上获得成功，主要原因是推出该打字机的时机，因为那时的电气系统尚未标准化，美国的城市与城市间使用不同的电压。时间进入1910年，电动打字机迎来了快速发展的良好机遇，Charles和Howard Krum首次获得电传打字机（Teletypewriter）的专利授权，他们制造的机器被命名为Morkrum印字电报（Morkrum Printing Telegraph）机，成为在连接波士顿和纽约两个城市的电话线上使用的商业电传打字机系统。

1914年，美国人James Fields Smathers的发明被认为是世界上第一款以电能运转的打字机，他于1920年从军队退伍后成功地制造了一台模型，并在1923年将他的模型交给罗彻斯特市的东北电力公司，旨在做进一步的开发。这家电力公司对他们的电动机和Smathers设计的进一步开发相结合很有兴趣，希望为两者找到新的市场。从1925年开始，打字机制造商Remington生产的电动打字机由东北电力公司提供电动机。

在生产了大约2500台电动打字机后，东北电力公司要求与Remington签订下一批打字机的商业合同，但那时的 Remington 公司深陷合并的传言，以至于没有一位行政官员愿意承担确认客户订单的任务，导致东北电力公司决定进入打字机领域，并于 1929 年自己生产出第一批电气自动方式打字机，得到 Electromatic Typewriter 的专门称呼。

1928 年，通用电气公司的 Delco 分公司购买了东北电力公司，将打字机业务从东北电力公司剥离出来，并于 1933 年被 IBM 公司接收，耗资 100 万美元在 Electromatic Typewriter 的重新设计上，其结果便是 1935 年发布的 IBM 电动打字机。

电动打字机设计取消了键盘与击打纸张用零件直接机械连接。注意，电动打字机和电子打字机是两种不同的设备，电动打字机仅仅包含单一的电气部件，那就是电动机。更重要的是，机械式打字机击打键盘的动作由打字杆直接移动，发展到电动打字机后改成机械杠杆驱动，从电动机获得机械动力后转换成驱动打字杆的作用力。

IBM 公司于 1941 年发布了型号为 Electromatic Model 04 的电动打字机，引入革命性的比例间隔概念。通过指定（分配）变化的而非均匀的间隔于不同尺寸的字符，这种电动打字机能够重新建立打字页面的外观，加上新的打字机色带的发明，电动打字机的能力进一步得到加强，可以在页面上形成清晰的文字。时间进入 1961 年，IBM 公司的 Selectric 打字机（参阅如图 1－2 所示的外形）问世，新的电动打字机以球形零件代替“活字”杆或打字杆，活字球（Typeball）甚至比高尔夫球还要轻一些。

图 1－2 活字球与键盘组合电动打字机外形

Selectric 打字机采用弹簧锁、金属带和滑轮系统，其中滑轮由电机驱动，使活字球旋转到正确的位置，再击打色带和压板组合。活字球在纸张的正面（前面）做侧向运动，代替以前由拖板带动纸张移动通过静止打字位置的结构。

IBM 在 Selectric 电动打字机商业领域取得了巨大的成功，以至于控制办公打字机市场长达 20 年之久。到 20 世纪 70 年代时，IBM 成功地以 Selectric 电动打字机建立了工业标准，在中等和高端办公应用领域占支配地位。

1.1.3 打字机与打印机组合

20 世纪 70 年代，打字机终于走到了商业普及的尽头，大量组合打印机特征的复合结构设备开始进入了打字机市场。不要忘记复合结构出现的时代背景，那时点阵打印机已经诞生，因而打字机与打印机复合结构完全有条件将两者组合起来，打印机的键盘从当时现成的打字机键盘继承而来，打印工作机制则来自点阵打印机。之所以没有采用电传打字机的撞击打印引擎，是因为这种结构与复合结构硬拷贝设备的输出质量要求不能匹配，于是标签热打印机的热转移技术便成为替代技术，对新一代复合结构打字机更合适。

IBM 公司生产了一系列被称为 Thermotronic 的打字机，打字质量与活字印刷质量相当，但几乎不发出噪声。美国的 Brother 公司推出与 IBM 类似的设备，延长了该公司打字机生产线的技术寿命，在此期间 DEC 也推出了类似的产品 DECWriter。这些以专有技术为标志的打字引擎针对独特的市场，通过电子和软件技术的组合发展生产线。虽然这些技术变革降低了产品价格，大大改善了打字机使用的方便性，但字处理软件及其应用的快速崛起使得这些技术的寿命很短，局限于低端市场。为了走出困境，电动打字机的制造商们纷纷投资开发新技术，终于诞生了打字机与打印机相结合的产品。

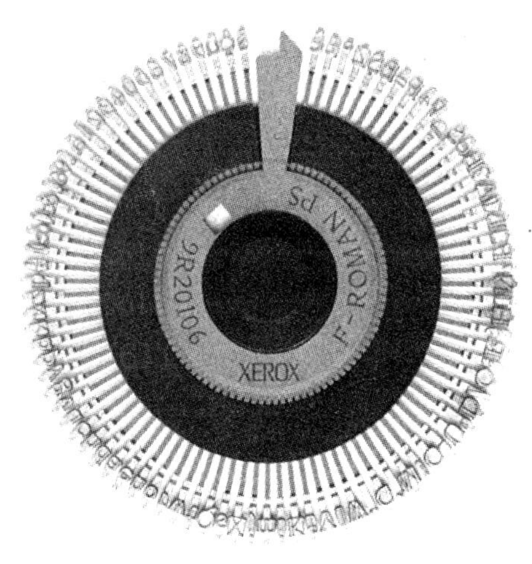

图1－3　金属菊花轮

无论机械打字机或电动打字机，这些设备的最终归属是电子打字机，而新的电子打字机也是所有打字机技术最后的主要发展成果了。大多数电子打字机以塑料或金属菊花轮机构代替活字球，所谓的菊花轮是“花瓣”的外边缘分布字母的圆盘，如图1－3所示。

菊花轮概念首先出现在Diablo系统公司20世纪70年代开发的打印机上，施乐于1981年收购了该公司，引进电子打字机生产线，将金属菊花轮改成了塑料材质的。由于塑料菊花轮比金属活字球简单和便宜得多，且电子存储器和显示器让用户容易发现输入错误，在实际打印前及时纠正发现的错误，因而这些产品曾一度取得成功。塑料菊花轮的主要问题之一是不耐磨，为此又改成更耐磨的金属菊花轮，成本当然比塑料菊花轮略高些。

大多数电子打字机基本上与字处理软件配合使用，即电子打字机内置字处理功能，配备单线或多线液晶显示器，文字编辑软件置入只读存储器内。不仅如此，这些电子打字机还提供拼写和语法检查功能，以及几千字节的内部读写存储器和可选的磁卡或外部存储软盘等辅助设施，用于保存文本，甚至文件格式。文本可以按行或段落输入，在显示器和内置软件工具的支持下编辑，再记录到纸张。从图1－4可看到电子打字机的外貌，由Brother公司生产，左上角和右上角分别为小尺寸的液晶显示屏和软盘驱动器。

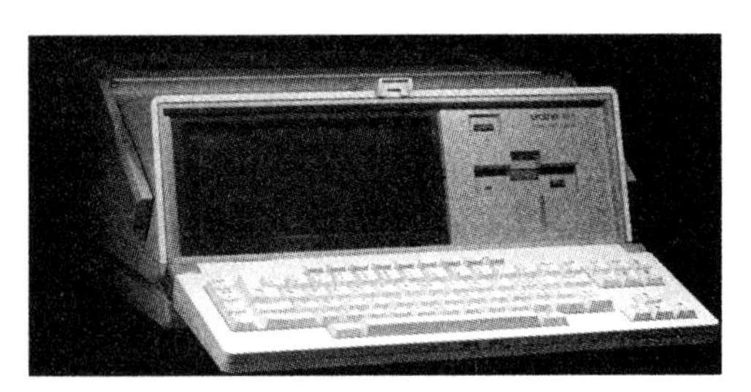

图1－4　电子打字机

与IBM公司的Selectric电动打字机不同，这些打字机确实是电子的，依赖于集成电路和多种电动机械部件。有时，电子打字机也称为显示器打字机，因为这种产品是考虑字处理软件功能与输出需求结合的产物，离不开显示设备的支持。

1.1.4　技术交替与打字机时代的终结

整个20世纪70年代末期和80年代的早期是打字机到字处理器的过渡时间。那时的大多数小型商业办公室仍然停留在“古老”的办公风格，但大公司和政府部门已经蜕变成全新的风格了。改变的步伐如此之大，变化的速度如此之快，以至于办公人员和政府机构的秘书们不得不每隔几年就得学习使用新的系统。从今天的角度看，快速的变化已习以为常，但并非世界上的一切都如此，比如打字技术到20世纪90年代初期时变化仍然很小。

打字机时代的终结悄然来临，由于销售业绩不良，或许也预测到了打字机未来的命运，导致IBM公司将其打字机部门出售给利盟。

然而，打字机毕竟具有价格优势，即使在发展中的时代对某些应用仍具有足够的能力，例如一直到2009年，美国的某些政府部门及代理机构仍在使用着打字机。据报道，纽约市在2008年曾经购买过几千台打字机，大多数由纽约的警察部门使用，代价当然很低，仅仅消耗了政府98万美元。为了维修打字机，纽约到2009年还支付了将近10万美元。

电子打字机和打印机的技术交替出现在20世纪70年代末到80年代中期，那时撞击打印机已经逐步普及，激光打印机开始崭露头角，由于得到字处理技术和计算机的支持，打字机遭到淘汰势在必行。配备文本输入和显示功能的电子打字机与打印机共存的时间相当短暂，以至于电子打字机诞生后不久就被淘汰了，原因在于即使电子打字机提供基本的文本输入功能，但由于缺乏计算机的支持，因而几乎不具备编辑能力。从印刷质量看，电子打字机与撞击打印机能力相当，但激光打印机的文字输出质量远高于打字机。

个人计算机支配地位的形成，桌面出版的发展，低成本、高质量激光和喷墨打印机技术的迅速崛起，因特网出版的无处不在，电子邮件和其他电子通讯技术的普及，终于使打字机走到了发展的尽头，一个时代也终于结束了。

1.2 撞击打印技术

打字机通过手指击打动作产生的能量使色带上的油墨转移到纸张上，可见撞击是打字机建立文字“标记”的物理基础。最早出现的用作计算机外围设备的打印机继承了打字机形成文字“标记”的基本工作原理，区别在于早期打印机以计算机控制下产生的打印锤击打动作代替手指击打，此外也得到计算机信息处理能力的支持。

从 1981 年国际非撞击印刷会议开始，印刷技术划分为撞击和非撞击印刷两大类，打印机自然也有撞击和非撞击之别。无论从工作原理还是控制方式上考虑，打印机和数字印刷机本身并无原则区别，打印机的工作速度达到一定程度时往往称为数字印刷机。基于这种看法，本书并不打算严格区分打印机和数字印刷机，除非有特别需要时才会加以说明。

1.2.1 两种配置

撞击式打印机是所有以击打动作完成硬拷贝输出任务打印设备的统称，也是激光打印机和喷墨打印机大规模商业化前的主要硬拷贝输出设备，曾作为主要甚至唯一的计算机外围设备风光一时。现在，大多数撞击式打印机已退出了历史舞台，只有少数撞击式打印机类型仍然活跃在硬拷贝输出领域，例如针式打印机和特殊类型的行式打印机。

20 世纪 90 年代以前，虽然激光打印机和喷墨打印机已经出现，但撞击打印机在计算机应用系统中一直占据着支配地位。即使到了 90 年代，这种技术仍然扮演着重要角色，因为撞击打印技术完全满足某些用户的打印需求。典型撞击打印机曾经比同时代的非撞击打印机更可靠，对于环境条件不敏感。例如，在潮湿环境下操作时由于纸张容易变潮，夹纸故障对早期激光打印机而言可以说是“家常便饭”；表面上，喷墨打印机对环境条件不敏感，但喷墨打印机的可靠运转离不开对纸张的特殊要求，导致使用成本很高。因此，即使已经出现了非撞击打印机，但某些独特的应用需求只能靠撞击打印机予以满足，例如多联表格打印、恶劣环境打印和高效率要求的稀疏打印等。一般来说，撞击打印的缺点与可怜的印刷质量有关，要求打印复杂的文字、图像和颜色时，撞击打印缺乏灵活性，且性能表现也不理想。不仅如此，撞击打印也存在对环境干扰的问题，某些速度很慢的撞击打印机的噪声水平相当高，用于办公室打印时破坏宁静的气氛。

撞击打印机可划分成两种不同的技术和两种不同的配置或工作方式，分别称之为行式打印（Line Print）和串行打印（Serial Print）配置。以上两种打印配置对应于不同的打印操作机制，甚至反映不同的工作效率或打印速度。

对行式打印配置而言，包含在一行中的所有字符同时打印多次或更少的次数，即每次打印占据一行的空间。对串行打印配置来说，每次执行一个字符的打印，多个字符的打印按顺序执行。两种撞击打印技术分别称为全形字符打印（Fully Formed Character Printing）和点阵打印（Matrix Printing），其中全形字符打印的每一个字符通过一次撞击产生，以此建立类似打字机在纸张上产生的“铅字”效果或全形字符。

点阵打印则与此不同，字符的建立是多次撞击的结果，由撞击动作产生的记录点组成期望的字符。据此，撞击打印机分成四种类型，分别对应于从全形字符分类出的行式打印机（如图 1－5 所示打印机，也称为雕刻带行式打印机）和串行打印机，以及从点阵打印技术划分出的点阵行式（Matrix Line）打印机和点阵串行（Matrix Serial）打印机。其中，点阵串行打印机又称针式（Wire Matrix，其中 Wire 的实际含义是撞针）打印机。

1.2.2 全形字符打印

所谓的全形字符行式打印机指以行为单位的早期硬拷贝输出设备，文本行的每一个字符作为整体对象打印。如同机械式打字机在纸张上建立字符“标记”那样，字符整体是打印锤撞击纸张与色带组合的结果。初看起来，全形字符行式打印机的结构比打字机复杂得多，然而除运动和控制机构更完善外，以击打动作建立字符的方式与打字机并无原则区别。此外，全形字符行式打印机的工作方式与活字印刷也颇为相似，可认为是袖珍版活字印刷机。为了更深入地理解这种早期硬拷贝文本输出设备的工作原理，图 1－5 给出了全形字符行式打印机的结构示意图。

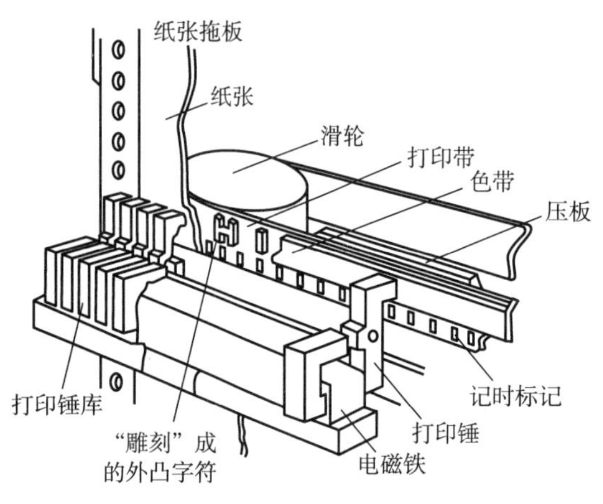

图 1－5 全形字符行式打印机的主要结构部件

全形字符行式打印机的打印锤水平位置静止不动，靠滑轮牵引雕刻字符的打印带寻找目标打印字符，一个打印锤对应于一个全形字符的打印位置。占支配地位的“打字”部件由一系列已经雕刻成的连续分布的字符构成，组织成图 1－5 中指示的打印带的形式。工作时，打印带通过相应的打印锤位置，当特定位置的待打印字符与打印位置对齐时，控制电路驱动该位置的打印锤，压迫与纸张紧贴的色带。可以想象，全形字符行式打印机产生一行字符的打印动作是随机的，取决于字符与打印位置对齐的时间，整行文本行的打印在相对短的时间内完成。当前行字符打印完成后，纸张由走纸机构按打印机制造商规定的尺寸沿垂直方向前行一小段距离，准备继续打印文档的其他内容。

1.2.3 撞针打印

撞针打印（Wire Printing）即点阵打印，两者从不同的角度描述另一早期打印机大类的记录特征。以点阵串行打印机（Matrix Serial Printer）为例，在打印头从纸张的一侧横向移动到另一侧的过程中，字符的建立是撞针对于色带一系列撞击的结果。点阵打印机建立字符的方式可以用图 1－6 说明，记录精度取决于撞针排列密度。

点阵串行打印机在打印图 1－6 所示字符 E 时，由于打印头垂直方向包含 7 个撞针，且这些撞针沿垂直方向对齐，因而可认为相邻撞针的垂直距离为一个设备像素，即产生一个记录点的均匀间隔。打印图 1－6 所示的英文大写字母 E 的第一列时，将由 7 个撞针同时产生击打动作，撞针压迫夹在纸张和打印头间的色带，通过色带上的油墨在纸张上建立由 7 个记录点组成的垂直记录点列；接下来，打印头沿纸张宽度方向移动，前进距离通常等于一个设备像素的水平间隔，此时打印机的控制电路驱动撞针1、4和7，建立3个记录点；打印头继续沿纸张宽度方向移动，完成其他垂直列的打印；打印头移动到与字符E最后一列相应的位置时，控制电路驱动撞针1和7，从而完整地打印字符E。打印头不停地移动，直到打印完一行字符，此时纸张前进一段距离，准备打印下一行。

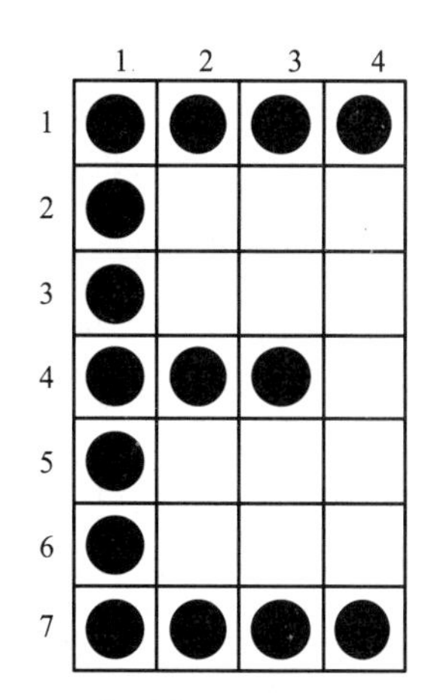

图1-6 点阵串行打印机建立的字符

1.2.4 打印锤装置

行式打印机和点阵打印机都由分组件（Subassemblies）装配而成，每一种分组件对应于需要实现的特定功能。通常，同种类型撞击打印机的分组件功能上十分相似，例如打印机的电动机械系统包括打印锤装置、色带系统、纸张步进（Paper Incrementing）系统和“打字”部件分组件等，这些分组件中的每一种均由电动机械设备驱动。步进电机是典型的电动机械驱动设备，处于信息反馈机制的控制下，且对于步进电机的逻辑控制属于打印机控制单元部件的一部分。此外，控制单元涵盖来自与打印机连接的计算机发出的命令，由打印机的控制单元传递给打印机，驱动机构运转。控制单元（控制器）也会请求传感器验证打印机的功能状态是否正常，例如检查夹纸和色带折叠故障等。打印机功能的正常发挥还需要附加组件的帮助，比如通过附加组件提供与计算机或与网络连接的能力。

毫无疑问，对所有的撞击打印机来说，打印锤（也称为打印头）总是最重要的分组件之一。如果按生产能力和印刷质量考虑，则撞击打印机的性能与打印锤直接相关，因为记录结果的建立必须有打印锤参与。打印锤装置的主要作用是通过撞击为打印机提供能量，使油墨从色带的涂布层转移到承印材料，结果必须可以由眼睛分辨。

各种打印锤技术采用不同的电动机械配置，实际使用经验表明各种电动机械配置驱动打印锤形成的印刷效果良好。人们对打印锤的期望特征归结为快速的驱动周期时间，为建立印刷结果提供足够高的打印能量，以低输入功率为主要标志的高效率，相对短的撞击时间，准确的撞击计时，可承受较低的操作温度，当然也要求降低打印锤的制造成本。对点阵打印机来说，快速的周期时间和足够的打印能量最为重要；全形字符行式打印机则对打印锤撞击延时时间、计时的准确性和供应足够的打印能量有很高的要求。

1.2.5 纸张处理系统

纸张增量系统（Paper Incrementing System）的意思是打印机工作期间按规定的距离增量移动纸张，可以理解为输纸系统或走纸系统，因撞击打印时代采用步进输纸方式而得名。由于打印机的输出效果取决于打印头与输纸机构的配合，因而纸张处理系统是打印机第二重要的电动机械分组件。纸张移动的增量由直流伺服电机或步进电机产生，这两种电机之一直接或间接地与纸张拖动机构连接，通过计时皮带和齿轮进给纸张。由于绝大多数撞击式打印机要求使用两侧穿孔的专门用纸，因而步进的距离与相邻孔的距离有关。拖动机构包含小孔工作机制，小孔在小尺寸的金属带上加工而成，与穿在纸张两侧的进给孔彼此配合或啮合，准确地带动走纸。由于拖动机构上的小孔等距离排列，因而这些小孔的距离即纸张移动的增量。对所有的撞击打印机而言，纸张处理系统的功能几乎相同，即移动纸张，以便在恰当的位置打印下一行。

点阵行式打印机沿垂直方向移动纸张，移动的距离等于一个设备像素或相邻记录点间隔。考虑到每次移动的增量如此之小，以至于为获得快速的增量而不得不在打印机制造时支付额外的费用。完成一行字符的打印后，纸张按预先确定的增量移动到下一行，等待控制机构发出的打印命令。如果将要打印的下一行处在大于标准行距的位置，则打印机立即启动高速纸张增量移动机制，这种工作方式有时也称为纸张跳走。除增量走纸工作机制外，许多高速撞击打印机提供特殊的纸张堆垛机构，通常安装在打印机的输出端。

打印锤装置与纸张的距离很小，为此需要利用纸罩（Paper Shield）防止扇形褶曲的纸张在走纸期间被打印锤抓到。撞击打印机也需要纸张压缩措施，例如将松散堆叠的多联票据压到更薄，使打印锤产生的撞击能够更有效地将油墨从色带转移到纸张。

1.2.6 色带/输墨系统

所有的撞击打印机都要用到基本的输墨系统，表面堆积油墨的色带以通过打印锤为目标左右移动，借助于打印锤对色带的击打动作完成输墨。色带通常位于打印锤之前，因打印锤的不同而有不同的输墨方法。成本最低的输墨系统包含卷轴色带供应机构，由色带和取带卷轴组成，两者形成偶联关系后以步进电机或伺服电机驱动。取带卷轴带动色带移动并通过打印锤装置，以合理而相对恒定的速度运动。色带供应卷轴的步进电机也用作基本的刹车装置，以更合理地控制色带供应。

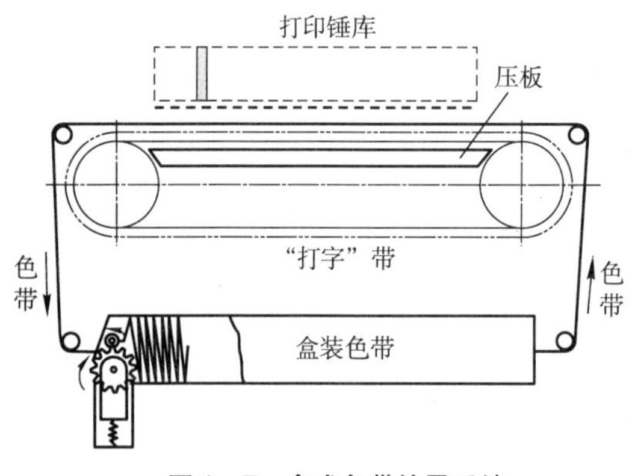

图1-7 盒式色带输墨系统

由于色带是输墨系统的主体，因而色带的速度控制至关重要，不能因运动速度太快导致油墨供应中断，即使局部的油墨供应中断也不允许。当色带供应卷轴上几乎为空时，色带的移动方向应该与正常输墨方向相反，使色带供应卷轴变成取带卷轴。

卷轴输墨系统的变体利用填充满色带的盒子，不再采用卷轴供应机构。在这种输墨系统中，色带从盒子的一端通过由电动机驱动的摩擦滚筒拉出，位于正对着打印锤装置的当前打印行前；完成输墨后的色带从另一端返回盒子，如图1-7所示那样。为了确保色带能到达正确的垂直位置，使色带与打印锤整体接触，应该在这种输墨系统中包含导向机构。

1.2.7 打字部件

一般来说，点阵打印机的“打字”部件（Type Element）由称之为金属线（Wire）的撞针构成，其坚挺程度足以在击打色带/纸张组合时导致色带油墨的转移；为了在页面上建立形状正确的字符，所有撞针应该连接到打印机的驱动器，而打印机驱动器则“听从”计算机的指挥，可以在字处理软件内控制输出。

对于图1-5所示的全形字符行式打印机来说，金属制成的打印带上排列着包括特殊符号在内的各种字符，称为行式打印机的“打字”部件；这些字符以化学侵蚀的方法“雕刻”而成，类似于打字机字盘中排列的全形字符。工作时，打印锤静止不动，由“打字”部件的移动和打印锤击打动作的配合转移色带上的油墨。打印带卷绕在由两个滑轮构成的滑轮组上，通过滑轮的转动使打印带产生水平运动，此外滑轮（其中之一为驱动轮，另一滑轮则被动地转动，称为惰轮）也起打印带运动的导向作用。两个滑轮彼此分离，它们的中心距应该比打印机可输出字符行略长一些，避免纸张的某些区域不能打印。

大多数全形字符行式打印机的打印带由伺服电机驱动，自动保持在常数速度，以利于形成与打印锤动作的最佳匹配。图 1－8 所示为点阵行式打印机的结构配置，撞击垫/撞针装置附加到打印带上，输出效率比点阵串行打印机更高。

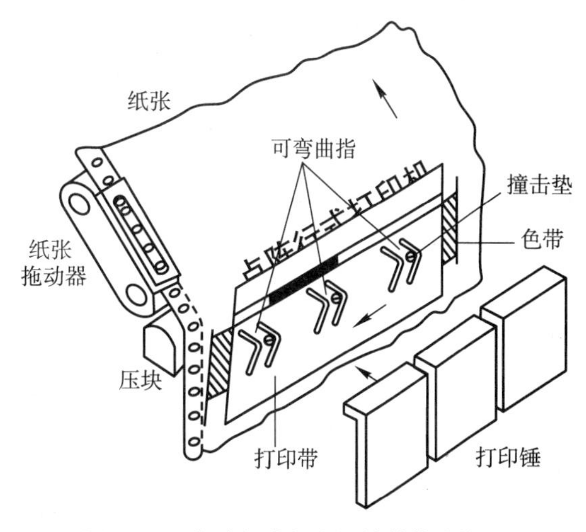

图 1－8　点阵行式打印机的整体结构

通常，点阵行式打印机的驱动和控制方式与全形字符行式打印机类似，区别在于需要借助撞针的击打动作建立记录点，并由记录点组成字符。

1.2.8　撞击打印技术的现代应用

现在，台式（桌面）点阵打印机已逐步为喷墨和激光打印机取代。由于惠普公司的“蒸汽排斥平版照相加工喷墨打印头”专利保护业已到期，整个打印机生产行业都可以使用惠普的喷墨打印机构了。喷墨打印机几乎在所有方面都要比点阵打印机占有优势，例如点阵打印机无法比拟的安静运转、更快的打印速度，以及几乎与激光打印机相同的输出质量等。到 20 世纪 90 年代中期，喷墨打印机在主流市场上已超越了点阵打印机。

到 2005 年时，撞击式点阵打印技术局限于在少数领域使用，比如收银机的打印装置、ATM 机和销售点终端打印机。更糟糕的是，即使在上述领域，热成像打印机也正在挤占点阵打印机的市场份额。点阵打印机的应用领域进一步变窄，目前只能在多联信函复写纸打印以及需要“拖拉”式走纸的场合才能看到全尺寸的点阵打印机，例如计算机编程和数据输出领域仍然使用两侧穿孔的纸张。不过，点阵打印机对于热量和容易弄脏的操作条件比其他硬拷贝设备更宽容，由于许多工业设备的初始状态设置处于这样的工作条件下，从而使点阵打印机有了用武之地。点阵打印机结构的简单性和使用寿命的耐久性仍具有一定的优势，对那些缺少计算机知识的用户来说，他们在使用点阵打印机时可以方便地执行某些例行操作任务，例如更换色带和排除夹纸故障等。

某些公司仍然在继续生产串行接口和行式打印机，这些公司的例子有 Epson、Okidata 和 TallyGenicom 等。今天，新型点阵打印机的制造成本实际上比大多数喷墨打印机还要高，在某些项目上甚至超过激光打印机。然而，对某些应用而言似乎不能仅仅考虑点阵打印机与喷墨打印机以及激光打印机的制造成本差异，还应该考虑打印成本，毕竟喷墨打印机和激光打印机的使用成本要高于点阵打印机。尽管如此，喷墨打印机和激光打印机的生产商们正利用自己的技术垄断地位任意地确定打印机墨盒的销售价格，降低打印机的初始销售成本，引导消费者购买喷墨打印机或激光打印机。点阵打印机的色带属于日用品之列，打印机制造商本身无法处于垄断地位。

统计数据表明，在所有打印机类型中，撞击式打印机的单页打印成本最低。尽管色带会随着打印次数的增加而导致打印文件颜色逐步变淡，然而不可能在执行打印任务期间突然停止，同一份文件的打印效果不会有很大差别。点阵打印机可以在连续纸上打印，不像多数喷墨打印机和激光打印机那样必须使用单张纸。对某些领域，打印的内容比质量更重要，点阵打印机仍然是良好和理想的重负荷工作机器。点阵打印机常常被忽略的另一个优点是色带上的油墨不容易干燥，安装到打印机上的色带保存在盒子内，只有打印部分才拉出到打印头的前面。这种带有唯一性的特点使点阵打印机能够在难得负载（难得需要启动工作）的环境条件下使用，例如消防报警器控制面板的输出装置。

某些领域仍然在使用着行式打印技术，因为与激光打印机相比行式打印机的工作速度显得更快，价格也更便宜。目前，行式打印机的主要应用领域有包装箱标签打印、中等数量账单打印和其他商业应用。对于那些需要准确副本的领域，多联表格纸的复写副本某种程度上仍然有用，例如出于法律责任或其他原因的考虑而需要行式打印技术。由于有限的字符集合雕刻在轮子上，且字符的间隔固定不变，因而行式打印技术对那些要求高度可阅读性的印刷材料并不合适，比如图书或报纸。

文字处理技术代替打字机的“现场”编辑功能后，激光打印机开始流行起来。对大批量打印业务，连续纸激光打印机变得更为普及，不再局限于固定的文本列或单一间隔的字符，激光打印技术也能够实现大范围的文字和图形打印。虽然如此，行式打印机与单张纸激光打印机在工作方式上有不少相似之处。

1.3 行式打印机

行式打印机是以行为单位输出的撞击式打印机的总称，即使喷墨打印机和激光打印机出现后仍然可列入高速输出设备之列。打印速度从每分钟 600 行到 1200 行大约对应于页式打印机每分钟输出 15 页到 30 页 A4 印张，这种速度对行式打印机来说很平常。

1.3.1 结构类型

曾经使用过或目前仍存在的行式打印机按设计原则（打印机结构形式）有鼓式打印机、链式打印机、条式打印机和梳式打印机等主要类型。

仅仅从名称看，鼓式打印机似乎不同于行式打印机，但同样属于行式打印机之列。典型鼓式打印机结构如图 1－9 所示，通常采用固定的字符集合，所有字符“雕刻”在多个打印轮的外围，数量与鼓式打印机可以打印的列数匹配，这意味着雕刻在打印轮外围的字符数应该与每行可打印的字符数量一致。打印轮组合起来后形成尺寸更大的鼓，其形状为圆柱形，工作时以很高的速度旋转，纸张以及着墨色带由步进电机驱动，通过相应的打印位置。雕刻在打印鼓表面的字符按分段（块）形式组织，拼合成整行字符。随着每一列要求打印的字符通过对应位置（即相应的打印位置），打印锤产生的击打动作从纸张背面强制纸张与色带接触，使字符记录到连续纸上。一般来说，字符序列沿打印鼓交叉排列，各列字符彼此错开一段距离，其优点在于能避免打印锤的连续击打动作，例如要求打印一整行虚线时不必同时驱动打印锤，对改善打印质量有利。

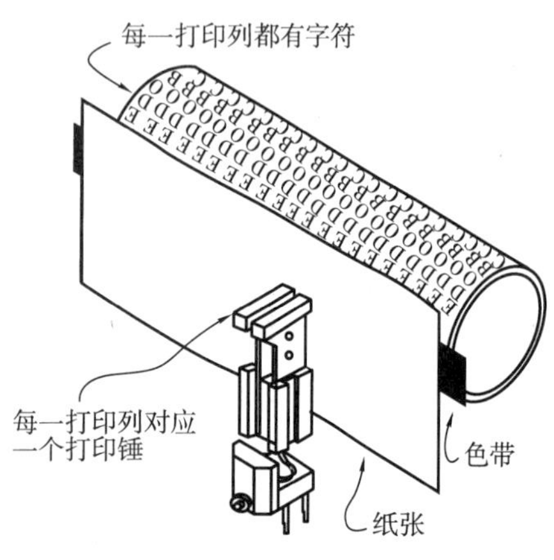

图 1－9　鼓式打印机的打印结构

链式打印机（Chain Printer 或 Train Printer）的字符放置在运动横杆上，形成沿水平方向移动的链式结构。如同鼓式打印机那样，待打印的字符从每一列位置通过，打印锤在纸张背面击打，使色带上的油墨转移到纸张表面。与鼓式打印机相比，链式打印机的优点主要体现在字符链可以由打印机操作人员更换。借助于选择包含更小集合的字符链，例如仅仅包含数字和少量标点符号的字符链，则打印机的工作速度将大大提高，原因在于打印机缺少字符链更换功能时，不得不在字符链中包含完整的上标字符和下标字符、数字和特殊符号等。文本文件中通常包含对于不同字体和尺寸字符的引用，当需要引用的字符出现在字符链中时，不必花费更换字符链的操作时间。由此可见，链式打印机的得名源于灵活的字符链工作机制，这种打印机最典型的例子是 IBM 公司生产的 1403 机器。

条式打印机得名于 Bar Printer，工作原理类似于链式打印机。虽然这种打印机的输出速度比链式打印机慢，但制造成本却比链式打印机低。条式打印机并不采用链式打印机那样沿一个方向连续运动的方式，加工成指状的字符安装在横条上，而横条则可以先从左到右、再从右到左在纸张的前端（上方）移动。条式打印机的例子有 IBM 的 1443 产品。

在所有上述三种行式打印机设计原则中，打印锤的计时至关重要。对鼓式结构的行式打印机而言，若打印锤计时不正确，则容易导致文本行上下错位，其特点是列方向的字符对准可得到保证；链式和条式打印机计时不正确时容易引起字符的左右错位，偏离正确的列位置，但行方向总是对齐的。

梳式打印机也称为梳状打印机，得名于 Comb Printer 这一英文称呼。梳式打印机是点阵打印机和行式打印机的组合，由打印锤组成的“梳子”同时击打一行像素的某一部分，例如每隔 8 个像素击打一次。借助于前后移动“梳子”一小段距离，就可以完成对一整行像素的打印，比如每隔 8 个像素打印时需移动 8 次，总共需要 8 个击打周期。打印完一行像素后，纸张移动一小段距离，打印下一行像素。与点阵打印机相比，由于梳式打印机仅涉及次数更少的部件移动，因而这种打印机的工作速度更快。梳式打印机与利用整体字符构成的行式打印机相比也具有竞争优势，不仅速度与整体字符型打印机相当，且能够像点阵打印机那样打印图形，以及尺寸可变的字符。

由于鼓式、链式、条式和梳式打印机在打印时均会发出大量噪声，因而行式打印机往往封闭在具有吸声功能的箱体中，对箱体设计也有较高要求。

1.3.2 全形字符行式打印机

全形字符行式打印机也称为雕刻带行式打印机（Engraved-band Line Printer），得名的原因是字符“雕刻”在金属带，打印机结构已演示于图 1－5。这种撞击式硬拷贝输出设备的打印带上包含重复出现的字符阵列，字符节距比打印锤间隔略大，以避免阴影打印，即相邻字符只打印局部区域的缺陷。打印带在工作时以常数速度做水平移动，通过静止的打印锤位置时由于打印锤垂直于色带的击打动作强制油墨转移到纸张。若希望打印的字符处在打印行的合理位置，则控制系统驱动对应的打印锤；当前打印行的所有字符都打印完成时，意味着该行字符的打印结束。在最差的情况下，完成一行字符打印占用的时间按完整的字符集合通过打印位置的时间计算。为了获得打印一行的总时间，仅仅考虑字符集合通过打印位置的时间是不够的，还应该加上纸张按距离增量前进到打印下一行需要的时间。

全形字符行式打印机的输出速度近似于每分钟 2000 行字符，可以在许多苛刻的工业生产环境条件下进行打印，但使用这种打印机最多的领域仍然是数据处理中心。全形字符行式打印机和点阵行式打印机是目前仍得以幸存的两种撞击打印技术。

按全形字符行式打印机的工作本质，这种计算机硬拷贝输出设备实际上以行矩阵原理产生硬拷贝输出，因而又可称为行矩阵打印机。这种打印机与点阵打印机的明显区别在于后者具备图形输出能力，而全形字符行式打印机却只能打印文本。虽然只能打印文本是全形字符行式打印机的缺点，但这种打印机也有点阵打印机不具备的优点，能够在各种苛刻的工业生产环境条件下打印，因而对某些工业领域特别合适，也是在激烈竞争的打印机市场中得以幸存下来的主要原因。

由于全形字符行式打印机的所有字符“雕刻”在金属带上，因而有时也称为金属带打印机（Band Printer）。值得注意的是，金属带打印机和金属带打印（Band Printing）这两个概念很容易混淆。一般来说，打印机与打印技术应该是统一的，例如利用喷墨技术的打印机称为喷墨打印机。然而也有例外，比如激光打印机以激光为成像光源，并非通过激光打印，这类打印机最合理的称呼应该是静电照相打印机，可见以发光二极管为成像光源的打印机也属此列。金属带打印机与金属带打印的区别在于，前者描述打印机名称的来源，而金属带打印则表示传递输出内容到打印机的方法。由此可见，在此情况下不应该称为金属带打印，或许更应该称为带宽传送打印技术，待打印数据以确定的带宽传送给打印机。

1.3.3 走纸与撞击动作的配合

下面以全形字符行式打印机为例说明如何考虑系统走纸与打印锤撞击的配合。一般来说，这种行式打印机的字符集合包含的典型字符数大约50个，避免字符局部打印的字符节距约0.33cm。这样，下面给出的公式（1-1）用于计算以每单位时间打印行数表示的全形字符行式打印机的生产能力，其中只有两个变量需要在控制生产能力时用到，分别为打印带移动速度和走纸时间。在通常情况下，全形字符行式打印机的高生产能力主要通过两种措施实现，第一种措施是提高打印带的移动速度，第二种措施是缩短走纸时间。

$$T = \frac{1}{\frac{np}{v} + t_{pi}} \tag{1-1}$$

式中 n——每个阵列的字符数，即完整的字符集合；

p——字符节距；

v——打印带的移动速度；

t_{pi}——走纸时间，按预定的增量移动到打印下一行的位置。

全形字符行式打印机的典型走纸时间可取8ms，这意味着纸张移动到下一打印行要求8ms的时间。为了准确地控制打印和走纸时间，一般利用直流伺服电机实现。如果确实选择了多个功能强大的伺服电机驱动走纸机构，且采取了高精度的控制手段，则对应于移动一个打印行的走纸时间可以从8ms缩短到5ms。实验观察和实践经验表明，打印带的运动速度控制在不超过每秒钟7.5m的上限时，就能够获得良好的硬拷贝输出质量，对应于每分钟大约2000行字符的生产能力。当然，理论上打印带速度或许还可以更高，但进一步提高速度后很可能由于字符边缘模糊而导致打印质量退化。通常，全形字符行式打印机的进纸速度比正常走纸速度更快，且速度超过正常速度的3倍时，利用稀疏打印的方法可以有效地提高页面打印能力。以上愿望借助于高速页纸张移动可以实现，走纸速度大约达到每秒钟2.5cm，意味着相邻打印行的距离比正常距离更大。

高速撞击的行式打印机在字符运动的状态下打印，这就要求打印锤与色带的接触时间相当短暂，否则将得到边缘模糊的结果，打印质量可能无法接受。根据如图1-5所示的打印机结构示意图，全形字符行式打印机工作时与打印锤接触的部件依次是纸张、色带和“雕刻”字符的打印带及压板，色带堆积油墨的一面与纸张相对，打印锤先撞击纸张并将作用力传递给色带，由于打印带受到压板的支撑，且打印带上“雕刻”有字符，因而纸张/色带组合与打印带撞击后色带上与字符对应部分的油墨便转移到纸张。

典型高速撞击行式打印机的纸张/色带组合与打印带的接触时间大约50μs，选择重量更轻的打印锤并以更高的精度控制打印锤速度时，可以获得打印锤与纸张/色带组合更短的接触时间。若以 W 表示打印锤击打动作的宽度，则根据相关因素可得到 W 与打印锤接触时间的函数关系，如下述公式所示：

$$W = rw + avt_c \tag{1-2}$$

式中 w——打印带上行式的击打宽度，通常与打印锤击打动作宽度并不相同；

r——静扩散系数，数值约等于1.2；

a——完成油墨转移的那部分时间比例，占打印锤与纸张/色带组合接触时间的70%左右。

由于 t_c 表示接触时间，因而 avt_c 对应于模糊。显然，只要提高打印锤的撞击速度，减少打印锤的质量，扩大撞击面积（字符面积），改进纸张与色带组合以弹性阻尼为指标的挺度，则接触时间缩短，典型击打宽度约0.04cm。

1.3.4 印刷质量与打印锤动作的关系

对于全形字符行式打印机，印刷质量和设备性能主要取决于打印锤装置，可见打印锤装置显然是这种打印机的关键部件。相邻打印锤的典型间隔为0.1英寸，每一个打印锤与各自对应的电磁铁连接，打印出来的字符节距与打印锤节距相等。系统对于打印锤的能量需求由打印质量确定，归结为撞击期间有足够的油墨从色带转移到纸张，才能建立颜色深暗的视觉效果良好的字符。一般来说，字符面积越大、纸张越厚时，要求有更多的能量作用于打印锤装置。打印锤面与色带间的压缩应力 S_p 必须超过 S_{min}，后者表示为产生高光学密度所需的最小打印应力，只能根据经验确定。下述计算公式描述压缩应力：

$$S_p = \frac{C_1 V_h \sqrt{mk}}{A} \tag{1-3}$$

式中 V_h——打印锤速度；

m——打印锤的质量；

k——纸张的柔软度或挺度；

C_1——与色带油墨释放特征有关的常数；

A——字符面积。

根据直观判断，式（1-3）中的参数必须满足平衡关系，打印能量才不至于产生过度的应力；如果平衡关系不能实现，则必然导致色带过早地失效，因为过度的应力将损坏色带纤维。

在行式打印机大多数工作时间内，打印锤与纸张、色带、打印带和压板接触，油墨从色带转移到纸张。根据公式（1-2）给出的关系，为了使击打宽度保持在相对稳定状态，在打印带的移动速度增加时，接触时间 t_c 必须成比例地缩短，计算公式如下：

$$t_c = C_2 \left[\frac{1}{V_h} \left(\frac{m}{kA} \right)^c \right]^q \tag{1-4}$$

式中 C_2——与纸张变形特征有关的常数；

q、c——常数，两者大体上均可取1/2。

根据这种关系，较短的接触时间与打印锤质量的大小和速度的高低有关。

1.3.5 打印锤技术

撞击打印机都需要打印锤，但行式打印机与点阵打印机的工作机制不同，例如行式打印机通常击打完整的字符产生记录结果，而点阵打印机则通过撞针产生记录点，并在记录点基础上建立字符。因此，两种撞击打印机通常使用不同的打印锤技术，对点阵打印机而言打印锤或许更应该称为撞针。一般来说，行式打印机领域普遍使用两种打印锤技术，分别配置成多级（通常为3级）和单级打印锤，工作效率肯定有差异。

行式打印机采用图1－10所示的多级（三级）打印锤基本设计思想时，衔铁在磁性力的作用下被吸引到固定片上，使固定片上的线圈获得能量，进而在固定片与衔铁间建立起电磁场，只要线圈获得的能量足够，则将形成强度足够的电磁场。在这种电磁场的作用下，衔铁必然压迫推动杆并将推力传递给打印锤，一直到衔铁击打到固定片的顶点为止。在此时间，围绕枢轴转动的打印锤进入自由“飞行”状态，以至于打印锤撞击纸张、色带、打印带和压板组合。由于衔铁传递给推动杆的作用力负担了打印锤库和笨重的电磁驱动器库分离的任务，才使得电磁铁可以加工成更大的质量或体积，而这正是热量耗散所需要的。此外，推动杆也是减轻打印锤重量的因素，以很轻的重量进入“自由”飞行状态。

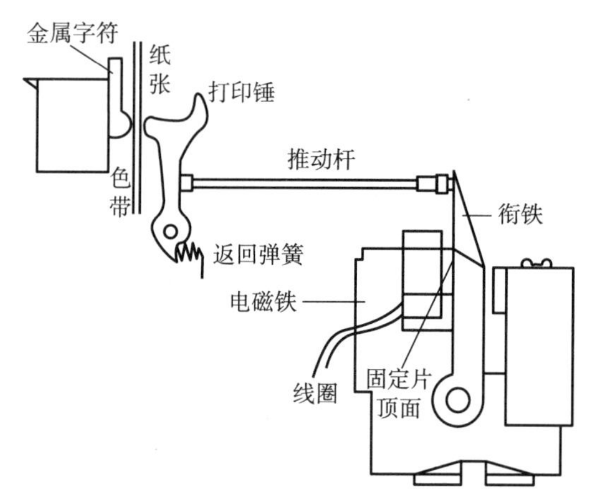

图1－10 多级（三级）打印锤驱动器

如图1－10所示的多级打印锤驱动结构部件排列需要复杂的设计，与单级打印锤驱动结构相比必然增加制造成本。此外，虽然多级打印锤驱动结构的工作效率或许更高，但能量利用率却并不高，打印期间由衔铁产生的动能并没有得到充分的利用，原因在于部分能量消耗在了衔铁撞击固定片的顶面上了。当然，高性能的多级打印锤驱动结构确实存在，例如IBM 4248全形字符行式打印机使用的打印锤装置速度达到每分钟3600行。为了获得如此高的速度，设计者采用了重量轻和运转速度高的结构件，打印锤质量和速度分别为0.3kg和每秒钟8m，打印带速度可达每秒19m。

单级打印锤除衔铁的全部重量均能够有效地击打纸张、色带、打印带和压板外，工作方式与多级打印锤驱动相似。单级结构也有缺点，主要表现在靠近撞击区域的打印锤部分重量和靠近电磁铁组合的那部分重量组成相对更大的打印锤重量，与接触时间有关。由此可见，单级打印锤驱动结构仅仅对低速打印机才有效。

1.3.6 其他问题

在金属质地的打印带上“雕刻”字符比想象的要复杂，不过仍然有少量简单的方法值得尝试，例如以化学侵蚀法在金属打印带上“雕刻”出全形字符，包括条形码单元在内的各种符号和常用字符集合，生产成本低而工作效率高。

为了确保字符印刷质量，打印带应该以恒定的速度驱动，并保持打印带始终处在水平位置，以避免所打印字符的水平和垂直“套印”误差。在某些高速全形字符行式打印机中，打印带的底部边缘无法得到固定的支撑，主要原因是受到磨损条件的限制。为此，设计人员采取了特殊的措施，打印带的垂直位置始终由传感元件监视，滑轮组中的一个滑轮的垂直位置通过参数反馈机制自动地调整，以保持打印带稳定的垂直位置。

中等速度行式打印机采用飞轮与浮动滑轮配合的工作机制，运动中的打印带往往“停靠”在支撑轴承上，允许飞轮和浮动滑轮沿其主轴的垂直方向移动，补偿打印带位置波动造成的对打印质量的影响，这种所谓的“浮动”滑轮型支撑结构如图 1－11 所示。

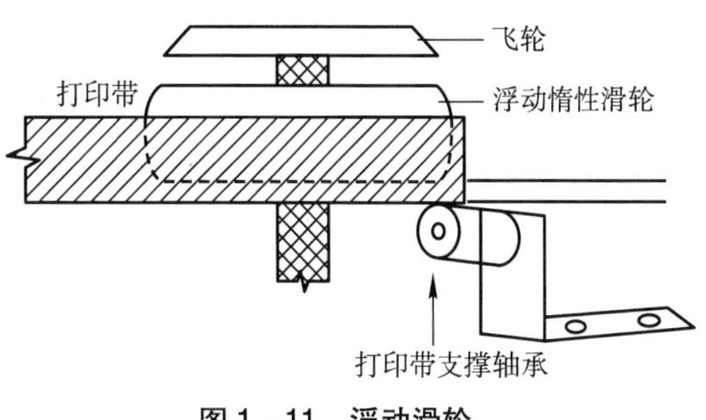

图 1－11 浮动滑轮

基本上，全形字符行式打印机的走纸速度受到纸孔撕裂的限制，纸孔撕裂大多源于拖动装置加于纸张的过度加速，以至于不能以很高的走纸速度堆垛纸张。为了解决这一问题，制造商开发成了特殊的纸张拖动系统，旨在降低纸孔的损坏。防止纸孔损坏的措施基于降低作用力的考虑，避免纸张加速移动时撕裂纸孔。结合使用防止纸孔撕裂的拖动系统后，一旦启动高速行式打印机工作，就可以很快地达到每秒钟 2.5m 的走纸速度。中等速度的全形字符打印机采取防止纸孔撕裂措施后，打印机的走纸速度可提高到大约每秒钟 1.25m，且用于驱动纸张的电机信号可以调节，包括纸张厚度或重量变化的信号。此外，为了能有效地控制走纸精度，要求行式打印机走纸系统的计时皮带应该有足够的挺度，纸张拖动装置的小孔与纸张的接触必须足够紧密。

1.4 点阵打印机

如果点阵打印机的撞针排列密度可以做到足够高，且打印锤击打动作发出的声音能够控制到听觉系统无法辨别的程度，则由于点阵打印机的记录原理与喷墨打印机和激光打印机等页式硬拷贝输出设备十分相似，而可应用于图像复制。很可惜，以上假设与技术实现的差距甚远，尽管制造商付出了极大努力，点阵打印机并不适合于图像复制。

1.4.1 早期点阵打印机

点阵打印机的出现与美国人 Robert Howard 对纸牌筹码个性化的期望有关，共同的理想使他成为王安博士的合伙人，从事数字电子计算机开发。但他们的合作时间不长，两人于 1969 年决定分手，王安组建了 20 世纪 70 到 80 年代著名的王安实验室，而 Howard 则成立了命名为 Centronics Data 的计算机公司，后来开发出第一台点阵打印机。

1970 年，位于马萨诸塞州 Maynard 市的数字设备公司推出每秒钟打印 30 个字符的 LA30 点阵打印机，只能在纸张宽度方向打印 5×7 点阵组成的 80 列大写字符。这种点阵打印机由步进电机驱动，走纸可靠性较差，因螺线管采用棘齿驱动机构而必然发出令人觉得难受的噪声。LA30 打印机提供并行和串行两种界面，但串行 LA30 打印机要求在打印头“车架”回程期间利用虚拟的字符填充空转行程。

紧接着 LA30 推出的点阵打印机是 LA36，这种打印机自 1974 年上市后取得很大的商业成功，一时间成为计算机用点阵打印机的标准机型。虽然 LA36 使用与 LA30 相同的打印头，但可以打印宽度达 132 列的混合字符表格，在标准复写纸上输出。打印头“车架”由直流电机驱动，具备强得多的伺服功能，带有光学编码器和转速表，纸张则改成步进电机驱动。LA36 只提供串行界面，但不像 LA30 那样需要以虚拟字符“填充”回程，因为打印机不可能以超过每秒钟 30 个字符的速度与计算机通讯，其实际打印速度达到每秒钟 60 个字符。在打印头“车架”回程期间，存入缓冲区的字符可紧接着打印。

其他型号的点阵打印机随之不断推出，包括每秒钟 180 字符的 LA180 行式打印机、每秒钟 120 字符的 LS120 终端打印机、每秒钟 180 字符的 LA120 先进终端打印机、成本明显降低的 LA34 终端打印机、比 LA34 功能更多的 LA38 打印机和 LA12 便携终端打印机。

点阵打印机属于撞击式打印机，工作时打印头沿页面横向来回地移动，通过撞击浸泡了油墨的色带产生印刷品。如同行式打印机那样，点阵打印机的工作方式也与机械打字机十分相似。点阵打印机与机械打字机的主要区别表现在字符的形成方法上，机械打字机以已经成型的金属字击打色带，使色带上的油墨转移到纸张上；点阵打印机的打印头上安排有规律分布的撞针，击打每一个撞针的结果在纸张上产生一个记录点，而记录点按字符笔画组织起来则形成需要打印的文字。因此，从点阵打印机的工作原理分析，打印文字和打印图形是没有区别的。由于这种硬拷贝输出设备打印时涉及机械压力，因而点阵打印机可以通过复写纸形成多份复制品，也可以通过无炭复写纸打印。图 1－12 用于演示和说明点阵打印机输出的典型结果，整个图像代表打印在宽 4. 5cm、高 1. 5cm 区域的效果。

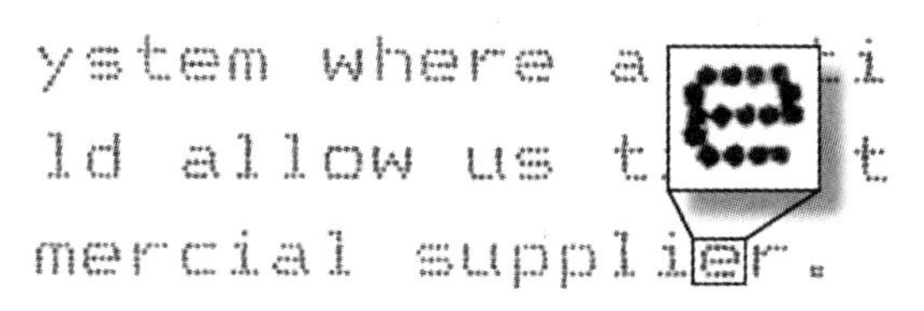

图 1－12　点阵打印机典型输出结果

点阵打印机的每一个记录点由细小的金属棒产生，也称为金属线或金属针，以细小的电磁铁或螺线管直接或通过小型杠杆提供的动力驱动金属棒（撞针）。小尺寸的导向板面对色带和纸张安装，这种导向板通常由人造宝石（例如蓝宝石和石榴石）制成，板上的小孔用来引导撞针。打印机的移动部分称为打印头，工作时可沿纸张横向往复运动，每移动一次产生一行文本。早期点阵打印机的打印头上只有一排垂直撞针，某些点阵打印机可能以交叉排列的几排撞针提高打印密度，印刷质量因此而得到改善。

1. 4. 2　两种打印头结构

严格地说，点阵的提法其实并不确切，因为几乎所有的喷墨打印机、热成像打印机和激光打印机都产生点阵。但按照习惯上的说法，喷墨打印机等硬拷贝输出设备往往难以被称为点阵打印机，主要是为了避免与撞击式点阵打印机混淆。

就打印头自身而言，存在两种主要的打印头技术，都包含衔接铁、线圈、撞针、杠杆、色带和纸张组合及滚筒等结构要素，由衔接铁和杠杆组合带动撞针。两种打印头技术的区别表现在以不同的方式驱动撞针，源于不同的作用力转换机制。第一种打印头结构由线圈建立电磁场，并通过电磁力驱动撞针击打色带与纸张组合，可以用图 1－13 说明。

第二种技术得名于永久磁铁打印头，在第一种结构的基础上增加永久磁铁和弹簧。永久磁铁建立的磁场仅起保持住弹簧应力状态的作用，在弹簧中存储能量，撤去磁场后弹簧的恢复力开始起作用，带动杠杆并驱动撞针击打色带与纸张组合，工作原理如图 1－14 所示。

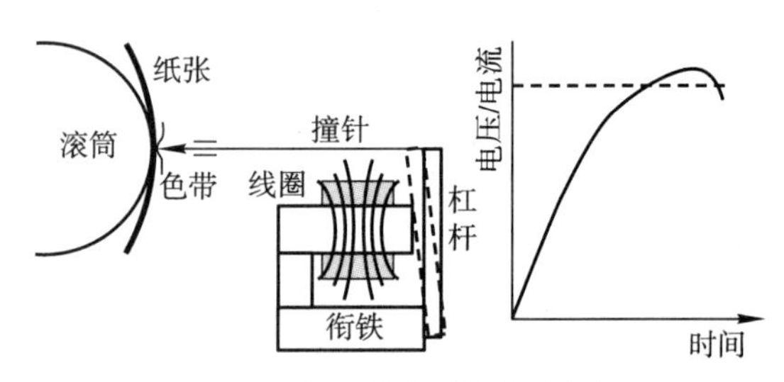

图 1－13　第一种点阵打印头结构

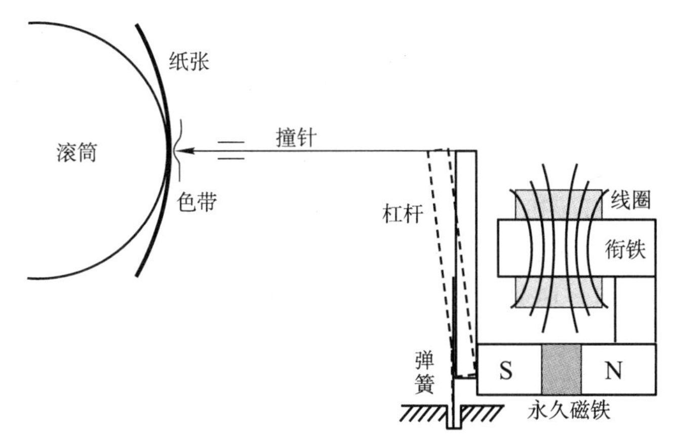

图 1－14　第二种打印头结构

比较两种结构后不难发现，第一种结构加到线圈上的电压（电流）逐步加大，撤去电压后撞针恢复到初始位置；第二种结构由线圈建立的磁场存在与永久磁铁所建立磁场的交互作用，当两者的电磁力相等时达到平衡点，此时弹簧的恢复力起作用，带动杠杆和撞针，击打色带与纸张组合。两种结构中以第一种为经典结构，第二种为能量存储结构。永久磁铁打印头的工作速度通常更快，因而适合于重载荷点阵打印机。

从点阵打印机的结构特点可以看出，这种硬拷贝输出设备的使用寿命较长，缺点是撞针容易磨损。由于打印时色带上的油墨“浸入”打印头上的导向板，导致油墨中的颗粒状物质与导向板黏结；油墨颗粒无论有多么的柔软，总是有一定的硬度；油墨颗粒缓慢的研磨作用引起导向板撞针通道的磨损，从圆形孔逐步“研磨”成椭圆孔或槽口，使点阵打印机对撞针的导向精度逐步降低，影响印刷质量。即使以钨钢和钛钢加工成的导向孔，时间一长后打印结果仍然会变得不清晰。

1.4.3　点阵串行打印机

点阵串行打印机结构按工作机制的不同划分成两大类，分别称为弹道线和能量存储结构，这已经在前一节解释过。弹道线结构点阵串行打印机的打印头上钻有许多小孔，工作原理和结构可以用图 1－15 说明。从该图可以看到，细金属线（撞针）经由这些小孔穿过打印头，完成击打动作的棘爪（呈倒钩状）由螺线管驱动；当棘爪击打金属线时，引起金属线向外运动，金属线头部的撞针击打表面涂布油墨的色带，在纸张上产生记录结果。

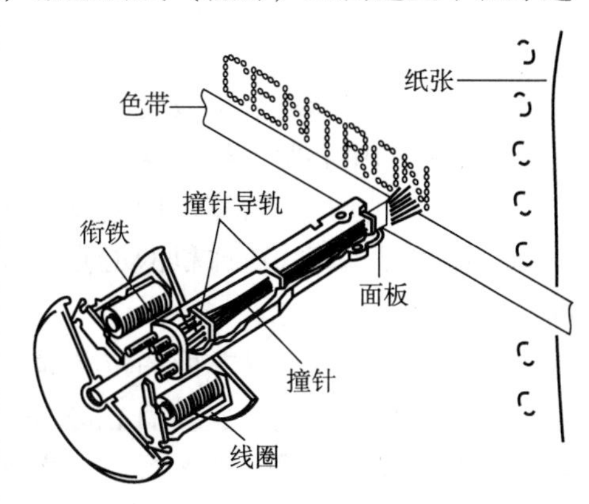

图 1－15　点阵串行打印机

点阵串行打印机的使用寿命很大程度上取决于撞针结构材料，在打印大约 100 万个字符后，即使打印头配置钛质棘爪，打印出来的字符也将变得不清楚从而难以阅读。低分辨率弹道线结构串行点阵打印机大约每英寸 50 个记录点，高分辨率串行点阵打印机每英寸可产生的记录点在 300 个左右，后者的打印质量比眼睛从 14 英寸距离上观看更好。显然，单位距离内可打印的记录点数即点阵打印机分辨率，每英寸打印 300 个记录点的分辨率与早期激光打印机分辨率相当，因而这种分辨率的点阵打印机适合于图形打印。

点阵串行打印机在打印头沿页面宽度方向移动的同时，以串行工作的方式产生记录点并建立字符。在这种打印机的运转期间，打印头的移动方向交替地进行，若前一行内容按从左到右的次序打印，则打印下一行时打印头从右到左移动。显然，点阵串行打印机的主要电动机械分组件为打印头、色带系统、纸张处理系统和拖板，打印头和色带装在拖板上。

1.4.4 点阵行式打印机

大多数点阵行式打印机采用能量存储结构，以存储于弹簧或磁场中的能量推动打印锤产生击打动作，例如图 1－14 所示的打印头结构。这种打印头结构同样通过击打色带和纸张组合建立记录点，一个打印锤可以打印几百万甚至上亿个记录点。

能量存储结构与弹导线结构的主要区别表现在一次产生记录点的方式，由此也决定了一次产生的记录点个数。弹导线结构一次可打印出一列记录点，而能量存储结构则可以一次打印出一整行的记录点，为此分别称基于弹导线和能量存储结构的打印机为点阵串行打印机和点阵行式打印机，后者也称行矩阵打印机。

尽管结构不同，但点阵行式打印机多少与点阵串行打印机类似，撞针沿水平方向排列，相邻撞针的间距等于一个或更多个字符的节距，这里的字符节距指两个连续排列字符中心的水平距离。关于字符节距的含义和点阵行式打印机的工作原理见图 1－16。

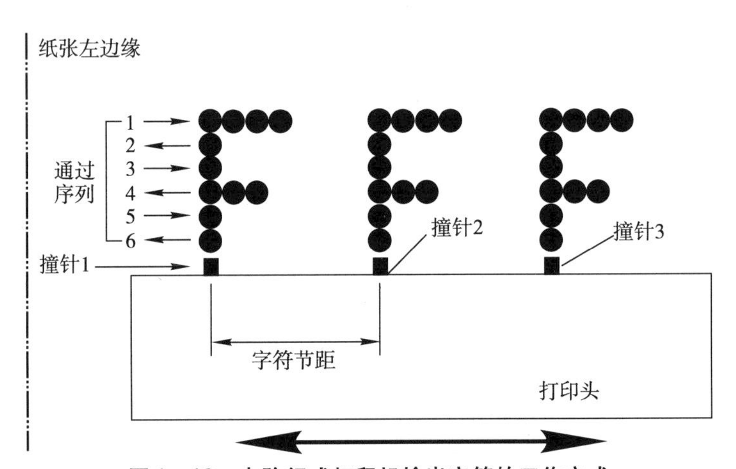

图 1－16　点阵行式打印机输出字符的工作方式

图 1－16 解释的节距假定等于 1 个字符的宽度加相邻字符的间隔，其实际含义应该是相邻字符的中心距。根据这一概念，由撞针和对应的驱动器构成的打印头必须在工作时沿侧向移动超过字符宽度的距离，才能实现对每一行水平像素的寻址。图 1－16 所示的例子描述点阵行式打印机的工作方式，为了打印一行大写字母 E，打印头必须往复地移动。

当撞针单元处于最左面的位置时，为了打印每一个字符 E 的最左列，打印机的控制电路将驱动每一个撞针；撞针沿水平方向移动一个设备像素后，控制电路再次驱动撞针。以上过程必须重复地执行，一直到打印完顶部的一行记录点。作为打印机对完成一行记录点打印的响应，打印机的走纸机构驱动纸张沿垂直方向移动一段距离；打印下一行时打印头和撞针的运动方向与打印前一行相反。若 n 大于一个字符的节距，即相邻撞针的距离大于字符中心距，则在打印头反向移动前每一个撞针应该完成 n 个字符的所有记录点的打印。

1.4.5 走纸

基本上，点阵行式打印机的分组件提供与全形字符行式打印机类似的功能，后者的电动机械组件由打印锤装置、沿水平方向使打印锤装置做穿梭运动的机构、色带系统和纸张处理系统组成，某些全形字符行式打印机以打印带驱动系统代替打印锤穿梭机构。事实上，点阵行式打印机的色带和纸张处理系统与全形字符行式打印机很相似，因而对于点阵行式打印机的色带和纸张处理系统的讨论可以简化，这里仅给出简单的描述。

关于点阵行式打印机一般性的运转问题已经在前面介绍过。简单地说，这种撞击式硬拷贝输出设备在打印完一行记录点后，纸张按预先确定的增量移动到下一行，再打印这一行的记录点；组成字符或图案的记录点重复地打印，直到一行记录点打印全部完成。

只要有可能，点阵行式打印机会采用跳跃走纸方式，即纸张的移动距离比正常走纸时的距离要大。对于大多数点阵行式打印机来说，打印头沿水平方向穿梭地运动，在从左到右移动的过程中完成一行记录点的打印。为了提高效率，省略打印头走空程的时间，前一行以从左到右的方向打印时，下一行应该按从右到左的方向打印。打印头移动的水平距离等于相邻打印锤距离与附加距离之和，其中附加距离是打印头为了减速和改变运动方向而必须行走的距离。由此可见，若水平和垂直方向的记录点数量越少，则点阵行式打印机的分辨率就越低；打印锤的数量越多，或者说打印锤的节距越小，打印机的分辨率也越高。打印锤重复击打的频率越高时，要求更少的走纸时间，意味着打印机的产能提高。

串行结构点阵打印机大多采用“拖拉”式输纸方法，打印连续形式的多份表格、票据和邮件标签等，连续表格纸由高度相等、中间压痕的纸组成。“拖拉”式输纸机构包括链轮齿，用于抓住两侧穿孔的纸张，均匀地向前拖动。

发展到 20 世纪末期时，点阵打印机的输纸系统已经很精巧和高技术化了，如图1－17 所示的纸张进给系统具备多重输纸能力，使用这种输纸系统的打印机有 IBM 4247。

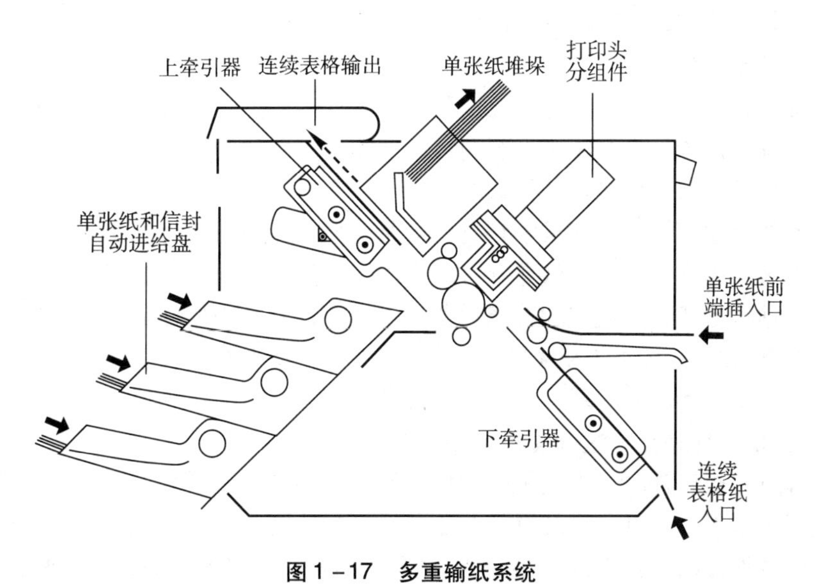

图 1－17　多重输纸系统

在上牵引器和下牵引器的联合作用下，连续形式的表格纸（单联或多联）从打印机底部入口进给。只要对上下两个牵引器做重新排列，则连续形式的表格纸也可以从顶部进入。无论表格纸以何种方式进入打印机，均将在连续表格纸输出区域堆垛。单张纸和信封自动进给有三个独立的纸盘，此外打印机前端还提供单张纸插入口，属于另一种纸张处理模式。

1.4.6 点阵打印机的打印锤技术

根据点阵串行打印机产生记录点的原理，从能量发生和完成击打动作的角度看，打印锤也可以称为驱动器。每一台点阵串行打印机使用的驱动器数量随型号和产品规格而变，少到只有 9 个，指覆盖一个打印行高度的驱动器数量，早期点阵打印机大多如此；以后出现的打印机包含的打印锤数量多达 48 个，可覆盖多个打印行。为了有足够的容积安排打印锤的电磁部分，常采用撞针的一端与衔铁相连的方法，如图 1－15 所示那样；另一端通过撞针导轨并穿出面板。衔铁和线圈通常安排在同一个圆内。

类似于点阵行式打印头，串行打印头的周期时间大约等于 300μs；若能够缩短撞针尖端与压板间的距离（比如 0.2mm 左右），选择挺度高的衔铁和仔细地设计磁路，则可获得更短的周期时间。对大多数点阵串行打印机（其他撞击打印机也基本如此）来说，通过将打印头向传感器移动得更靠近的方法，就可以精确和自动地控制打印头撞针尖端到压板的距离了。一般情况下，打印头不必驻留在传感器附近的位置，完成距离调整后应该立即从打印头的控制和测量模式返回到正常状态。某些打印锤的工作速度特别快，图 1－18 给出了高速点阵打印机驱动器结构，这种驱动器借助于衔铁的边缘磁场产生有效的磁路。

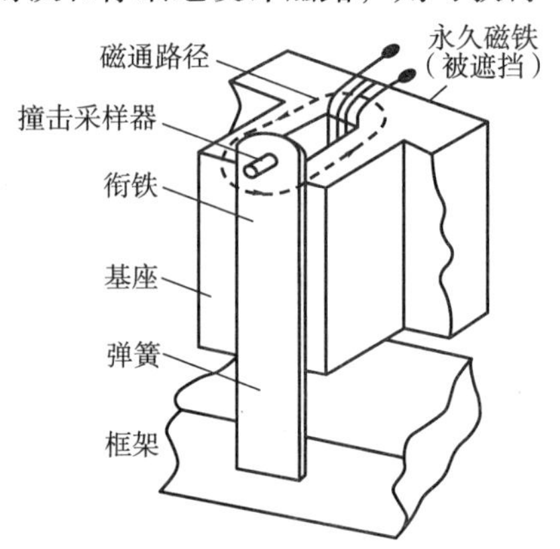

图 1－18　高速点阵打印机驱动器

由于点阵打印机的生产能力与水平及垂直记录点的分布密度直接相关，因而沿水平和垂直方向的记录点密度加倍导致生产能力降低到原来的四分之一。由此可见，追求更高的光学密度以牺牲速度为代价，设计打印锤时应该在印刷质量和速度间权衡。

1.4.7 某些结构细节

许多点阵打印头装有铝质的散热片，附着在衔铁截面上，通过散热片结构将衔铁产生的热量引导到其他位置。在打印头做侧向运动期间，周围环境的空气吹到散热片，并围绕散热片流动，借助于对流传热降低衔铁的温度。

若面板上的打印用撞针排列成垂直行，则所有撞针将同时产生撞击动作，导致撞击产生的噪声达到最大程度。为了降低点阵打印机发出的噪声，设计人员采用了不同几何结构的打印锤，以钻石形状最为典型和普遍。如果沿垂直方向对齐的撞针列不存在两个撞针同时“击发”的现象，则同时击打纸张和色带组合的撞针数量减少，其结果是噪声降低，从而建立令人觉得安静和舒服的环境。采取了合理的措施后，噪声的峰值水平可以降低到大约 52 分贝的数值，导致允许这种撞击打印机在办公环境下使用。

某些点阵打印机设计时考虑到了热测量元件，安装在打印锤装置的附近。如果测量温度超过了预期的水平，则打印机的电子线路降低打印速度，一直到温度合适为止。

打印头刚性地安装在托板（车架）上，托板带着打印头做横向移动。通常，托板由导轨支撑，以丝杠（导向螺丝）电机驱动，有时也采用带轮驱动系统。考虑到确定打印头位置和移动速度的需要，有的点阵打印机提供线性发射装置，装在打印头和压板之间。发射装置的输出信号用于控制托板速度，激励打印锤产生击打动作。某些点阵串行打印机的控制用发射装置安排在电机上，同时用于驱动托板和检测打印头位置及速度。

点阵打印机的典型色带驱动系统由小尺寸的盒带组成，大约容纳7m长的色带。通常，盒带作为托板的附加物，某些点阵串行打印机结构的盒带装在框架上。使用时，盒子的两端分别作为色带的出入口，即色带从盒子的一端拉出，再从另一端进入。这种结构的驱动电机价格便宜，某些结构甚至由托板的驱动电机间接地驱动色带。点阵打印机制造商有时也利用称之为莫必斯（Moebius）技术提高色带的使用寿命，即色带内预先置入扭转形状，在色带连续地通过期间使色带面交替地对着打印头。

点阵打印机硬件不断进步，例如承载打印头托板（车架）速度明显提高，附加了更多的字体和字形风格选项，记录点密度从60dpi提高到240dpi，有的甚至达到300dpi，以及增加了伪彩色打印功能等。打印头托板运动速度越快，则打印速度越高，但某种程度上噪声也越大。点阵打印机附加的字形风格使用户能改变文本输出的外观形象，而不等间距字体有助于打印机输出非均匀间隔文本块的排字版式，记录点密度的提高则能够获得细节更丰富、光学密度更高的输出效果。点阵打印头的撞针尺寸限制到可能的最小尺寸，因而即使记录点密度超过100dpi也不至于导致相邻记录点搭接。撞针直径设置到允许的极限值有利于复制图像细节，制造商就能够利用更高的记录点密度改善文本打印质量。

1.4.8 彩色打印

点阵打印机或许是首先实现彩色图文打印的硬拷贝设备，利用青、品红、黄、黑四种颜色的色带和减色叠印原理完成彩色复制。色带可以按各种方式配置，典型配置由每一种颜色的水平窄条（即四种颜色的色带）组成，各色窄条间以边界或“大坝”分隔，以避免色带颜色彼此迁移。为了打印出彩色效果，每一种颜色的色带必须各自通过打印头一次。在四色色带各次通过期间，色带沿垂直方向移动一段距离，改变打印的色带颜色。打印机工作时仅必要时才通过，例如若只打印一行蓝色文本，则只需色带通过两次，意味着品红和青色色带依次通过打印头。考虑到颜料内包含坚硬的颗粒，会磨损撞针的端面，因而彩色点阵打印机使用的色带以使用染料为典型。

在点阵打印机的发展历史上，曾经有几家制造商通过多色带技术实现了彩色点阵撞击打印，即借助于多次通过复合打印过程获得彩色印刷结果。为了建立彩色效果，应该在每一次打印动作通过期间改变撞击位置，即打印头撞击色带的不同部分，每次通过对应一种主色。对于包含四种颜色的色带，每输出一行打印结果总共需要四次通过。某些彩色打印机（例如苹果公司的ImageWriter II点阵打印机）采用更精巧的设计，打印机相对于固定打印头装配件移动。换言之，打印头相对于静止色带倾斜其位置。

由于彩色质量很差，运转成本也随着多次通过打印模式的使用而增加，所以彩色撞击型号从未代替过对应的单色机型。打印机使用包含多种颜色的色带后，色带的黑色部分被其他三种颜色逐渐弄脏，即使色带的使用寿命未到，仍然会导致打印颜色的不一致。由此可见，彩色点阵打印机仅适合于演讲稿摘要等对象的打印，用于复制来自现实世界的照片显然不合适。以这样的水平衡量，即使点阵打印机实现了彩色印刷，也只能算伪彩色打印，无法与计算机屏幕的真彩色显示效果相比。

2 第二章 热成像原理与热打印头

由于出现了许多新的应用领域，例如证件、卡片、条形码和标签打印，因而基于热成像呈色和复制原理的黑白和彩色打印技术正变得越来越重要，以至于某些专家认为热成像已成为主流数字印刷技术。尽管基于热成像的各种复制设备都只能称为打印机，但这些设备的某些能力是静电照相数字印刷和喷墨印刷不具备的，所以从可以完成复制任务角度看足以称它们为热成像数字印刷。热成像（Thermography）的含义相当广泛，本章讨论借助于热成像原理的复制技术，以及对热印刷至关重要的打印头技术。

2.1 通用知识

不断出现的应用导致热打印机多样性的趋势，针对不同专门用途的黑白和彩色热打印机纷纷在硬拷贝输出设备市场上出现。尽管热打印机的成像原理各具特色，结构形式和类型多种多样，应用目标也各不相同，但总是存在某些共同的部分，因而放在一起讨论显得更为方便和容易理解。此外，技术比较也相当重要，这同样成为需要本节的理由。

2.1.1 技术分类

热成像复制技术以材料加热后物理特性的改变为基础，例如记录介质在热量的作用下改变颜色，或油墨受到足够热量的作用后熔化或引起升华效应。总体上，热打印技术划分为直接热成像和转移热成像两大类，而转移热成像又可进一步细分为热转移和热升华两种类型。直接热成像通过热色变（热色敏）材料产生打印结果，无须色膜或色带（以后统一称为色带）；转移热成像印刷则离不开色带，不同类型的色带是图文转移的载体，成像和复制工艺取决于应用目标需求和热打印设备的设计目标，例如成像结果可能先转移到中间接受介质，再转移到承印材料。

热成像可能是迄今为止复制质量最高的技术，但也可能复制出质量最低的结果。热成像设备的复制效果主要取决于成像方法，例如热升华打印机的复制质量可以与胶片摄影的连续调照片媲美，而直接热成像设备往往只能用于复制线条稿，图像复制效果较差。

直接热成像技术使用经专门处理的纸张，表面有特殊的涂布层，在热量的作用下改变颜色，例如白色纸张表面被加热部分的颜色转为黑色。由于这一原因，用于直接热成像复制工艺的承印材料称为热敏材料或热敏纸，而直接热成像打印又可称为热敏打印，相应的设备则称为热敏打印机。有时，热敏打印也称为直接热打印，或干脆简称为热打印，虽然名称不同，但不改变问题的本质。作者意识到，区分各种称呼是没有必要的，保留不同的称呼有利于读者从不同的角度认识这种技术。总之，直接热成像应使用对加热物理作用敏感的材料，例子有普通传真机使用的热敏传真纸，以及用于印刷标签和条形码的热敏纸。

热转移成像通过色带完成复制任务，以后统一称相应的技术和设备为热转移技术和热转移打印机。热转移的图文复制特点是油墨从色带释放出来，再转移到承印物表面，这说明热转移是一种油墨加热熔化再转移的技术。为了获得良好的复制效果，必然会发生大量油墨的转移，据此有时称热转移技术为“热密集转移”。

热升华技术容易与热转移区分，向来称之为染料热升华，相应的复制设备称为热升华打印机。目前普遍接受的观点是色带上的染料基油墨加热后从固态直接转化为气态，但这种描述仅涉及染料加热发生的物理现象，不能准确地说明油墨中的染料加热发生热升华后的转移过程。因此，从图文信息的转移特征和加热时发生的物理现象等因素综合考虑，描述热升华成像和复制特点的更准确和专业的术语应该是染料扩散热转移，英文以词组 Dye Diffusion Thermal Transfer 表示，因四个单词的首字母包含 2 个 D 和 2 个 T 而缩写为 D2T2。简单地否定热升华这一称呼没有必要，至少“热升华”三字反映染料加热后所发生的物理现象的明显特征，因而本书将交替使用热升华和染料扩散热转移两种称呼。

热转移和热升华打印机的图像组成原理如图 2－1 所示，该图总结了转移热成像的两种最有代表性的技术，分别与染料热升华和热转移打印机有关。两种打印机的工作原理建立在打印头加热元件的基础上，通过固体状态油墨的物理或化学反应形成图像。

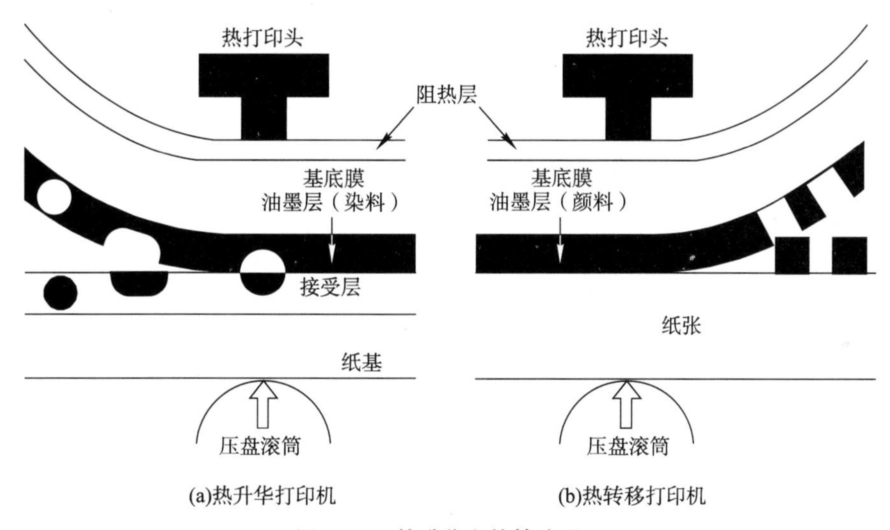

图 2－1 热升华和热转移原理

从图 2－1 至少可以看出，热升华和热转移设备使用的打印头功能相同，区别主要表现在以下三方面：第一是色带结构差异，热升华色带的油墨层由染料组成，而热转移色带的墨层以颜料为基本材料；第二是记录介质不同，热升华使用的记录介质结构更复杂些，为此需要特殊的接受层，热蜡熔化热转移对记录介质几乎没有什么特殊要求；第三是信息转移方式不同，两者分别通过升华扩散转移和转印的途径实现。

2.1.2 热印刷技术变革

在相当长的时间内，热打印技术曾占据某些应用的支配地位，比如美国的传真机打印装置和熟食品商店称重秤结果的打印。很自然地，人们大多尝试以直接热敏设备打印仓库和陈列在货架上的商品标签，以及某些文档的硬拷贝输出。然而，经过并不长的时间后，人们就发现直接热打印机输出图像的弱点，比如容易退色或印刷品整体变暗，图像质量的退化程度与热敏纸使用的染料有关。由于上述原因，在那些要求印刷图像耐久性更高的领域，直接热打印技术很快为热转移印刷所取代，比如零售标签、电影票或曝露在阳光作用下的标签等。对于热打印技术的接受程度可以美国为例：在 1982 年以前，只有零星的领域才接纳热打印技术；由于美国国防部启动被称为 LOGMARS 的项目，要求国防部的供应商们必须在他们提供的产品上使用代码为 39 的条形码，才能发运到美国军队。仿佛在一夜之间，热打印技术取代了其他印刷技术，例如全形字符和点阵打印，成为条形码产品识别标签的主流印刷方法，尤其在要求从许多不同的库存产品中识别给定制造商产品的场合。发生这种技术替代的主要原因有热打印标签使用的简单性，容易选择记录介质，快速地替换已经用完的消耗材料，以及相对低的资金消耗等。在一年的时间内，热转移打印机从电影票打印转换到标签生产，用于识别由美国政府订购的成百上千的不同编号的商品。很明显，热打印应用爆炸式增长的推动力来自产品识别需求，是条形码技术实现的强制性措施。

尽管如此，美国国防部还是遇到了标签的长期耐久性问题。时常地，按新的识别要求提供的产品进入了物流系统，但几个月后却由于标签失效而变得不能扫描了。面对这一问题，甚至美国军方也涉足标签领域，制定了 MIL-L-61002 标准，其中规定了条形码识别的时间长度判断准则，以确定经过一段时间的条形码标签能否继续使用。热印刷（大多数场合为热集群转移印刷）的技术属性再次使得热打印机制造商能够快速地满足 MIL-L-61002 标准提出的附加要求，并由此建立起基础构架，导致热转移印刷在广泛种类的应用领域得以继续增长。可以举出的例子如下：面向曝露在户外条件下长期使用的带条形码的产品识别标签，可能因下雨、下雪和紫外线照射而退化；印刷电路板识别标签，生产过程中将经受 300℃左右的高温和化学清洗剂作用；航天和航空器导线标记，往往处在煤油等液体的环境条件下；仓库和货栈物流标签，需经得起搬运磨损；永远在水下使用的标签，容易为水中的微生物侵蚀，或者为污水所弄脏；低温条件下使用的标签等。

从大量的使用经验来看，热印刷的快速进展与许多领域取得的成功直接相关，克服了产品识别领域日益增长的困难。由于这种印刷方法的技术属性相当特殊，因而具备区别于其他印刷技术的唯一性。虽然对热印刷的看法还存在争议，但必须清楚地理解热印刷的各种技术属性应该是明确的，定义产品识别良好的方法仍然有相当长的路要走。

2.1.3 热印刷的工艺属性

有经验的产品识别工作参与者都知道，在为新的应用选择合适的印刷技术时必须考虑到各种因素，并在这些因素间权衡。典型相关因素有图像分辨率，与热打印设备的物理分辨率存在密切的关系；印刷品的光学密度，衡量印刷质量的重要指标；标签的生产能力，与热打印机的输出速度直接相关；是否存在可变标签信息，将决定工作难度；考虑到标签离线或在线识别的差异，批量需求必须得到重视；以及单位印刷成本、记录介质的适应性、图像耐久性、要求印刷多少种颜色、要求实时标签识别时与主系统的连接性、投资成本和携带的方便性等。此外，热打印机在特定使用环境下的耐久性也应该重视，且必须充分考虑到某些场合有更多特殊要求的多因素权衡。

很明显，印刷图像必须与产品接受体（比如纸张的涂布层）表面兼容，即允许热打印技术在相关材料上建立印刷图像，例如标牌/吊牌、车票和标签等。特别是那些只能在“工厂地板”上识别的产品，对印刷技术的选择完全由产品的制造环境和工艺决定，因为在产品制造过程中可能遇到各种各样的现场识别问题。

由于美国军方对标签识别提出的带强制性的要求，迫使热印刷系统不得不适应小批量标签加工的生产方式，考虑到许多不同的库存产品识别的特殊需求，从而导致与零售商品通用识别码大批量生产的区别。为了适应新的要求，应用部门大量地使用热转移打印机，条形码套印到标签印刷机完成的固定图文对象上，针对已经印刷好的标签增加相关产品的可变信息。特殊的需求产生特殊的工艺，热转移印刷领域很快就出现了多色印刷用色带及相关的印刷方法，在色带上“涂布”青色、品红和黄色等主色，用于只有一个打印头的热转移设备。与此同时，配备多个加热头的热转移打印机也出现在打印机市场上，每一个打印头仅仅转移一种主色油墨；完成一种主色的印刷后，步进电机驱动标签，进入下一种颜色的打印工作站，准备印刷其他颜色，类似于柔性版印刷和其他印刷技术套印那样。

随着热打印技术获得广泛的认可和采纳，打印机制造商开始尝试对他们的产品按技术特性分类，例如按分辨率划分等级，以 100dpi 到 300dpi 为一档，下一档则从 300dpi 以上到 600dpi 等；按输出速度对打印机分类，比如每秒钟 1 英寸、每秒钟 2 英寸和每秒钟 6 英寸等；按印刷宽度划分等级，以 2 英寸宽度开始按 1 英寸增量分类最为典型。面对热印刷技术在标签领域大有作为，其他特殊领域的态度相当冷静，因为这些领域更在意多色印刷质量和绝对生产能力。然而，热印刷的用途如此广泛，以至于很快就成为重要的技术。这种技术的多种属性表明，热印刷技术有美好的未来，充满希望、生气和活力，将获得进一步的发展，作为产品识别的主流方法使用。

2.1.4　驱动机制

直接热打印机往往借助于热敏纸实现单色复制，因而无须特殊的驱动机制，只要按热打印头覆盖的高度直接驱动卷筒或单张形式的热敏纸即可。热升华和热转移打印机要用到三种颜色（以热升华打印机居多）或四种颜色的色带，为此需要打印头与走纸机构间良好的配合，两者结合在一起的控制方式称为热打印头的驱动机制。根据上述定义，打印头的驱动机制相对彩色印刷而言，驱动机制将决定彩色热打印机的工作方式和输出速度，甚至决定热打印机的生产效率。

彩色热打印技术如同传统彩色印刷和绝大多数彩色数字印刷那样，也通过减色主色的叠印组合出千变万化的颜色。因此，提到彩色热打印头驱动机制时不能不涉及系统使用多少种主色及这些主色的排列次序，也需要考虑打印机的制造成本，甚至考虑到打印机的生产能力，并在这些因素间取得最佳的折中方案。

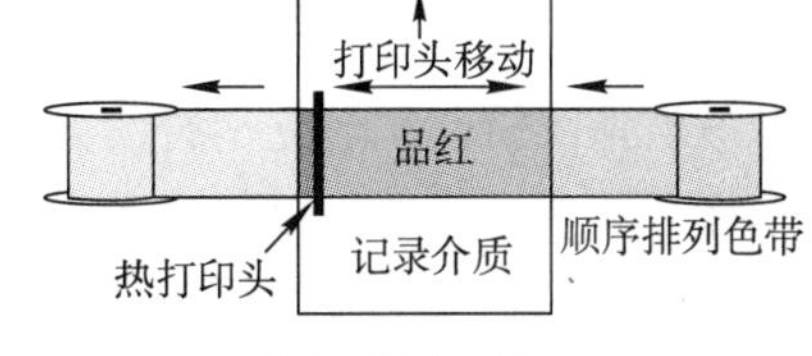

(a)串行线性序列驱动

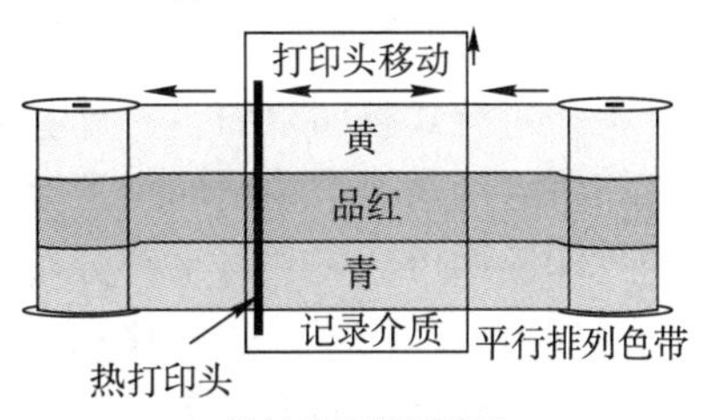

(b)并行线性序列驱动

图 2－2　线性序列驱动法

热升华或热转移彩色印刷系统打印头的驱动方法之一为线性序列法，划分成串行线性序列法（Serial Line Sequential Method）和并行线性序列法（Parallel Line Sequential Method）两种类型，它们的区别主要表现在印张进给与打印头驱动色带的配合方式，分别对应于色带顺序排列和平行排列，印张（记录介质）的驱动方式相同。

串行线性序列和并行线性序列已成为彩色热升华打印机的典型驱动方法，如何实现彩色复制任务的工作原理如图 2－2 所示，从该图不难看出两者的主要区别，同时也可以看到彩色热升华印刷与其他彩色数字印刷的区别，热升华印刷只使用三种主色油墨。对使用串行线性序列驱动机制的热升华打印机来说，色带上的黄、品红、青三色油墨沿平行于打印头移动的方向排列，记录介质（类似于彩色照相纸）移动方向与色带排列方向垂直；一种色带到达目标位置后，热打印头向图 2－2 的右面扫描式地加热并打印，返回原位置时为空程，每打印完一种颜色需往返一次。并行线性序列法三种颜色的色带排列方向与串行线性序列驱动法垂直，即三种主色平行地对齐，记录介质沿垂直于色带的方向移动，打印头移动方向与色带排列方向平行，打印头往复移动一次完成当前印张位置三种颜色的打印。

面积序列驱动法的工作原理可以用图 2－3 说明，主要优点表现在处理速度高，目前打印机市场销售的大多数彩色热升华打印机已改用这种驱动机制。

虽然图 2－3 没有明确地表示出色带与记录介质的尺寸关系，但实际上两者沿宽度和高度方向的尺寸应该彼此匹配，且打印头的加热元件排列宽度与色带高度基本相同，这意味着可打印高度与色带高度相当。热升华打印机按这种驱动机制工作时，热打印头沿三色色带的排列方向移动，加热宽度遍及色带高度；完成一种主色的色料转移后恢复到初始位置，再继续打印下一种颜色。因此，面积序列驱动机制的实际含义是转印操作在同一主色色带的整个面积上执行，也是面积序列驱动得名的原因。大多数彩色热升华打印机完成三种主色打印后还可能增加一道覆膜工艺，目的在于提高热升华印刷品的耐久性。

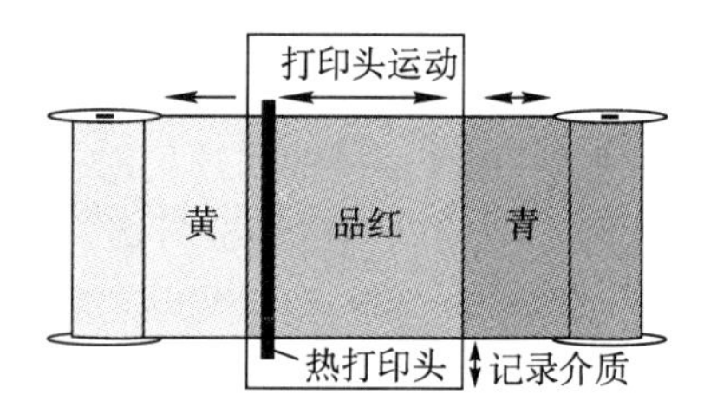

图 2－3　面积序列驱动法

2.1.5　典型配置

打印机大体上可按结构配置和功能划分成字符和记录点两大类型。以字符输出为例，全形字符行式打印机以字符整体为基本输出单位，而点阵打印机则通过建立多个记录点“装配”成完整的字符。此外，打印机也可按工作方式分类，比如喷墨打印机和激光打印机以页面为基本操作单位，借助于形成有限个记录点“拼装”成页面整体。因此，打印装置或单元可分类成串行、行式和页式打印，可以用图 2－4 说明。

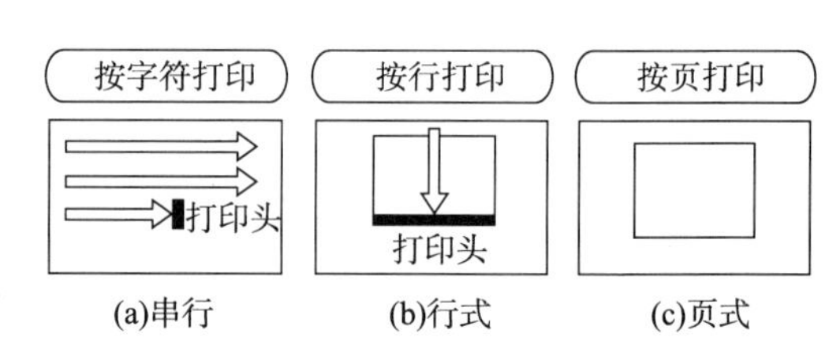

图 2－4　打印装置/单元类型

所谓的按字符打印指行式打印机的工作方式，打印锤的击打动作仅对页面的局部区域有效。点阵打印机建立字符的方式原则上也可以归进按字符打印的范畴，尽管撞针的击打动作只完成字符整体结构一部分的打印。对计算机来说，为点阵打印机和行式打印机准备数据是不同的，计算机必须针对点阵打印的特点分解字符形状，由多个记录点构造成字符；对行式打印机而言，计算机只需告诉打印机启动与要求输出的全形字符对应位置的打印锤即可，无须将字符分解成与撞针结构对应的点阵信息。热转移和热升华打印机属于页式硬拷贝输出设备，例如彩色热转移打印机的典型驱动配置可以用图 2－5 说明。

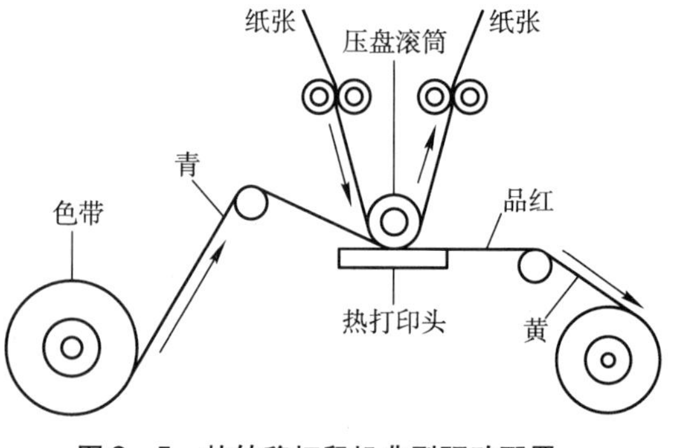

图 2－5　热转移打印机典型驱动配置

如图2-5中的打印引擎采用摆动形式，完成一种主色的转印工序后，记录介质（纸张）返回到初始位置。采用图2-3所示的面积序列驱动方法时，则热转移或热升华打印机的工作效率更高。假定色带按正确的印刷色序预制成包含彼此相接的主色序列的带形介质，则按页打印的工作方式要求计算机准备好整页的图文数据，由页面描述语言解释后转换成打印指令。就硬件角度来说，为了实现热印刷设备的彩色复制能力，仅仅有页面描述语言解释好的图文数据是不够的，还必须有能够完成多色油墨转移的结构配合。

如图2-5所示驱动配置的主要优点是彩色热转移打印机制造成本低，其结果必然是打印机的销售价格相当低廉，结构也很紧凑。根据图2-5所示的工作原理示意图，这种驱动配置需要卷筒系统处理色带材料，有三个打印头系统协同工作时的效率很高。通常，借助于卷筒纸处理系统的套印操作相对简单，也无须记录纸张返回初始位置的机构，从而能明显缩短打印时间，可见三（打印）头系统对高速记录特别合适。

2.1.6 油墨载体和色带通用结构

与直接热成像技术不同，热转移成像技术不涉及热敏材料，而是代之以使用油墨，且热转移成像系统的油墨与传统印刷及其他数字印刷也不同，油墨“保存”在色带上。可以认为，色带是一种预先经过特殊处理的材料，其作用并非接受油墨。热转移成像技术通过对色带加热而使油墨转移到承印材料，热量是图文复制的必要条件。

简单地描述，油墨层在恰当热量的作用下从色带上释放出来，再转移到普通纸张或特殊承印材料的表面。热升华和热转移印刷的区别在于转移方式，也体现在色带结构和油墨类型上。热升华印刷使用的色带大多由染料制成，预先加到色带上的染料基油墨在热量的作用下熔化，触发油墨转移到特殊结构承印物的扩散过程，为此需要对接受介质添加特殊的涂布层，为染料扩散提供条件，在染料扩散的同时发生染料热转移过程。热转移印刷使用的色带大多以蜡或特殊聚合物制成，因而不存在染料扩散过程，但将发生大量油墨的转移。由于这一原因，热转移印刷有时又称为“热集群转移”（Thermal Mass Transfer）。

图2-6给出了两种热转移成像系统使用的色带通用结构与承印材料组合，对热转移印刷来说承印材料的可选择范围宽，但染料扩散热转移印刷不能自由地选择。热升华印刷的色带和接受介质（承印材料）必须配对使用，这说明选择印刷材料（承印材料）涂布层和色带油墨层合理的组合配方对染料扩散热转移印刷的重要性。

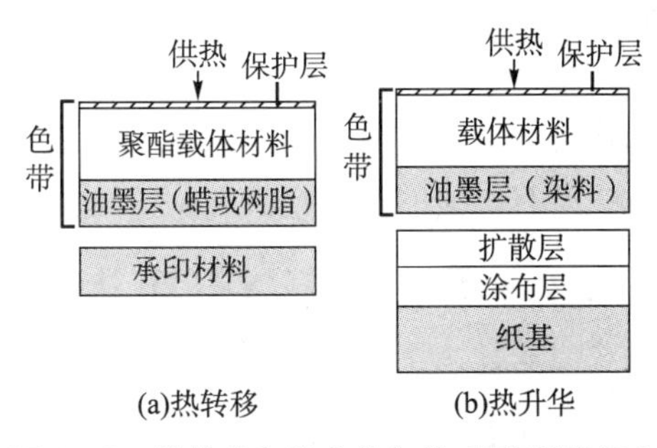

图2-6 热转移和热升华色带/承印材料组合

一般来说，热转移印刷使用的色带总在转移过程中与承印材料接触，但染料扩散热转移印刷在色带油墨层和接受介质（承印材料）之间可能会存在微小的间隙，这种间隙可利用特殊的手段（例如隔层）获得，而隔层往往集成在接受层或色膜内。这里，所谓的隔层指特定材料制备而成的球状颗粒物，由它们组成特殊的表面结构。

2.1.7 应用现状

热打印技术并没有像某些工业观察家预期的那样为静电照相数字印刷和喷墨印刷所取代，反而在上述两种主流数字印刷技术快速发展的同时取得了长足的进步，甚至有专家认为基于热成像原理的印刷已经上升为主要数字印刷技术。热成像印刷始终立于数字印刷市场的主要原因还是应用需求，有静电照相数字印刷和喷墨印刷不具备的优点。

染料扩散热转移（也称为染料热升华）印刷具备复制高质量彩色照片的能力，图像质量可以与胶片摄影和冲印系统能获得的质量媲美。因此，染料扩散热转移系统输出的彩色图像符合摄影对照片质量的要求，不仅适合于印前领域的彩色数字打样，最近更发展成打印数字摄影图像的主要技术。相对而言，由于二值复制的物理本质，热转移印刷设备的图像复制能力受到相当程度的限制，只具备常规印刷图像的细节和阶调特征。

转移热成像的主要问题是图像耐久性差，已经转移的色料容易发生重新转移，且存在手指接触部分往往引起早期图像质量退化的缺点。解决上述问题并适合于实际应用的许多方法正逐步开发出来，例如整个记录印张覆盖包含吸收紫外线的保护层。

直接热打印机产品往往不太令人注意，很少有人会意识到收银机和信用卡终端等商业设备打印的小纸条由直接热打印机输出。与直接热打印技术相比，热转移成像打印机产品的范围相当广泛，覆盖各种应用，从低制造成本的简单结构热打印机到高端打印机，从个人用途打印机到适合于办公室应用的产品，从桌面出版用打印机到数字彩色打样设备。

便携式热打印机的未来市场看好，例如服务于各种应用的不同类型的小型移动打印机已经开发成功，通过无线网络或蓝牙技术与数据终端连接。商场和家庭照片打印通常采用热转移成像技术，以热升华打印最为典型。对于那些要求简单形式打印机的领域则广泛使用直接热成像打印机，例如某些传真机的打印部分。此外，热转移打印机往往与许多测量仪器结合使用，比如医院利用热转移打印机输出 X 射线摄影底片。

尽管运转成本相对较高，但热转移成像打印机的许多特征使之在某些应用领域有较高的成本效益优点。由于两种热转移成像技术优异的彩色复制能力，光学密度可达到 2.0，阶调等级（层次等级）数达到 64 种，热升华印刷更可以实现连续调复制，因而结合使用热转移成像技术的产品数量相当多，适合于高质量图像应用领域，例如服务于各种传统印刷的彩色数字打样系统、视频打印机、桌面打印机和卡片转印机器等。

适用于染料热升华打印机使用的多次可转移油墨色带已开发成功，旨在降低这种打印机的运转成本。以多次可转移色带打印彩色图像时，同一张色带的使用次数即使高达 10 次后也没有明显的密度损失，因为这类色带的热塑性树脂层中包含大量的热升华染料。

2.2 系统结构与打印头

如同喷墨印刷系统那样，直接热成像或热转移成像系统结构和配置都必须围绕打印头而展开，或者说打印头是任何热成像系统构造的基础。随着经济的发展和人们对工业产品个性化追求的趋势，对硬拷贝输出设备的要求也日益多样化，为此需要开发满足不同应用的热打印机，系统结构也必然是多种多样的。

2.2.1 彩色打印机的基本结构与速度提升

计算机打印机市场曾经出现过各种类型的高性能热升华打印机，输出幅面以 A4 印张为主，很少看到 A3 规格的热升华打印机。通常，染料扩散热转移打印机的标称记录分辨率并不高，有人甚至认为很低，例如 300dpi 的分辨率确实算不上高，但彩色复制效果却相当好。这是因为，染料扩散热转移技术通过改变着墨点（记录点）的色彩密度来重现原稿的颜色和阶调变化，因而即使对分辨率 300dpi 的打印机也能对每一个被复制像素产生 256 种阶调，印刷出来的图像有非常细微的阶调变化。因此，分辨率为

300dpi 的彩色热升华打印机实际上可获得 300lpi 的加网线数，如此高的复制精度完全称得上连续调印刷。

图 2－7 演示采用染料扩散热升华技术的印刷系统，从该图有助于理解热升华打印机的结构和工作原理，来自日本三菱公司的技术，最大输出幅面 A3，记录分辨率 300dpi，打印机的开发目标是彩色数字彩色打样。该打印机的色带颜色数量可变，即允许只使用青色、品红和黄色色带，输出一张 A3 幅面的打样稿时大约需要 3min 的时间；该彩色热升华打印机也可以使用青色、品红、黄色和黑色色带，以更好地模拟四色印刷效果。

由于彩色热转移打印机处理速度比不上静电照相数字印刷系统，因而研制成了全彩色直通联接结构打印机引擎，其结构如图 2－8 所示那样。可见，高速彩色热转移印刷系统由四个相互独立的记录装置构成，除青、品红、黄三色外还包括黑色印刷单元。

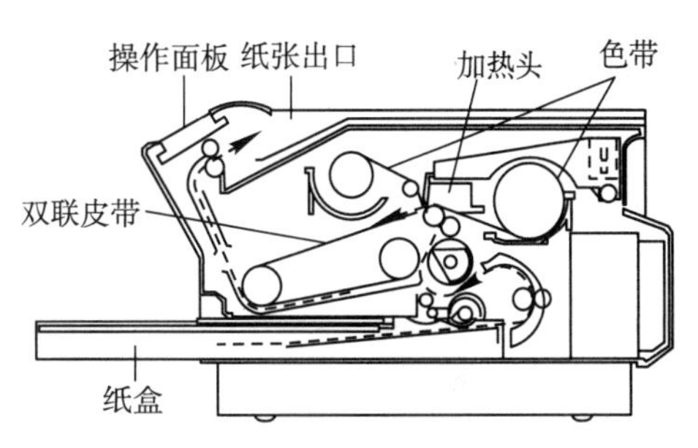

图 2－7　染料扩散热升华彩色打样机结构的例子

在图 2－8 给出的直通联接结构（即通常所说的一次通过）彩色热转移印刷系统中，记录介质（纸张）依次通过黄、品红、青、黑四个印刷单元。这种系统的主要缺点表现在记录介质进给部件太复杂，由此而造成色偏趋向于变得更明显。由于纸张输送期间加载和返回动作的张力差异，印张速度必然会随之变化，导致偏色的产生。即使保持驱动滚筒的转速为常数也无济于事，因为变速转动或许更适合于加载和返回动作的张力差异。上述问题因采用直接测量印张的运动速度而得到了很好的解决，通过有针对性地检测控制驱动滚筒的方法能保持印张恒定的运动速度，从而避免了容易引起色偏的缺点。

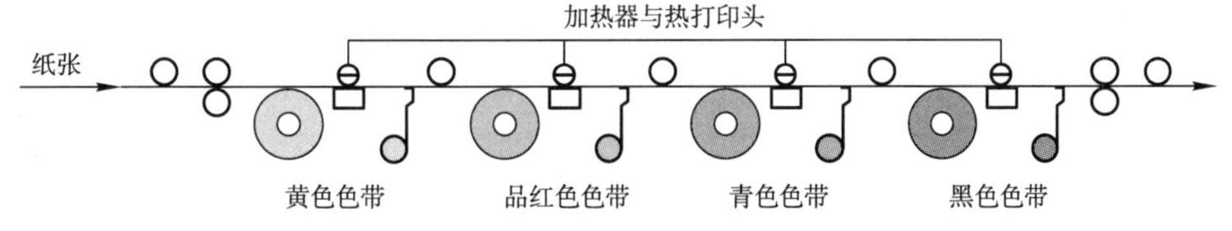

图 2－8　直通联接结构彩色打印机引擎

2.2.2　行式结构及记录过程

今天的热打印机领域大多使用行式打印头，几乎排挤掉了其他热打印头类型，导致那些曾经流行过的热打印头在打印机商业市场的消失。当然，非行式热打印头的消失也有其他因素的影响，例如为喷墨印刷和静电照相数字印刷设备所取代。根据加热元件在陶瓷基座上的位置以及与启动电路的相对关系，行式热打印头可划分成四种主要类型，它们分别是中心打印头、边缘型打印头、近边缘型打印头和真边缘型打印头。

现在，热打印头制造工业部门采用厚膜和薄膜两种典型生产技术。其中，厚膜技术以黏结的方式使用导电的加热材料，利用丝网印刷的方法将厚膜转移到陶瓷基座上，而基座则经过加热炉的热处理；薄膜技术借助于喷溅工艺将材料转移到基座，为此需要将基座放置到真空腔体中对加热材料执行物理蒸发沉积处理。行式热打印头信息记录过程的顶视图和侧视图分别如图 2－9 所示的顶部和底部所示，以打印数字 5 为例子。

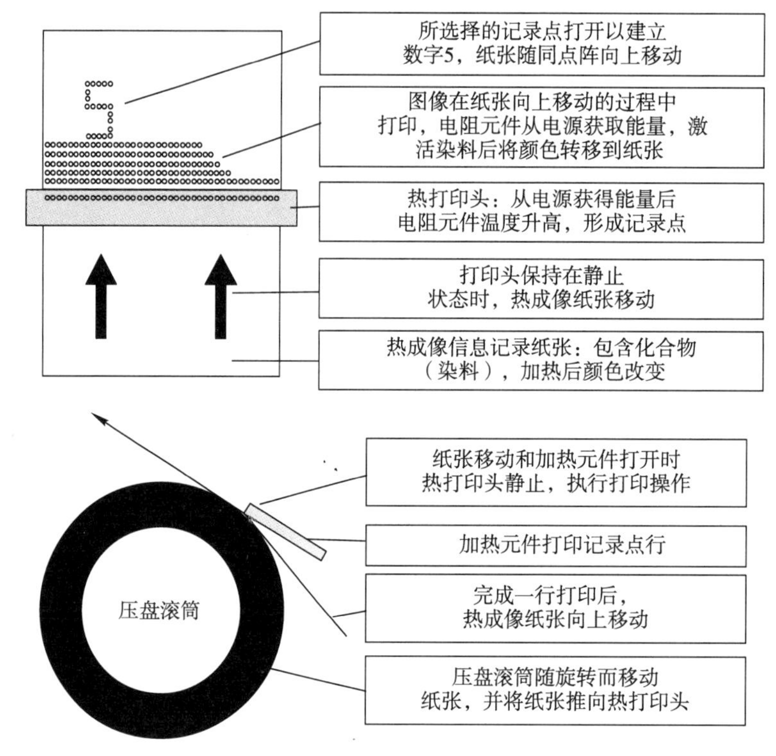

图2－9　行式热打印头的信息记录过程

图2－9试图从不同的侧面反映行式热打印头的工作特点，具有多路数字和字符信息的传输和复制能力，由于不存在打印头与热成像介质（记录介质）间的横向运动，因而机械运转结构比以前的打印头更简单。设计者希望，这种行式热打印头能够替代20世纪80年代和90年代早期流行的小型串行热打印头。

2.2.3　平直型打印头

热打印技术可以追溯到1965年。那时，号称半导体之父的美国德州仪器公司工程师Jack Kilby发明基于半导体技术的热打印头和热打印技术，并于1969年研制成以热打印机为输出装置的Silent 700电子数据终端。

热打印技术从20世纪70年代开始逐步成为某些应用的主流，例如计算机和设备终端使用的打印装置，技术发展是打印机硬件制造商和热记录介质供应商共同努力的结果。在热打印技术发展的开始阶段，曾经使用过各种类型的热打印头，比如矩阵型和字体组成型打印头。那时，分块型打印头已经出现，但更应该称之为原型分块热打印头。

到了20世纪80年代和90年代初期，小型串行热打印头变得十分普及起来，由于替换掉了撞击形成字符的装置而应用于电动打字机，并导致新一代非字符打字机的诞生。

当传真机的使用变得越来越流行时，热打印技术新的应用爆炸式地增长；第二波热打印技术应用高潮来自POS机的需求，为了营造良好的购物环境，商业终端设备的收据输出迅速从撞击式的点阵打印技术转移到热打印技术。

打印头是热敏打印机、热升华打印机和热转移打印机的关键部件，由于包含加热器而称为热打印头。经过多年的研究、开发和实践，目前已形成平直型和边缘型两种主要的打印头结构或风格，也称为打印头类型。在上述两种打印头结构中，平直型打印头的应用经验更为丰富，结构和制造工艺比边缘型打印头简单；边缘型打印头又可进一步细分为角边缘和真边缘两种结构类型，相比平直型打印头结构来显得更合理。

平直型热打印头的加热器排列成行，处于压盘滚筒的正下方，布置在由陶瓷材料加工成的平直基座表面，且基座尺寸相比加热器很大。由此可见，所谓的“平直”指加热器的平坦排列，由陶瓷基座提供支撑。此外，平直型热打印头的驱动集成电路和加热器布置在相同的基座表面，因而记录介质通过时需要与水平方向形成足够的角度，按压盘滚筒圆周形状弯曲，以避免与驱动集成电路触碰，这种结构特点可以用图 2－10 说明。

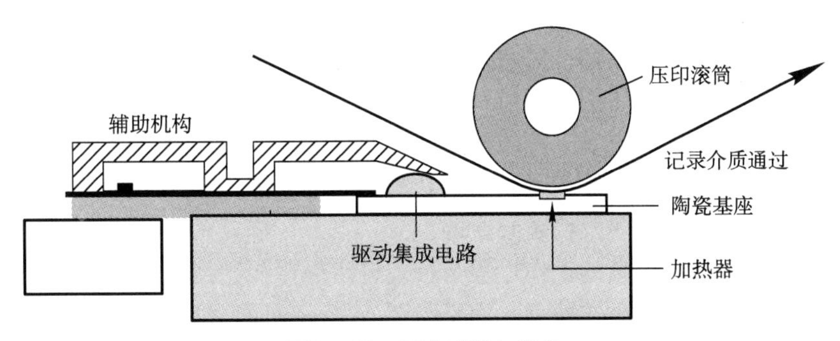

图 2－10　平直型热打印头

从图 2－10 不难看出，平直型热打印头在压盘滚筒的左侧配置有辅助机构，一方面用于保护驱动集成电路，另一方面对记录介质起引导作用，使之在到达压盘滚筒与加热器组成的间隙前形成一定的角度，以弯曲的方式通过转印间隙。然而，这样的结构设计考虑显然会限制热打印机使用者灵活地选择承印材料的自由度，某些应用需要在挺度高的记录介质上印刷。如果可以在平直型热打印头的基础上对结构加以改进，则用于热转移印刷系统时允许选择更多的承印材料，于是出现了结构更合理的边缘型打印头。

2.2.4　边缘型打印头

与平直型热打印头形成对比的是，角边缘型和真边缘型两种打印头的加热器放置在陶瓷基座的边缘位置，两者的区别主要表现在加热器所在陶瓷基座与记录介质行进方向的空间关系。角边缘型打印头矩形陶瓷基座有一个角加工成与水平线形成足以使记录介质能直进直出的角度，加热器发出的热量作用方向与水平线垂直；真边缘型打印头的陶瓷基座端部加工成半圆形，且基座设计成与水平线垂直，加热器放置在基座的半圆形端部，热量作用方向也与水平线垂直。重要的问题在于，以上两种热打印头的驱动集成电路都远离记录介质的前进路径，因而无须辅助机构也能确保驱动集成电路不与记录介质触碰。

由于角边缘型打印头和真边缘型打印头结构上的特殊性，使这两种热打印头具备平直型打印头无法达到的优势，记录介质进入或退出加热器行所在位置时不存在平直型打印头那样的障碍，它们的优点可以用图 2－11 说明。该图也用于演示角边缘型打印头和真边缘型打印头的结构简图，记录介质以直线方式进出的特点。由于边缘型打印头结构可

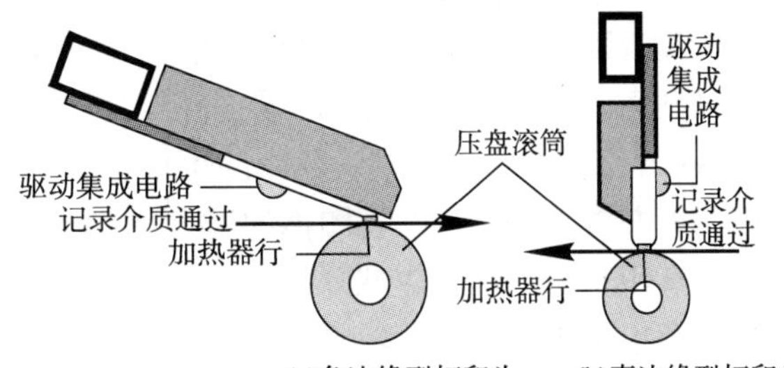

图 2－11　两种边缘型打印头结构简图和记录介质通过特点

以确保记录介质通过转印间隙时直进直出，因而无需像平直型打印头那样以角度进入和弯曲。

2.2.5 分块结构打印头

随着单行固定字符数据打印需求的上升，出现了一种独特的热打印应用。这种特殊应用的基本思想来自企业要求，即利用热打印技术输出计时卡片。传统上，计时卡以机械方法打印，例如预先制作好的字体（字模）或点阵打印机。从进入21世纪开始，考勤计时卡打印头逐步转移到热打印技术，采用老式的行式热打印头必然带来某些麻烦，因为计时卡应用存在某些特殊的要求。

可以这样说，每一种产品都针对特定的应用，分块结构热打印头同样如此，这种打印头主要面向考勤用计时卡打印头等领域。历史地考察，分块打印头的想法早在20世纪70年代时就已经产生，但当时市场上并未出现有效的分块打印头产品。现在已经到了必须为计时卡打印头等应用开发新产品的时候了，新的分块多数字热打印头开发终于提上议事日程。为了满足特殊需求，某些发明是必要的。

以分块热打印头输出信息的工作过程与行式打印头存在相当大的差异，图2－12归纳和总结出了分块热打印头的工作特点，用于与图2－9演示的行式热打印头比较。

如同图2－12演示的那样，由于分块热打印头采用机械驱动的方法，因而这种热打印头的驱动机制与图2－9所示的行式热打印头驱动是完全不同的。

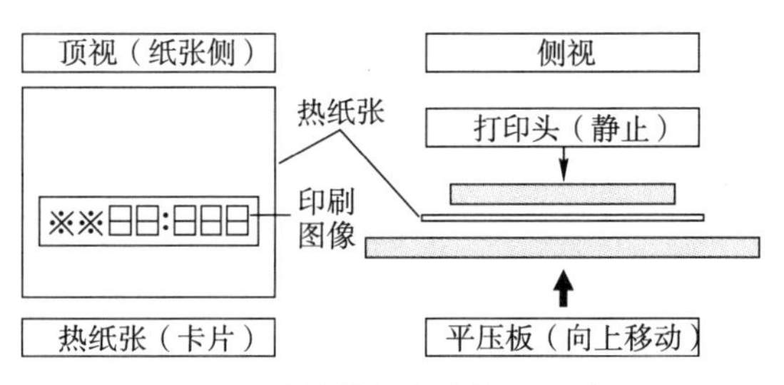

图2－12 分块热打印头的工作过程

为了正确地复制出图像，行式热打印头必须根据记录点的矩阵结构控制打印机生成记录点行，为此驱动机制必须据此设计。然而，从图2－12所示的工作原理看，分块打印头建立印刷图像的方法不同于行式打印头，因而驱动机制必然也与行式打印头不同，至少从电气角度考虑两者存在原则差异。根据图2－9底部给出的行式打印头记录特点，由于打印头以记录点行为单位输出图像，因而打印头的加热元件必须在打开和关闭间快速切换；分块式热打印头则与行式打印头不同，其唯一的任务是输出字符，且字符成整体输出，从而加热元件的切换速度慢得多。由此可见，分块热打印头接收到输出数据后，打印机的控制电路只要按字符结构指令加热元件以更短的打开和关闭周期工作即可。

2.2.6 打印头角度调整

目前，用户强烈要求提高热打印机的输出速度，某些领域表现得尤为明显。以染料扩散热转移印刷为例，只要调查今天的热升华打印机市场就可发现，以前的A4规格热升华打印机已经消失，各种牌号的小规格打印机则纷纷出现。分析起来，原因其实也很简单，即使A4规格的热升华印刷，色带的价格仍相当高，因而不适合于大批量的应用。但另一方面，人们对于高质量彩色图像的追求不会停止，新的应用也会不断出现，例如护照和身份证卡打印，由于这些领域并不十分在意色带的销售价格，更注重图像的打印质量，因而成为热升华印刷技术新的增长点。小规格彩色热升华打印机快速发展的另一种推动力源于数字摄影的爆炸式增长，数字照相机的拍摄效果越来越好，迫切需要有质量足以与数字摄影结果匹配的小规格打印机输出，热升华打印机无疑是很好的选择。

用户需求的满足离不开热打印机开发商的努力，某些障碍必须克服，其中之一便是色带起皱问题。打印速度提高时，热打印头加热器与色带背部涂布层的摩擦力必然增加，与正常运转速度相比更容易引起色带褶皱。为了减少这种副作用，必须改善热打印头内部的加热器结构，降低起皱现象是完全有可能的。

塑料卡片打印的需求十分旺盛，只能由真边缘型打印头完成，为了确保印刷质量，提高热印刷品的耐久性，热打印头的角度调整是最重要的因素。理论研究和实践表明，打印头与印刷表面垂直未必合理，倾斜成图 2－13 所示的某种角度或许更好。

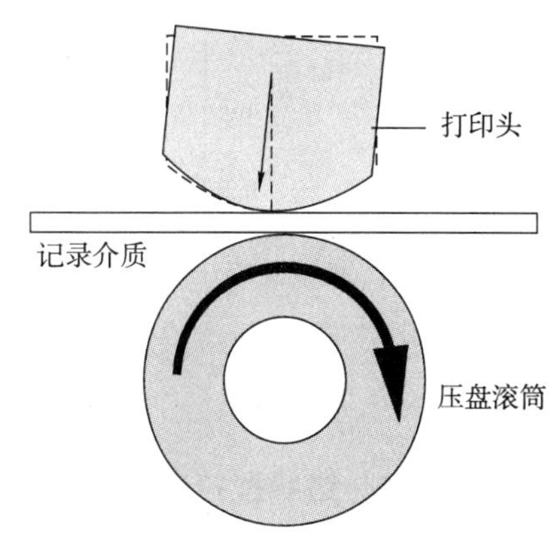

图 2－13　打印头角度调整

以染料扩散热转移方法打印照片质量图像时，打印头角度调整显得特别重要。如果加热器行在记录介质通过打印头时靠压盘滚筒直接压住，且打印的是暗色调图像，则压盘滚筒和加热器行形成的压力容易使色带褶皱，在塑料卡片上出现痕迹。

由此可见，为了避免在印刷图像内出现色带褶皱，打印头应该与色带倾斜成某一角度，使打印头加热器行与记录介质之间的接触条件变“差”。然而，倾斜应该有度，若打印头与记录介质的倾斜角度太大，则由于加热器行与记录介质的接触条件太差，导致图像复制质量退化，光学密度达不到要求的数值。发展到今天，这种现象在卡片打印机制造领域已经众所周知，大多数制造商都掌握了调整打印头角度的方法，以确保印刷质量。

2.2.7　介质接触条件

如前所述，染料热升华打印机在“不经意”间演变成小规格设备，以满足身份证卡和数字摄影等领域的高质量图像复制要求。对设备制造商而言，他们总是希望自己生产的打印机能够覆盖更广的范围，并渗透到各种领域。为了扩展身份证卡打印机的应用范围，市场对热打印头提出三种最基本而重要的要求，即自由调整能力、快速热响应特征和良好的防止机械等因素导致的刮伤能力。

如同已经提到过的那样，打印头角度调整可以有效地解决色带出现褶皱，这不仅是一种技术措施，打印头角度的自由调整能力同样反映市场需求。若热打印头按身份证卡的复制特性装配成适合于卡片输出的热升华打印机，则打印头的安装角度应该调整到能够输出最佳复制质量的印刷品。为了找到偏离角度与印刷光学密度的关系，有研究人员测量了某种新型热打印头和流行真边缘型打印头的光学密度表现，测试时以树脂基色带代替染料扩散热转移色带，旨在掌握打印头对接触条件的敏感性。其他测试条件为使用 20mm 直径的压盘滚筒，角度支点设置在釉面结构件曲率的中心部位，结果如图 2－14 中的曲线所示。

根据图 2－14 所示的测试结果，新型真边缘型打印头在相当狭窄的倾斜角度范围内存在最佳的数值，每当角度变化时光学密度发生相应的倾斜变化；相比于新型打印头，其他真边缘型打印头的最佳角度值分布在更宽的范围内，每一种角度变化条件下的光学密度变化相当平坦。新型真边缘型打印头的上述特点有助于更少的调整操作，显然对减轻打印头的安装工作量有利。然而，新型真边缘型打印头的可调整角度范围比其他真边缘型打印头更狭窄，因而对加热器行位置与压盘滚筒和打印头所形成的切点的关系更敏感，这种因素可能影响最终的印刷质量，值得在描述新型真边缘型打印头的优点同时强调这种潜在的缺点。

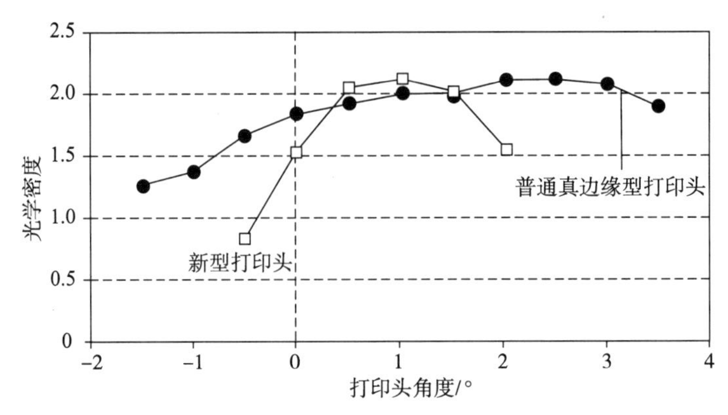

图 2－14　打印头角度与光学密度关系

2.2.8　边缘型打印头的理想表面形状

在条形码应用领域，目前条件下采用平直型打印头时能够达到的最高打印速度比每分钟 12 英寸略高，而利用最近推出的配备角边缘打印头的热转移日期编码打印机则可以获得每分钟 36 英寸的打印速度。为了在上述两种应用领域达到、甚至超过当前热成像印刷的最高工作速度速度，借助于角边缘技术的速度提高效果更为明显，主要原因是角边缘打印头的局部压力分布更合理，因而在高速打印条件下显得更重要。此外，角边缘型打印头的直线走纸通过方式对提高速度提供基础条件，有助于实现记录介质的平滑运动。

另一种要求高速输出的例子是身份证卡打印，可能遇到塑料承印物，以染料扩散热转移技术最为合理。显然，这种应用要求直线走纸通过方式，因为内容要打印到挺度相当高的塑料卡片的表面，且这种记录介质的表面又相当硬。与目前只能达到每秒钟 1 英寸的速度相比，身份证打印的速度最好是该速度的三倍。考虑到身份证卡以图像为主要打印对象，打印速度比条形码标签或日期编码应用领域相对较慢，因而可选择真边缘型打印头。一般来说，真边缘打印头的釉结构层相比其他直线通过打印头而言更平滑，比如利用角边缘或近边缘采用釉结构层的打印头，其中近边缘打印头类似于平直打印头技术。真边缘打印头适合于数字照片复制，随着低成本解决方案的提出，某些打印机也用于身份证领域。

图 2－15 演示京瓷株式会社近边缘打印头表面形状的测量结果，数据来自打印头前缘到集成电路的测量结果。根据该打印头表面形状，为了保持记录介质能直线通过，加热器行有一定程度的偏离，以及对釉结构层的特定厚度提出要求都是必需的。从图 2－15 提供的数据来看，釉结构层顶部的厚度大约 100μm，加热器区域的厚度为 85μm。

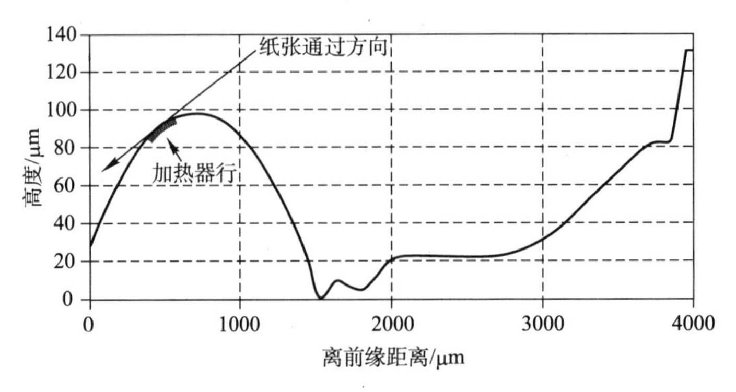

图 2－15　近边缘打印头的表面形状

为了在靠近打印头边缘基底的部位使尺寸减小到40μm，釉结构层顶部的厚度可能需要调整到50μm，宽度甚至小于1mm，以形成记录介质直线通过的角度，并确保卡片打印要求的平滑度等级。然而，通过使用近边缘基底层满足上述要求是极端困难的，这成为需要真边缘打印头的主要理由之一。

2.3 加热器

如果说打印头是热打印机的核心，那么加热器就是热打印机核心的核心了。从德州仪器公司的工程师Jack Kilby发明基于半导体技术的热打印头开始，加热器经历了时间不算长久的演变，加热器的性能不断改善，满足了各种类型热打印机的要求。

2.3.1 三种典型加热器

现在已出现了各种类型的打印技术，每一种技术都有自己的优点和缺点。图表记录仪和类似的仪器使用历史相当悠久，证明了笔和墨水系统具有可靠性高（输墨系统例外）和成本低的双重优点。但不幸的事情发生在与墨水供给有关的问题上，这就是记录笔系统的机械延时和喷射过多的墨水，多通道记录的复杂性也使人们对于笔和墨水系统提出强烈的质疑。热打印技术利用横跨纸张宽度的电阻串或激光二极管克服这些缺点，一组相互关联的电阻器或激光二极管借助于正确的寻址产生需要记录位置的轨迹。热打印技术为正确地访问打印头必然增加电子线路的复杂性，但这种缺点通过降低机械结构的复杂性而得到补偿，当时间共享系统可以为热打印系统使用时，多通道操作不再成为多么严重的问题了。

除激光器外，基于电阻器提供热量的热打印机普遍采用三种基本技术，即三种发生热量实现图文复制的电阻加热器。如同所有的技术那样，每一种加热器技术既有优点，也有缺点，归纳如下。

1. 半导体

梁式引线结构大多使用硅器件（硅芯片），通常安装在厚膜基底上，许多公司都拥有这种技术，早期半导体加热器技术以德州仪器公司最为著名。电阻器是掺杂的半导体，热量由这种电阻器发出，要求以矩阵形式组织二极管。在某些场合，硅芯片用作开关，目的在于简化驱动电路。

半导体加热器技术的主要优点是硅材料带来的优异抗磨损特性，生产打印头元件有工业基础良好的半导体制造技术的支持。

但缺点也很明显，比如对记录点尺寸选择的严格限制，要求的供电方式复杂，对许多应用领域来说打印头价格太高。此外，由于半导体是打印头的关键成分，而半导体标准的修改不会顾及到热打印机，导致打印头跟不上热成像印刷技术发展步伐的要求。

2. 薄膜

以薄膜电阻器阵列加热已成为半导体加热的替代技术，主要由惠普使用，要求实现薄膜间合理的相互连接。

薄膜加热具有双重优点。首先，薄膜电路通常在玻璃上加工，由于玻璃的热传导系数相当低，使得加热器的工作效率更高；其次，薄膜工艺的固有特性是精细线条定义，因而利用薄膜加工技术可生产出高定义（高清晰度）的电阻器。

薄膜加热器有许多缺点。一般来说，薄膜电路的制造成本相对较高，不过相对于打印头的制造成本更高而言，薄膜电路制造成本高似乎不算问题。薄膜电阻器的坚固程度对于抵抗纸张摩擦显得不太合理，为此要求涂布保护层，但会明显降低打印速度。

3. 厚膜

使用方式基本上与薄膜加热器相同，形成电阻器阵列需要以预定的“图案”使它们相互连接起来，才能够实现热打印头正确的寻址。

厚膜加热器的优点可观，特别值得一提的是厚膜电阻器在高脉冲功率条件下的机械坚固度，总能快速地在纸张上打印。此外，这种加热器容易加工成多层结构，形成复杂的连接关系，组合成加热器记录点的完整阵列，因而可有效地连接到打印头。厚膜电阻的即时黏结能力有利于直接利用“沉积”到基底层的半导体，实现输入信息编码。

缺点也同样存在。由于基底层往往使用高导热系数的氧化铝，从而对电源（功率）提出更高的要求。此外获得高定义的电阻器也是问题。如果对优点和缺点综合权衡并加以仔细设计，则某些问题可望得到合理解决。

2.3.2 薄膜和厚膜加热器结构

根据前面的讨论，热成像印刷领域使用的典型加热器划分成薄膜加热器、厚膜加热器和半导体打印头三大类型，薄膜和厚膜似乎彼此矛盾，但事实却未必如此。一般来说，薄膜加热器更适合于高速打印应用，原因在于这种加热器具有优异的热响应能力。

尽管电阻型加热器的结构细节多种多样，但绝大多数电阻加热器共享某些特性，尤其表现在结构方面。就一般角度而言，薄膜加热器的常见结构可以用图 2 – 16（a）说明。薄膜加热器确实有不少优点，但生产大尺寸的薄膜加热器却相当困难，制造工艺也相对复杂。总体上来说，热升华和热转移打印机大多使用薄膜加热器，加热元件以丝网印刷或烧结技术组成。制造工艺简化对薄膜加热器十分重要，否则无法组织大批量生产。

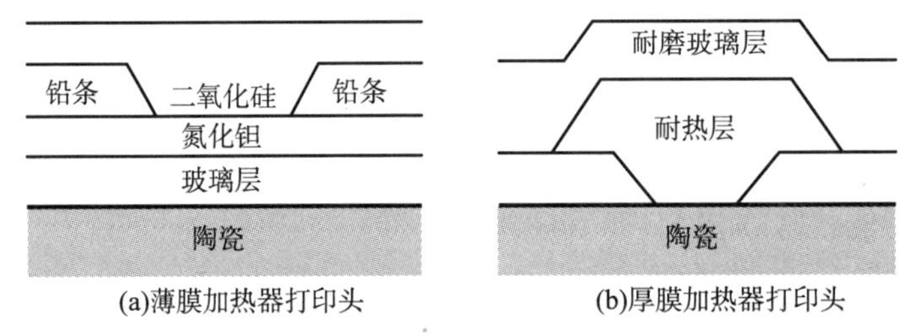

图 2 – 16 薄膜和厚膜热打印头结构简图

从图 2 – 16 所示的加热器结构看，无论薄膜还是厚膜加热器都“坐落”在陶瓷材料制成的基底层上，膜的厚或薄主要取决于“沉积”加热元件的结构层。

热成像印刷系统对电阻元件的最终要求归结为对于来自控制电路的信号产生合理的响应，在满足质量的前提下响应速度越快越好。此外，电阻元件应该在驱动信号的作用下发出数量足够而合理的热量，发出过多的热量容易导致打印机故障；若发出的热量太少，则油墨不能熔化，同样属于打印机故障。

当热打印头电阻元件阵列（更粗糙的打印头可能只有一个）受到来自控制系统合适的电信号驱动时，这些元件便产生热量；如果有热敏纸通过电阻元件，则热敏纸在电阻元件所发出热量的作用下改变颜色，形成标记；色带通过电阻元件时，色带上的油墨层被热量所熔化，再借助于升华或转移的方法在纸张上形成记录结果。

2.3.3 电阻器

为了正确地复制原稿颜色和阶调，基于电阻器加热的打印头必须满足许多要求，既有打印头结构设计方面的，也有材料性能参数方面的。以厚膜加热器为例，既然有大量的技术要求摆在电阻器的面前，其中的许多要求又与常规厚膜要求冲突，因而求得各种性能要求间的平衡十分重要。分析热打印技术对于电阻器的各种要求，可归纳出如下诸点：

（1）出于节能的考虑，应该以最小的电压驱动电阻器，为此需尽可能降低电阻值。

（2）为了防止不必要的尖点放电效应，避免损坏电阻器，甚至损坏热打印头，要求加热器表面光滑，又要确保高机械强度。

（3）按页面图文信息发生热量，形成发热点准确的几何关系。

（4）电阻器有能力对来自控制电路的脉冲信号做出响应，速度要快，且要求对高脉冲功率做恰当的处理。

上述要求通过仔细的材料选择和结构设计可得以满足，但不存在唯一的解决方案，必须接受大量的折中和妥协，以针对每一种应用提供正确的答案。

从机械结构设计方面考虑，对于电阻器几何尺寸的限制有两种解决方案可供选择，这两种方案均可避免对小尺寸电阻器过分严格的要求。高质量图像复制除要求高分辨率电阻器排列外，更重要的问题在于能否实现高清晰度复制，这就要求电阻元件的发热强度和影响区域控制在规定的范围内。若高定义打印要求归结为对电阻器排列密度要求，则对于现代材料和加工技术来说并不是太严重的问题，即使在20世纪80年代时0.1mm的线条和间隙就已经不成问题了。在图2－17所示的两种结构配置中，在激光切割技术的帮助下，电阻器以连续分布窄带的形式横跨热打印头的整个宽度。

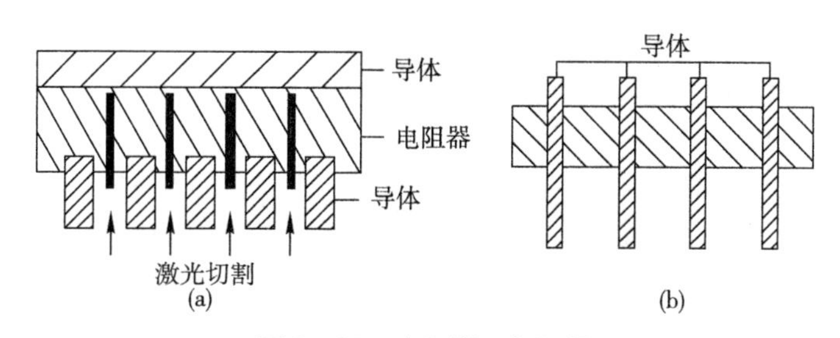

图2－17 电阻器几何配置

图2－17（a）所示的激光切割解决方案采用导体分隔的方法定义电阻器长度，而激光对于电阻器的切割则定义电阻器宽度，此方案导致电阻器的一致性。激光切割的替代方法利用导体图案确定一维尺度，另一维尺度由电阻器本身定义，如图2－17（b）所示。这种解决方案因经济性高而颇具吸引力，避免了代价较为昂贵的激光切割操作，但电阻器的尺寸精度稍差，若导体间隔缩小到更精密的距离，则记录点（导体）之间会形成明显的死区。

2.3.4 加热器的U形排列

位置尽可能靠近承印材料边缘的加热器构成的打印头称为近边缘打印头。正常的热打印头设计往往在承印材料的边缘侧留有一定的距离，而近边缘型热打印头则力图减小这种距离。一般来说，近边缘型热打印头的加热器呈U形布置的结构，已成为近边缘型热打印头设计和制造的基本技术之一。近边缘打印头加热器设计时划分为两部分：其中之一与开关集成电路连接，另一部分与靠近集成电路侧的公共通路相连，而公共通路则直接集成到印刷电路板，这意味着上述两部分按相同的方向组织，结构如图2－18所示。

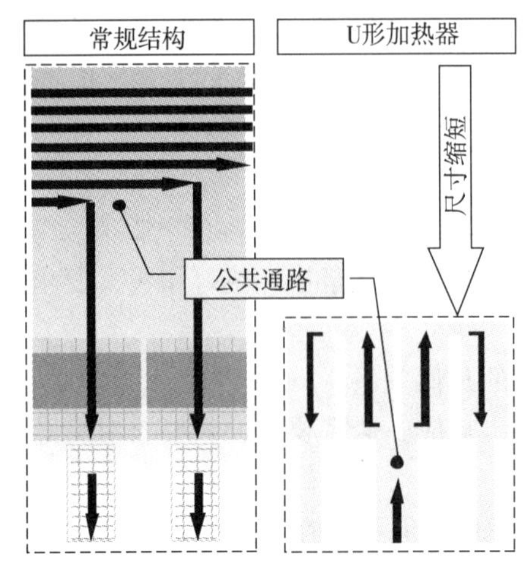

图 2－18　近边缘打印头 U 形加热器概念

U 形加热器包含两个加热元件，其频率是普通加热器分辨率的 2 倍，因而 U 形加热器得到许多热升华打印机制造商的高度称赞。与常规加热器相比，新的 U 形加热器长度是它们的 2 倍。U 形加热器容易获得更高的热阻效果，有助于节省电流损耗。此外，这种加热器的公共通路位置处于印刷电路板上，从而降低了热阻，且减少了公共通路占用的面积。

现在，U 形设计通过加热器位置与釉面材料顶部的关系优化而得到改善。通常，加热器与集成电路焊接的距离由于收衬底印材料而靠得更近，因而压盘滚筒也更靠近集成电路焊接点，且压盘滚筒与集成电路焊接间的纸张通路间隙同样也靠得更近了。通过上述结构改进措施，直径更大的压盘滚筒可以与尺寸更小的衬底材料共存于同一系统。

2.3.5　切口加热器

显而易见，在能力相同的前提下，即假定热打印头产生的记录点具有理想的边缘形状和符合理论数值的尺寸，且记录点的位置也符合精度要求，则与低分辨率的热打印头相比，分辨率更高的热打印头有助于改善打印质量。

事实上，采纳切口加热器结构就是为了最大程度地提高印刷质量，在不明显增加制造成本的条件下提高打印头的分辨率。所谓的切口加热器指简单结构的加热器分解成图 2－19 所示的切口“图案”，如此则切口加热器的分辨率比简单结构加热器提高一倍，例如分辨率为 300dpi 的简单结构加热器因中间增加阻隔物而变成 600dpi 的分辨率。但值得注意的是，虽然打印头采用了切口结构加热器，分辨率也在原来的基础上提高了一倍，但热打印头本身仍然以 300dpi 的分辨率工作，因为实际的加热元件数量并无变化。

根据切口加热器的结构特点，据此构造成的打印头很难确保打印头建立的记录点与理论位置、尺寸和形状一致。由于真边缘打印头包含大尺寸的公共通道，所以客户选择简单结构加热器或切口结构加热器都可以，尺寸上不会受到限制。近边缘打印头以使用 U 形加热器结构最为典型，这种打印头的加热器总是分解为两个子加热器。

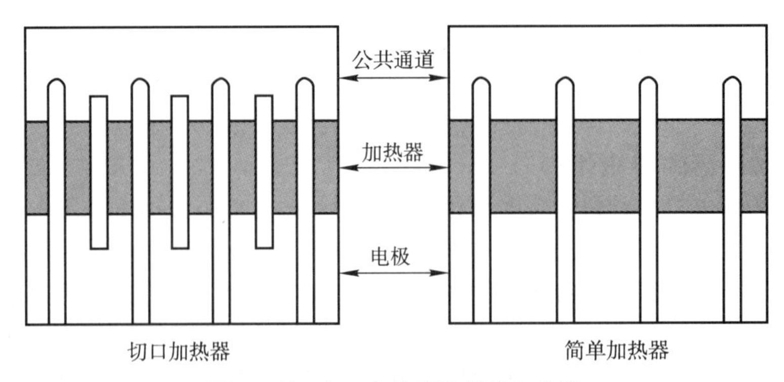

图 2－19　切口加热器和简单加热器

2.3.6 激光加热

要求更高的分辨率时，由于图像分辨率取决于热打印头内加热元件的集成度，即加热元件在单位距离内的排列密度，因而热打印头制造工艺的限制条件变得越发重要起来。鉴于这种原因，市场呼唤新的热打印机引擎，以激光器（激光二极管）为加热元件的染料扩散热转移打印机终于出现，提高分辨率的要求也因此而得到满足。

基于激光加热的染料扩散热转移印刷系统的信息转移，通过成对出现且性能匹配的色带和接受印张实现，其中色带主要由基底薄膜层和染料层组成，而记录印张（接受体）的主要成分是基底层和染料接收层，基本上与常规染料扩散热转移打印机类似。此外，为了完成彩色复制任务，有必要在色带中使用能将激光转换成热量的结构层。图 2－20 用于说明通过激光加热机制实现彩色复制任务的两类色带与记录介质组合。

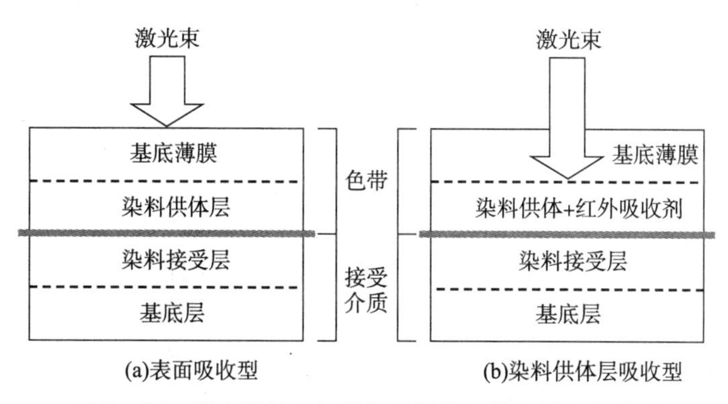

图 2－20 激光热转移打印机使用的两种介质组合类型

与图 2－20（a）所示的色带与接受介质材料组合相反，图 2－20（b）材料组合中的色带尽管也以基底薄膜作为支撑层，但油墨层（即该图中的染料供体层）的结构更复杂，且色带中除了染料供体外，还包含用于吸收红外线辐射的材料，以及能够有选择地吸收半导体激光器某些发射波长的物质，因而部分激光束将在染料供体层组合内吸收。如果能合理地传送与吸收效应有关的参数，则染料的转移数量可以增加。

由于图 2－20 所示的色带和接受介质组合系统以热模式工作，因而要求功率相对高的激光器。激光加热染料扩散热转移打印机的研制阶段曾经使用过气体激光器，但最近几年来 CD－ROM 和 DVD 驱动器的迅速发展导致高功率半导体激光器的诞生，激光加热染料扩散热转移打印机自然也相应地选择半导体激光器了。

热转移印刷也有以激光驱动的，这类印刷系统采用两种类型的打印机引擎，通过不同的工作机制在接受介质表面产生记录结果：第一种打印机引擎的激光器移动，另一种打印机的激光器固定，利用反射镜和相应的机械结构改变激光束的扫描方向。对于以低灵敏度记录的热转移印刷系统来说，出于降低制造成本的考虑，激光器移动的工作模式应用更为普遍。现在，记录分辨率 2540dpi 甚至更高的打印技术已经实现，作为解决低写入速度半导体激光系统的有效措施，多头打印机的研制方兴未艾。

2.3.7 自动热色敏加热器间隙与角度

直接热打印需要使用热敏纸，某种场合往往要用到这种技术。最近几年来，由于数字照相机的广泛应用，获取图像数据变得很容易。对某些特殊的直接热打印技术来说，可以满足数字照相机用户的高质量图像复制要求。高质量黑白直接热打印的例子包括带摄影照片的邮票、公司标志和图像等。然而，高质量直接热打印技术不再局限于黑白，已经出现了全彩色纸张，例如宝丽来的TA自动热色敏（Thermo Autochrome）纸和富士的自动热色敏技术，包括多个显影层，通过紫外线和新的全彩色热打印介质定影。

由直接热打印机建立的每一个记录点与加热点对应，相邻加热点的距离称为加热点间隙，即相邻子加热器形成的距离，例如图2－21中标记为G的距离，该图还以A代表加热器的角度。子加热器宽度变窄时，沿加热器行方向（子加热器的排列方向）的温度范围（差异）变得更小，导致记录介质彩色显影层的温度分布更均匀，但却对设备的制造工艺形成限制条件。涂布层往往在加热器的表面组成，因而打印头表面的温度分布均匀，主要体现在打印头加热器的表面部分。如果考虑从纸张表面到彩色显影层的热传导，则子加热器间隙无须调整到0。然而，根据记录介质结构和打印头的涂布层结构分析，两者配合使用时合理的子加热器间隙并不相同，为此需要进行优化处理。

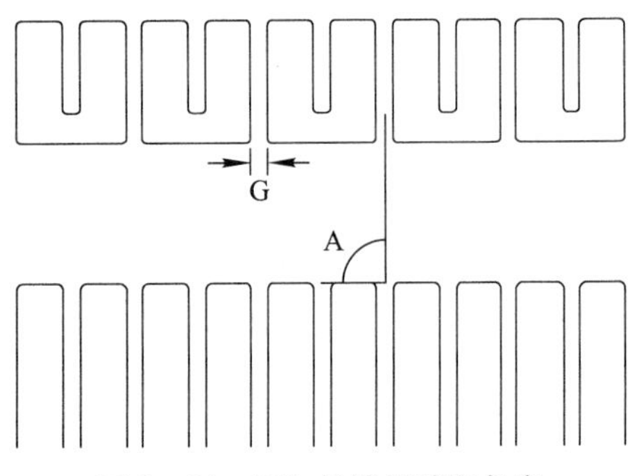

图2－21　子加热器间隙和角度

加热器（实为子加热器）通常按垂直于纸张进给的方向排列，即输纸方向与加热器排列方向垂直。由于采用这种子加热器的排列方式，因而若打印头中存在低温部分（例如子加热器形成的间隙），则这些低温区域总会造成记录介质受热温度不均匀，印刷光学密度自然也无法保持均匀。为了解决该问题，避免因子加热器对齐不准导致的常数低温分布就显得十分重要了，采取必要的措施后使得温度均匀地分布。

有限单元法计算结果和实验数据表明，电极的热散射与子加热器表面不同。由于打印头材料的热发射性能差异，温度分布可以很好地复制到电极。因此，子加热器间隙邻域的温度分布随着子加热器排列角度误差降低而逐步变得平坦。

2.3.8　加热元件的能效

由于热打印机市场的多元化，热打印头也需要针对每一种市场目标调整其功能，使设备具有良好的性能。在市场需求的推动下，各种使用场合对便携式打印机表现出快速增长的需求，例如信用卡终端和票据打印机等。热打印机携带的方便性是这种硬拷贝输出设备的关键指标之一，原因在于市场需要尺寸小、重量轻的打印机。此外，便携式打印机应该是节能型的，毕竟谁也不希望频繁地更换电池，因而延长电池寿命必须考虑。

传统打印头的加热元件宽度通常在0.2mm左右，只需一次就能产生需要的记录点。采用狭窄加热元件是出于节能的考虑，但必须打印两次才能建立一个记录点，表面上打印机的输出速度因此而降低，实际上复制效率得以提高。研究结果表明，通过使加热元件的尺寸最小化，以及使加热元件产生的热能“浓缩”，可形成更高的能量效率。例如，传统打印头加热元件中心位置温度在330℃左右，打印头由小尺寸加热元件组成时，打印头的表面温度约400℃，显然比常规加热器结构更高。

图2－22用于说明能量供给与光学密度间的关系，图中的虚线代表传统打印头，实线表示更窄加热元件和更厚釉面层热打印头的能量供应与密度关系，足以说明问题。

从图2－22所示的测量数据不难看到，打印头改用狭窄加热元件后，热能的利用效率改善明显。根据图中的数据，假定以光学密度达到1.2为基准，则从图2－22大体可估算出改进后打印头的能量效率比传统打印头节省大约30%，效果很好。

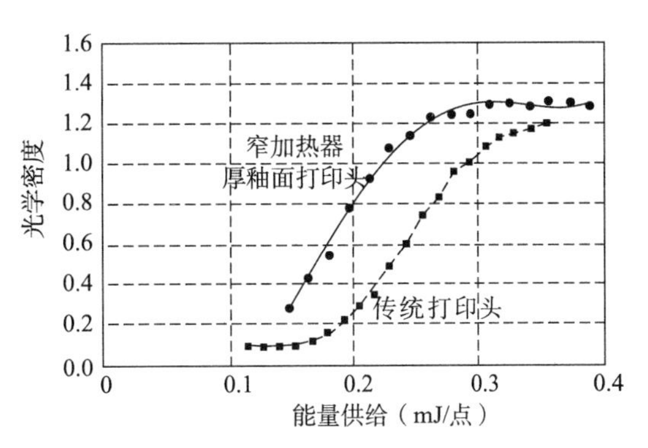

图2－22 改进前后打印头的能量效率比较

2.3.9 分辨率

最近几年来，基于热成像技术的硬拷贝输出设备的分辨率日益提高，热打印技术逐步渗透到图文传播和其他相关领域，例如数字摄影结果的打印。经过多年的努力，某些热打印机的记录分辨率甚至超过了1000dpi。然而，分辨率的提高以增加设备制造成本为代价，典型热打印头的分辨率大体上在200～300dpi间，显然不能满足图像复制要求，除非以染料扩散热转移技术打印。受到制造成本的限制，以及其他条件的制约，即使分辨率最高的普通热打印头的分辨率也才达到600dpi。对于一般应用，由于期望复制质量不高，因而300～600dpi的分辨率基本满足要求，如同20世纪90年代的激光打印机那样，即使按600dpi的分辨率也可以复制出令普通消费者满意的图像，只有那些特殊的应用领域才要求分辨率更高的热打印头，可能在900～1200dpi之间。

热打印头无法如同喷墨印刷等实现高分辨率的原因之一在于市场因素，因为印刷市场的许多领域客观上对高分辨率没有强烈的要求。人们对于分辨率的认识往往有局限性，认为分辨率更高的设备意味着可以实现更高的像素密度，这种观点并不全面。例如，由于染料扩散热转移技术的特殊性，即使300dpi分辨率的热打印头输出图像的质量也与1000dpi的喷墨印刷相当，甚至超过这种分辨率下的图像复制效果。因此，热升华印刷确实不存在要求高密度设备像素的理由。

考虑到大多数现有热打印头的记录精度停留在低到中等分辨率的状态，人们确实不知道热打印头的分辨率超过1000dpi后还能否顺利地工作。更重要的问题还在于，以大幅度地提高设备制造成本为代价换取设备分辨率的提高是否值得，热打印技术的应用领域是否都需要高分辨率热打印机。当然，如果热打印机能够以较低的代价实现更高的分辨率，则至少下述技术特征或质量指标将得以改善：

（1）单位面积内的信息数量。

（2）以面积调制法控制热打印机输出时可以表现的灰度等级数。

（3）字符和图形对象的印刷质量。

机器工作总要发出热量，热打印机尤其如此。以发生热量的方式完成复制任务的工作过程对加热器具有特别的依赖性，打印头的加热器必须达到足够的温度，才能输出合格的热印刷品。图2－23演示对于分辨率为300dpi和2400dpi加热器温度特性的计算结果，出于方便比较的考虑而将每单位距离加热器能量供应设置到相同的水平，这意味着300dpi和2400dpi两种分辨率下的加热器单位距离应用的能量相等。这样，如果上述两种分辨率条件下同种热成像设备打印头的加

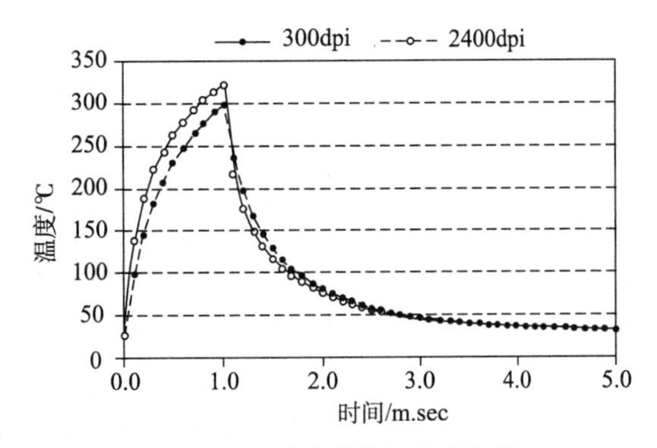

图2－23 两种分辨率打印头加热过程的模拟计算结果

热器长度相同，则它们达到的温度也是相同的。

从图2-23所示的数据看，2400dpi分辨率的加热器温度比300dpi加热器温度略高，且冷却过程比300dpi加热器略快。据此可以认为，高分辨率加热器可以达到打印所需的足够温度，问题是制造高分辨率打印头需要付出多大的代价。据报道，京瓷株式会社已经开发出分辨率高达4800dpi的热打印头。

2.4 热能转换的结构要求

从打印头加热器发出热量开始，在打印头的内部以及打印头表面与色带或记录介质间存在多次热能转换过程。直接热打印头发出的热量用于使热敏纸变色，热转移和热升华打印头发出的热能则旨在熔化色带油墨层。从结构角度考虑，热能转换的要点在打印头，归结为通过合理的结构设计提高热能的利用效率，保护打印头结构。作为最基本的要求，热打印头必须由耐热性良好的材料制成，实现传热和隔热的最佳匹配。

2.4.1 基底材料与隔热层

传统热打印头基底层采用氧化铝陶瓷材料，有相对长时间的使用经验。然而，若要求热打印头具备快速的热响应能力，则基底层材料应当比氧化铝陶瓷的热散射效应更高，且相比传统玻璃釉而言要求隔热薄层的热散射更低。

表2-1给出了与热打印头制造相关的各种材料的热散射性能。检查这些材料的热散射数据后发现，以单晶硅作为基底层材料是值得考虑的方案。得出这种结论的理由如下：由单晶硅所制成基底层的热散射能力大约比氧化铝陶瓷材料高6倍，而且单晶硅平滑的表面有利于以600dpi的分辨率绕制成稳定的线圈“图案”。

表2-1 各种材料的热散射性能

材料	热散射性能（mm^2/s）
氧化铝陶瓷	12.1
单晶硅	72.6
釉	0.45
二氧化硅喷溅薄膜	0.89

基底层材料解决后，剩下的主要问题就是如何发现并得到合适的隔热层，以及如何在单晶硅材料上构造成隔热层。研究结果表明，氧化反应喷溅工艺适合于隔热层构造，这种工艺形成的隔热层由硅基合金反应性喷溅的薄膜组成，用于代替传统热转移打印头使用的玻璃釉，其热散射性能已经在表2-1中给出，比玻璃釉层低15%。

图2-24反映各种工艺条件影响下的隔热层结构差异，其中工艺条件指喷溅压力，按从左到右的次序依次为0.7Pa、0.9Pa、1.1Pa、1.3Pa和1.5Pa，样品宽度5μm。

事实已经证明，只要改变喷溅操作的工艺条件，则构造成密度范围广泛的薄膜完全可以做到。从图2-24所示的扫描电镜图像可以看出，给定的喷溅压力越高，则圆筒形结构的密度倾向于越低，以至于影响隔热层功能的正常发挥。密度变化也会影响热转移打印头的热响应能力，给定的喷溅气体压力越高时打印头将产生更高的热量。这样，考虑到热打印头的热响应能力和打印头的生产效率，喷溅压力设置为约等于1Pa。

图 2－24　隔热层的扫描电镜图像

2.4.2　薄釉面技术

降低设备能耗正受到越来越多的重视，已经成为工业部门追求的重要目标。由于降低能耗活动的开展，二氧化碳气体排放得到有效降低，对环境保护做出了很大贡献。

热打印机制造部门对降低能耗的要求变得比以往任何时候都强烈，为了符合降低能耗的主流趋势，必须提高打印头的热能利用效率。在热打印技术发展的历史进程中，由于热响应能力的改善，达到了提高打印速度的目标，曾经是取得成功的主要途径。正因为这种原因，热打印机的制造商们纷纷采用薄釉面技术，以提高打印头工作速度。大多数热打印机制造商使用的釉结构如图 2－25 所示，放在加热元件的下方是为了保护陶瓷基座。

从图 2－25 所示的釉面结构可以看出，如果减少釉结构件的厚度，则热量在打印头内的累积必然会减少，且还能够改善打印头的热响应能力。使用薄釉面层的主要理由是为了在高速打印过程中获得更好的热响应能力，避免印刷品内出现拖尾缺陷。

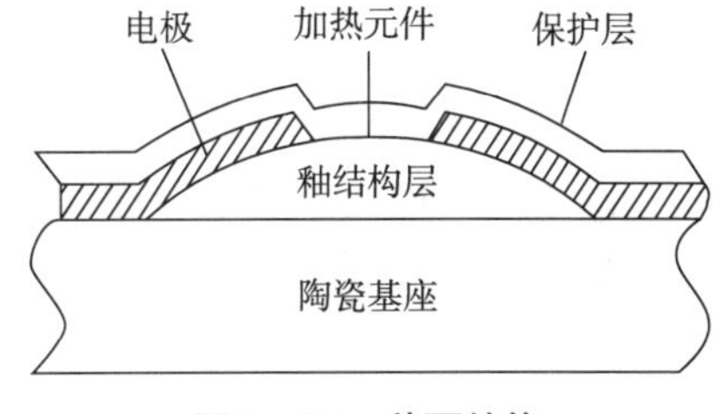

图 2－25　釉面结构

尽管如此，减少釉结构件的厚度以牺牲打印头的热效率为代价，容易引起更快的热量损耗。为了在保持高速印刷能力的同时提高热效率，必须采取合理的措施予以解决。

提高热打印头热效率的常用方法有以下两种：第一种方法是充分利用打印头内累积的热量提高热效率，例如增加釉结构件的厚度，实现起来更容易。然而，仅仅增加釉结构件厚度也会带来问题，那就是印刷质量不如薄釉结构件，可能源于拖尾效应，分析如下，即使打印结束后，打印头加热器区域内仍然存在多余的热量，拖尾边缘的多余热量对色带墨层将会继续加热，从而出现多余的颜色，导致高速打印时印刷质量的明显退化。

第二种方法注重于对热流的控制，以利于色带更有效地转移热量。对于热流的控制存在两种途径：首先，改善加热器表面与色带的接触条件，使作用到色带的热量分布更为均匀和合理；其次，对加热器内部进行优化处理，得到更合理的打印头结构。

2.4.3　两种典型釉结构件

热打印头的性能与选择的隔热层材料类型直接相关，许多热打印头制造商采用涂布釉面的方法，形成称为釉结构件的隔热体。一般来说，防止热量对陶瓷基座的损伤主要靠隔热体的釉涂布层，因而釉面厚度极为重要。通常，隔热体的釉面层厚度较薄时，打印头的热响应能力更好，但在其他条件相同的情况下热打印头可以达到的最高温度却比厚釉面结构件打印头低，为此对隔热体釉面更薄的热打印头需要供应更多的能量，才能获得与厚釉面结构件打印头同样的光学密度。由此可见，为了使热打印头的性能达到最佳，必须对釉结构件进行优化处理。包含釉结构件在内的热打印头形状很独特，如图 2－26 所示。

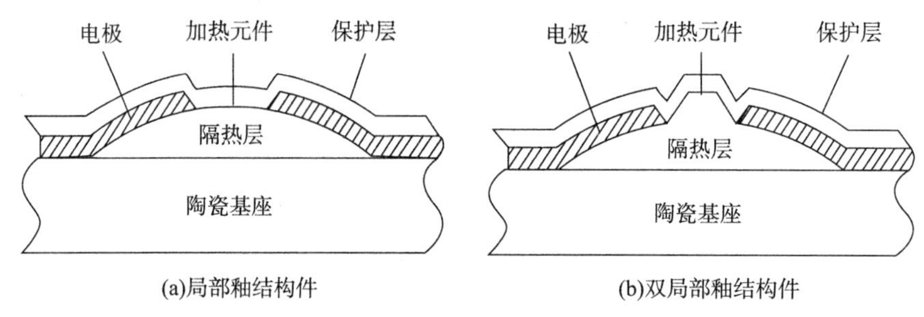

图 2－26　局部和双局部釉结构件横截面

从图 2－26 可以看出，双局部釉结构件是对于局部釉结构件的改进，隔热层的顶部从局部釉结构件的曲面改成平顶，为此需要附加局部釉材料。数值较高的局部压力是各种热成像打印机获得高质量印刷品和高工作效率的很重要的因素之一，而获得高局部压力的方法之一则在于釉结构件设计。由于双局部釉结构件对顶部几何形状做出的改进，使得这种打印头结构表现出局部釉结构件不具备的优点，釉涂布层与加热器和记录介质的接触条件很好。双局部釉结构层与局部釉结构层相比，加热器行的局部压力要高得多，因而比起局部釉结构层来热量转移效率明显改善。

2.4.4　釉面波动的改善措施

热打印头的均匀性涉及两个概念，首先是热量的均匀性，其次为导热均匀性。在影响热打印头均匀性的因素中，隔热层（釉面）波动具有特殊的地位，成为影响均匀性的重要参数。釉面波动通常由不相等的机械接触引起，导致光学密度的不稳定性。图 2－27 给出的曲线说明热打印头输出的印刷品的光学密度与釉面波动间存在很强的相关性。

为了保持热成像数字印刷质量的稳定性，根据参考文献［15］一文作者的估算，确定釉面波动应该控制在小于 0.1μm 内。然而，以目前的上釉工艺水平，要求控制在不超过 0.1μm 的范围内还存在不少困难，为此需要在改进热打印头制造工艺的同时控制釉面涂布精度，但控制要求太高很可能无法适应大批量生产。根据工艺改进和满足大批量生产需求两种因素，可以采取在加热器周围区域附加釉面抛光的工艺措施，以确保釉面波动小于 0.1μm。

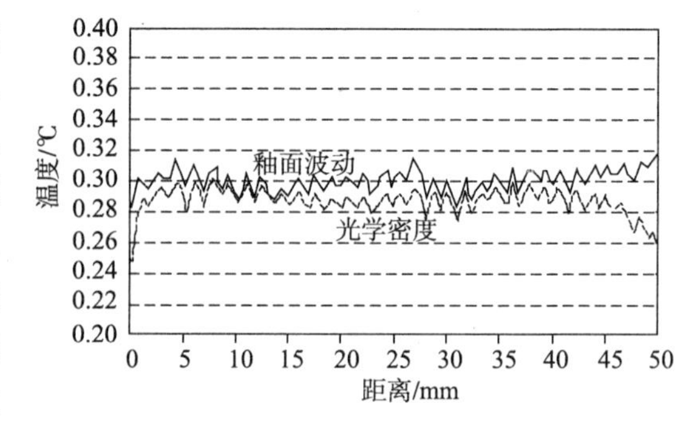

图 2－27　釉面波动与光学密度间的相关性

工艺实践表明，即使在热打印头外凸的斜坡面上，釉面波动也可以控制在小于 0.1μm，该波动估计值考虑到了顶部区域釉面的最不利表面使用条件。在采取工艺改善措施前，热打印头顶部釉面区域外凸表面存在相当的波动，与釉面的理想形状差距较大。采取合理的工艺改进措施（例如控制釉面涂布精度）后，釉面形状更均匀，波动改观也相当明显。

在外凸的釉面加工时若附加抛光处理工艺，则同样可改善釉面形状。但某些问题值得思考，即是否只能被动地接受釉面波动而需要采取某种工艺措施才能解决问题？比如是否存在新的制造工艺，现有的制造工艺是否存在其他可利用的潜力。

2.4.5　釉面结构的角度窗口

到 2008 年时，染料扩散热转移法身份证卡热打印机的印刷速度大约在每秒钟 1 英寸到 1.5 英寸之间，由于存在多种制约因素，这种速度其实不算慢。然而，打印机用户对速度的追求却不可能受到限制，这迫使热打印头制造商尽最大的可能提高打印速度。更何况随着技术的发展，热打印头的工作速度存在可以改进的空间。因此，如何设法使热升华打印机的速度提高到用户满意的程度，便成为制造商开发、设计和制造的重点。根据大多数制造商的研究结果，提高热升华打印机速度的努力应该从打印头角度调整着手，他们认为只要找到最佳角度窗口，则问题可基本解决。图 2－28 给出了部分研究成果，来自对每秒钟 1.28 英寸、1.67 英寸和 2.38 英寸打印速度的测试数据。

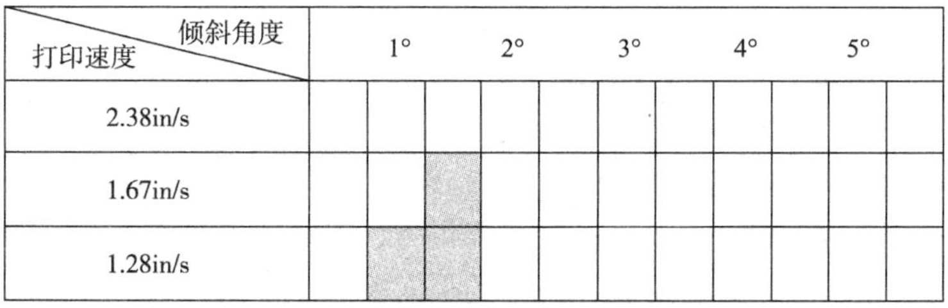

倾斜角度 / 打印速度		1°		2°		3°		4°		5°	
2.38in/s											
1.67in/s											
1.28in/s											

图 2－28　标准热打印头的角度调整窗口

图 2－28 以灰色填充的矩形块表示印刷速度和打印头倾斜角度调整的最佳组合，成功地避免了色带褶皱和印刷质量降低。然而，对每秒钟 2.38 英寸印刷速度的热打印头操作而言，并不存在可以避免色带褶皱和印刷质量降低的打印头最佳倾斜窗口。根据该图所示的测量结果，色带褶皱将成为提高印刷速度的最大问题，意味着若印刷速度提高到每秒钟 2.38 英寸，则必须采取恰当的措施消除色带褶皱。

根据热打印机制造商多年的研究成果，如果从局部釉面结构改成双局部釉面结构（参阅图 2－26 所示结构），则可以避免印刷速度提高后容易出现的色带褶皱问题。与局部釉面结构相比，双局部釉面结构有利于实现热打印头与记录介质表面更好的接触条件，或许正是这一原因避免了高速打印时的色带褶皱。

高速打印条件下形成色带褶皱的另一重要因素是热打印头使用的外层材料，在数字摄影照片打印应用领域可经常发现这种现象。在评价打印头采用双局部釉面结构后的角度调整窗口时，可以将外层材料作为研究内容之一，但限于篇幅在这里不再进行讨论。

评价双局部釉面结构的倾斜角度窗口时采用与评价局部釉面结构相同的方法，不同之处在于釉面结构和外层材料，测量和评价结果如图 2－29 所示。

图 2－29 中的深灰色填充矩形块表示打印头倾斜角度调整后可获得最佳印刷质量，又

不出现色带褶皱；浅灰色矩形填充块则代表打印头倾斜角度调整有效，印刷质量令人满意，但存在微小的色带褶皱，因而这种角度不能为商业印刷专业工作者所接受。

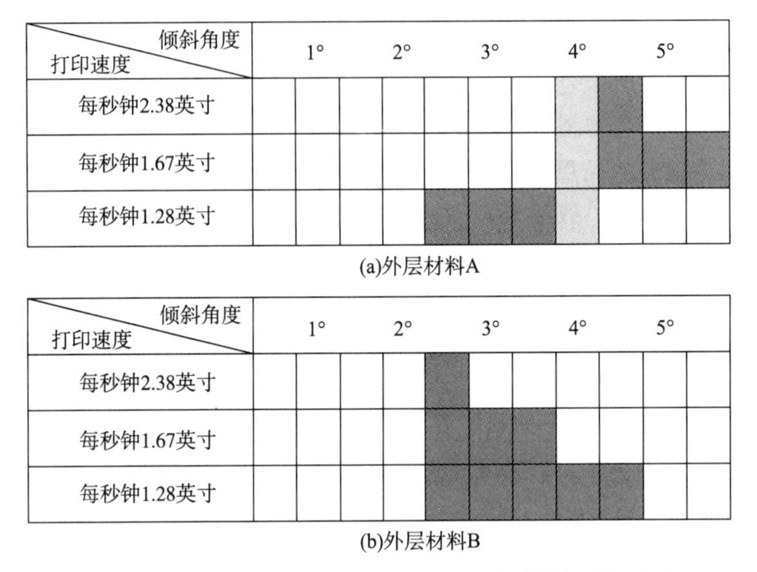

图2－29　两种外层材料双局部釉面结构打印头的倾斜角度窗口

2.4.6　色带褶皱与釉结构件关系

引起色带褶皱的原因多种多样，其中包括导致色带褶皱的机械原因。然而，由于机械因素引起的色带褶皱可通过合理的打印机机构设计予以解决，无须修改打印头结构。因此，色带褶皱原因的研究集中在打印头加热器行与色带间的关系方面，对染料扩散热转移用色带和塑料卡片记录介质的配合往往特别的引人关注。

加热器行与色带接触条件一定程度的变“差”对消除色带褶皱有利，为此可以采用加热器行与记录介质倾斜成某一角度的方法，在两者接触条件不至于变得太差的前提下消除色带褶皱。打印头角度调整后，与记录介质的接触位置将离开加热器中心，偏向加热器中心到边缘的某种位置。打印头倾斜成某一角度后，加热器行与色带接触条件改变引起打印头温度分布的变化，接触位置的峰值温度略低于加热器的中心部位，说明加热器行与记录介质表面的摩擦力减少，可避免色带褶皱。

与局部釉面结构相比，双局部釉面结构打印头具有更宽的最佳角度窗口，两者的最大区别之一表现在物理接触条件。很明显，双局部釉面结构打印头的性能表现好于局部釉面结构打印头，由于双局部釉面结构打印头更好的接触条件，因而热转移效率更高。作为热转移效率高的结果，双局部釉面结构打印头比其他打印头的热效率也更高，这意味着双局部釉面结构打印头，甚至在较低的加热器温度条件下，也可以复制出与局部釉面结构打印头在更高温度下可复制的相同光学密度，图2－30表示加热器沿扫描方向的温度分布，以两种釉面结构打印头为比较对象。从该图不难看出，最高温度位置在加热器的中心，而最低温度则在两个加热器之间。与采用局部釉面结构的热打印头相比，双局部釉面结构打印头的最高温度的数值要更低些，也体现在最高温度和最低温度，其中最低温度更小些。

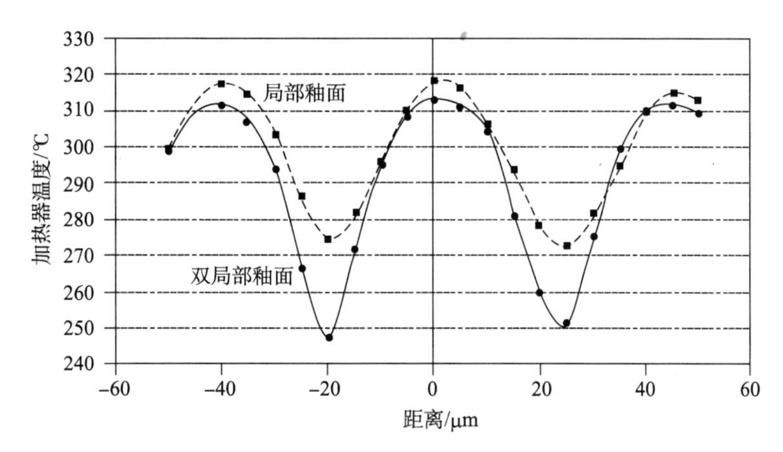

图 2－30 两种打印头结构加热器沿扫描方向的温度分布

2.5 热量传递与热响应能力

不同于其他数字印刷技术，基于热成像原理的印刷方法借助于热量的作用，在不同类型的承印材料上建立记录结果，因而热量的传递和热打印头的热响应能力对最终印刷品的视觉效果和质量有至关重要的影响。打印头是热打印机的关键部件，决定热印刷系统的热量传递和热响应能力，为此需要从打印头结构着手开展研究，掌握热量传递的规律，在改进打印头结构的基础上提高系统的热响应能力，实现高质量的复制。

2.5.1 热传导分析

热传导是数学物理方程研究的三大偏微分方程类型之一，考虑热传导“参与者”的密度和传热特性等因素后的热传导方程可描述为：

$$\rho c\left(\frac{\partial T}{\partial t}+v_x\frac{\partial T}{\partial x}+v_y\frac{\partial T}{\partial y}+v_z\frac{\partial T}{\partial z}\right)+\lambda\frac{\partial^2 T}{\partial x^2}+\lambda\frac{\partial^2 T}{\partial y^2}+\lambda\frac{\partial^2 T}{\partial z^2}=Q \tag{2-1}$$

式中 ρ——密度；

c——比热；

T——温度；

t——时间；

v_x、v_y、v_z——流体沿三个彼此正交方向的速度；

λ——热传导系数；

Q——产生的热量。

由于求解式（2－1）远比想象的要困难，因而有限单元分析便成为理想的替代技术。现在有各种现成的有限单元计算软件，某些软件适合于分析热打印头的热传导过程，例如 ANSY 通用有限单元软件。为了简化热传导计算过程，可以按二维问题考虑，为此需建立热打印头和其他涉及热传导部件的数学物理模型，按计算精度要求划分单元。建立数学物理模型的关键在于质量传递函数、模拟热打印头和介质（包括色带和纸张）的相对运动。

打印头、色带和记录介质组合的有限单元计算应该有明确的目标，这是有限单元计算取得成功的关键。以参考文献［25］为例，他们首先分析三个连续记录点的存在条件，其中两个记录点受到热能的作用，两者中间的另一个记录点未取得能量，油墨温度偏移以及打印头和油墨相对移动量间的关系在上述假设的基础上分析，计算得到的结果如图 2－31 所示。

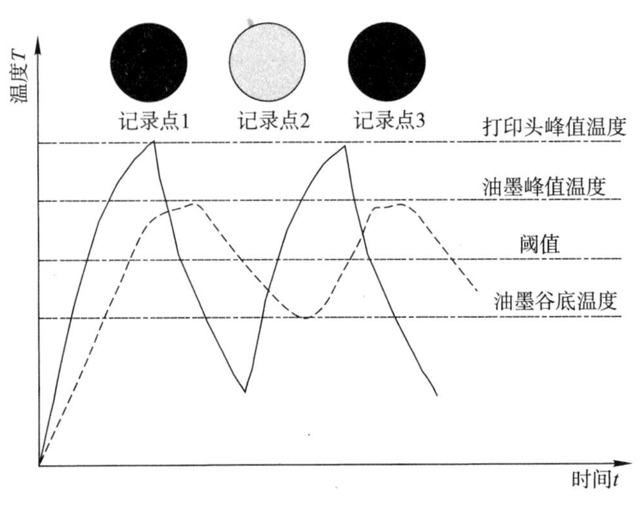

图 2－31 记录点直径与打印头温度或油墨温度关系

根据印刷系统的密度阈值（极限值）与油墨峰值和谷底温度的关系可评价热成像印刷系统油墨的转移条件，在此基础上从类似图 2－31 的关系找到打印头峰值温度，并据此确定热印刷系统所要求的最低温度。此外，有限单元软件还可以检查和分析油墨达到峰值温度位置时打印头记录分辨率与最佳边缘距离的关系，为此需要建立不同分辨率条件下的各自的热打印头、色带和记录介质的相对运动模型。

2.5.2 智能热技术

智能热技术（Intelligent Thermal Technology）打印头系统提供准确的高速温度控制，不产生额外的热量，借助于电路反馈技术可实时探测温度，无论外部因素如何作用，均能够保持精确的温度水平。智能型热打印头还具有节能的优点，可打印全出血产品，没有过热现象。智能热技术与传统热技术相比的主要区别如下：第一，具备对加热元件按位置及时地准确测量温度的能力，传统技术却只能猜测加热元件的温度；第二，应用智能热技术后温度可保持为常数，也不会发生过热现象；第三，不像基于传统热技术的所谓智能热打印头那样以间隔的方式运行，两次加热周期间需要一段时间才能冷却下来；第四，由于每一个加热元件的电阻在温度上升时可自动下降，因而按智能热技术原理制造的加热元件提供高质量的线性度；第五，智能热技术恰到好处地准确测量数据确保了信号的连续反馈和控制作用，有助于将加热元件设置到所要求的准确温度点；第六，传统技术无法形成智能热技术那样的闭环机制，因只能实现开环控制而导致非期望的热量累积；第七，打印头以智能热技术控制时，采样能力高达每个点每秒钟 50000 周期的速率，而典型传统技术的采样速率只能达到智能热技术的一半。

开发基于智能热技术的新打印头时成本最小化是重要的考虑因素，不但要求节能和高效，且价格能够为用户所接受。由于智能热打印头加热器元件独一无二的线性特征，因而组成热打印头元件的数量可达到最小程度，但仍然包含必须与温度控制和状态监测电路相关的元件，导致热打印头的能量消耗极低。

在智能热技术基础上构造起来的热打印头最实际的优点在于提供高质量的印刷品，更好的打印头必然复制出质量更高的图像。智能热技术打印新系统之所以能够产生高质量的输出，是由于准确而高速的温度控制的缘故，而准确的温度控制又与加热元件带有类似电热调节器特征的功能有关。热打印头温度控制的信息反馈控制电路已取得专利授权，编码到专用集成电路上，与精度较低的开环控制相比优势明显。智能热打印头的加热元件以高质量的合金制备而成，这种合金具有很高的温度与电阻关系线性特征。无论在什么样的环境温度下，或经过了多少个热作用周期，打印头的温度控制系统都能测量出实时温度，使加热元件保持在准确的温度水平上。热技术优于传统技术的优点最终应该落实到印刷质量上，事实证明确实如此。智能热技术打印头的应用效果十分明显，灰度或色调等级的打印结果接近连续调照片。归纳起来，智能热技术的主要优点如下：第一，高达256个灰度等级的复制能力意味着适合于高质量照片打印；第二，图像阶调复制的准确性高，且与原稿的一致性良好；第三，从反映最终印刷效果的角度看，例如最终记录点的形状及尺寸与智能热打印头驱动电压的关系仍然保持着良好的线性特征。

2.5.3 打印头的热响应能力

对各种类型的硬拷贝输出设备而言，为了追求更好的图像复制质量，仅仅提供两种灰度等级的二值复制模式已无法满足市场需求，实现多层次灰度等级打印的要求变得十分迫切。由于这一原因，某些热打印机制造商尝试对热打印头性能做进一步改进，例如以树脂型色带获得多灰度等级复制效果为主要目标，最后开发出称之为VPhoto（可变记录点照相质量）的新技术。然而，最近又出现了分辨率更高的强烈需求，这种对于热打印机高分辨率追求的动力之一来自模拟传统印刷效果的彩色数字打样，这种前提下的油墨属性应该与商业印刷匹配，且分辨率应该比常规热打印更高。此外，由于数字照相机的广泛应用，高密度像素复制对硬拷贝输出设备来说成为必须考虑的重要因素，否则无法复制出照片质量图像。根据以上发展趋势，有必要分析打印头的热响应能力，在不改变现有打印头记录点结构的基础上探讨是否存在实现复制效果与目标分辨率等价的可能性。

热打印头的驱动频率取决于打印速度，例如在1200dpi的空间分辨率下以每秒钟10英寸的速度打印时，要求达到12kHz的驱动频率。另一方面，如果加热元件在这种驱动频率下连续地打开和关闭，则色带和承印材料必然承受太多的热量，以至于打印出来的记录点边缘模糊，相邻记录点向外膨胀扩展后彼此搭接，打印头温度也将难以控制在特定水平。

考虑到这些因素，为了通过热转移技术实现高速和高密度印刷，打印头的快速热响应能力便成为最基本的要求。根据有限单元分析结果，某些热打印头确实具备适合于实现高速和高密度印刷的结构，例如Alps电气公司开发的Micro DOS热打印头，该称呼中的DOS是Deposite On Silicon的缩写，即（相关部件）沉积到硅材料上的打印头。

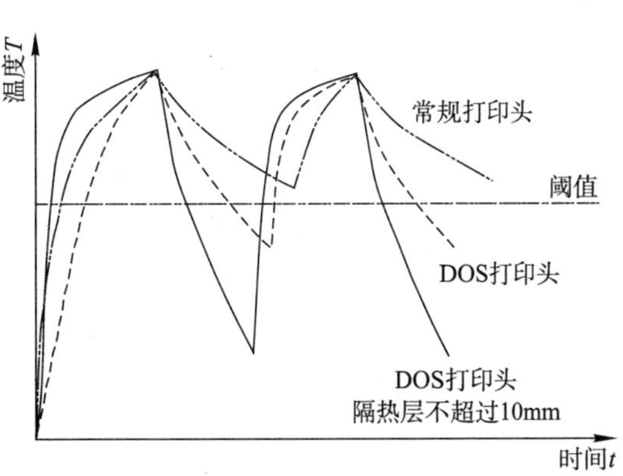

图2-32 打印头结构与热响应能力关系

图2-32所示热打印头结构和隔热层如何影响热响应能力，该图揭示了在1200dpi的空间分辨率和每秒钟10英寸打印速度下驱动常规热打印头相当困难，原因在于常规热打印头的谷底温度相比其他热打印头更高。但对前面提到的Micro DOS打印头而言，只要将隔热层的厚度调整到10μm或更薄，则这种打印头可以在理想条件下驱动。

2.5.4 激光加热温度分布

绝大多数彩色染料扩散热转移印刷使用青、品红、黄三色连续排列的色带，打印机设计成面积序列驱动机构。然而，若考虑到彩色胶片由三层染料构成，则可以产生合理的联想，彩色热升华打印能否使用由三层或四层染料构成的色带。在这种设想下，有研究者制作成四层结构的色带，旨在模拟常规青、品红、黄、黑四色套印工艺，每一染料层的温度分布于是就成为关注的焦点。多层物质的温度分布同样可利用热传导方程计算，激光吸收层热量的产生计入了光强度服从高斯分布这一因素，满足 Lambert-Beer 定律。如图 2－33 所示为热传导计算的结果，给出了激光光斑中心部位的温度渐变特性。

执行热传导方程数值计算时假定激光束的直径为 25μm，印刷条件为接触染料转移。从图 2－33 可以看到，激光热辐射一旦发生，则各点（各染料层）温度同时上升，激光脉冲辐射作用结束后温度立即下降。在远离激光直接作用吸收层的位置上，染料层的热响应发生延时，例如染料层 4 在激光脉冲作用时间为 50μs 时温度为 150℃，而同样条件下直接受激光热辐射作用的染料层 1 的温度已上升到超过 200℃。

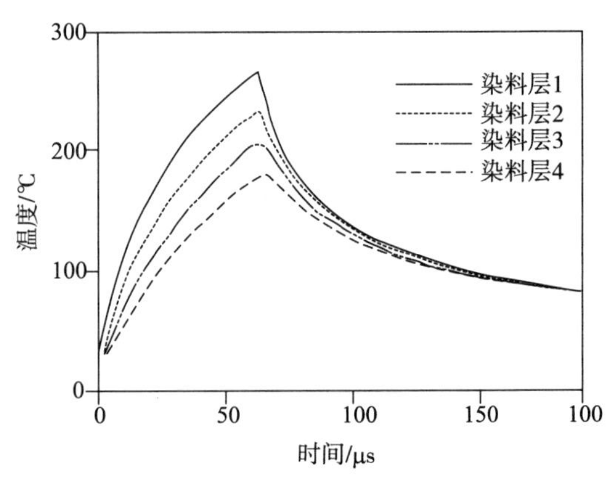

图 2－33　由数值计算得到的四个染料层温度渐变

利用多层染料组成的色带实现彩色热升华或热转移印刷过于困难，真正能付诸实施的方案还得使用连续排列的单色色带。这样说的意思并非要否定前面讨论的以激光热辐射作用于多层染料色带的热传导数值计算结果，由于色带总是多层结构的，因而多层染料色带的热传导计算结果可供常规色带借鉴。

2.5.5　热脉冲时间与耐久性

热打印期间，加热器温度需要上升到足够的数值，才能够在每一次打印的循环时间周期内提供足够的热量。根据热作用的物理规律，高速打印要求数量可观的功率，打印头和色带才能达到符合高速打印需求的温度；不仅如此，经过每一次短暂的冷却时间后，需再次对加热器供电。这种循环性的工作周期对加热器来说不可更改，但打印条件有可能超过加热器的延时时间，为此需要选择高脉冲延时的加热器材料。

打印机工作一段时间后，加热器的电阻值下降；若施加了更高的功率和更长的脉冲宽度，则电阻值下降将会变得更快。此后，随着电阻值的下降，为满足应用需求而必须保持相同电压的功率增加。上面描述了电阻器的失效过程，是应用要求过多能量的缘故。

为了避免电阻器失效，可以采取退火处理的措施降低加热器的电阻值。在退火措施的作用下电阻器的失效过程延时，导致电阻器获得更长的使用寿命，并在脉冲时间因素的作用下使得打印头寿命延长。

图 2－34 用于说明在不同退火工艺（包括不做退火处理，即图中的标准加热器）作用下加热器材料对脉冲时间耐久性的影响，根据加热器的尺寸可算出热打印头的空间分辨率为 203dpi。测试结果表示为脉冲数量与电阻变化率关系，其中最下面的曲线代表未经退火处理的标准加热器材料，电阻变化率下降相当快，说明经过一定数量的电脉冲作用后较快失效；位置在中间的曲线对应于相同的标准加热器材料，但经过退火处理，相比未经退火处理的加热器经得起更多的电脉冲作用；第三条曲线代表的加热器材料经过特殊的退火方法处理，电阻变化率不明显。测试结果表明，在高温作用下经简单退火处理的加热器失效

有可能是薄膜电极或其他结构部件的原因，因而需要特殊退火处理方法。

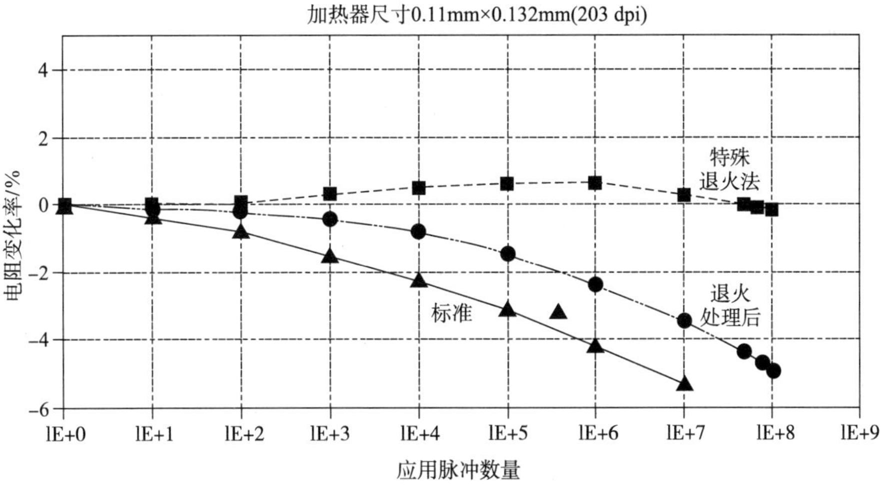

图 2－34　退火处理导致的脉冲时间耐久性

2. 5. 6　历史控制

高速热打印需要对于工艺点的热作用历史控制技术（以下简称历史控制）。如果打印机的工作速度足够慢，且允许加热器冷却下来，则或许不需要历史控制。然而对于大多数的高速热成像数字印刷应用领域来说，能量在加热器温度下降到初始值前就已经作用到加热器了；若相同的能量以短于允许加热器冷却的循环周期时间重复地作用，则加热器温度必将连续地升高，直至加热器的釉结构层厚度方向上的温度达到饱和（稳定）状态。这样，由于能量作用的“拖尾”效应，印刷质量必然下降，打印头寿命也因工艺点的耐久性而受到威胁，为此需要历史控制技术。

目前的历史控制方法有两种，第一种是通过打印机实现的外部历史控制，第二种方法借助于热打印头的驱动集成电路实现主板历史控制。为了从打印机电路板施加外部历史控制作用，打印机一个循环工作周期内的数据转移应该超过两次，使得系统有能力根据历史数据选择加热单元。打印速度更高时需要更高级的历史控制技术，原因在于数据转移的频率更高。但问题的另一方面在于更高的打印速度要求更短的循环时间，例如表 2－2 给出了循环周期分别为每秒钟 10 英寸、每秒钟 20 英寸和每秒钟 40 英寸打印速度条件下可能的数据转移次数，热打印头配置成 4 英寸的宽度，记录分辨率 300dpi，带有 13 块集成电路板，每一块电路板具备 96 位数据处理能力。

表 2－2　数据转移次数

时钟频率	数据输入次数	数据转移可能次数		
		10in/s，周期 333μs	20in/s，周期 166μs	40in/s，周期 83μs
8MHz	1	2	1	0
8MHz	4	6	3	1
16MHz	4	13	6	3
16MHz	13	55	27	13

根据表 2－2 列出的数据不难看出，如果要求的打印速度越高，则需要的数据转移次数越少。例如，当时钟频率为 16MHz 且输入数据为 4 次时，每秒钟打印 10 英寸（对应于表 2 中的最低打印速度）的印刷速度需要 13 次数据转移，速度提高到每秒钟 40 英寸后只需要 3 次数据转移。即使时钟频率达到 16MHz，集成电路板的处理能力为 96 位，要求达到每秒钟 40 英寸的打印速度时，数据转移也只需 13 次。

上述特点未必合适，因为工作（时钟）频率较高时，热打印系统很可能没有足够的时间应用更高等级的历史控制技术。由此可见，当打印速度达到每秒钟 40 英寸时，事实上需要比表 2－2 中列出的数字更多的数据转移次数。与此同时，工作循环周期时间将变得更短，从而要求减少数据转移次数。因此，打印速度与数据转移次数形成矛盾关系，通过打印机实现的外部历史控制技术便显得无能为力了，这成为需要主板历史控制技术的理由。

在连续的电脉冲作用时间内，每一个脉冲的施加导致加热器温度升高，由此产生热量逐步堆积的严重问题，若不做控制，则容易引起加热器失效。历史控制技术的作用效果可以用图 2－35 说明，表示为加热器热作用时间与温度关系曲线。

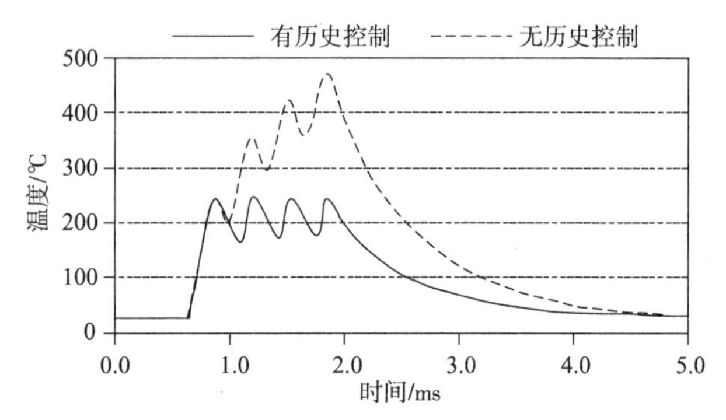

图 2－35　历史控制对温度特性的影响

图 2－35 中的虚线和实线分别表示不应用历史控制和应用历史控制技术后的时间与温度关系。没有历史控制作用时，相同的脉冲宽度加到每一个打印行时的温度变化具有明显的累积效应特性；应用历史控制技术后，每一次脉冲作用后温度基本上保持为常数。

第三章 直接热打印

直接热打印技术通过热量使记录介质变色产生印刷结果，由于记录介质具有受热作用变色的能力而得名热敏打印，相应的设备和记录介质分别称为热敏打印机和热敏纸。然而，直接热打印的称呼使用得更为普遍，因为这种名称既强调热作用的本质，又清楚地说明与热转移和热升华印刷的区别。直接热打印技术之所以在数字印刷技术百花齐放的条件下仍然发挥着作用，是因为这种热打印技术的简单性和方便性。

3.1 技术基础

直接热打印技术的要点在“热”和“直接”两个词上，其中的“热”指这种打印技术需要热量的作用，而“直接”两字则表示热量将直接作用于承印材料，由此隐含承印材料必须具备在热量作用下变色的能力。因此，直接热打印系统应该是加热装置和热敏材料的合理组合，通过热打印头发出的热量在承印材料上产生印刷结果。

3.1.1 热色变现象

热色变（Thermochromism）反映因温度变化引起物质颜色变化的能力。热色变的其他应用例子有婴儿用瓶子，颜色会随着瓶内液体温度的变化而改变，用于冷却到足以饮用的颜色；热色变的另一例子是烧水壶，水的温度接近于沸点时颜色改变，表示水即将烧开。

两种实现热致变色的基本技术分别基于液晶和隐色母体染料（Leuco Dye）。液晶热致变色适合于精确应用，可以工程化处理到对于温度变化的准确响应，但颜色变化范围受工作原理的限制。隐色母体染料可使用广泛范围的颜色，但做到颜色与温度变化准确地对应十分困难。为了使承印材料具备热致变色能力，可以采用表面涂布热敏层或浸渍吸收热致变色化学物质的生产工艺。与静电复印纸等普通纸张比较，热敏纸的价格相对较贵。

某些液晶能够在不同的温度下显示不同的颜色，变色的能力取决于材料液晶结构对特定波长的选择性反射，当材料从低温液晶相通过各向异性或扭曲排列相（Twisted Nematic Phase）到达高温各向异性液相（High-temperature Isotropic Liquid Phase）时，材料颜色会发生不同的变化。只有向列相（Nematic Mesophase）才具有热色变特性，限制于具备这种属性的材料有效的温度范围。

扭曲排列相的分子定向排列，按方向有规律地改变，分子排列所在层有周期性的间隔。光线通过液晶时在这些层上经历布拉格衍射，结构干涉最大的波长反向回射，对应于视觉系统感受的颜色。液晶温度的变化导致层间距离的改变，因而反射光的波长也会随之而变化。热色变液晶的颜色可以连续地变化，从完全不反射（黑色）状态经由光谱色后再返回到黑色，取决于液晶所处的温度。典型液晶在高温状态下反射蓝紫色，低温状态下则反射桔红色。由于蓝色波长比红色短，说明层间的距离为通过液晶的热量所降低。

液晶用于印刷相当困难，要求采用特殊的印刷设备。液晶材料本身的价格十分昂贵，导致人们宁可选择其他替代印刷技术。此外，使用液晶材料时还必须考虑到环境条件产生的负面影响，例如高温、紫外辐射、某些化学物质或溶剂的作用等。

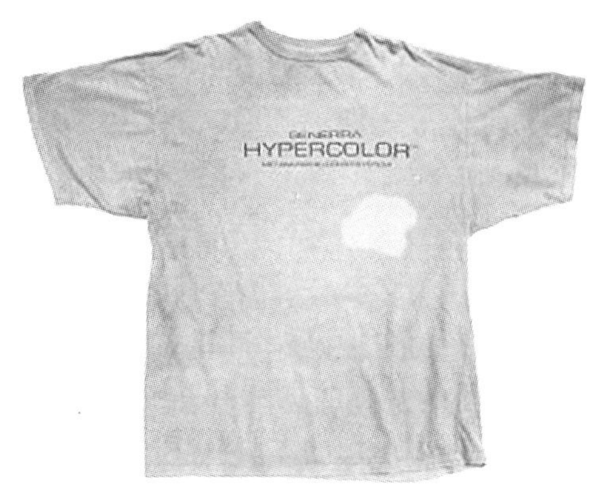

图 3－1　热色变服装的例子

热色变染料是基于隐色染料和合适的其他化学物品的混合物，显示与温度有关的颜色变化，通常从无色（隐色）变到有色。热色变染料很少能直接应用于材料，往往采取放置在微胶囊内的形式，表现为密封在微胶囊内的混合物。热色变染料的演示性例子是 Hypercolor 时尚，一系列服装的专有称呼，主要指 T 恤衫和短袖服，由美国西雅图的 Generra 体育服装公司生产，图 3－1 是 Hypercolor 品牌短袖服的例子，衣服的右面因受热而变色。

与液晶相比，隐色染料对温度响应的准确度更低，适合于用作近似的温度指示器，只能以“太冷”、“太热”和“基本可以”等描述。隐色染料常常与某些其他颜料组合使用，在基础颜料颜色与非隐色染料的颜色间产生颜色的变化。例如，某些有机隐色染料在温度范围 －5～60℃间改变颜色，通常以 3℃的温度步长变化，因而变色范围相当宽。

3.1.2　热敏纸

温度变化导致材料颜色改变的物理现象称为热致变色或热色变，具备这种能力的纸张称为热敏纸，用于代替热致变色纸张这样冗长的称呼。图 3－2 是热敏纸应用的例子。

图 3－2　热敏纸应用的例子

图 3－2 的左上角是一张以热敏纸打印的收据，纸张附近的热源导致纸张变色。这一例子说明，热敏纸在印刷后仍然可以变色，意味着常规直接热打印不具备定影能力。

热敏纸的表面涂布或浸渍染料和基质的固体混合物，例如荧光素隐色母体染料和磷酸正十八酯组合。基质被加热到超过熔点时，染料与基质中的酸发生反应，导致材料向呈色性能偏移；基质以足够快的速度冷却并固化后，亚稳态的热致变色结果保留下来。

最早的热敏纸由美国 NCR（国家收银机）公司和 3M 公司发明，其中 NCR 公司采用染料化学技术，而 3M 公司使用基于银盐的工艺。尽管 NCR 生产的热敏纸比 3M 热敏纸便宜得多，但由于 NCR 热敏纸打印的图像褪色比 3M 热敏纸快，因而价格更昂贵且耐久性高的 3M 热敏纸终于占有了市场主导的地位。

20 世纪 70 年代到 80 年代早期，日本的理光、十条和神崎等造纸商利用相同的染料化工技术与条形码打印机制造商（例如泰格和佐藤等公司）结成伙伴关系，进入全球范围内正在出现的条形码行业，主要对准超级市场应用。在美国，NCR 的授权生产商 Appleton 以及 Nashua 和 Graphic Controls 等公司积极争取条形码这一巨大市场的份额，艾利公司等压敏标签生产商成为热敏纸的主要客户，用于打印标签。

3.1.3 定影概念

直接热记录纸张（热敏纸）取得广泛的应用，确实因为热敏纸是一种容易操作和方便的记录介质。借助于采用包含羟色胺（Sulfonylurea）功能基团的新颖染料显影剂，热敏纸上所记录图像的稳定性大为提高，称得上对于热敏纸记录性能改善的成功尝试。正由于记录结果稳定性提高明显，才导致使用热敏纸的直接热打印技术应用从常规的传真机打印装置扩展到许多其他类型记录设备，比如现金收款机、自动提款机和手持终端设备。

热敏纸及打印技术的众多应用形成了对热敏纸新的需求，那就是直接热敏纸应该极端耐热。然而，常规热敏纸的耐热性还不够，例如高热量错误地或偶然地作用到热敏纸，则热敏纸被加热部分的颜色将变深，从而会遮挡住热敏纸上已经记录下的图像。经过相当长时间的应用，证明常规热敏纸所记录图像的稳定性不够高，不足以保持记录到热敏纸上的图像和标记等内容的可读性。

为了提高热敏记录图像的稳定性，已经完成了不少有益的尝试，致力于开发可定影的热敏纸，即打印到热敏纸的内容可以像拍摄好的胶片那样通过特定的措施固定下来。在这方面取得成功的例子之一是富士胶片公司开发的热敏纸，该公司以偶氮化合物作为热敏纸的颜色成型剂。在热量的作用下，无色的偶氮化合物与无色的偶联剂反应而产生颜色。如果在图像记录后将热敏纸置于紫外光的照射下，则重氮基被分解，变得缺乏活性，记录在热敏纸上的图像就固定下来。

偶氮基热敏纸的优点之一表现在照片（直接热打印图像）的定影部分完全失去其着色能力，缺点是“显影”形成的黑色倾向于不够深，导致图像对比度不够。偶氮基热敏纸的另一缺点是操作人员必须十分小心，在成像前热敏纸不能曝露在光线的照射下。此外，使用偶氮基热敏纸时要求直接热打印设备的配合，例如配备强紫外光源。由于印刷图像定影需要一定的时间周期，使得直接热打印设备的尺寸变得更大，导致打印速度下降。正因为上述缺点，图像可定影热敏纸没有为消费者所广泛采纳，应用范围受到相当大的限制。

与胶片和照片定影相比，只要热敏纸图像定影变成现实，则具有下述优点：第一，热量应用将变成十分简单的过程，直接热打印机的结构将变得相当紧凑，不仅操作起来十分容易和方便，且几乎不需要维修；第二，热敏纸的操作要求降低，对直接热打印结果不必像以前那样小心地操作；第三，由于可定影热敏纸的稳定性大为提高，因而即使曝露在光线照射下也问题不大。

3.1.4 彩色直接热打印

由于安全印刷等领域的需要，直接热打印技术发展出新的分支，即借助于直接热成像原理实现彩色印刷。这种新的直接热成像系统再现的印刷品结构如图 3－3 所示，通过多层物质形成的复合结构再现全彩色图像，意味着利用多个染料涂布层得到全彩色印刷效果。

热成像顶部涂布层
高熔点彩色形成层
绝热层
中间熔点彩色形成层
绝热层
低熔点彩色形成层
基底层

图 3－3 再现全彩色图像的直接热打印转移介质结构

如图 3－3 所示直接热成像转移介质（类似热升华和热转移印刷用色带）结构中的各彩色形成层（Color Forming Layer）间以绝热层分隔开，全彩色图像通过应用于每一层能量延时的优化组合而形成，其中最顶部的彩色形成层比其他结构层要求更高的温度，而达到所要求温度的延时时间则更短。之所以用绝热层分离彩色形成层，是考虑到降低热传导速率的需要，防止其他结构层组合后形成彩色，干扰对正常颜色的阅读。

分析如图 3－3 所示结构后发现，如果对这种结构稍加改进：顶部往下第二层（高熔点彩色形成层）的熔点比原来材料的熔点更高，底部第二层从低熔点彩色形成层改成熔点更低的紫外光吸收层，则效果会更好。根据上述材料设计原则，对于处在多层结构下面的更低位置的结构层，作用到的热量应该更少，而延时时间却比其他结构层更长，以便热量传递到这些层，产生预期的成像结果。这种材料组合系统可用于建立视觉可见但又包含安全信息的彩色图像，以取代图 3－3 中仅仅由单层紫外吸收材料组成的彩色形成层，两种结构的熔化温度范围相同。改成新的结构后，视觉可见的图像利用热感应引起的彩色形成层的化学变化建立，而紫外光下可见的图像或水印则通过改变紫外吸收材料的覆盖系数组成。在记录介质加工时，紫外吸收层以分散固体颗粒的形式组合成涂布层，打印时由于颗粒熔化的原因，转移介质的“曝光”区域比非“曝光”区域需要更大的紫外光覆盖系数。在紫外光下观察时，印刷品中的“曝光”区域将比非“曝光”区域看起来更暗。

新的组合转移介质与如图 3－3 所示组合系统的区别在于以熔点更高的彩色形成层和熔点更低的紫外吸收层分别代替高熔点和低熔点彩色形成层，形成的最终产品内紫外光下可见的图像包含安全信息，且紫外光下可见图像又嵌入到视觉可见的图像内，该视觉可见彩色图像由两层彩色形成层组合而成。作为图 3－3 那样直接热成像材料组合系统的简化版本之一，可以取消两个彩色形成层中的一个，剩下的彩色形成层用于建立包含视觉可见单色图像的复制文档，而紫外吸收层则用于建立紫外光下可见的包含安全信息的图像。

上述组合系统使用所谓的无定型材料（Amorphochromic materials），从晶体结构上看是无色的，在非结晶状态下则可以呈现颜色，热成像过程引起材料的彩色变化。这种组合材料系统产生颜色的机制也适合于建立临时识别的文档，在合适的条件下着色的形式可以恢复到无色的晶体形式。现在已经研制成彩色形成层玻璃渐变温度更低的材料，甚至在低温环境条件下也可能因非结晶着色效应的结晶而引起印刷图像褪色。然而，如此得到的印刷图像的褪色速率可通过特定的添加剂量得以控制，图 3－4 所示各种不同类型添加剂加入组合材料系统后的控制效果，这些例子说明印刷密度随时间推移产生的变化。

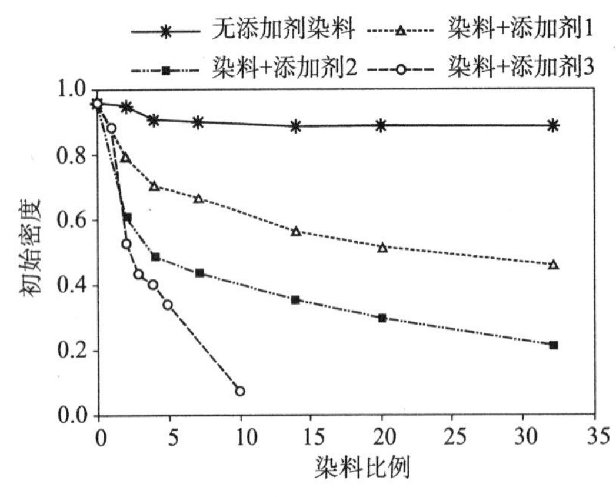

图 3－4　环境条件下添加剂对印刷图像的影响

组合材料类型的直接热打印图像可以用一次通过或多次通过的方式复制。如同前面描述的那样，应用于各涂布层能量的强度和延时时间需要加以控制，以便各自独立地激活每一个功能涂布层，在每一结构层上建立分离的图像。

3.1.5　直接热打印应用提示

直接热打印机要求利用热量“刺激”热敏纸或热敏薄膜，不必使用色带。一般来说，直接热打印技术往往限制于只能打印黑色，印刷图像不如热转移印刷那样边缘清晰。经过一段时间后，直接热打印机输出的产品将会变黑，印刷图像曝露在热量作用和阳光照射条件下使用时尤其如此。直接热打印技术适合于短期使用的标签，但真正的标签直接热打印机采用釉结构件更厚的玻璃打印头，主要出于打印头耐久性的考虑。直接热打印在食品工业领域使用很普遍，因为大多数标签的存放环境远离热量作用和太阳光，标签的上架或实际使用时间不超过 1 年。直接热打印技术的主要优点是无须色带，因而整体成本低。

一旦打印模式（即决定采用热转移或直接热打印之一）确定下来，剩下的问题就是找到合适的打印机型号，下述诸点有助于用户做出正确的选择。

（1）每天以何种方式使用标签？如果标签每天的使用量超过 500 个，则应该考虑采用工业打印机；每天的使用量在 500 个以下时，建议购买小型台式打印机。

（2）标签的最大/最小宽度和长度？某些打印机可以处理很宽的标签，为此需要清楚目标标签的尺寸，以做出正确的选择。例如，实际需要的标签宽度为 4 英寸时，不应该购买 6 英寸宽度的打印机。某些客户可能需要超大尺寸标签，此时宽幅卷筒纸打印机或许是唯一的选择。超长的标签打印要求更多的信息供应，为此应考虑购买内置存储器的打印机。最后，对于标签尺寸最小的应用，应该考虑到不同的打印机与不同的要求。

（3）打印机的工作对象？必须明确打印机是否用于输出图文内容和高密度条形码，若答案是肯定的，则应考虑购买高分辨率打印机。

（4）打印机的连接方式？用户购买的热打印机如何连接必须明确，例如 USB 接口、并行接口、串行接口、无线连接或网络连接等，总之应考虑到与用户需求的最佳匹配。

（5）打印机是否需要个人计算机的帮助？如今，计算机外围设备不再是打印机的唯一用途，也未必需要在计算机控制下工作。若打印机无须访问计算机，则建议考虑远程系统，只要键区和可选的电池包即可。毫无疑问，远程打印机所用标签的格式仍然在计算机上建立，加载到打印机存储器，由打印机调出标签格式并进行打印，可以在任何位置打印。注意，可变信息允许在打印机工作时通过键区输入，并自动地加上日期和时间。购买这些系统时必须考虑到配套使用的软件，否则打印机无法正常工作，标签软件的价格取决于供应商。

3.1.6 打印速度与分辨率的关系

热成像设备的打印速度由加热器的长度和参数 T_{cy} 决定，这里的 T_{cy} 表示打印 1 行需要的时间周期。通常，人们普遍关心热打印头加热器的有效长度，除非加热器的设计目标定位于更长或更短的打印行。热打印机时间周期与印刷速度的关系如图 3－5 所示。

从图 3－5 容易看出，在同种分辨率下实现更高的打印速度要求更短的时间周期，分辨率越高时实现特定打印速度需要更长的时间周期。然而，这仅仅说明对热打印技术性能关系的一种考虑，另一方面的问题是随着设备打印速度的提高，加热器作用周期的缩短将导致单位时间内发热量的增加，有可能引起加热器失效。作为一种常见的物理现象，时间周期的缩短等同于加热器中心区域温度的升高，其结果是热打印设备为获得恰

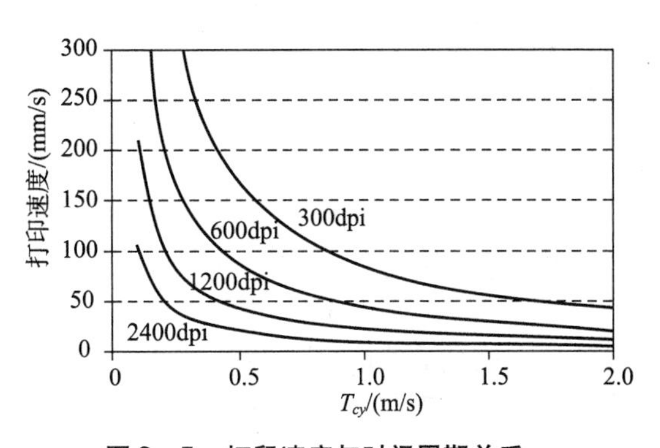

图 3－5 打印速度与时间周期关系

可打印能量而超过系统可接受的温度水平。因此，加热器温度的升高使得加热脉冲延时，实际上形成对热成像数字印刷设备工作速度的限制。

工作速度对任何传统或数字印刷系统都至关重要，因为速度就是效率。如果热打印头的记录分辨率超过1200dpi，则虽然热打印头的记录精度几乎适用于任何应用领域的印刷质量要求，但必须考虑到打印速度的限制条件。

3.2 可擦除直接热打印技术

常规直接热打印技术以热敏纸建立记录结果，用于使用时间不长的印刷品，经过一定的时间后记录结果将变得不可辨认而只能丢弃。若考虑到热敏纸的制造成本往往要高于普通纸张，因而一次性打印和短期使用的方式不仅导致直接热打印成本居高不下，且造成资源极大的浪费。因此，可擦除直接热打印技术更具吸引力，不仅节约资源，且降低成本。

3.2.1 市场需求

随着大量的信息以数字格式提供和保存，具有信息直接转换能力的数字印刷技术也变得越来越重要了，包括基于热成像原理的数字印刷技术。现在，为数众多的文档仅仅是印刷后在短期内临时使用，且用过后就丢弃，面对这种印刷品的使用特点，可重复写入系统就非常有意义了，具有环保的优点。从21世纪开始，重复写入系统不仅开发成功，且已经投入使用，可重写印张的重复记录次数达到500次之多。通过对于隐色染料显色反应过程的热控制技术应用，重写入印刷系统有能力建立稳定的高对比度彩色图像，可以重新写入图像并擦除，体现了记录介质的重复使用价值。只要控制由隐色染料显色剂内长链分子组成的分子成团结构，以上目的就能达到，从而为开发可逆的记录介质打开了大门。

最近几年来信息数字化的广泛开展，使人们看到了纸张作为主要记录介质的传统角色地位正在发生变化，从硬拷贝输出记录转移到各种屏幕显示。但不可否认的是，即使在电子显示大行其道的今天，纸张仍然是大量使用的信息记录介质，其中有相当一部分纸张转换成印刷品后仅仅临时使用，并在使用后丢弃。印刷品的一次性使用和丢弃的方式造成很大的浪费，也不符合环保原则，导致电子纸概念的出现，目前已研制成不同类型的电泳系统和液晶显示器等，其他技术也正在研究和开发的过程中，这些技术开发都集中在电子纸目标上。人类之所以使用数量如此巨大的纸张，是因为这种记录介质容易操作，需要了解主要内容时翻阅方便。与建立在数字显示技术上的电子纸相比，纸张记录介质仍然有电子纸不具备的属性，电子纸全面取代传统纸张仍然有很长的路要走。

考虑到数量可观的硬拷贝输出结果仅仅短期使用和用后丢弃的缺点，人类正在快速地寻找图像印刷后擦除的印刷系统，记录介质可以多次重复使用。具备重新写入能力、允许多次重复擦除和多次重复使用的记录介质已经出现，使用功能和方法上类似于传统硬拷贝输出纸张，适合于数字信息时代的技术特点，也符合环境保护要求。

为了寻找多次重复写入的技术，研究工作者的注意力集中在隐色染料上，原因在于这种染料可以从无色状态转换到显色状态，适合于直接热打印系统使用。除写入信息的记录介质（热敏纸）外，研究开发人员也开发成了可重复写入的系统，主要考虑到染料对于广泛的应用领域的适应性。尽管人们掌握隐色染料的显色和去色反应原理已经有相当长的时间了，但一直到2003年左右才理解这种反应可通过分子结团加以控制，从此开始探索如何利用这种属性开发新的可重复写入印刷系统及其应用。

3.2.2 隐色染料的可逆颜色反应

从最低要求上考虑，实际可用的重复写入印刷系统必须具备下述能力：第一，系统应能够在记录介质上产生印刷结果，要求组成清晰的高对比度图像；第二，只要图像仍然在使用期内，记录介质上形成的图像必须保持稳定的初始状态；第三，记录介质必须具备与写入和擦除要求匹配的特性，即写入速度要快，已经在记录介质上的图像容易擦除。根据以上要求分析，在白色背景上组成清晰的黑色图像的能力至关重要，否则不能获得高质量的图像。理由很明显，如果黑白两色不能形成足够的清晰度，则其他颜色组合更不行。

针对重复写入印刷应用的可逆显色材料必须提供显色和无色状态良好的稳定性，必须在用户需要时快速地去色。以前，染料和显影剂之间的化学反应一直用于使隐色染料进入显色状态，但基于满足可逆变化的信息重复写入要求，研究人员更关心染料与显影剂分子结团状态间的关系。意识到显影剂从隐色染料分离出来后颜色消失的事实，技术开发人员试图通过引入长链结构进一步分离染料，可以定向地增加显影剂的分子间的结块力。由于分子间的结块力促使显影剂的晶化，因而有可能加快显影剂从染料的分离过程。基于上述成果，研究人员已经构造出第一批具有可逆反应能力的彩色分子系统，为此需要热控制技术的配合。图 3－6 演示包含长链结构的显影剂和隐色染料化合物的显色和去色过程。

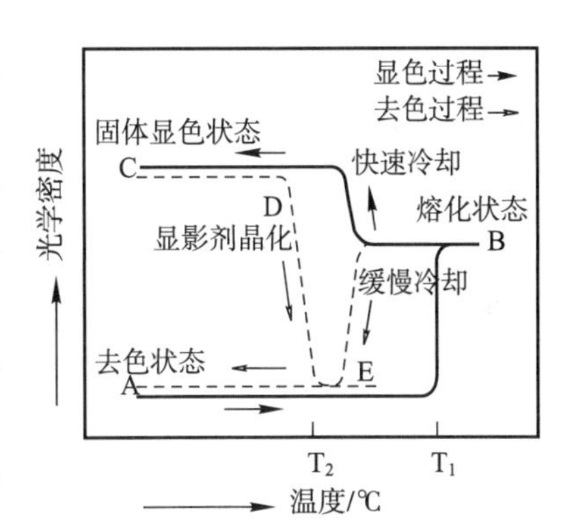

图 3－6 隐色染料与长链结构显影剂系统的显色和去色过程

包含长链结构的显影剂和隐色染料化合物的显色和去色原理如下：有热量加到处于去色状态 A 的化合物时，即该化合物进入熔化状态 B；若熔化状态的化合物快速地冷却，则化合物转换到固体显色状态 C；对处于显色状态 C 的化合物再次“加热”到低于熔化点的温度时，导致颜色消失状态 D 和 E；如果允许在颜色消失的状态下冷却，化合物将返回到原来的去色状态 A；处于熔化状态 B 的化合物缓慢地冷却时，已有的颜色将随着材料的冷却而消失，颜色消失的温度范围因显影剂的分子结构不同来区分。

3.2.3 最佳擦除范围

虽然可重复热敏介质打印类似于直接热打印，但通过加热记录介质的擦除过程伴随不同于打印的热量分布。基本上，打印（着色）过程需要加热和短期的冷却，而擦除（去色）则要求在狭窄的温度范围内缓慢地冷却。以三菱纸业和理光两家公司为例，尽管他们使用类似的材料，但可重复写入热敏材料之间却存在某些区别，因而用户有必要对将要使用的材料做出自己的评价，以找到最佳的擦除条件范围，结果以表格形式汇总于图 3－7 中。

监视和控制擦除温度是获得良好擦除效果的主要因素。从应用的角度看问题，以热敏重复写入技术与无线射频识别技术组合起来的方法最为理想，这种组合称得上是高技术领域的标志性关系。使用无线射频识别技术的主要瓶颈表现在记录介质价格太高，因为标签必须附带集成电路芯片和天线。最近

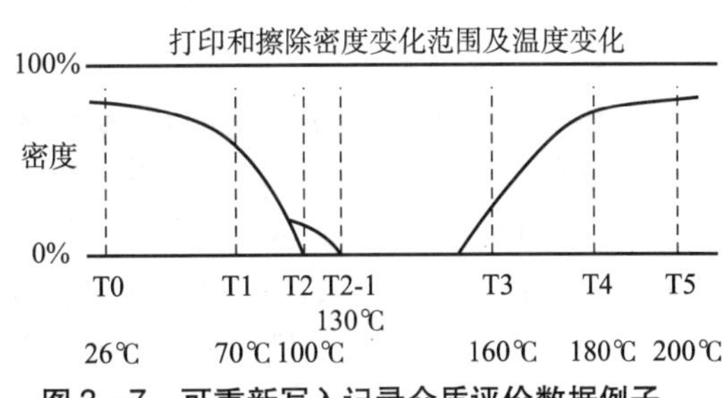

图 3－7 可重新写入记录介质评价数据例子

的美国工业应用调查和统计结果表明，记录介质的成本阈值为5美分，否则无线射频识别技术将无法“起飞”。

相比打印和丢弃的一次性使用介质，可重复写入无线射频识别记录介质具备不少其他优点。由于标签信息驻留在系统中，因而若重复地使用标签而不是丢弃，则数据的可利用安全性更高。此外，无线射频识别技术对环境更好，因为标签使用后无须丢弃。但必须注意，擦除和重新打印标签要求再次获取数据，有可能导致对应用的限制，尽管限制条件并非对所有无线射频识别应用都存在。

3.2.4 材料基础

常规热敏纸使用的显影剂不具备可逆颜色反应的能力，原因在于常规热敏纸不包含长链结构。虽然构成常规热敏纸的材料包含隐色染料，但由于类似煤焦油的结构，因而不能迅速地变成固体。包含长链结构的化合物（显影剂）则与常规热敏纸不同，可以转换到固体状态，估计与分子结块状态有关。X射线衍射分析发现，这些长链结构化合物在显色状态下组成多层的沿相同方向对齐的薄片状结构，去色状态则与独立于结晶结构的显影剂长链一致。根据温度提高时的X衍射分析结果，当可逆热敏纸的温度达到使显影剂从显色转换到去色状态时，薄片状结构突然为显影剂提供晶体化的途径，现在已利用差分扫描色度计观察到了发热峰值，对应于颜色消失时的温度。值得注意的是，在隐色染料的渐变温度区间可清晰地观察到发热峰值，但与材料是否使用长链分子结构无关。

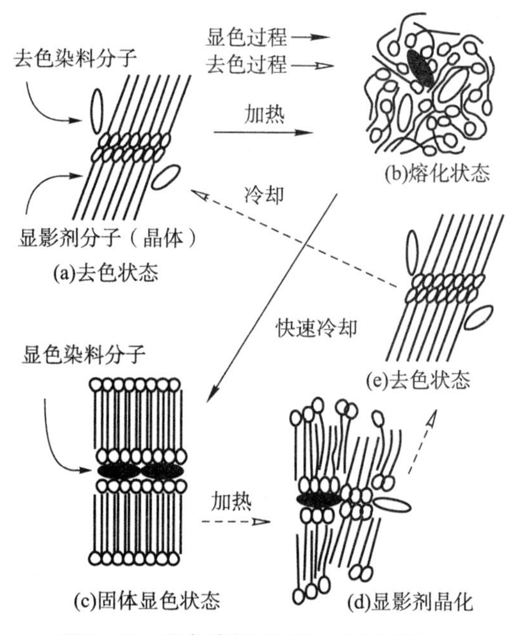

图3-8 隐色染料/长链结构显影剂系统显色/去色机制

根据X衍射图谱和差分扫描色度计测量结果，由隐色染料和长链显影剂构成的材料的显色和去色应归功于如图3-8所示的材料内部转换机制。

当隐色染料与长链结构显影剂组成的化合物处于熔化状态（b）时，隐色染料组合到长链显影剂后形成薄片状结构，两者彼此约束在一起，产生固体显色状态（c）；当这种显色材料的温度上升时，薄片状结构开始崩溃，长链显影剂取得最稳定的结晶形式，对隐色染料起排斥作用而变成无色。在上述显色和去色的过程中，长链结构显影剂的分子间结团力将起重要作用，贡献于显色状态的稳定性，以及从显色到去色状态的快速渐变。

3.2.5 擦除头结构

在热打印技术发展的开始阶段，虽然名称取为热打印头，但作为点阵形式的打印头而在使用过程中，需沿热敏记录介质的长度方向来回地移动，称为串行打印头。传真机市场从20世纪70年代后期到80年代早期转移到热技术时，对行式打印头有了大量的需求；新的应用出现后，行式打印头仍然使用着，性能当然逐步地改善。

2000年初，用于擦除目的的可重写热记录介质出现商业产品后，特殊加热头进入打印机市场。由于擦除过程发生在特殊的范围内，且对于擦除温度的控制对获得期望的印刷效果又至关重要，因而需要开发新的加热头类型，能够在打印头与记录介质接触的状态下实时监视加热头的温度。

可重写热成像设备要求擦除头的配合，而擦除头本质上由加热元件构成，可以说擦除头就是加热元件的恰当组合。从使用者角度考虑，擦除头的使用寿命要长，且确保完全的擦除效果要求更长的热作用时间；如果从设备制造角度考虑，则要求擦除头的制造越简单越好。针对上述基本需求，加热头的制造商付出了很大的努力，改进了加热头的擦除性能，使之能适合于各种应用目的。当然，这些要求与开始出现热重写技术时完全不同，超越了原来的可重写概念，为建立新的可重写应用领域奠定了基础。

如图 3－9 所示为新型擦除头的结构。与常规热打印头相比，新型擦除头的主要区别（特点）之一表现在使用了合适的绝热（隔热）层，插入于接受热量的陶瓷基础与加热槽间，这应该是基于应用和热特性要求的考虑。新型擦除头与常规热打印头的另一区别是陶瓷基础顶部安装有温度传感器，与加热元件在陶瓷基础上的排列方向相同。

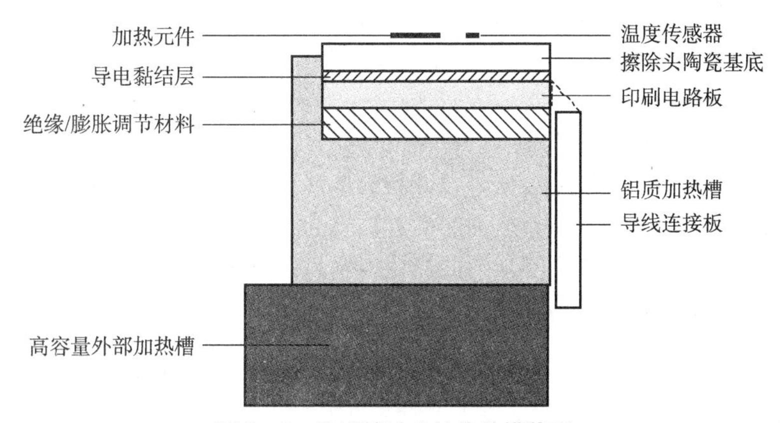

图 3－9　新型擦除头结构的横截面

新型擦除头的开发应满足热重写应用提出的要求，为此对擦除头加热元件使用了具有正效应隔热温度系数的材料，温度上升梯度达到 1500ppm/℃ 的精度，即每摄氏度按每百万为基本单位划分成 1500 个分量。这种材料允许以监视电流变化的方法准确地测量加热器的实际温度，为此需要将电流变化转换成温度变化。此外，新的擦除头还具有测量记录介质温度近似值的手段，在记录介质与加热元件接触的条件下完成实时测量。

3.2.6　关于加热元件磨损

由于可重写应用对加热头有特殊的要求，制造成本高，结构复杂，应用面不宽，因而出现在市场上的这种商业产品并不多。尽管如此，某些公司原来开发成功的技术已经具备在记录介质就位的条件下实时监视加热头或加热元件温度的独特能力。

温度监视需要两种元件的配合：首先，既然要监视温度，就应该有监视的对象，例如加热元件，对直接热打印头来说就是组成加热器的可发热元件；其次，温度监视还需要借助于某种手段或器械，比如工业部门普遍使用的温度传感器，有长期的应用经验，且种类相当多，某些温度传感器甚至可直接使用。

根据以上描述可见，温度实时监视能力的主动方在温度传感器，可监视的范围应该由记录介质的热色敏温度决定。其中，温度测量可借助于传感器或加热元件本身完成，以使用温度传感器更容易实现，有利于降低设备的制造成本。

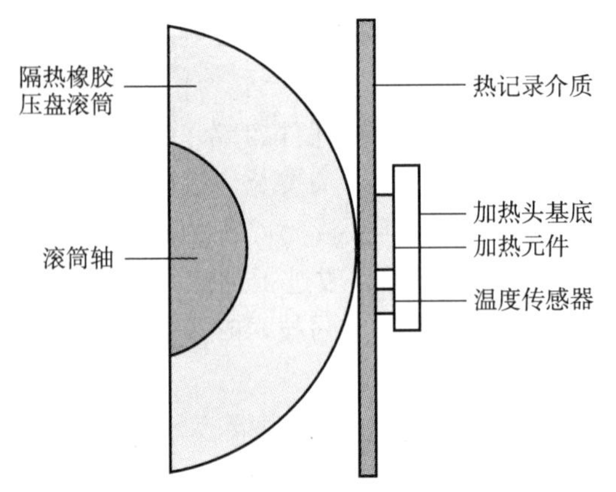

图 3-10　原来的直接热打印系统结构（侧视）

可擦除直接热打印技术需要新的打印头，必须能够与特殊隐色染料的显色和去色可逆反应机制匹配。由于新的热打印头承担多种任务，至少应具备加热、打印、实时温度测量和监视以及擦除功能等，因而称之为多用途热打印头。在新的多用途热打印头出现前，原来的直接热打印系统配置如图 3-10 所示，由加热头、热记录介质和压盘滚筒等组成。

从图 3-10 容易看出，由于加热元件与热记录介质面对面接触，两者之间不可避免地存在摩擦而出现加热元件磨损问题，这成为加热头（也是热打印头）制造商们面临的主要挑战之一，必须设法改善加热元件的抗磨损能力，以延长加热头的使用寿命。加热头外表面的涂布层材料多年来不断改进，从厚膜玻璃外层发展到薄膜。尽管新型外层材料的开发成功和应用有效地保护了打印头的加热元件，但抗磨损寿命仍然有限。

3.2.7　擦除头结构改进的例子

根据来自对实际设备的测量数据，设计新的加热头时应该考虑到温度分布特点，为此采用了从陶瓷材料层背部对记录介质加热的方法。为了演示新加热头和现有加热头之间的区别，图 3-11 给出了新加热头侧视图的简化表示，以利于与图 3-10 比较。

与现有加热头配置相比，新加热头配置的优点有不少，主要优点如下：

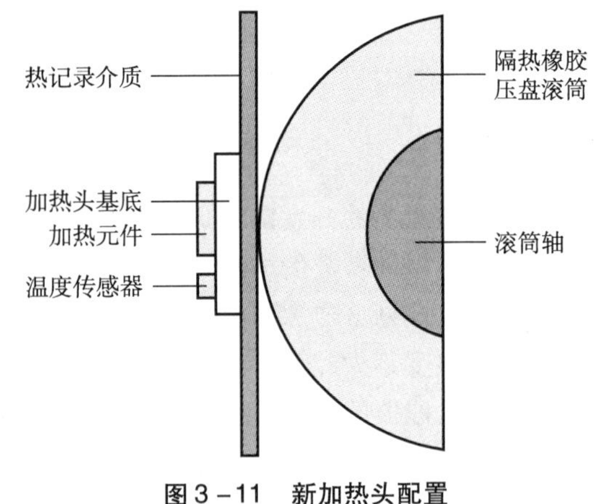

图 3-11　新加热头配置

（1）热记录介质与加热元件不接触，从而消除了加热元件磨损问题，增加了使用寿命。

（2）即使打印头加热元件表面存在不规则的形状，也不影响加热元件与热记录介质的接触能力或接触效果，从而也不会降低打印头的可靠性。

（3）对现有的打印头来说需要加热元件抗磨损保护层，改成新配置后不再需要。

（4）由于记录介质接受的热量来自陶瓷基底，加热元件发出的热量经过陶瓷基底层的作用后分布得更为均匀，因而局部温度波动比现有打印头更小。

（5）通过如图 3-11 所示的配置可以获得更均匀的传热效率，从而使加热元件的调整不仅变得更为容易，且代价也相当低廉。

（6）常规加热头的外层材料成型变得不再必要，导致加热头的基底层加工简化，有利于明显降低打印头的制造成本，提高生产效率。

（7）即使在热记录介质的加热头侧存在轻微的烧焦或结焦材料，也不会像常规加热头那样容易损坏加热元件表面，必要时可以用机械措施清理掉。

（8）由于陶瓷基底起保护层的作用，因而即使在记录介质表面存在化学物质，也不会与加热元件发生化学反应或腐蚀加热元件。

（9）加热头可用于各种目的，并不局限于打印，例如加热化学溶液或将加热头用到零件的热处理等领域，容易加热到特定的温度。

（10）新加热头结构设计的独特性带来多种潜在优势，例如可按特殊需求配置。

（11）开发成的新加热头延伸出不少新的应用领域，例如重复热转移、静电照相系统的墨粉熔化装置、机械零件热处理、印刷过程的预处理和后处理、覆膜、非印刷加热等。

3.2.8 温度监测与控制

为了能更好地控制擦除温度，可擦除打印头的加热单元和温度传感器由正热敏系数1500ppm/℃的材料制成，使得加热元件温度的实时监测成为可能，擦除头的基底层能够与记录介质接触。此外，由于新擦除头采用按需供电技术，因而与其他功能相同的设备（例如连续启动的加热滚筒）相比，新开发的擦除头工作更安全、更经济和更环保。

与开发成新擦除头的同时也研制成热敏测试纸，具有渐变而线性度相当好的温度响应曲线。若存在对齐不正确或擦除头与记录介质的接触压力不够充分等种种原因，则擦除头元件产生的热量可能无法完整地转移到记录介质表面。表面温度可以根据纸张上图像的光学密度加以估算。图3－12指示温度监测点的位置。

通常，热重写和直接热打印记录介质的变色发生在170℃左右。尽管如此，热重写记录介质要求快速地冷却，以保持图像的显色状态；而为了使图像颜色消退，应该以缓慢的速度冷却。对常规直接热打印来说，使图像显示的冷却温度分布与热重写记录介质不同。

既然打印和擦除需要严格地服从不同热量分布的热过程，因而热重写技术必须在擦除过程中监测和控制擦除头加热器的温度，才有可能获得良好的擦除效果，并延长记录介质的使用寿命，符合保护环境和安全操作的要求。

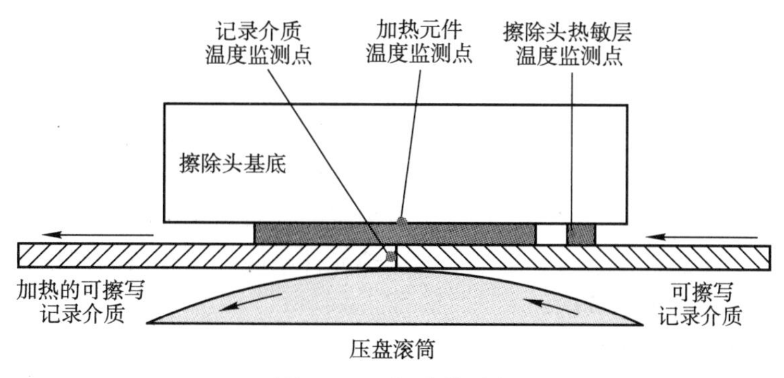

图3－12 温度监测点

3.3 提高热敏图像耐久性的措施

直接热打印机输出的图像可称为热敏图像，容易在使用一段时间后变色，导致热敏图像质量严重退化。直接热打印机输出的印刷品大多有临时使用性质，但凡事总有例外，可能需要保持相当长的时间，为此应设法提高热敏图像的耐久性。

3.3.1 直接热打印技术的特殊性

与热敏打印的实现技术相比，保持热敏印刷品质量的完美性更为困难。从热敏打印机结构角度分析，由于这种打印机使用的加热元件通常加工成特定的几何尺寸，因而热敏打印机的实际输出效果只能做到与设备的理想分辨率接近，不能很准确地与水平排列加热元件打印的行匹配，其原因在于加热元件的线性排列，导致某些位置的热量不足。

以上归纳的热敏纸打印的特点，再加上类似的特殊属性，意味着有必要对直接热打印过程做更精确的分析，确定单个因素对直接热成像印刷质量的影响。只有这样，才有可能在综合多种质量参数的基础上得出合理的结论，全面评价直接热打印的图像质量。

经典直接热打印技术的发明已经有些年头了，设计和开发直接热打印机时必须考虑到热敏纸的特殊属性。此外，作为经典的计算机打印技术之一，热敏纸具有与其他印刷材料不同的物理和化学特点，对印刷质量的影响也与其他印刷技术使用的承印材料不同。尽管如此，热敏纸与其他印刷材料也有共同点，那就是热敏纸也与印刷质量密切相关，包括几个与直接热打印过程有关的基本特征，印刷质量由直接热打印机结构和热敏纸共同决定。

加热元件线性排列的热打印头技术只能达到与打印机分辨率接近的精度，斜线打印结果出现“台阶”效应，如图 3－13 所示那样，打印曲线时也会出现类似的现象。

图 3－13　热敏打印的“台阶”效应

引起“台阶”效应的原因大多可归结为热打印头加热器中的某些加热元件因损坏而不能正常工作，即使打印垂直线条也不能确保清晰的边缘。为了确认加热元件是否失效，可以设计包含线条的测试图，如果应该打印的线条在印刷品中不出现，则说明加热元件确实已经失效，甚至因热打印头损坏而无法正常工作了。

人们往往可以发现直接热打印输出线条的不连续性，这种印刷缺陷通常应该从打印头加热元件的完整性上找原因，至少是热敏纸线条打印结果不连续的原因之一。

热敏打印质量缺陷的另一原因可归结为打印头加热元件工作“步调”的不一致性，例如开机预热一段时间后，有的加热元件已经正常发热，而某些加热元件的温度上升可能还不够高。以复制宽度为直接热打印机一个设备像素的线条为例，由于线条由多个热记录点组合而成，如果打印黑色线条时热量不足的加热元件刚好位于线条的栅格化位置，则打印出来的黑色线条必然是不连续的。

3.3.2　准可定影热敏纸

热敏图像做到如同摄影底片和照片那样的定影效果几乎没有可能，但做到使热敏图像在重新受热或偶然的热作用时仍然保持印刷品的可阅读性和一定程度的图像清晰度却完全有可能。由于不完整的定影能力，直接热打印技术领域称之为准可定影，其含义是可以定影但质量稍差。从材料的化学成分角度看，准可定影热敏纸良好的耐热特性来自羟色胺有趣的性能。这种化学成分用于热敏打印纸后，即产生热敏印刷图像良好的稳定性。

特殊显影剂化学结构针对提高热敏纸记录图像的稳定性而设计，人工合成材料的加入使热敏纸具备一定程度的定影能力，虽然比不上摄影胶片和照相纸那样的定影特性，但考虑到直接热打印图像并非要长期使用，只是为了防止偶然的受到热作用引起的图像可阅读性下降，因而准定影能力足以应付一般的图像阅读需要。

另一种有趣的现象是，如果在图像成形前由羟色胺构成的准可定影热敏纸与特定的化学药剂接触，则直接热打印过程只能形成颜色浅淡的图像。实验观察发现，图像构成能力及其热稳定性明显与羟色胺首先和染料接触或和特定的化学药剂接触有关，这种特点可以用图 3－14 说明。科研人员正是利用了这种现象的优点，才开发成准可定影热敏纸。

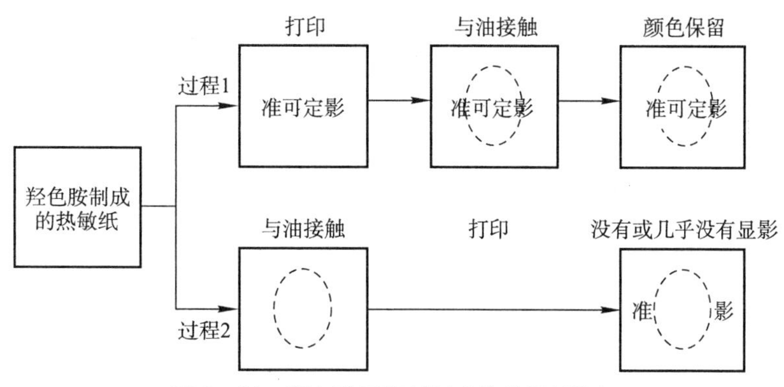

图 3－14　羟色胺显影剂制成的热敏纸特征

根据图 3－14 提示的概念，准可定影热敏纸的使用不同于常规热敏纸，需要不同于常规直接热打印过程的特殊成像步骤。据报道，如果采取了成像操作结束后再加热几秒钟的工艺措施，则非图像区域（通常为白色）形成颜色的能力将明显降低，这意味着热敏纸印刷结果得到了定影处理。值得注意的是，之所以使用准定影的提法，是因为热敏纸的定影部分不可能做到对来自外界的热作用完全没有反应，受到高热量作用时会略微变色。

3.3.3　特殊热敏纸的结构与性能

准可定影热敏纸的基本结构如图 3－15 所示。为了实现热敏纸的定影能力，应该合理地选择相关的化学药品，并进一步使这种热敏纸的功能精细化。

对准可定影热敏纸性能起重要作用的选择是决定用作定影剂的化学药剂，应通过测量和试验的方法确定。开发人员完成的实验测量方法如下：利用热“邮戳”加热已成像的热敏纸表面，例如以电熨斗加热，在 $1kg/cm^2$ 的压力下加热到大约 90～100℃的温度范围，保持上述温度 3～5s 的加热时间，即完成了定影操作；此后以格林达 914 彩色密度计测量密度，需测量图像区域和白色背景密度数据，比较两者的差异。

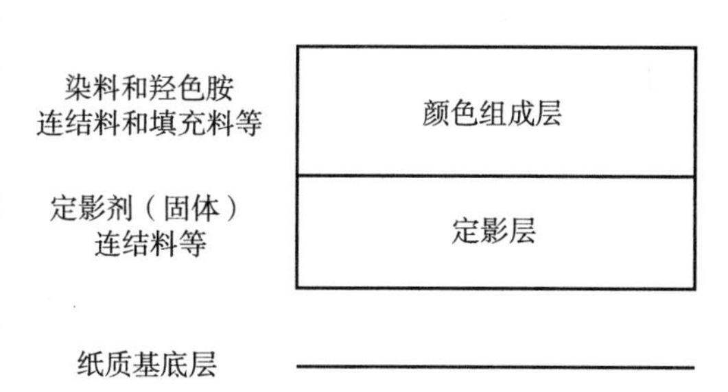

图 3－15　准可定影热敏纸结构

以上实验过程还不能算结束。在定影操作后，以电熨斗对已经记录图像的准可定影热敏纸加热，使热敏纸温度上升到 180℃，保持 5s 的时间。本次实验的目的是检查图像区域和白色区域的耐热性，核对热敏纸的定影能力。打印操作完成后以固体状态的植物油为定影剂，需要确认这种定影剂的缺点，例如定影操作结束后图像密度会降低，印刷品的白色区域将呈现轻微的颜色。如果改成以两种受阻胺（Hindered Amine）为定影剂，则在保持图像颜色深的同时，只要加热温度不超过 90℃，则定影操作不会导致非图像区域出现颜色。在以上条件下执行打印和定影操作时，白色区域出现微弱的颜色可以接受，因为密度在 0.4 左右。与空白区域不同，图像区域保持在相当高的密度，数值超过 1.1。即使纸张重新加热到 180℃，记录在热敏纸上的图像仍然容易识别和阅读。若以市场供应的所谓耐高温热敏纸打印，同样再次加热到180℃时，则整个纸张将变成全部深色。

开发准可定影热敏纸时的其他改进包括以二聚物型染料代替传统单体染料，在变色层和定影层间加入中间成形层等。这些措施明显改善了特殊热敏纸的准可定影性能，得到真正意义上的超耐热直接打印用热敏纸。

3.3.4 定影效果

准可定影热敏纸的打印过程归结为：首先，以类似常规直接热打印的方法在热敏纸张形成记录结果，完成准可定影热敏纸的成像过程；其次，成像过程结束后，在合适的压力下加热热敏纸到一定的温度并保持数秒钟，本次操作的目的在于完成定影过程。

图3－16演示准可定影直接热敏纸的实际性能，与常规热敏纸（耐热型）比较。虽然比常规热敏纸直接热打印多一个步骤，但印刷图像不会因光照而变色。

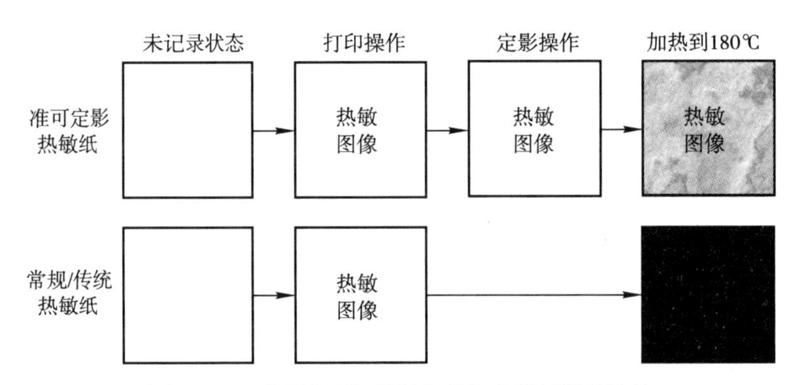

图3－16 准可定影热敏纸与常规热敏纸性能比较

在打印操作阶段和定影阶段，看不出记录在常规热敏纸与准可定影热敏纸上的图像有什么区别。注意，常规热敏纸无需定影操作，因而图3－16中忽略了这一过程。然而，如果有极端高的热量作用于热敏图像，即使偶然和短时作用，仍然可以观察到常规热敏纸和准可定影热敏纸记录图像十分明显的差异。当然，记录在准可定影热敏纸上的图像难免受热量的作用，但考虑到环境温度不至于高到180℃，定影效果满足大多数使用场合要求。

由于白色部分（或纸张的非图像记录部分）略微出现颜色变化，比图3－16中出于演示目的而“故意”加深的颜色要浅许多，因而准可定影热敏纸记录的图像可以清楚地阅读和分辨。相反，常规热敏纸白色部分的颜色整体变深，从而遮挡住了记录阶段形成的图像。

3.4 自动热色敏技术

自动热色敏（Thermo Autochrome）系新创造的词汇，曾经是模拟摄影技术之一，通过彩色照相纸特殊的结构在拍摄时形成彩色记录结果，例如柯达宝利来一次成像照相机与照相纸组合。在数字化浪潮的冲击下，基于自动热色敏原理的一次成像技术被改造成以数字形式曝光和成像的新技术，比如富士公司发明的TA打印机。

3.4.1 概述

自动热色敏系统可以在不产生任何废料的条件下建立高质量的连续调全彩色图像，其优点在于“不产生废料”和连续调复制效果。热转移印刷完成后色带只能丢弃，对应于页面空白部分色带上的油墨也随之浪费了。喷墨印刷用墨盒中的墨水在使用过程中不断地消耗，里面的墨水用完后整个墨盒只能丢弃；即使墨水没有用完，因保管不当或其他原因导致不能正常使用时，照样得丢弃墨盒。相比之下，热色敏的优点还不仅表现在不造成资源浪费，比如印刷结果完全由干燥过程获得，无须显影和定影处理等，还由于自动热色敏机械结构的简单性可保证打印机工作的稳定性。

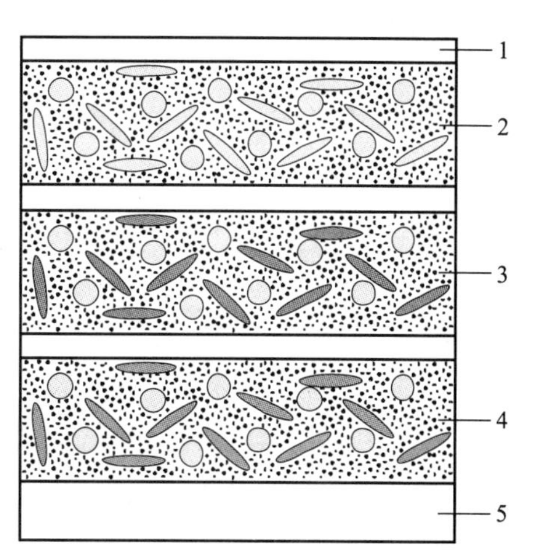

图 3－17 自动热色敏纸的基本结构

1－绝热保护层；2－高热敏度黄色结构层，419nm 光敏度；3－中等热敏度品红结构层，365nm 光敏度；4－低热敏度青色结构层；5－支撑层

如前所述，自动热色敏是模拟彩色摄影技术之一，曾经出现过称为奥托克罗姆微粒彩屏干板的摄影方法。一直到 20 世纪 80 年代为止，人们相信全彩色热敏打印尽管原理上可行，但付诸实施时却行不通。尽管如此，富士胶片公司经过多年的努力，终于在 1994 年完成了基于自动热色敏原理的彩色热敏打印机的商业化过程，以 TA 缩写标记，其含义是一种所有为彩色热敏打印所需的必要工作机制集成在记录介质中的系统，通过重复的加热和自动曝光输出彩色印刷品。图 3－17 给出了 TA 纸张的横截面结构。

自动热色敏纸和相应的打印机产品从 1994 年开始进入市场，到 2000 年底前得到广泛的采纳，用于输出数字照相机拍摄的彩色图像，复制质量令人满意。由于上述原因，人们对热色敏纸所记录彩色图像稳定性的兴趣与日俱增，自动热色敏纸功不可没。

3.4.2 记录原理

自动热色敏纸指受热量作用后直接形成全彩色记录结果的特殊承印材料，无须任何其他中间过程和材料。自动热色敏纸采用多层结构，与摄影彩色照相纸结构十分相似，两者的主要区别是照相纸必须利用照相机拍摄所得的底片，通过显影和定影等过程产生最终的记录结果，处理步骤相当繁复。照相成像数字印刷技术出现后，摄影结果可直接由照相成像数字印刷机输出。由于照相成像数字印刷在模拟彩色摄影技术的基础上发展起来，因而更容易为市场所接受，导致自动热色敏技术一定程度的衰退。

如图 3－17 所示，自动热色敏纸的底部为其他结构层提供支撑；三个热色敏层用于再现彩色图像的青色、品红和黄色分量，涂布到基底上后成连续分布的多层结构；顶部涂布起保护作用的热阻（绝热）层，防止打印过程中受到过分的机械力而损坏。每一个热色敏层以不同的热能反应，以显影出彩色结果，其中最上面的黄色层以最低的热能反应，最下面的青色层需要的热能最高。图 3－18 演示三种减色主色的热色敏显影特征。

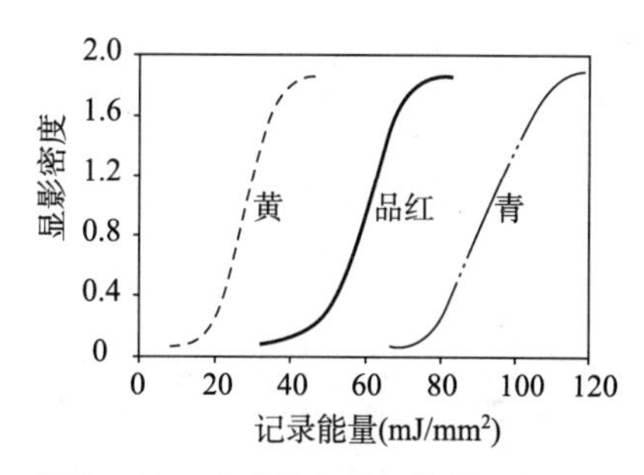

图 3－18 自动热色敏纸的热记录特征

顶部两层（黄色和品红色）的热敏和光敏程度相当，品红层的彩色显影成分为 365nm 的紫外光分解，失去通过加热显影彩色的能力。以加热的方式形成图像后，再借助于使纸张整体在 365nm 紫外光的曝光作用下固定下来。类似地，黄色显影层通过

419nm 紫外光的作用失去彩色显影能力。记录介质内置了上述工作机制后，通过下述简单程序就可实现全彩色印刷：①记录黄色图像时对自动热色敏纸作用低的热能，数量与黄色图像信息对应；②以419nm 的紫外线曝光，使黄色图像固定下来；③对自动热色敏纸作用中等程度的热能，数量与品红对应，记录成品红图像；④在 365nm 紫外线下曝光，使品红图像固定下来；⑤对自动热色敏纸作用高热能，热量与青色图像信息对应，记录成青色图像。

图 3－19 给出了自动热色敏打印机的基本结构，由用于热记录的热打印头、波长各自为 419nm 和 365nm 的两只紫外荧光灯泡和驱动用压盘等组成。

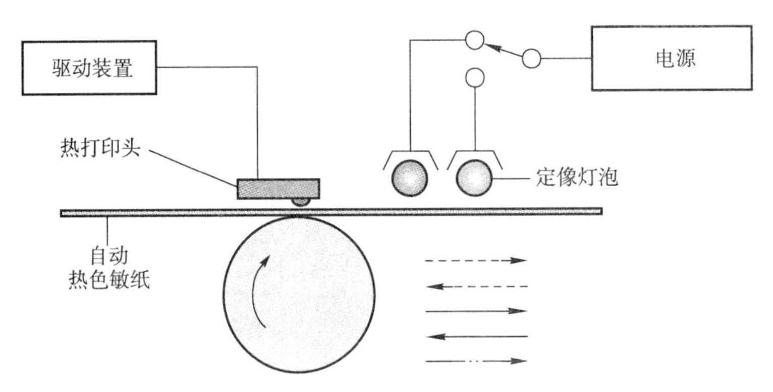

图 3－19　自动热色敏打印机的基本结构

自动热色敏纸从热打印头的左侧进入印刷区域，复制工艺的第一步同时记录和固定黄色图像，即黄色图像由热打印头记录，同时利用波长 419nm 的紫外灯泡固定图像；接下来，自动热色敏纸张返回到其初始位置，记录和固定品红图像；最后，系统记录青色图像。通过上述复制工艺步骤，纸张不断地前进与后退，最终完成全彩色图像的打印。

3.4.3　自动热色敏纸的光敏特性

根据前面对于自动热色敏纸记录原理的描述，由于黄色图像以低的热能记录，因而可以利用记录品红图像的中等程度热能显影，再通过某种措施定影，但可能会损失自动热色敏纸黄色材料的热敏性。通过技术开发者不断的努力，对自动热色敏纸本身来说这一问题已得到解决，方法是加入重氮盐化合物，作为彩色显影材料使用。

根据化学原理，重氮盐化合物与偶联剂反应，生成染料。只要光谱成分与染料的吸收波长对应，则染料受光照射后被分解，损失与偶联剂反应的能力。重氮盐化合物和偶联剂分散在记录层内，加热前不可能发生反应；当记录层受到光线的曝光作用时，通过加热方式记录的图像固定下来，完成定影。图 3－20 给出了用于品红和黄色彩色显影层的重氮盐化合物吸收光谱，通过使它们具有不同的光谱吸收特征得以实现彩色记录。如果事先已经用 419nm 的紫外线曝光，则只有黄色图像被固定下来；品红图像以 365nm 波长的紫外线固定，因为黄色图像已固定下来，所以不必担心紫外光破坏黄色图像。

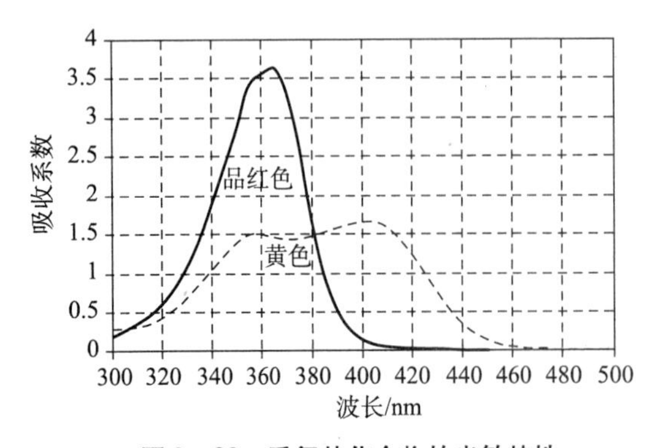

图 3－20　重氮盐化合物的光敏特性

由于青色显影层不要求固定，因而传统热敏记录纸常用的隐色母体染料和有机酸可用作青色显影层材料。其中，隐色母体染料相当于指示 pH 值的媒介，在这种染料基本的自然状态范围内没有颜色，但在酸性条件下可生成染料，反应是可逆的。

3.4.4 暗环境稳定性

自动热色敏纸的暗环境稳定性对应于存储条件，因为这种特殊的纸张必须在暗环境条件下保存。按理，评价暗环境稳定性应该经过长期的观察和记录，根据自动热色敏纸的物理参数变化作出评价。然而，长期观察和记录时间太长，到观察和记录结束时得到的结果往往失去了意义，无法用于指导自动热色敏纸的设计和制造。加速试验可以在很短的时间内得到技术开发需要的数据，其缺点是可能偏离实际。

自动热色敏纸暗环境条件下的加速热测试数据表明，在保存一段时间后纸面的污点或色斑会有所增加。然而，在同样的测试条件下，自动热色敏纸上已经形成的青色和品红图像的密度却没有或几乎没有变化。根据富士胶片公司的测量数据，测试样本经加速热测试后青色图像的褪色和色斑增加如图 3－21 所示。

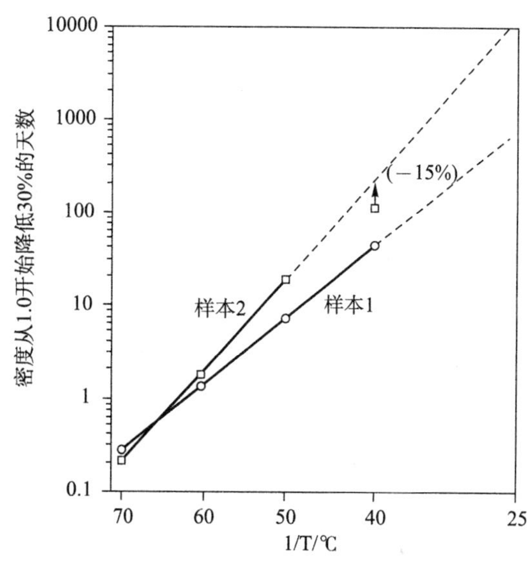

图 3－21 青色图像褪色的阿仑尼乌斯图

青色图像隐色染料的颜色生成反应是可逆反应。经过验证，青色隐色染料在特定的测试条件下发生热分解。在其他测试条件下，隐色染料可能出现退色现象，与该隐色染料周围的 pH 值或酚化合物显影剂的再结晶温度有关。因此，只要有了高温条件下的测试结果，就可以验证室温条件下预测的图像稳定性是否合理了。根据室温条件下保存图像发生的实际变化和阿仑尼乌斯定律(Arrhenius Law)，即可预测青色图像的暗环境稳定性，并掌握了在 25℃ 和相对湿度 70% 的条件下青色图像色斑增加的规律。

3.4.5 自动热色敏纸的光稳定性

自动热色敏纸的光稳定性对应于显示条件，即自动热色敏印刷品的使用条件。如同暗环境稳定性那样，评价光稳定性也应该经过长期的观察和记录，根据自动热色敏纸的物理参数变化做出评价。基于测试暗环境稳定性同样的理由，长期观察和记录光稳定性的时间也太长，所以需要采用加速试验的方法。

为了测量和评价自动热色敏设备输出印刷品的光稳定性或明环境稳定性，执行加速测试时利用氙弧灯泡对印刷图像曝光，选择照度可达到 85klux 的照明体，并以耐热玻璃/碱石灰滤波器模拟室外太阳光通过窗玻璃后的照射效果，曝光周期由 3.8h 明环境和 1h 暗环境曝光组成，大体上可以模拟自动热色敏纸印刷图像的使用条件。之所以确定暗环境曝光时间为 1h，是考虑到加速试验的特点，不能按比例确定明暗环境曝光时间。

由于自动热色敏纸印刷图像曝露在环境光作用下时容易形成色斑，因而可以用背景区域色斑增加的数量表示，因计数困难而换算成等价的蓝滤色镜光学密度。关于自动热色敏纸记录图像后光稳定性色斑方面的加速测试结果如图 3－22 所示，其中色斑的增加特点以蓝滤色镜密度表示，横轴代表氙灯对测试样本的曝光时间，以天为单位计算。

相对于样本1，样本2的色斑增加数量大约改善了1/2。之所以产生这种结果，是因为样本2的青色形成层和基础层之间加入了低氧化渗透层，以及在隔热保护层和黄色形成层间加入紫外吸收前置层的缘故，该前置层在曝光时组成紫外吸收物质。

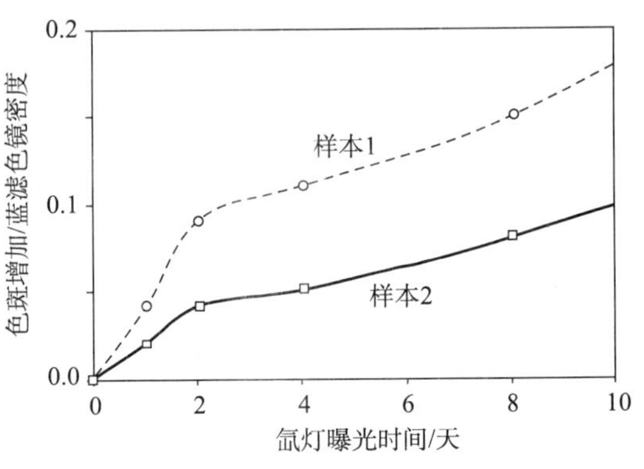

图3－22　背景区域的光稳定性

3.4.6　热响应微胶囊

自动热色敏纸的彩色显影层中有两种无色化合物，它们独立地包含在记录层内，两种无色化合物反应时组成染料，并通过加热反应形成染料图像。由此可见，问题的关键是必须提供两种化合物在室温条件下稳定地分离的系统，加热时又能迅速地反应。

热响应微胶囊（Heat-responsive Microcapsules）已引入到自动热色敏纸的加工工艺，以形成更合理的图像写入能力。微胶囊相当于微小的容器，由芯材和壳体构成，两者是彼此依存的关系。微胶囊生产围绕芯材而展开，起保护作用的壳体由芯材的性能决定，才能为芯材提供切合实际的保护。如果热色敏纸由微胶囊组成，且微胶囊具有在热打印机作用下的热响应能力，壳体由聚合物薄膜制成，则组成芯材的物质通过聚合物壳体薄膜的渗透率随环境温度的改变而产生明显的变化。更坚固的微胶囊壳体用氨基薄膜材料制成，这种壳体材料低于玻璃渐变阈值温度时渗透率很低，超过玻璃渐变阈值温度时则渗透率的增长高达几倍。这种变化可能源于分子内部或组成薄膜的聚合物分子达到玻璃渐变阈值温度时氢连接力的激烈改变。

在自动热色敏纸的品红和黄色显影层内，微胶囊的芯材由疏水特性的重氮盐化合物制备而成，这种芯材可以溶解于疏水而高沸点的溶剂。在自动热色敏纸品红和黄色显影层内，氨基聚合物壳体薄膜与偶联剂和有机基共存。处于正常温度（低于壳体薄膜的玻璃渐变温度）环境条件下时，只要重氮盐化合物处在疏水条件下，则与外界隔离，因而即使其活性很高也处于相当稳定的状态下。加热时，自动热色敏纸微胶囊的重氮盐化合物、氨基聚合物壳体薄膜和偶联剂三种成分混合，产生组成染料的反应。类似地，青色显影层也包含隐色母体染料，封闭在具有热响应能力的微胶囊中，结构与品红和黄色微胶囊相似。

3.4.7　自动热色敏打印机

如图3－19所示的那样，自动热色敏打印机由热打印头、用于定影的紫外荧光灯泡和传输纸张的传动机械等部件组成。

自动热色敏打印机的热打印头内部包含微小的加热元件，排列在陶瓷材料制成的基座上，通过热敏方式寻址，分辨率在300～600dpi之间。通常，达到预期的复制目标离不开工艺控制技术，对热敏成像而言以温度控制最为关键，且要求控制技术容易实现。

由于自动热色敏打印机的热量来自加热元件，因而实现温度控制的最佳途径自然是对于加热元件的控制了。根据上述分析，加到自动热色敏纸上的热量可通过加热元件的电能大小控制，考虑到加热温度的变化取决于环境温度或热打印头的基座温度，所以即使对加热元件供应等量的电能时，热打印头的温度也是可控的。

稳定的印刷质量应该取决于打印机自身，尽可能排除环境条件的影响，这就需要各种控制技术的配合，才能获得稳定的记录密度和高质量的彩色复制效果，做到与环境条件无关。根据前面讨论的自动热色敏材料的热显影特征和工艺次序，黄色显影安排在第一位，品红显影在黄色显影结束后进行，开始于黄色的饱和密度区域；而青色显影则安排在品红显影结束后，所以开始于品红色密度的饱和区域。由于上述复制步骤和热色敏材料本身的特点，高密度黄色和高密度品红色结合在一起时可能导致两种颜色的混合结果出现。为了防止不希望出现的混合颜色，自动热色敏打印机安装了三维查找表，可以有针对性地按RGB图像的主色内容（图像信息）为三种减色主色黄、品红、青选择最佳的加热条件，在确保各主色印刷密度的前提下避免非期望的混合颜色。更具体地说，当色彩饱和度列为首要条件时，可通过抑制印刷密度的方法防止混合颜色的出现；如果印刷密度比色彩饱和度更重要，则温度控制机制把重点放到加热元件的发热量上，通过足够的热量产生必要的高密度。

第四章 热转移印刷

不少专业文献经常提到热蜡转移，其实指的就是热转移，因蜡质物体受热易熔化的特点适宜用作热转移印刷色带的缘故而得名。以热蜡转移代替热转移有失偏颇，事实上制备热转移色带的材料还有树脂。热转移印刷基于热转移成像原理，色带上的油墨在打印头加热元件所发出热量的作用下熔化，在承印材料上记录成图像。在直接热打印、热转移和热升华三种方法中，以热转移对承印材料的选择最为宽容，因而适用范围更宽。

4.1 技术与应用特点

凡热成像印刷均需要热量作用，热转移印刷同样如此。与直接热打印和热升华印刷不同的是，热转移印刷设备通过加热使色带墨层熔化，处于熔融状态的油墨以集群的方式转移到承印材料表面。由于印刷过程伴随有油墨的大批量密集转移，导致热转移印刷品的光学密度高，图形和字符等页面对象的边缘清晰，因而适合于条形码和标签印刷，可有效地降低条形码扫描仪误读的可能性。

4.1.1 概述

热转移打印技术由 SATO 公司发明，大约形成于 20 世纪 40 年代后期。现代热转移技术由 Joyce 和 Hama 两人于 1967 年奠定基础，色带上的油墨层通过半导体热打印头成功地转移到接受印张。热转移记录兼具热敏打印和热喷墨两种印刷方法的优点，记录图像的耐光性和耐水性良好，转印系统的工作可靠性高，几乎不需要维修。尽管如此，直到 20 世纪 80 年代初，现代热转移印刷进展缓慢，其中最主要的因素是那时整体性能还不够理想。

完成热转移印刷的设备称为热转移打印机，使用这种设备的工业部门大体上分成条形码标签和塑料标签两大领域。条形码标签的使用时间不会很长，例如商店和超市货架上的商品标签，包含价格和条形码等基本商品信息，也可能用于打印服装吊牌，最简单的服装吊牌是 T 恤衫的尺码，比如 L 和 M 等。塑料标签往往出现在化学物品的容器上，这种标签通常采用廉价的塑料薄膜，无法使用激光打印机一类设备，否则很可能被热量所熔化。

彩色热转移印刷技术和热转移打印机在 20 世纪 80 年代初期出现，刚开始时用于打印彩色透明薄膜和演讲稿，以后用到标签和条形码打印等领域。有工业分析家估计，截至 2002 年年底，全世界正在使用的热转移设备超过 200 万台。

前面提到 20 世纪 80 年代初期热转移印刷进展得并不理想，尽管 80 年代后期出现了利用彩色热转移技术打印屏幕显示图像的概念，但一直到 90 年代早期至中期时人们才认识到这种概念的现实意义，那时美国有几家从事广告印刷设备开发的硬件公司为广告设计人员提供了容易使用的彩色热转移打印机，输出四色套印室外耐久性维尼龙图文印刷品。

今天，打印机市场的各种热转移设备输出规格小到 6mm 左右的标签，大到 50 多英寸宽度的广告，例如 Roland 的可变记录点彩色热转移打印机输出宽度 12 英寸，带切纸设备，但 5000 美元的价格却不便宜；大幅面彩色热转移印刷设备的例子有 Matan 产品，据说每小时的印刷速度超过 600 平方英尺，不过售价高达 12 万美元。

热转移印刷以直接转移和间接转移两种方式从色带转移油墨，其中直接转移法容易理解，色带上的油墨在热打印头发出的热量作用下转移到纸张等承印材料；间接转移法先通过热打印头完成色带油墨到中间接受介质，此后再转印到刚性和柔性的承印物，无须加热。

热转移印刷的图像质量与几个因素有关，例如打印头的发热量、硬件和软件系统的整体集成度和色带质量，以及承印材料表面的平滑度等。不同的应用要求不同的设置，才能得到最佳质量。然而，选择热转移印刷时图像质量并不是主要因素，热转移印刷工业界的技术支持者们认为，印刷品的耐久性才是占第一位的质量要素。他们甚至认为，目前还没有哪一种数字输出技术的耐久性能超过热转移印刷。

对于数量众多的标志和横幅，以热转移打印机生产的这些印刷品在户外环境条件下的使用寿命长达 3 ~5 年，无须添加高成本的覆膜层或保护清理层。然而，如果热转移印刷品用于船舶标识、交通工具、地板装饰或销售点广告，则增加覆膜层或保护清理层仍然很有必要，原因在于上述应用领域可能处于苛刻的工作环境下，例如冲洗、刷子摩擦或环境化学物质污染等。短期使用的标签和条形码是热转移印刷的另一极端，比如商场货架上的商品标签无需保持很长的时间，一旦价格调整就不再使用。

4.1.2 工艺基础

热转移打印机的基本部件包括连同加热器在内的打印头、色带和接受印张，三者组成热转移复制系统。其中，色带加工成多层结构，至少应该包含油墨和基底两层材料，比如电容器纸或聚酯薄膜都可用作基底层材料，油墨层采用蜡质材料、树脂或蜡质量材料与树脂的组合；如同直接热打印机那样，热转移打印头也必须包含加热元件，短暂的加热脉冲导致色带上的油墨层迅速熔化，转移到目标记录介质；由于热转移有直接和间接之分，因而接受体可能是最终的承印材料，例如普通纸张和塑料薄膜，也可能是中间介质，但第一次转移的内容转印到最终承印材料时不需要加热。

热转移打印机的记录过程可描述为：目标记录介质的油墨接受面与色带表面的热敏涂布层（一层对热作用敏感的油墨薄膜）面对面放置，通过压盘滚筒或其他部件形成的压力使目标记录介质与色带紧密接触。打印头的热作用方向对准色带的基底材料，加热元件在打印机控制系统发出的电压脉冲信号的作用下形成短暂的热脉冲，加热器产生的热量足以熔化色带表面的油墨层。只要打印头的加热温度超过色带表面油墨层的熔点，则油墨层黏度因受到热量的作用而迅速降低，熔化后的油墨流动性增加，足以转移到目标记录介质表面。在油墨成功转移的同时，加热器停止工作，失去热源支持的油墨温度快速降低，导致已经转移到目标记录介质的油墨黏度恢复到常态。

热转移印刷能否成功地实现的关键归结为两种作用力之间的非平衡关系，要求色带基底层对油墨的黏结力小于目标记录介质对色带油墨层的引力（黏结力），满足上述要求时油墨才可能黏结到目标记录介质表面，完成热转移记录过程。如果以 F_a 表示目标记录介质表面对色带油墨层的吸引力（黏结力），油墨层与色带基底材料之间的黏结力以 F_c 标记，如图 4 -1 所示，则只要满足 F_a 大于 F_c 的条件，绝大部分油墨就会从色带上剥离下来，转移到目标记录介质表面；当 F_a 小于 F_c 时，油墨转移无法实现。由此可见，通过改变两种黏结力数值的相对大小，就能构成色带油墨层的全部转移或全部不转移系统，而热量作用和加压的目的在于创造油墨转移到目标记录介质的条件。

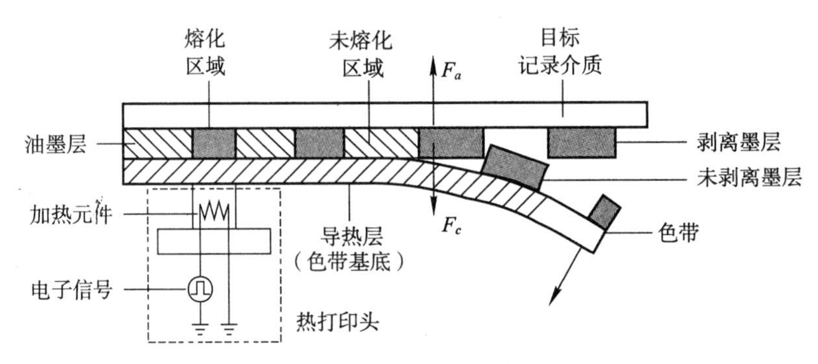

图4－1　热转移印刷的工艺基础

高速热转移印刷要求色带上的油墨层即时熔化，在短暂的电子脉冲信号作用周期内黏结到目标记录介质表面，且油墨层与目标记录介质的黏结力应该足够大。如果油墨即时熔化和黏结力两个条件中有一个条件不能满足，则高速热转移印刷就无法实现。

4.1.3　热转移与喷墨印刷比较

办公文档彩色打印经历了快速的技术变迁，在20世纪90年代中期到2000年大约5年的时间内，从热转移印刷过渡到了喷墨印刷。之所以如此，是因为喷墨印刷相对于热转移印刷的多种优点，其中最主要的优点是喷墨印刷几乎不浪费着色剂。例如，假定要打印的文档页面的平均覆盖率为10%，则只需等比例数量的墨水即可。热转移印刷却并非如此，色带和承印材料油墨的面积比典型值为1:1，这意味着仅仅打印10%的页面时，将近90%的色带浪费掉了。彩色热转移印刷油墨利用率低的缺点更明显，打印全彩色页面时需要黑白印刷3～4倍的色带面积，色带的浪费率高达360%，这成为彩色热转移印刷为喷墨印刷所取代的主要原因。此外，彩色热转移要求每一种主色分别印刷，导致输出速度很慢。喷墨印刷虽然也需要分别打印，但可以采用多个打印头同步工作的方法，速度不受影响。

2000年前后，喷墨印刷没有明显地渗透到某些领域，例如单色标牌、车船票、条形码和标签。与热转移印刷用色带相比，喷墨印刷用墨水的制造成本相当低，墨水的制造商们可以大量的获利。墨水制造商拥有知识产权，不必担心墨水销售后的竞争压力。热转移印刷用色带的竞争则相当激烈，推动了色带价格明显降低。大多数热转移打印机可以接受来自不同制造商生产的色带，使用者只需在色带性能与价格间权衡即可。

根据美国2000年的统计数字，为了完整地覆盖1m^2的面积，需要使用的墨水量典型值为11ml。以每升墨水500美元的生产成本计算，用户为完全覆盖1m^2面积需要支付大约5.5美元，需注意仅仅一种颜色。从以上列举的数字可以看到热转移的优势：典型标牌、运输标签和条形码打印的油墨覆盖率在10%～25%之间，以喷墨印刷生产时打印1m^2面积的成本减少到0.55～1.32美元，相比色带价格要多支出0.40美元。

4.1.4　承印材料适应性

热转移打印机可以在种类广泛的纸张和人造材料上印刷，无须为获得良好的印刷适性而涂布。相应地，为了达到高质量的条形码印刷效果，喷墨印刷必须使用价格昂贵的涂布纸，标牌材料的选择也受到很大的限制。若用户要求水性墨，则必须在承印材料的支撑层表面涂布价格昂贵的墨水接受层。尽管人造承印材料允许使用溶剂墨水，但输出室内使用的印刷品时必然污染环境。热转移印刷几乎可以使用任何平直的承印材料，包括聚四氟乙烯在内，因为这类材料的表面张力随温度的升高而降低。热转移印刷用色带上的油墨在打印头发出热量的作用下熔化或软化，可以按给定的油墨和承印材料组合优化能量供应。热转移印刷的温度需升到足够高，油墨需待印刷图像完全湿润承印材料；油墨冷却下来后便立即转换到固体状态并黏结到承印材料，与色带脱离关系。

热转移印刷可以从大量的色带类型中选择，从适合于标签印刷的简单形式通用蜡质色带到户外横幅印刷用高性能树脂色带。与此相反，大多数喷墨打印机仅仅按一种墨水类型做优化处理，必然限制喷墨打印机的使用范围。一般来说，热转移印刷对种类广泛的承印材料都能提供优异的耐久性。蜡基热转移色带的典型用途包括运输标签、条形码、车船票和标牌等，这些印刷图像处在不同的使用条件下，例如雨水、高热和潮湿环境，碰脏和刮伤等机械作用，指印和清洁剂等化学污染，导致复杂的应力变化。由于热转移印刷对承印材料广泛的适应性，只要承印材料的机械和化学性能稳定，抗环境干扰能力强，则图像的耐久性极高。热转移印刷图像的耐久性是喷墨印刷难以企及的，按成本计算也是其他数字印刷技术无法相比的。油墨配方中加入兼容性强的树脂后，热转移印刷用色带的耐久性有进一步提升的空间，具有更高的防刮伤、抗污染和化学腐蚀能力。

热转移印刷用色带允许按应用需求设计配方，例如户外使用的横幅。这种色带的典型配方包括防紫外线高性能树脂和有机颜料。印刷户外使用的印刷品时，以 PVC 承印材料最为典型，不仅抗退色能力极强，且无须昂贵的覆膜。由于热转移色带使用的着色剂为非水溶性或对于 pH 值敏感的，因而在户外“服役”期间将保持树脂的连结料状态。色带使用的颜料颗粒尺寸极小，导致热转移彩色印刷的色域范围宽。

热转移印刷也渗透到了其他领域，具有竞争力强的优势。例如，尽管出现了大量针对光盘的喷墨印刷专利，但在这些应用领域热转移印刷却表现得比喷墨更成功。由 Rimage 和 Primera 公司提供的几款热转移打印机产品已开发出来，针对直接在光盘上印刷而设计，树脂型油墨的使用导致高耐久性图像，这种色带可以在种类广泛的由不同制造商生产的光盘表面印刷。相反，光盘的直接喷墨印刷受到限制，往往只能在涂布特殊的墨水接受层的光盘表面印刷。若直接喷墨印刷产生的光盘曝露在任何数量的水环境（例如潮湿的环境）下使用，也很容易损坏。

4.1.5 印刷图像耐久性

热转移印刷的“首席”提倡者当数彩色热转移技术联合会（Association of Color Thermal Transfer Technology）执行主席和 T2 解决方案高级 VIP 兼总经理 Rick Wallance，他认为自从数字热转移打印机出现后，热转移色带的制造成本明显下降，建议正在寻求溶剂型或 UV 干燥型喷墨打印机解决方案的企业密切注视热转移打印机。

油墨黏度、熔点和可靠性取决于所使用的油墨黏合剂的本质，比如蜡质黏合剂形成的油墨有更强的黏性和良好的转移特性，但印刷图像却相对“偏软”；基于树脂黏合剂的油墨打印出来的图像不仅耐久性好，质地也更结实，然而这种油墨的致命弱点是对于普通纸张的黏结力低，且油墨转移效率也不高。为了在保持印刷图像良好耐久性的同时又能以很高的速度打印，有研究者以蜡和树脂的混合物为黏合剂研究打印性能，图 4－2 给出了加热到 90℃条件下两组典型黏合剂的树脂成分与黏度的关系。

比较图 4－2 所示的两条曲线不难发现，黏合剂组 1 的黏度曲线除开始部位外随树脂

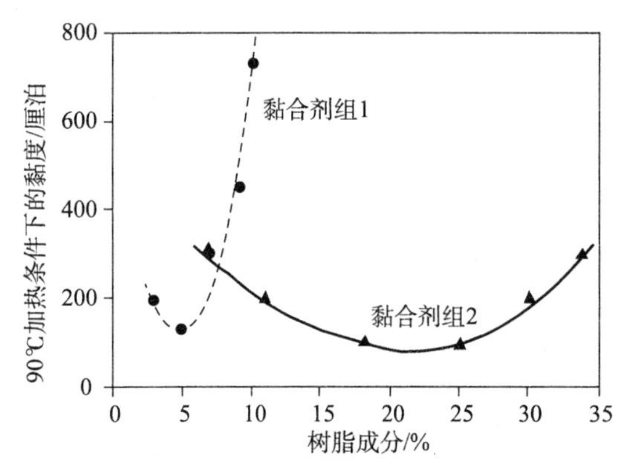

图4－2　典型黏合剂树脂成分与黏度的关系

成分的增加而急剧上升，估计是由于凝固的原因；黏合剂组2的黏度曲线开始时随着色带树脂成分的增加而缓慢降低，在树脂成分20%～25%间达到最小值，此后则随着树脂成分的提高而缓慢地增加黏性。这两组黏合剂的熔点大约在65～70℃之间，从而有可能在熔化后产生流动性良好的油墨，印刷图像也很结实，其中以黏合剂组2更合理，热转移印刷图像的耐久性必然更高。正因为这种原因，才有制造商采用类似黏合剂组2的配方形成色带表面的油墨层，可用于以1.5ms的脉冲时间做高速打印，在承印材料表面产生有良好耐久性的热转移印刷图像。

4.1.6　热转移印刷的未来

回溯热转移印刷技术的发展历史，这种印刷方法首先应用于字处理打印机，但很快就进入各种商业和工业印刷等领域。现在，热转移印刷的某些应用（例如办公文件彩色打印）已经为喷墨印刷和彩色静电照相印刷技术所取代。然而，热转移印刷在某些领域仍然保持其统治地位，比如自动标记识别、条形码、软包装、标牌和标签印刷等。热转移印刷之所以在上述领域继续其统治地位，是由于这种数字印刷方法在这些领域相对于其他印刷技术的优势，例如印刷速度、印刷设备的可靠性、广泛范围的接受介质、图像耐久性高和色带制造成本低等。与其他数字印刷技术不同，热转移印刷耗材的供应商/制造商竞争力都相当强，数量众多的制造商提供价格低廉的各种热转移印刷消耗材料。

热转移也用于以数字方式印刷可变信息，比如印刷服装标签，可变信息的例子有服装保养指示、尺寸、服装批次、供应商及其他相关信息。该领域使用的典型承印材料包括表面平整的机织聚酯布料、浸涂层尼龙和聚亚胺酯等，特别配制的热转移树脂油墨可与这些涂布或非涂布纤维牢固地黏结，耐水性和抗蒸汽效果良好。即使到现在，新的热转移技术仍然继续出现，可以在纤维上直接印刷，印刷图像耐久性等级很高。当然，喷墨印刷也广泛地应用于纤维领域，但典型印刷方法需要转移印张，因而只能间接地印刷。

热转移印刷拥有美好的未来，将扩展到更具挑战性的领域，代替模拟印刷技术，例如丝网印刷。热转移印刷系统的数字处理能力可有效地缩短作业周期，达到成本效率的最大化，覆盖各种模拟印刷应用范围，特别是玻璃和陶瓷印刷。热转移趋向自定义印刷，提供按需印刷解决方案。然而，由于要求使用无机颜料及压碎玻璃的可能性，热转移印刷未必能与喷墨印刷竞争优势。但就油墨角度而言，无机颜料很容易结合进热转移色带油墨。

热转移印刷油墨可以配制到覆盖广泛范围的“点火”温度，取决于热转移印刷系统将要使用的承印材料。由于玻璃和陶瓷装饰以使用颜料为典型，容易结合用到热转移油墨内。无论直接转移或间接转移均可使用热转移，甚至可用于印刷游乐场使用的大型戏水滑水道。热转移色带的固体本质允许使用某些在其他印刷方法来说有害的颜料，可确保使用的相对安全性。

4.2　打印机市场的热转移设备

热转移打印机（Thermal Transfer Printer）不同于直接热打印机，通过使色带上的油墨涂布层熔化对承印材料产生印刷结果，与页面图文内容对应的油墨涂布层将黏结到承印材料的表面。尽管热转移打印机的种类繁多，用途也各不相同，规格小到只能打印标签窄条，大到可以输出大幅面彩色广告，但工业部门最频繁使用的热转移打印机主要用于打印条形码标签和服装吊牌等，然而这并不意味着热转移打印机规格受到限制。

4.2.1 油墨转移原理

热转移作为数字印刷方法的发展开始于20世纪80年代早期。染料扩散热转移和油墨集群转移均有几个早期专利，油墨集群转移（简称热转移）在20世纪80年代初首先完成了商业化，而染料扩散热转移（俗称热升华）的商业化进程没有热转移那样快，到80年代后期才发布商业化信息，全面的技术开发则是90年代的事了。

在热转移印刷过程中，色带墨层中的色蜡或树脂由打印头加热，根据页面上的待复制对象位置和密度特征从聚酯载体转移到接受印张，工作原理如图4－3所示。

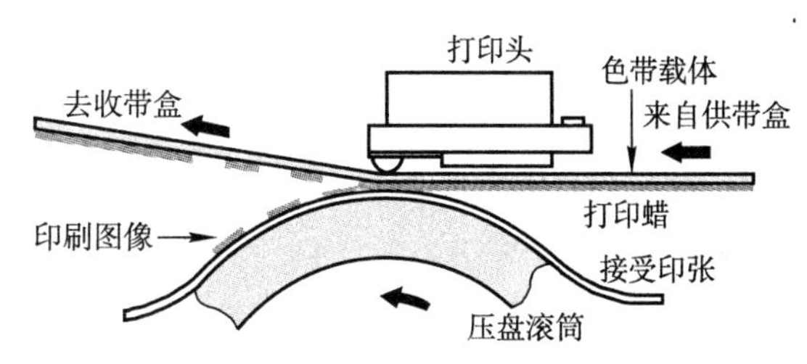

图4－3 热转移印刷工作原理

热转移印刷过程可简要归纳为：对色带的特定位置加热，温度上升导致色带上的着色剂熔化，转移到接受印张后建立印刷图像。这种数字印刷方法对于色带特定位置的加热采用电阻型热打印头和激光之一，其中热打印头的电阻元件组成线性阵列。受到热量作用的色带墨层无非产生两种结果：一种是染料扩散转移，有时也称为热染料转移，具有连续调印刷能力；另一种结果是油墨的集群转移，属于二值复制（印刷）技术。

色带墨层中的蜡或树脂的转移效率取决于多种因素，例如热量、表面化学性质和压力等，色带上的蜡或树脂可能不转移，或者部分转移到记录介质的表面。由于蜡或树脂不转移或转移不完全，可能造成印刷质量缺陷。因此，热转移打印获得良好印刷质量的关键问题之一在于能否实现色带墨层内蜡或树脂的完整转移，即完整地转移到待打印的区域。

4.2.2 主要特点和发展趋势

热转移打印机大多采用并行的作业方式，即一行同时打印，输出速度通常在15～30cm/s之间，某些软包装热转移打印机可以达到每秒钟56cm。与此相比较，喷墨打印机常采用串行工作方式，必须驱动打印头沿页面往复地扫描。因此，为了提高喷墨印刷速度，只能采用增加打印头的方法，这必然提高打印机的制造成本。

热转移打印机的可靠性相当高，设计时就考虑到了在各种环境条件下操作，例如船舶的甲板、厂房的地面，以及在办公室和家庭中使用等。由于按并行原理工作，热转移打印机的移动部件数量极少，一行信息同时印刷。热转移打印头相当耐用，通常在打印50km甚至更长的承印材料后才需要更换。热转移打印机可靠性高的另一重要原因是色带的功能层分离，色带背面的涂布层控制打印头/色带界面，设计该涂布层出于打印头润滑的考虑，因为打印头的操作温度范围从100～400℃，摩擦系数必须相对地独立于温度，打印头才能适应如此广的操作温度范围。

理想二氧化钛的颗粒尺寸大约300nm，其结果是这种颜料将引起对于可见光的散射效应。对喷墨印刷用墨水而言，颜料的理想颗粒尺寸应该比300nm量级更小，才能防止堵塞打印头的喷嘴。此外，二氧化钛的密度太高，倾向于沉淀，除非用于生产黏度很高的墨水，大喷墨打印机不能“容忍”高黏度墨水。相反，白色颜料刚好处于热转移色带的成像范围，不存在喷墨打印头使用白色墨水时容易引发的问题。

彩色热转移印刷的新趋势是开发多加热头打印机，导致处理彩色时无须“板”式色带。某些热转移打印机产品提供节约色带的功能，比如不需要白色时打印头向上抬起而节约色带。由于上述功能，色带利用率提高，导致彩色热转移印刷的成本明显降低，具备与彩色喷墨印刷展开竞争的能力。串行热转移打印机的开发过程从未中断过，大多针对商业横幅印刷设计。虽然这种热转移打印机的速度较慢，由于仅仅打印需要的颜色，因而色带的利用率大大增加。串行热转移打印机与多加热头热转移打印机相比价格更便宜。

4.2.3　两种典型加热器结构

20 世纪 80 年代中期，个人计算机处理能力和成本/性能比连续不断的快速发展迫切要求硬拷贝输出设备提供更强大的功能，改善打印机的工作可靠性，利用微处理器和更新型的非撞击打印技术实现功能扩展和提高可靠性的目标。在打印机能力方面，高速和低噪声运转目标已经实现，并借助于附加某些打印功能扩展设备的处理能力，例如多字体和半色调图像打印，说明当时打印机与计算机信息处理的配套能力受到人们的普遍重视，从而扩大了打印机的应用范围，热转移打印机也进入人们的视野。

如前所述，大约从 20 世纪 80 年代开始，人们对热转移印刷技术的兴趣日益浓厚，通过从色带或其他支承结构使油墨转移到色带局部加热区域对应位置的纸张表面。在热转移打印过程中，着墨色带与纸张保持接触或十分靠近纸张的状态，为此使用了各种局部加热着墨色带或支承结构的方法，两种加热色带结构的典型方法如图 4－4 所示。

图 4－4（a）采用电加热方法，色带以薄膜电阻或硅发热装置加热产生焦耳热量，加热器位于色带的背面（相对于纸张位置）；图 4－4（b）以激光器加热，所以也称为激光热转移打印，激光束被色带吸收后转换成热量，激光加热器也位于色带背面。

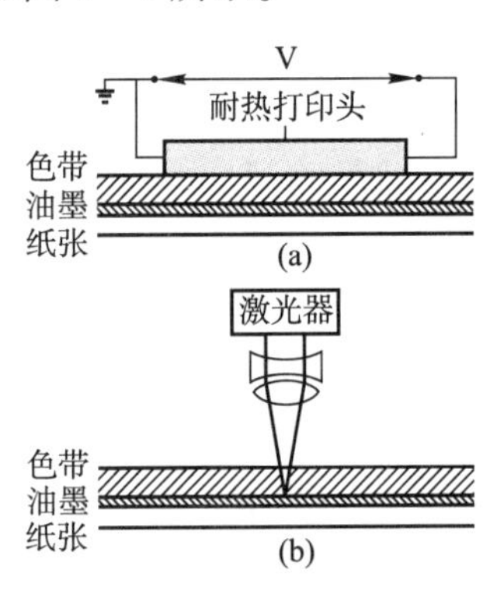

图 4－4　色带结构局部加热方法

许多商业打印机采用电加热方法，局部加热导致蜡质油墨熔化，并转移到与色带保持密切接触的纸张。激光器加热目前限制于某些特殊的应用，蜡质或树脂油墨通过光热转换熔化技术转移到纸张，或通过染料升华过程依次沉积到与色带十分接近的承印材料。

电加热转移的主要缺点表现在打印机速度低，因为加热元件的热作用周期太长。为了解决热作用周期过长的问题，通常采用的典型热转移油墨基于蜡质材料，或使用其他熔点相对低的油墨，倾向于通过压力或接触转移。为了满足期望的打印速度和输出尺寸等，电阻型热转移打印对用电功率必然提出要求，这样就排除了低端和低成本打印机采用激光热转移技术的可能性。另一方面，由于激光转移技术使用的色带耗材成本较高，因而除某些特殊环境外，激光转移技术无法在高速打印应用领域与电加热转移技术展开竞争。

4.2.4　标签与条形码打印机

条形码打印机的输出规格往往是固定的，典型尺寸有 4 英寸、6 英寸或 8 英寸，其中的尺寸指可打印的宽度。尽管以往的条形码打印机制造商曾经提供大量不同尺寸规格的打印机产品，但出现在市场上的大多数条形码打印机已标准化到上述尺寸。这些打印机的主要用途是生产条形码，用于工业产品和发运标记。

条形码打印机使用固定宽度的热打印头，纸张或塑料标签在橡皮滚筒（称为压盘滚筒）的驱动下与热打印头接触，打印头和标签间夹着一层很薄的热转移色带，大多以聚酯薄膜为基材（基底层），表面涂布蜡、蜡与树脂混合物或纯树脂油墨。色带绕在卷轴上，典型长度625m或1965英尺，通过打印机构驱动，色带需与标签同步运动，速度可以达到每秒钟12英寸，但大多数应用每秒钟6英寸的速度移动或许更合理。

随着标签和色带同时在打印头的下方运动，沿打印头宽度方向的细小像素受到打印头的加热作用，脱离打印头加热元件后被加热的油墨冷却下来，只要油墨对承印材料的黏结力大于对色带基底的黏结力，则熔化油墨脱离聚酯薄膜而转移到标签。尽管上述打印过程发生的速度相当快，但打印机的工作速度与油墨的干燥速度几乎同步完成。目前已经实现的热打印头分辨率通常为203dpi，也有达到300dpi的，某些制造商甚至有能力提供600dpi分辨率的标签印刷热打印头，适合于电子工业生产尺寸很小的小型标签，例如手机电池盒内微小的条形码标签就是用高分辨率的热打印头打印而成的。

由于高速度打印需求，因而条形码和标签打印机已经演变成十分精致的输出设备，带有强有力的处理器并配备大容量的存储能力，从而能够以打印机构相同的速度产生条形码或标签图像。为了达到与打印机同步的数据解释速度，几乎所有的热标签打印机都采用特殊的内部描述语言，允许在打印操作前将标签信息置于打印机存储器内。

每一家热标签打印机制造商都有自己的语言，某些语言很复杂，以至于常人难以理解。例如在标签上打印条形码时，控制打印机的计算机必须将一系列的编码传递给打印机，请求特定的编码类型，规定条形码在标签上的位置和尺寸，并产生与条形码同时打印的数据内容。此后，打印机利用预先定义的算法构造条形码，保持与打印头分辨率严格一致，以便打印头能够以自身的分辨率打印出条形码。由处理器形成的条形码和相关内容数据总是与特定的打印机有关，否则很可能无法正常打印。为了能准确地打印条形码，必须对条形码生成建立严格的规则，才能确保在各种环境下条形码的可阅读性。

4.2.5 票证热转移打印机

票证不同于身份证等证卡类印刷品，前者以文本内容为主，通常包含条形码；后者以图像为主，例如护照打印以持有人的照片为主要对象。由于工作对象不同，对印刷图像的质量要求不同，因而服务于票证输出的热转移打印机结构也与照片打印机不同。这种热转移打印机的典型应用有火车票、汽车票和船票等。

以火车票打印为例，大多数车票在火车站的售票窗口打印，但也有在火车车厢现场打印的需求，例如旅客上车时没有车票，需要在车厢现场补票。火车站售票窗口使用的热转移打印机在固定位置使用，对打印机尺寸往往没有太严格的要求，可以做得像激光打印机和喷墨打印机那样大，只要不占用太大的空间就可以。用于现场打印的设备就不同了，通常配置成可移动的热转移打印机，以方便列车员在现场使用。

热转移打印机的设计应该考虑到与色带匹配，由此涉及色带黏合剂的配方，因为墨层的熔化不能仅仅考虑油墨成分。据报道，基于热转移记录技术的火车票打印机或售票设备的打印装置早在20世纪80年代初期就已经出现，即使在那时就已经能打印出大约13种火车票，例如普通票、通勤票和往返票等，设备允许存储大约2000个火车站名称。为了

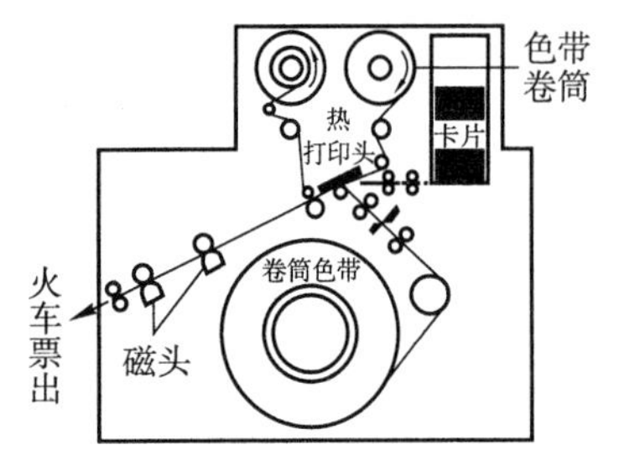

图 4-5　火车票热转移打印机示意图

符合实际使用要求，热转移打印设备应满足高速打印要求，产生耐久性高的印刷图像。

图 4-5 是火车票销售用热转移打印机的结构简图，可以配置成售票机的打印部分。该图同时也演示了打印火车票的热转移工作流程，例如卡片（火车票）输送、卡片打印和磁性记录等，承印材料分为塑料卡和纸卡两种。

车票打印在塑料卡还是纸卡上由操作人员在打印前按需要选择，打印一张通勤票的时间大约为 1.5s，相应的卡片输送速度约每秒钟 44mm，实际的有效打印长度大约为 43.7mm，打印密度等于每毫米 6×6 记录点。火车票打印好后，由第一个磁头在火车票背面产生磁记录信息，在签发火车票前由第二个磁头核对。

4.2.6　温度控制

与热打印头温度控制关联的重要问题是所谓的热滞后（Heat Hysteresis）现象，可以用如图 4-6 所示的过渡（渐变温度）曲线定性地说明。

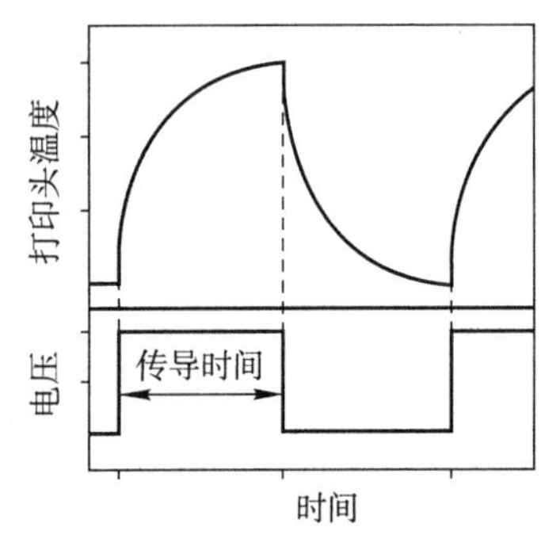

图 4-6　热打印头表面温度渐变曲线

如同喷墨打印机的墨滴成形控制那样，热打印机也需要控制技术，为此需要图 4-6 那样的温度渐变曲线。染料热升华和热转移印刷都利用加热技术记录信息，染料能否按预定温度产生升华物理效应，以及色带油墨层的合理熔化都离不开温度控制。总之，热转移技术的复制效果与温度控制有十分密切的关系。

理想的温度控制是理想复制效果的前提，实现方法以电气技术最为合理。通常，热打印头的温度控制要用到参考温度，控制原理如下：输入电压信号加到热打印头的电路部分时产生的温度作为参考值使用，若输入电压信号设置成 0，则热打印头温度立即返回到其初始值。然而，由于热滞后效应的作用，上述温度控制技术的实现并不容易，但通过打印头加热元件特殊排列实现温度控制的方法已经成功地开发出来。

4.2.7　驱动频率对记录点的影响

毫无疑问，开发具备高清晰度复制能力的热转移打印头需要从各种影响因素着手，其中最主要的问题是打印头的热特性。根据本书第二章讨论的内容，热打印头的工作基础是加热元件的热特性，为此需要处理好打印头的热平衡关系，确保加热器及其元件的功能正常地发挥，并设法优化加热器的热平衡关系，而热平衡优化的核心问题则是改进热成像系统的热响应能力。由此可见，系统的热响应能力应该成为高清晰度热转移印刷需要解决的首要问题，这一要求已经为科研成果和使用实践所证明。

理论计算结果表明，热转移打印机以每秒钟 10 英寸的速度输出，按 600dpi 记录分辨率考虑，则要求打印头在 6kHz 的驱动频率下工作。根据热转移印刷与喷墨印刷的区别，热转移打印头的驱动频率达到 6kHz 不能算低，在这种频率条件下打印头的热响应能力很可能无法与实际工作频率匹配，加热器的快速打开和关闭容易引起基底材料的热堆积；加热元件在非寻常状态下工作，导致色带墨层（尤其是树脂油墨）的过度加热；油墨熔化也进入非正常状态，造成熔化油墨过高的流动性，从而严重地影响图像质量。打印头热响应能力与实际工作频率不匹配和油墨流动性过高导致的后果可以用图 4 -7 说明，随着时间的延长，打印头温度越来越高，记录点的尺寸畸变将不可避免地发生。

为了解决打印头热响应能力与实际工作频率不匹配和油墨流动性过高的问题，必须有效地改善基底材料的热辐射特性。如果基底层辐射出太多的热量，则再次启动加热会变得相当困难，因为在此条件下需要巨大的能量快速地启动加热元件重新产生必须的热量。传统热转移打印头以氧化铝陶瓷为基底材料，实践已证明这种材料无法以 600dpi 的记录分辨率为加热元件准备稳定间距的线圈，因为基底层表面将出现直径从几个毫米到 10mm 的大量空白，看起来像毛孔一样，很容易造成短路或断开，从而无法保证打印头的正常工作。

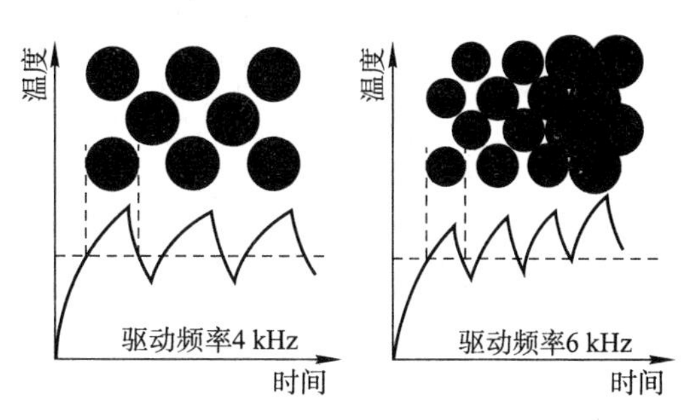

图 4 -7　驱动频率与记录点的关系

现在已经有条件通过热转移印刷得到高清晰度的图像，但用于热转移印刷的热打印头必须具备高清晰度复制的能力。传统热打印头基底采用氧化铝陶瓷材料，现在出现基底层材料改成单晶硅的趋势，绝热层薄膜借助于硅基合金电抗性喷溅工艺制备而成，采用厚度大约 20μm 的低密度圆筒形结构。打印头的加热元件位于硅基合金基底层的突出部分，两者结合在一起时需要对热打印头施加集中载荷。经上述工艺措施改善后，硅基合金基底层热打印头对色带油墨的宽容度提高，例如允许使用树脂型油墨，转移效率令人满意。

4.2.8　提高热转移印刷速度的约束条件

提高热转移印刷速度的主要前提之一是缩短电压脉冲信号的作用时间，这种要求称为提高热转移印刷速度的第一约束条件。已有的实验结果表明，脉冲信号的作用时间较长时，如果以涂布不同油墨层的色带打印，则印刷图像的光学密度与输入功率曲线之间不存在明显的差异。降低脉冲信号的作用时间后，可观察到油墨的黏性出现差异，由此猜想热印刷图像的光学密度与输入功率关系曲线也可能有差异，这一猜想后来得到实验数据的支持。

提高热转移印刷速度除了要求缩短电压脉冲信号的作用时间外，还要求打印头加热元件的输入能量越低越好，这成为提高速度第二约束条件。已经有实验数据表明，在相同的输入功率作用下，黏度低的油墨产生反射光学密度高的热转移印刷图像，而黏度高的油墨印刷出来的图像反射光学密度却较低。例如，为了获得反射光学密度等于 1.0 的图像复制效果，低黏度油墨要求的输入功率为 0.87W；高黏度油墨只有当输入功率达到 1.25W 时才能达到 1.0 的反射光学密度。上述列举的实验测量结果说明，油墨的黏度必须恰当，过高的黏度必然导致功率消耗的增加，与降低能量需求的热转移打印机开发目标不符。

如图 4 -8 所示各种电压脉冲信号作用时间下加热元件为获得 1.0 密度必需的输入功率与油墨黏度关系曲线，表示为油墨黏度与热打印头输入功率的关系，与色带油墨类型无关。

如图 4 -8 所示的油墨黏度与输入功率关系曲线明确地提示，电压脉冲的作用时间大于一定数值时无论热打印头的输入功率多大，油墨黏度基本上保持不变；只有当电压脉冲信号作用时间小于一定数值的情况下油墨黏度才会改善。

打印头电压脉冲信号作用时间缩短意味着热转移印刷速度提高，油墨与承印材料的接触时间也相应缩短，黏度的降低使得油墨能有效地黏结到承印材料表面。热转移打印机的使用经验表明，热打印头以1.5ms作用时间获得合理的打印速度时，打印头的使用寿命可以接受。但这一限制并不是绝对的，如果能研制出功率更大的打印头，则热转移打印速度还可进一步提高，已经为最近开发成的热转移打印机证明。

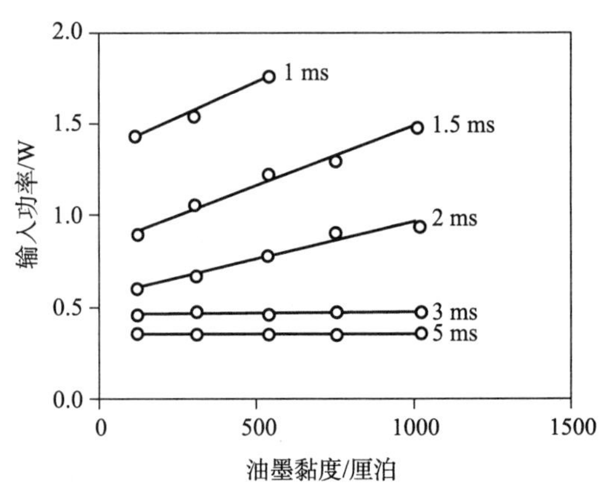

图4-8 光学密度等于1.0时的油墨黏度与输入功率关系曲线

4.3 热转移色带

直接热打印靠热敏材料受热变色的机制建立印刷效果，无须使用色带；热转移和热升华印刷都需要色带，但由于两者的工作原理存在明显的差异，油墨的集群转移和染料扩散热转移必然对色带提出不同的要求，因而设计色带配方时必须考虑到热转移的工作原理。

4.3.1 典型热转移色带结构

如图4-9所示，热转移印刷使用的色带都设计成多层结构，通常由保护层、聚合物薄膜和热转移油墨层三大重要部件（成分）组成，其中保护层涂布在色带背面。

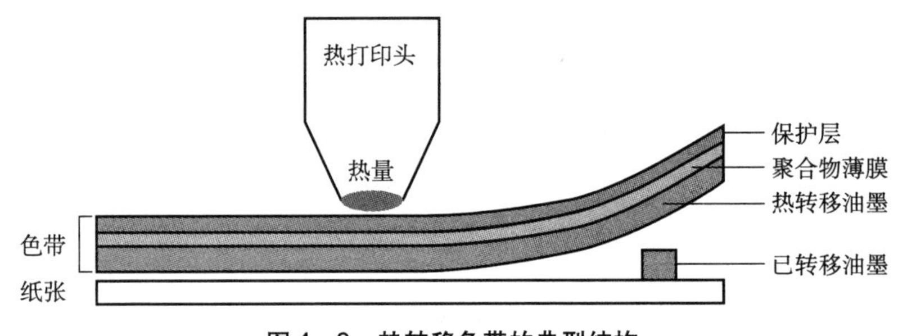

图4-9 热转移色带的典型结构

合适的背面涂布（保护层）至关重要，可以延长打印头的寿命；背面涂布层为色带提供“润滑”功能，防止色带在打印机运转过程中与打印头黏结；背面涂布层也起分散热量和抗静电干扰的作用，避免打印头与聚合物薄膜层产生相对运动（滑动）时引起的磨损效应。配方（成分）对背面涂布层来说十分重要，应该设计合理的配方，防止磨损效应产生的细小颗粒在打印头表面堆积起来。

聚合物薄膜加工时需确保其平滑度、高热阻性、高导热性、高抗拉强度和抗化学腐蚀特性。色带上涂布的墨层是转移信息的重要载体，其配方当然十分重要，为了使每一种色带能打印出最佳的图像，应该根据记录介质的表面特性设计色带。

热转移色带分成蜡质、蜡和树脂混合物和纯树脂三种类型，对标签打印来说色带几乎总是黑色的，偶尔也使用红色和蓝色油墨。虽然色带表面的油墨涂布层分成三类，但目的都是为了在不同的标签材料上打印，满足各种标签的使用要求。

一般来说，蜡质色带适合于打印纸张标签，使用寿命可能要延长到几年，因而必须保持干燥的使用环境，不能磨损，确保不受特定化学物品或油的侵蚀，否则很可能导致打印在纸张表面的蜡质图像熔化。蜡和树脂混合物色带可以打印出精致的图像，但建议以很光滑的纸张或涂布标签纸打印。与蜡质色带相比，蜡和树脂混合色带打印出来的图像耐久性更高。尽管如此，这种色带打印的图像耐久性仍然不够，仅耐得住与水轻微的接触。纯树脂制成的色带主要用于打印塑料标签，比如聚酯、聚丙烯和维尼龙薄膜等材料。这种色带表面的油墨设计得能略微溶解或黏结到标签的表面，形成耐久性极高的标签图像。

大多数标签打印机制造商往往提供色带和标签组合，两者匹配使用的良好特性已得到制造商的验证，因为匹配不良时很可能根本打印不出需要的图像。以树脂色带打印的塑料标签曝露在室外整体受太阳光作用照样能“存活”下来，耐得住水的“浸泡”，甚至可以抗化学物品和油的侵蚀。船舶、汽车和飞机零部件制造商提供的结构件大多在室外环境条件下使用，受到有害化学物品和环境的侵蚀成为对标签的基本要求，必须在结构件的寿命周期内保持标签处于可识别状态，例如浸泡在海水中相当长的时间后标签仍然有效。

4.3.2 色带选择准则

色带与热转移打印机通常应配套使用，因为色带的热作用特性必须与打印头加热元件的参数匹配，才能输出符合应用需求的印刷品。一般来说，色带产品有相当的专有属性，应该有明确的目标使用对象，即热转移打印机和承印材料组合。此外，色带也与印刷质量要求有关，服务于彩色复制的色带更应该考虑到色度特性。

热转移打印机提供安静的工作环境，体积小而重量轻，适合于加工成便于携带的设备，例如移动打印机。由于热打印机的价格便宜，操作方便而又简单，以及市场对印刷品个性化要求的日益增长，因而热转移印刷的应用领域不断扩展。表4－1列出的资料可作为标签打印各种应用领域选择色带的通用准则，也可供其他应用参考。

表4－1 色带选择准则

色带类型	标签类型	应用领域
快速蜡	涂布纸或非涂布纸	经济型图像打印，中等到高速
耐久蜡	涂布标签和非涂布光滑纸张	经济型打印，中等速度下打印时图像耐久性更高，适合于要求耐沾脏和耐擦（刮）伤能力环境下使用的图像
粗糙蜡	合成标签和涂布纸打印表现优异，不推荐用于非涂布纸	条件苛刻的使用环境，图像要求用耐沾脏和耐擦（刮）伤的介质打印，速度低到中等范围
耐久树脂	优质合成标签打印表现优异，不推荐用于涂布和非涂布纸	性能最高的油墨配方，针对永久性图像开发；适合于苛刻的使用环境，避免沾脏，有高度的耐刮伤能力，良好的耐溶剂、耐热和耐水性；要求低速打印
耐久蜡/树脂	纸张标签、聚丙烯标签、聚酯标签和聚乙烯标签	蜡质材料和树脂复合配方，提供耐沾脏和抗刮伤能力；适合于各种类型记录介质的热转移印刷，中等到高速打印；允许在广泛范围内选择单频彩色标准和套印色油墨

表4－1将色带细分成五种类型，主要以蜡质油墨层作为细分对象。如果表4－1中的快速蜡、耐久蜡和粗糙蜡色带合并为一种，则热转移色带的主要类型仍然是蜡、树脂及蜡和树脂混合型。热转移印刷的优点和市场需求导致更多的制造商加入色带生产行列，厂商

和牌号众多的色带可能使购买者无所适从。在确定购买何种热转移色带时，表 4 - 1 列出的建议可供参考，应该征求热转移打印机制造商或供应商的意见。

4.3.3 记录介质与色带性能匹配问题

选择热转移色带时不仅要考虑到打印机加热器的热作用特性，还应该考虑到色带与记录介质的匹配。表 4 - 2 中列出了色带和记录介质的组合性能表现，以四个星级和 NR 表示，其中 NR 代表无法给出参考意见，性能按耐沾脏和刮伤衡量。该表可作为色带与记录介质配对使用的指南，评定的星级越高，说明色带对于相应记录介质的使用效果越好。

表 4 -2 色带和记录介质配对评级

	非涂布纸		涂布纸		聚丙烯		聚酯	
	印刷质量	性能	印刷质量	性能	印刷质量	性能	印刷质量	性能
快速蜡	***	**	****	**	***	*	***	NR
耐久蜡	**	***	****	***	***	***	***	**
粗糙树脂	**	*	****	***	****	***	****	**
耐久树脂	NR	NR	*	**	***	****	****	****
耐久蜡/树脂	-	-	-	-	-	****	-	-

从表 4 - 2 列出的评定等级看，耐久蜡和粗糙树脂材料加工成的色带适用范围比其他色带更宽；某些色带的印刷质量和抗环境性能不成比例，复合色带的应用范围有限。

除表 4 - 2 外，表 4 - 3 对评定等级给出了进一步的说明，可利用表 4 - 2 所示的星级作为确定色带和记录介质搭配使用的选择准则，应根据对热转移印刷品的特定环境要求组合色带和记录介质。表 4 - 2 和 4 - 3 以平均经验数据提供色带和记录介质的性能特征以及相互的兼容性，这些信息仅仅用作色带和记录介质性能配对的一般准则。由于色带的使用效果与记录介质存在很强的相关性，因而不能一概而论。与色带选择的相关问题除标签材料外还有打印速度、打印头热能（量）水平、环境条件和其他因素。

表 4 -3 性能排序

排 序	印刷质量	耐沾脏和刮伤能力
****	优异	不因印刷图像而改变
***	好	对印刷图像有轻微影响
**	一般	对印刷图像有一定影响
*	边缘	对印刷图像有显著影响
NR	不推荐使用	不推荐使用

4.3.4 三种色带的性能归纳

蜡质色带产生边缘清晰的文本、图像及高对比度的条形码，打印成本经济。蜡质色带生产成本低，与树脂型色带相比允许以更高的速度打印。若打印好的标签不会曝露到严苛的使用环境条件下，或不会用接触式扫描仪识读条码，则蜡质型色带是理想的选择。这种色带的设计目标针对许多最普通的条形码应用，例如纸箱装运标签，产品和库存识别标记，以及加工过程跟踪等。蜡质色带在表面有涂布层的标签上打印效果良好，也适合用于更光滑的非涂布纸打印，但不推荐打印到合成标签材料。

快速蜡色带专为中等到高速标签打印设计，达到每秒钟 12 英寸的高产能打印速度，提供优异的高速打印质量，即使复杂的标签格式也照样打印，可产生优异的图形和扫描识读性能良好的条形码。这种色带适合于使用环境不严苛或无磨损的热转移印刷品，可以在涂布纸和某些非涂布纸上打印，但不能用于合成材料标签。耐久蜡色带用于打印高密度的条形码产品，正交方向和旋转方向均可。这种色带提供良好的耐沾脏性能，抗磨损能力强，与快速蜡色带相比耐沾脏和耐磨损能力更强。以每秒钟 8 英寸速度打印时产生经济性良好的效果，适合于表面有涂布层的标签，以光滑的非涂布纸打印时效果也相当好，在合成材料标签上打印时质量一般。

以树脂型色带打印的图像有优异的耐沾脏能力，耐刮伤性能很好。树脂色带热转移印刷图像与标签材料的寿命几乎相同，建议在曝露于苛刻环境条件下的标签打印领域使用。粗糙树脂色带与广泛范围的热转移印刷材料有优异的兼容性，例如涂布纸、标签和吊牌、聚酯、聚丙烯和聚酰亚胺。这种色带提供超级的图像耐久性，适合于苛刻环境下使用的热转移印刷品，耐刮伤能力强，不会沾脏，建议在每秒钟 8 英寸以下速度打印。耐久树脂色带适合于打印永久性使用的条形码，因为这种色带提供苛刻环境下使用的优异的耐久性，建议打印用于要求抗化学腐蚀的室外或极端工业环境下的印刷品。由于耐久树脂色带耐刮伤和耐沾脏的能力很强，因而不受包含强烈洗涤剂水溶液冲洗和溶剂的影响，建议用于高耐久性合成材料标签（聚酯、聚乙烯和其他材料）打印，但不推荐打印到涂布纸或非涂布纸，打印机速度最好低于每秒钟 4 英寸。

蜡和树脂混合色带提供介于蜡质色带和树脂色带之间的性能，快速输出条件下图像打印性能优于蜡质型色带，成本比纯树脂型色带低。这种色带的抗沾脏能力和耐刮伤能力都相当强，记录介质的选择范围广，有多种颜色可选。

4.3.5 彩色热转移色带

通过在纸张表面黏结基于蜡质或树脂物体的油墨，热转移打印技术可用于生产彩色图像。纸张和色带以一致的方式通过热打印头时，色带墨层熔化，并从色带转移到纸张；冷却下来后，蜡、树脂或蜡与树脂的混合物就永久性地黏结到纸张表面。

彩色热转移打印机使用尺寸相同的色带打印每一个页面，无论页面包含何种内容均如此工作。单色与彩色热转移打印机的主要区别在于，单色热转移设备对每一个页面都通过黑色的色带打印，而彩色打印机则必须使用 CMY 三种色带，或 CMYK 四色色带打印。

与热升华打印机不同，彩色热转移打印机不能改变记录点的色彩强度，这意味着彩色热转移打印机必须以数字半色调算法控制图像输出。一般来说，彩色热转移打印机输出的图像质量可以达到令人接受的水平，但无法与彩色热升华打印机相比。现在，彩色热转移打印机已很少用于整体页面打印，由于热转移打印机的记录结果具有耐水性高和速度快的优势，因而大多用于工业标签打印。由于彩色热转移打印机的运动部件数量相对较少，所以人们普遍认为热转移打印机的可靠性高。使用者应当了解，彩色热转移打印机的输出结果耐磨损能力较差，原因在于蜡质油墨容易刮伤、磨损或沾脏。

热转移印刷的另一巨大优点是复制各种类型专色的能力。对特殊类型的应用领域，目前供应金属色和不透明白色已毫无问题。

专色对标志等页面对象的复制十分重要。尽管喷墨印刷目前相当流行，但即使六色甚至八色的喷墨打印机也不能产生专色，但热转移印刷却相当容易。

金属色可以使某些标志充满活力而富有吸引力，但需注意这类色带设计时并未考虑到要在室外使用，除非供应商采用了特殊的色带生产工艺。银色、金色和其他金属专色可以建立显著的图文效应，至少目前为止尚不能由其他数字印刷技术复制出来。

以 Gerber 公司的 Spectratone 系统为例，只需利用由 Gerber 公司提供的 55 种不同的专色，通过各种分层组合就能得到整体上全新的专色了。根据该公司公布的资料，在 55 种专色的基础上可产生超过 3000 种有效的排列/组合，所有的这些颜色可以从 Spectratone 手册中找到，据说 Spectratone 技术已结合进 Gerber 色彩管理软件中。

4.3.6　色带残留物的安全性问题

任何印刷方法都不可能完美无缺，热转移印刷同样如此。从工作原理上看，热转移印刷通过对色带供应热量使色带上的油墨熔化，熔融状态的油墨转移到记录介质，冷却后转回固体状态，留下永久性的图像。这种借助于热量作用的印刷方法因此而产生缺点，主要表现在印刷完成后色带上仍然有印刷信息的痕迹，称为残留图像。

倘若残留图像只包含混乱的信息，则丢弃用过的色带没有任何问题。但不幸的是，残留图像内包含已转移到印刷品上的全部信息，区别仅在于残留图像是印刷信息的反像或反图，类似于记录在传统摄影负片上的信息那样，可以用图 4－10 说明。如果印刷品用户和印刷服务商以外的第三方拥有用过的色带，则将带来极大的信息潜在安全性问题，色带内包含各种私人信息时尤其如此，例如各种个人记录，包括医疗信息、药瓶标签、医生针对病人开具的处方、驾驶执照和不同机构的会员卡等。

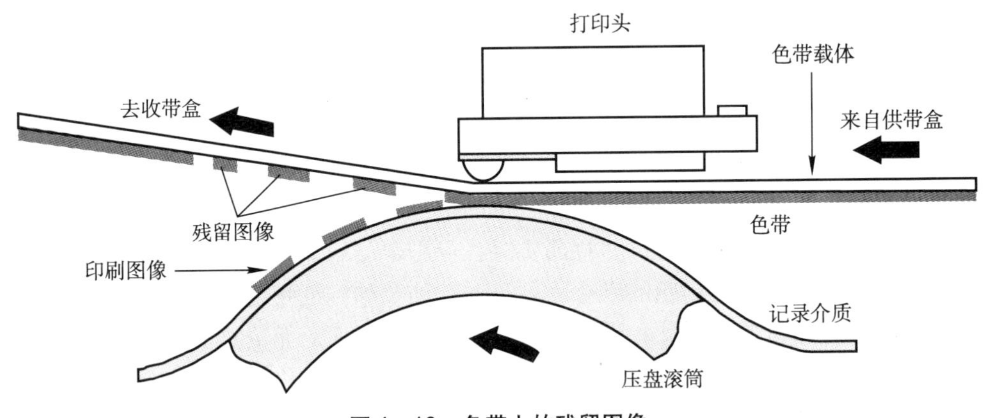

图 4－10　色带上的残留图像

色带上的残留信息可以用破碎、熔化或烧毁已用过色带的方法清理掉。然而，清理过程说起来容易，做起来可能并非如此了，原因在于现有热转移打印机的设计者和制造者缺乏远见或根本想不到，热转移打印机需要处理用过色带上的残留图像。若印刷品用户确实打算销毁色带，则必须在打印机外部完成，仍然有可能导致色带丢失和信息泄露。

处理不当有可能导致信息泄露，避免已用过色带上信息泄露的方法之一，归结为从打印机取出色带前对其包含的信息做无效化处理。例如，若用过的色带再次加热到油墨的熔点，则仍然在热转移打印机内的色带上的残留信息将无法分辨。这种方法的优点是无须在打印机外部处理用过的色带，又可以清理掉色带上的残留信息。

可见，清理色带上的残留图像仍然采用热作用原理，但需要设计新的加热器，由加热元件和温度传感器组成。之所以要增加温度传感器，是因为清理残留图像的温度与印刷时的温度未必相同，为此需要实时监视清理残留图像时的工作温度，以便在观察清理效果并做出判断时对加热温度适当地调整。

清理装置加热元件和温度传感器元件由相同的材料制成，按残留图像擦除要求将电阻温度系数为 +0.15% RTC/℃（其中 RTC 表示电阻温度系数），即温度每上升 1℃、电阻在原数值的基础上增加 15%。这样，这种清理装置就可以根据传感器单元电阻值的变化实时地监视加热温度的变化。

4.4 油墨转移与缺陷分析

热转移印刷已成为有用的数字印刷和数字标记技术。由于不断的技术进步，热转移印刷的图像复制能力得以明显增强，包括热转移打印机输出速度、印刷图像耐久性、图像复制质量和热转移设备的硬件分辨率等，运行成本也不断降低。伴随着热转移印刷取得许多技术进步，研究人员对热转移印刷油墨转移和常见缺陷的认识也逐步深化，归纳出了色带油墨转移方面影响热转移印刷质量的主要原因，例如油墨分离。

4.4.1 油墨温度的空间与时间分布

热转移印刷作为主要非撞击印刷技术之一而出现，由于过程的简单性、高可靠性和安静的作业方式，适合于低端印刷应用。电阻型色带（与电阻元件加热方式匹配使用的色带）的开发成功使热转移设备的工作能力明显改进，来自串行打印头的固有速度。行式热转移打印机也实现了高质量印刷，速度可与其他打印机媲美，适合于广泛类型的纸张。

电阻型色带热转移印刷涉及在色带内部形成热过渡区，可以有效地软化油墨，降低油墨局部加热区域的剪切强度，有利于油墨从色带到承印材料的转移。热油墨与纸张纤维间的约束强度，与打印头施加的压力以及热脉冲作用期间软化油墨的峰值温度有关，且已经印刷的单元面积也取决于油墨温度。因此，油墨温度的控制和掌握实际的油墨温度十分重要，否则不能正确地理解热转移印刷的各方面，也无法改善热转移印刷的可靠性和性能。

温度的空间和时间分布对了解热转移过程、热转移印刷系统的效率和设计有效的热转移打印机都至关重要，其中空间分布提供热量分布信息，有助于掌握色带表面的温度变化；时间分布描述温度与时间的关系，获得打印头温度随加热时间的变化规律。

为了掌握油墨温度的空间和时间分布，需要仔细的测量。油墨的峰值温度可以表示为输入电流、打印速度、承印材料和电极数量的函数。输入电流与打印速度的相关性可以在移动热源的三维热传导现象模型基础上得到解释，利用这种模型可以估计达到等价油墨温度所要求的电流，覆盖广泛范围的打印速度。

温度的时间分布本质上遵从记录堆积在色带上的油墨随时间进程的温度衰减规律，准确地掌握这种规律要求在热打印头移动期间测量油墨温度。图 4－11 给出了三条温度与时间分布曲线，对应于两种测量电流作用下电极直接下方以及电极间的油墨温度分布，作用于测量电极的两种印刷电流分别为 30.4mA 和 34mA，电极间温度分布曲线在 34mA 的电流下测得，三条曲线都对应于每秒钟 3.9 英寸的印刷速度，等同于每秒钟 9.9cm。

根据测量数据，两次电极“点火”间近似于 230℃ 的温度峰值虽然不低，但与图 4－11所示的两种电流作用下电极直接下方的峰值温度相比并不高，大约 380℃ 的温度比两次电极“点火”间的峰值温度高150℃左右。实验测量得到的这种相当高的油墨温度与理论模型预测的结果相当，说明热转移印刷油墨确实处在高温作用下。

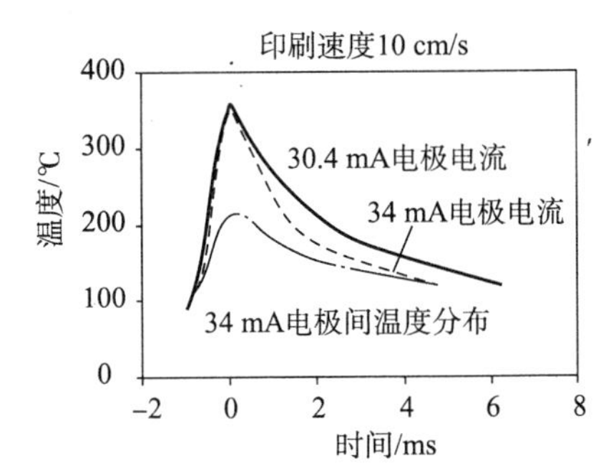

图4－11　油墨温度随时间变化的规律

油墨温度的波动可以表示为空间函数关系，图4－12说明油墨峰值温度波动沿测量电极侧向距离增加的变化规律，图中的距离以mil表示，1mil＝0.001英寸，相当于0.025mm。图4－12也提供油墨温度波动，大约在峰值温度后1ms，表示打印期间色带从纸张剥离所需时间的估计。该数据的重要性在于指示电极的油墨温度在色带剥离时仍然比色带油墨的软化温度高得多，由于热扩散的影响，油墨的温度波动变得更小。毫无疑问，油墨温度很快就取得平衡，温度沿整个色带厚度几乎均匀地分布。

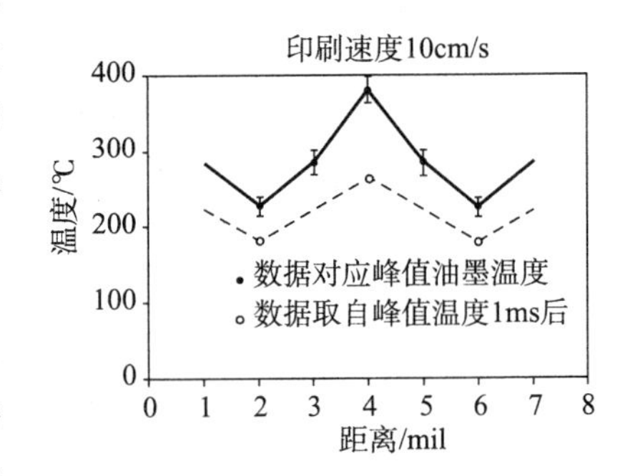

图4－12　油墨温度的空间分布

4.4.2　热转移印刷油墨的黏性效应

曾经有学者从降低油墨熔化的能量需求角度出发，研究过高速热转移印刷过程。然而，考虑到热转移印刷品的耐久性与油墨及纸张的黏结效果有密切的关系，因而从另一种出发点研究油墨也十分重要，即从确保黏结力的角度测量和评价热转移印刷效果，不仅要求降低热转移打印机熔化油墨的能量，还要试验不同脉冲作用时间的影响。

油墨熔化后的流动性与黏度存在很强的相关性，只有当油墨有足够的流动性时，熔融状态的油墨才能渗透进普通纸张，且通过增加接触面积还能黏结到塑料上。尽管许多油墨的黏性特征不同，但它们的熔点却非常接近。图4－13给出了实验测量所得色带油墨黏性与加热温度的关系曲线，其中的1、2和3代表三种油墨，它们的熔点都接近65℃。

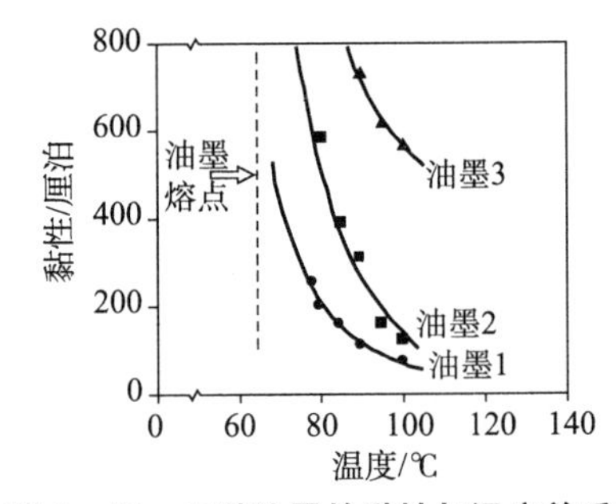

图4－13　三种油墨的黏性与温度关系

由图4－13可以看到，当油墨1加热到超过其熔点的温度后，该油墨的黏性曲线显示出这种油墨熔化后的流动性最好。与此相反，油墨3的黏性曲线表示出该油墨的流动性不够高，尽管它的熔点与油墨1相似。三种油墨加热到90℃时，黏度值分别为：油墨1约为120厘泊，油墨2大约300厘泊，油墨3则在750厘泊左右。

4.4.3　油墨黏性评价

油墨的黏性效应可利用印刷图像密度评价，因为不同的黏性导致不同的转移效率。印刷图像反射密度与作用于加热元件的能量间存在确定的关系，据此可作为油墨黏性效应的主要评价手段。有研究者曾以如下条件测量热转移印刷密度与加热元件输入功率的关系：电子脉冲作用时间从1.0ms开始到5.0ms结束，一次脉冲的作用周期为20ms；作用于热打印头、色带和纸张组合的压力为400g/cm，每毫米产生6×6记录点；纸张以8.3mm/s速度给进；光学密度用反射密度计测量，由7mm见方面积确定印刷图像的平均光学密度。

图4－14表示印刷图像反射光学密度与作用于加热元件输入功率间的关系，三种油墨

以不同的符号标记，图中给出的数据在电脉冲作用3ms 后测得。热打印头的输入功率计算方法如下：作用到加热元件电压的平方除加热元件的电阻值得系统输入功率，而影响输入功率的其他因素则忽略不计，即认为作用的电压全部转换为热能。

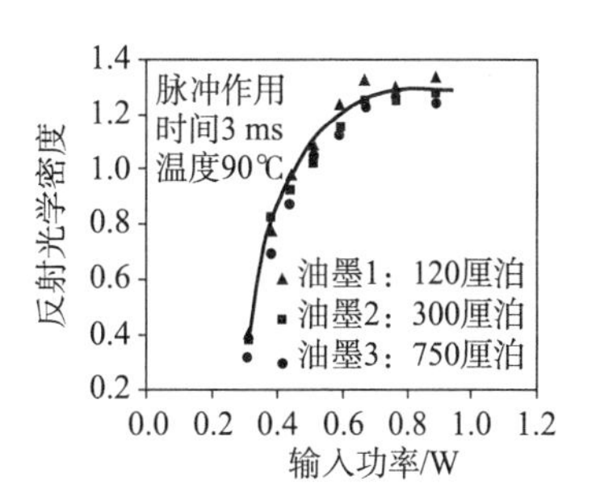

图4－14　反射密度与加热元件输入功率关系

实验结果表明，当电子脉冲作用时间为3ms 时，三种油墨印刷图像的反射光学密度与输入功率关系曲线不存在明显差异。减少电子脉冲的作用时间后观察到三种油墨的黏性出现差异，估计这三种油墨印刷图像的光学反射密度与输入功率关系曲线也可能有差异。

提高打印速度的前提是缩短电子脉冲作用时间，但除了这一约束条件外，还要求加热元件的输入能量越低越好。如果说三种油墨在脉冲作用时间等于3ms 时达到平衡点，那么大于或小于3ms 时就可能不同。从提高打印速度的角度考虑，研究脉冲作用时间少于3ms 更有实际意义。根据1.5ms 电子脉冲作用时间条件下三种油墨印刷图像的反射光学密度与输入功率关系曲线的测量结果表明，三条曲线不再合并在一起，而是相互拉开了一段距离，意味着在相同的输入功率作用下，黏度不同的油墨将产生光学密度不同的印刷图像。例如，为了获得反射光学密度等于1.0 的图像复制效果，低黏度油墨1 要求的输入功率为0.87W；高黏度油墨3 加热的黏度为750 厘泊，只有当输入功率达到1.25W 时这种油墨才能获得数值为1.0 的光学密度。以上实验结果表明，油墨的黏度必须恰当，过高的密度必然导致功率消耗的增加，与降低能量需求的研究目标不符。

4.4.4　色带油墨不完整转移缺陷举例

热转移印刷大量应用于条形码和标签印刷。一般来说，没有文本内容的标签几乎不存在，可见色带油墨的转移效果对文本印刷质量有至关重要的影响。以标签热转移印刷而论，由于研究色带油墨的转移效果应该针对文本印刷，因而对于文本测量结果的定量分析也应该集中在油墨中的蜡或树脂成分是否转移或是否完整地转移。字母和数字都存在应该打印的已知区域，即蜡或树脂必须转移的目标面积。很明显，随着字符尺寸的增大，转移面积也必然相应增加，且字符不同时转移面积也各不相同。如果打印出来的字符笔画的实地面积少于应该转移的面积，则意味着发生了转移不完整的情况。

上述概念可以用图4－15 所示的印刷效果说明，该图中给出的两个字母“n”以两种不同的色带打印在同样的记录介质上。左面演示的字母“n”接近于完整转移，因而字母外观也相当完整，油墨的转移面积约等于1.82mm^2；右面给出的字母“n”质量很差，原因在于色带上的油墨转移不完整，转移总面积1.54mm^2，与1.82mm^{2}相比显得太小。

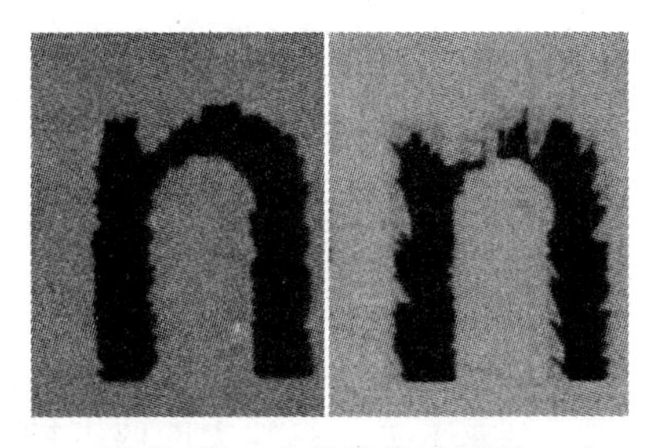

图4－15　字母的转移面积

对特定的字符而言，质量控制程序应该设定最小可接受面积。值得引起注意的是，测量从A 到Z 的全部字母其实并不必要，只要选择几个字母就足够了，但选择的字母应该有代表性，必须能探测出因色带油墨转移不完整导致的质量缺陷。

4.4.5　油墨分离缺陷

油墨分离现象源于墨层与承印材料或墨层与墨层间的相对滑动，导致印刷图像质量下降，热转移印刷品上可能出现这种缺陷。一般认为，如果热转移印刷的速度较高，且在预切割的、表面光滑度高的标签上印刷，则容易出现油墨分离缺陷。如同油墨分离这一名称包含的基本意思那样，热转移印刷的油墨分离缺陷与油墨转移的程度有关，若色带上应该转移区域仅仅转移了部分油墨，或者说只有部分油墨转移到了纸张，则出现油墨分离缺陷就很难避免了。这种印刷缺陷往往发生在模切标签的前缘部位，一旦缺陷形成，将继续按局部方式沿图像扩展。如图 4－16 给出了油墨分离的例子，缺陷出现在标签的前缘。

图 4－16　油墨分离的例子

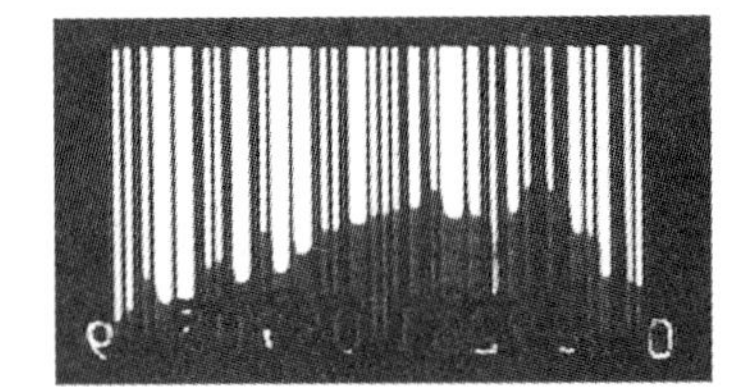

图 4－17　已消耗色带上的残留墨层

如图 4－16 所示的黑色图像内包含灰色部分，条形码上面部分的颜色深，下面的垂直线条和数字颜色较浅。仔细观察容易发现，该图像中的灰色部分印刷密度比深色部分低，检查已经用过的色带后可清楚地看到遗留下来的油墨层，如图 4－17 所示。

根据经验，油墨分离缺陷的出现，尤其是油墨分离缺陷的严重程度与热转移印刷设备的机械平台或结构、色带和印刷条件等因素有关。

4.4.6　油墨转移模型

理解油墨分离的原因要求综合分析油墨的转移方法。热转移印刷的油墨转移可分解成两大步骤：首先，带有油墨的热转移色带曝露在高温环境条件下，色带与目标记录介质彼此接触时黏结力使油墨有条件与记录介质结合；其次，记录介质进入工作位置，在与色带接触的过程中接受油墨，色带从目标记录介质剥离后留下期望图像。

油墨黏结的等级或能力是热量、转印间隙压力、油墨与标签的兼容性及时间的函数。打印头温度升高到一定程度时足够的热量导致色带上的油墨熔化，在转印间隙内与标签表面黏结。在油墨熔化或软化的温度条件下，色带墨层获得与目标表面（承印材料表面）密切接触的机会；转印时相当高的压力迫使油墨进入承印物表面，因存在浸润过程而导致黏结能力；来自油墨和标签的两种黏结源形成互锁效应或物理约束。作为打印头对色带加热过程的结果，三种力使色带与油墨受体（标签表面）保持接触，如图 4－18 所示。

理论研究、实验测量和应用经验都证明，出现在图4－18中的三种力主要取决于油墨温度，包括存在于油墨和色带膜层间的黏结力 F1，油墨内部的黏结力 F2 和油墨与标签表面间的黏结力 F3。

油墨黏结步骤完成后，色带、墨层和标签组合体传输到分离点位置，在此色带从组合体上剥离下来，标签表面留下期望图像。色带与组合体的分离过程导致作用于油墨的力形成彼此完全相反的局面，这些力的作用关系已经由 Akutsu 等人描述过，他们推导出色带与组合体分离过程中的三种可能的模式：

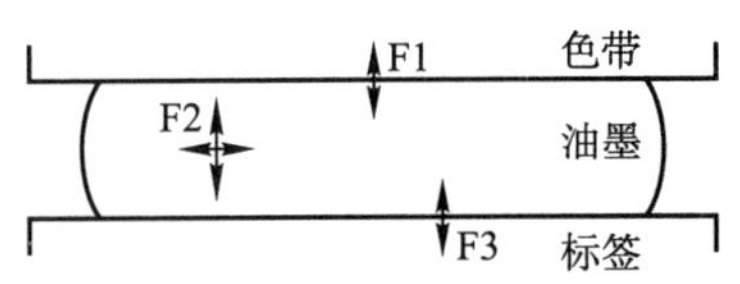

图 4－18　存在于色带/标签界面上的三种力

（1）油墨完整地转移，油墨完全脱离色带基底层，满足 F3≥F2＞F1 的条件。

（2）油墨不发生转移，墨层与目标承印材料分离，为此需满足条件 F1≥F2＞F3。

（3）不完全的油墨转移，油墨层发生局部分离，符合 F1≥F3＞F2 的条件。

如果在色带墨层与接受介质（承印材料，例如标签）表面间存在足够的黏结力，则色带与组合体的分离过程因裂纹而引起，这种裂纹发生在油墨与接受介质形成的界面上，将沿着墨层方向传播。根据三种力的作用强度，裂纹的传播路径或者继续沿油墨与色带基底组成的界面，或者穿过墨层而导致油墨黏结失效模式，潜在（可能出现）的油墨分离路径如图 4－19 中的路径 1 和 2 所示。归根结底，油墨从组合体完全分离的路径出现的可能性最大，原因在于这种路径的阻力最小。裂纹将继续其发展过程，一直到作用于油墨的力发生变化为止，例如当油墨与标签界面上的黏结力消失时，裂纹传递方向将返回该界面，意味着油墨完全转移到承印材料，也标志着裂纹传递过程的结束，可产生高质量印刷图像。

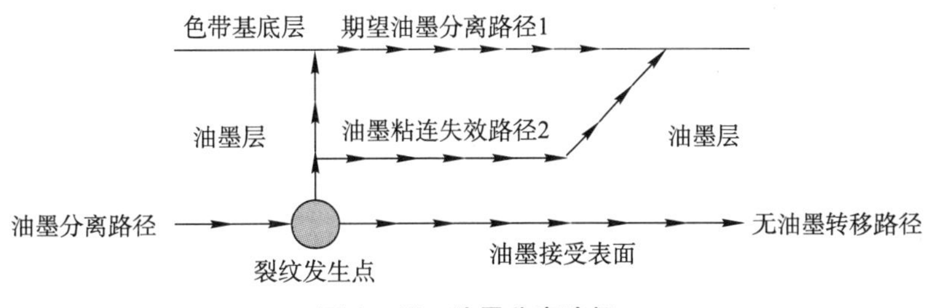

图 4－19　油墨分离路径

在油墨粘连失效条件下，裂纹在发生点出现，并穿过墨层传播，但永远不可能抵达色带基底层与油墨层组成的界面。如同前面描述的那样，当油墨受到的作用力满足 F1≥F3＞F2 的条件时，将发生油墨的不完全转移。

4.4.7　色带结构和打印机制对油墨分离缺陷的影响

在描述导致油墨不完全转移的影响因素时，有必要综合分析热转移印刷用色带结构和热转移印刷机制。前面介绍油墨转移模型时引用一般性色带结构，通常由多个结构层组成，这些结构层涂布在厚度约 4.5μm 的聚乙烯薄膜基底层上；聚乙烯薄膜的另一侧涂布抗静电和低摩擦力保护层，俗称背面涂布层，涂布这一层的主要目的是确保色带能很好地通过由热打印头和记录介质组成的间隙，防止色带与打印头表面粘连。

色带基底层的两侧分别为背面涂布层和油墨层，符合实际使用要求的色带墨层通常由多个结构层组成，颜料墨层只是其中之一。色带基底背面涂布层的相反侧除油墨层外还有不少附加的结构层，它们存在的理由在于从基底层释放油墨层，或用于增强最终印刷图像的耐久性。从颜料油墨层自身的结构来说，其配方中还包含相当多的成分，例如蜡、低分子量树脂、添加剂和颜料等。

为了实现热转移印刷的基本能力，热转移打印机的工作机制至少应得到压盘滚筒和热打印头两大结构部件的支持，接受介质和色带通过这种基本结构获得印刷图像。热转移印刷图像的质量与设备的工作机制存在密切的关系，最主要的影响因素是打印头压力及其相对于压盘滚筒位置的平衡，实际的平衡条件与转印间隙压力直接相关，而对于转印间隙压力的要求又十分依赖于接受介质与色带墨层的配方。

4.5　可变记录点热转移技术

通常意义上的热转移是一种二值复制方法，由热转移印刷的物理本质决定，因为色带上的油墨在热量的作用下熔化后只能从转移和不转移两种状态中选择，如同喷墨印刷和静电照相数字印刷那样，也与传统印刷油墨转移方式类似。因此，对热转移印刷来说只要控制了加热元件的工作状态也就控制了着墨点，利用数字半色调算法选择着墨位置。然而，热转移印刷又不同于其他数字印刷技术，因为加热元件发出的热量是可控制的，若利用微结构和微电子技术的特殊能力，则可以精确地控制打印头加热元件对色带成像区域的加热面积，有可能做到对相对于原稿不同的阶调值转移不同的油墨量，从而可以控制加热的方式控制记录点大小，实现对原稿阶调变化的复制。注意，可变记录点热转移仍属于二值复制。

4.5.1 阶调复制

考虑到色带上的油墨层是复合层，加热元件只能有开和关两种状态时只能以改变网点尺寸的方法复制原稿阶调，因为在此情况下被转移油墨的浓度保持为常数。若成像系统不仅可控制加热元件的开或关，且可以控制加热程度，则油墨转移量能通过定义熔化程度来控制，这种热转移技术的延伸称为可变网点热转移 VDT（Variable Dot Thermal Transfer）。这里可变网点的意思已不仅仅指网点尺寸的可变，而且也指网点密度的可以变化。

相对于其他两种热打印技术，染料扩散热转移印刷建立在密度调制基础上，可以针对每一个记录点操作。借助于提高或降低加热器元件发出的热量，每一个记录点的密度控制得以实现。热量水平通过输入信号的脉冲宽度控制，但这种控制属于模拟过程。

色带油墨熔化型热转移打印机能够产生“坚固”而清楚的图像，所以这种打印机用于打印条形码较为合适。当然，阶调渐变的复制对热转移技术不存在原则性的困难，通常采用抖动算法或其他类似的数字半色调技术，如同喷墨印刷和静电照相数字印刷技术那样。需要采取上述措施的理由是热转移技术不同于热升华，后者属于密度调制复制，而前者的密度特征是二值的，因而需要牺牲设备分辨率换得像素层次。

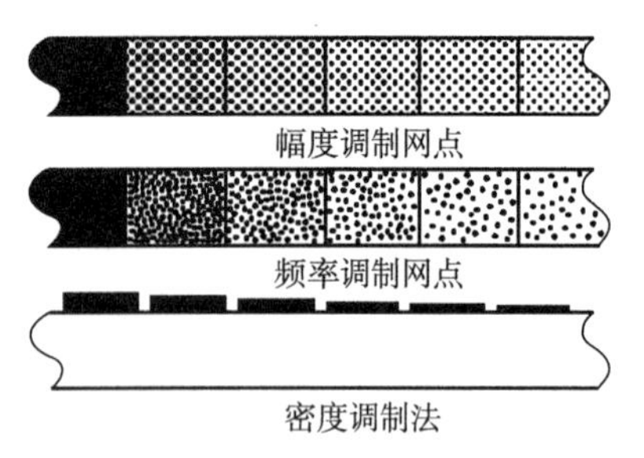

图 4－20　彩色密度复制方法

如图 4－20 所示，各种数字硬拷贝输出设备（包括激光照排机和直接制版机）的彩色密度复制可以归属于三种方法之一。第一种方法称为二值密度，即通常所说的幅度调制半色调网点复制，以幅度调制网点复制的图像从特定的距离观察时，由于被油墨覆盖的记录点面积是变化的，因而可感受到图像固有的密度变化。方法之二得名伪多层次密度，即通常所说的频率调制加网，以固定尺寸的记录点覆盖某一面积，这些记录点的彩色密度是常数，而对应于不同密度的记录点数量则是变化的。在第三种类型中，每一个像素的密度是变化的，处理过程中每一个像素可以给定彩色密度的连续变化，在整个阶调变化范围内能复制出近乎理想的渐变阶调。对方法一而言，结合采用在狭窄区域内产生锐利的热量分布（即基于面积渐变）的方法，则改变热打印头加热元件一个像素区域内油墨转移数量的目标得以实现，这种组合方法称为记录点尺寸可变多值区域伪密度复制法。

4.5.2 固定与可变记录点热转移

典型热转移印刷的工作原理如图 4－21 所示，这种复制系统由色带、记录介质和热打印头等主要部件组成。热转移印刷系统的热打印头加热元件具有固定不变的能量水平，导致大体上不变的固定记录点尺寸和常数密度等级，反映常规热转移印刷的复制特点。

从记录原理看，传统热转移和可变记录点热转移均属二值复制之列，区别在于传统热转移印刷只能产生尺寸固定的记录点，如果记录点尺寸足够小，且记录点形状和尺寸均匀性良好，则借助于抖动技术（例如误差扩散算法）即能模拟连续调图像的层次或阶调等级。不仅如此，只要热打印头有足够高的分辨率，也可以采用模拟传统网点（即调幅网点）结构的数字半色调技术，在此基础上复制出高质量的图像。与常规热转移相比，可变尺寸记录点热转移印刷的要点在于“可变”两字，当记录点大小不再固定不变时，就无须抖动技术。为了使热打印头能产生尺寸变化的记录点，对色带和记录介质乃至于打印头都有特殊的要求。可变记录点热转移通常采用高定义色带，特殊的微孔结构记录介质和允许调制能量的热打印头，三者缺一不可。以上三种结构要素导致密度大体固定的记录点，因记录点的面积变化而可以复制不同的层次等级。可变记录点热转移印刷的复制原理如图 4－22 所示，与图 4－21 对比很容易理解与传统热转移印刷的区别。

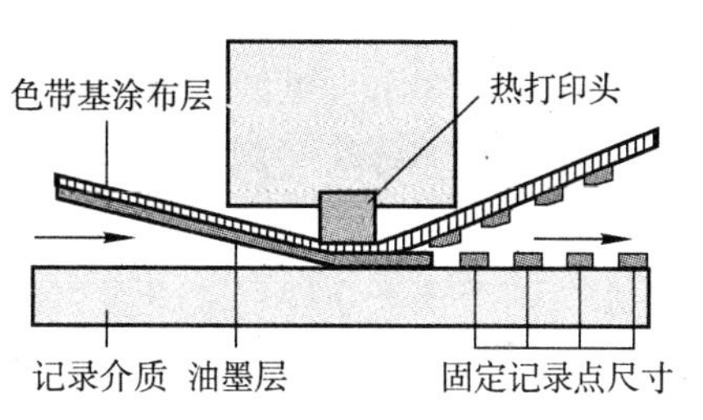

图 4－21 传统固定尺寸记录点热转移工作原理

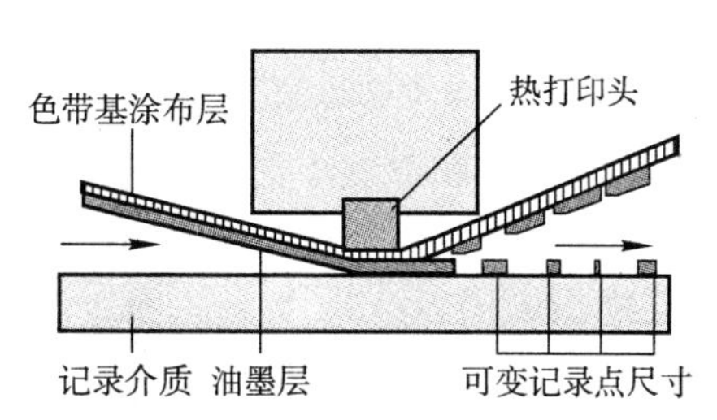

图 4－22 可变记录点热转移

4.5.3 可变记录点热转移优点归纳

虽然固定记录点和可变记录点热转移印刷都属于二值复制，但记录点尺寸可变时无需半色调技术就能复制出连续调原稿的阶调变化，与图 4－20 所示的幅度调制网点、频率调制网点和密度调制法复制图像都不同。

如图 4－22 所示的热转移印刷具有调制记录点尺寸的能力，具有区别于其他数字印刷的阶调复制特点，由此表现出许多潜在的优势，主要优点归纳如下：

第一，可变记录点热转移印刷可以实现比传统热转移印刷更高的分辨率，若借助于数字半色调技术的帮助，则被复制图像的中间阶调等级可以由数字半色调算法根据热转移设备能力在空间分辨率与色调分辨率间权衡，图像质量超过喷墨印刷和传统热转移印刷，接近染料扩散热转移印刷。

第二，如果以复制高质量图像为比较前提，则可变记录点热转移印刷的生产成本比染料扩散热转移印刷的成本要低，原因在于不仅可变记录点热转移印刷的色带比热升华印刷便宜，且记录介质价格也比热升华印刷便宜；例如，热转移印刷允许使用普通纸张，而热升华印刷必须使用价格更昂贵的特殊接受介质，据估计可变记录点热转移印刷成本大约是染料扩散热转移（热升华）印刷的二分之一。

第三，与热升华印刷相比，可变记录点热转移印刷色带油墨使用的颜料性能与传统印刷油墨更为相似，导致可变记录点热转移印刷对同色异谱匹配的要求明显减少，不会因照明光源的改变而色彩匹配偏离。

第四，可变记录点热转移印刷使用的颜料基着色剂颜色更浅，耐水性和耐磨性优于喷墨印刷和染料扩散热转移印刷，且印刷图像的耐久性也优于喷墨和热升华印刷，原因在于喷墨和热升华印刷使用的染料褪色速度比热蜡转移使用的颜料着色剂更快。

第五，与可变记录点热转移印刷相比，染料扩散热转移印刷的染料扩散过程要求有更高的能量，因为熔化油墨的能量需求比染料扩散更低，这一优点导致热转移印刷的速度更快，操作电压要求也更低，且由于记录点尺寸可变导致打印头磨损比热升华印刷更小。

4.5.4 热转移时间控制

可变记录点热转移印刷过程使用特殊的高定义色带，结构与其他热转移印刷使用的色带类似，由背面涂布层、基础层和着色剂层组成。常规热转移色带与可变记录点热转移色带间的主要区别是厚度，高定义色带比常规热转移色带明显要薄。由于色带厚度的明显减小，导致可变记录点热转移印刷的记录点分辨率提高。针对可变记录点热转移印刷的技术特点找到了最佳记录介质，即人造微孔承印材料由三种主要结构层组成，包括较厚的基础涂布层、极端光滑的薄层和多孔人造材料记录层。已有研究成果表明，记录介质的表面越光滑，则热转移印刷输出的图像质量更高。对可变记录点热转移印刷而言，记录介质表面的光滑度仍然起重要作用，但微孔对图像质量的影响尚无定论。

根据色带和记录介质开发成复合型 300dpi 分辨率的染料扩散热转移打印机，允许个别加热元件按可变时间发出电压脉冲。所谓的复合型打印机指纸张输送、色带剥离和压盘滚筒针对传统热转移印刷设计，而应用目标却是热升华印刷。为了确定输纸、色带剥离和压力等参数是否适合于可变记录点热转移印刷，需要某些附加的操作。

打印机控制器编码允许控制时间打开、关闭和大量的重复操作，其中时间打开规定加热元件发生脉冲的时间，时间关闭则确定经多少时间后再次发出脉冲。加热元件脉冲导致温度升高，热量传递给色带。初始努力集中在划分 3 位选通表，为此设计了确定时间打开、关闭和重复操作的实验，并根据实验数据决定最低和最高能量水平，两者的差值用于划分 8 个阶调等级。此后再调整选通表，按着色剂的灵敏度差异修改选通表数据。从 3 位选通表扩展到 4 位后，得到 16 种等级的记录点面积调制结果，如图 4－23 所示那样。

图 4－23 的水平轴按归一化的阶调等级绘制而成，若以 0 到 1 的区间表示归一化处理后的数值区间，则图中的 100 相当于 1；该图的垂直轴以纸张与预测颜色的色差绘制，实际上代表相对着色剂的数量。归一化阶调等级作为输入数字，乘 100 后即得图 4－23 中的数字。纵轴给出的相对着色剂数量为来自纸张色块的 CIELab 色差值，与同样来自纸张的最大 CIELab 值相除后所得之商。图中的两条曲线代表青色梯尺的 3 位和 4 位选通表示。

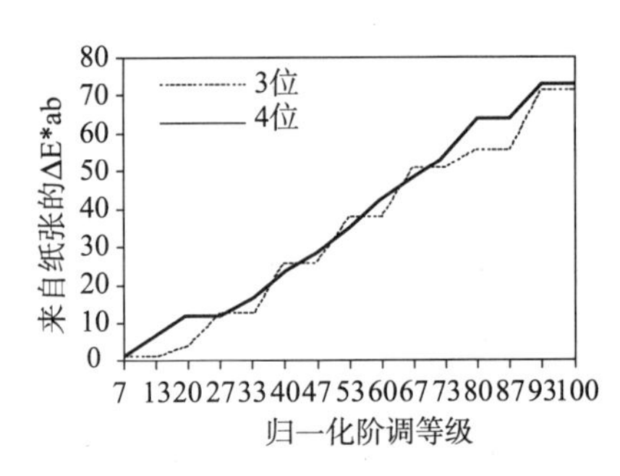

图 4－23　三位和四位选通表比较

第五章 染料扩散热转移印刷

染料扩散热转移印刷更通俗的称呼是热升华或染料热升华印刷，由于使用染料色带的缘故，有时也称为染料热转移印刷，前面加“染料”两字后就不会与热转移混淆了。与直接热打印技术和热转移印刷技术相比，染料扩散热转移印刷相对年轻。这种转移热成像方法的图像复制质量极高，染料加热后的扩散和转移是建立连续调效果的基础。

5.1 发展和应用现状

染料扩散热转移印刷进入市场已经将近30年的时间了，在此期间经历了奇妙的变化，从开始时昂贵的耗材价格导致狭窄的应用面，仅仅用作印前彩色数字打样和婚纱影集打印等领域。由于制造商选择了正确的技术开发思路和销售策略，已经发展到摄影爱好者等每天都在使用的消费电子产品，即使家庭也可能拥有热升华打印机。

5.1.1 发展历史概述

染料扩散热转移（Dye Diffusion Thermal Transfer）和染料升华（Dye Sublimation）或染料热升华的提法不同，但在热成像印刷领域指相同的技术，其中染料扩散热转移这种称呼更专业些。

热升华技术可以追溯到20世纪80年代索尼公司发布的Mavica产品，号称索尼的无胶片摄影版本。但需注意，索尼发明的Mavica是静止图像摄像机，严格意义上应该属于数字照相机的范畴，因而可认为Mavica也是数字摄影的早期技术，以磁性元件存储拍摄结果。

索尼公司推出Mavica时，市场还不存在专门服务于数字摄影的数字印刷技术，因而照片只能在暗室环境下生产。在照片上添加文本是经常性的操作，粗看起来十分简单，但却要求技能熟练的专业人员来完成，而且还需要文本照片蒙版。现在，高质量的数字摄影照片可以在几秒钟内用低价格的热升华打印机或彩色喷墨打印机等设备输出，不再需要投资于暗房，也无须化学处理工艺，甚至起居室也能方便地使用各种台式打印机。

热升华印刷具备连续调复制能力，因而用于标签、条形码和传真机文本输出的二值型热敏打印技术不在此列，即使彩色热转移印刷也不具备连续调复制能力。热升华印刷的工作原理依赖于涂布了特殊染料的色带，来自打印头加热元件的热量作用到色带的染料层后从固态直接进入气态，扩散并转移到接受介质，产生连续调的复制效果。

1989年，人们终于迎来了首批具备连续调复制能力的A4幅面彩色热升华打印机，据说打印一张A4幅面的彩色印刷品需要等待3.5min以上的时间，打印到透明薄膜时需要等待的时间可能更长，大约在3.2～12min之间，与选择的密度和色带有关。高质量透明薄膜要求两次通过打印，即黄、品红、青三色各重复一次，才能达到高透射密度。

任何数字控制设备都需要软件的支持才能工作，其中驱动程序是打印机工作的基础条件，其他软件大多针对图像质量改善。迄今为止的图像质量改善软件可谓五花八门，例如热打印头校正软件用于可变像素限制条件下的一次性修正，防止页面出现条纹；所谓的防止“寄生”软件针对图像校正，效果与打印机加热元件的数量有关；基于“热污点”算法的软件可以动态地应用于待打印的页面，以补偿热打印头内的热量堆积；自动红眼消除功能通常设计成应用软件的模块之一，或集成到热升华打印机的控制系统软件；目前普通的热升华打印机都有可能提供包含场景平衡算法的软件，用于校正曝光参数不准确、闪光微弱或高对比度场景，但大多数场合会由于增加了这种算法而延长打印时间。

5.1.2 热升华印刷诞生的时代背景

染料扩散热转移技术发明时，以点阵打印机和行式打印机为代表的撞击式打印技术已经出现，激光打印机和喷墨打印机崭露头角，这些设备的共同特点是电子计算机控制下的硬拷贝输出，标志着印刷数字时代的开始。不幸的是，行式打印机和早期点阵打印机只能输出文本，不具备图像输出能力；虽然从工作原理上看，激光和喷墨打印机可以输出图像，但那时基本上局限于灰度图像打印，缺乏彩色图像输出能力。然而，计算机控制下的打印方式却十分诱人，技术开发者们不甘心于那时只能打印文本的硬拷贝输出设备，试图研制输出彩色图像的打印机。因此，可以说正是撞击打印及早期的激光和喷墨打印技术刺激了热升华技术的诞生，导致彩色图像复制也进入数字时代。

1986 年，联合图片专家组开始为设计 JPEG 压缩算法工作，后来形成的 JPEG 标准所产生的影响是当初的 JPEG 成员们无法想象的。20 世纪 80 年代以开始应用个人计算机为主要特征，从那时开始对于数据处理的需求空前地增加。数据保存方式从早期带软盘驱动器的 PC 机（也有带两个软盘驱动器的）存储发展到今天的海量硬盘，从只有 360KB 存储能力的软盘发展到以 GB 甚至 TB 计量的数据存储量。与此同时，计算机的 RAM 也从以前的典型能力 640KB 进步到目前的 GB 缓存规模。尽管计算机 RAM 和硬盘存储能力提高如此之多，但 JPEG 压缩仍然需要，主要理由有二：①通过 JPEG 压缩可大大降低数据传输的时间和对于硬件的要求，当压缩比小于 10 时对视觉效果没有明显影响；②建立文件格式的需要，使数字照相机制造商、打印机生产公司和软件开发商有共同遵循的准则。即使按不影响视觉效果的压缩比 10 估算，容量 1TB 硬盘的图像数据实际保存能力也只能达到 100GB，因而可以说 JPEG 对数字图像的硬拷贝输出影响深远。

在索尼发明 Mavica 后，不少公司积极参与染料扩散热转移打印机研制，参与各种热打印机研究和开发的公司数量则更多。由于这些公司坚持不懈的努力，包括热敏和热转移在内的热打印机技术快速发展，制造商规模也达到 200 家左右。

5.1.3 染料扩散热转移印刷的发展之路

热打印机技术实现的关键是打印头，对染料扩散热转移印刷而言同样如此。价格是市场的晴雨表，那些销售价格过于昂贵的打印机即使进入市场也很难取得足以支持技术长期发展需要的资金。因此，降低热打印头制造成本方面的努力一直继续着，使热打印机价格逐步下降，达到市场可以接受的水平。与此同时，价格竞争导致生产技术大幅度进步，热打印机的质量和可靠性明显提高。最初时，许多热打印机采用承印材料包裹在滚筒上的进给方法，为此要求热打印头沿滚筒的周向移动。然而，这种技术需要价格昂贵的滚筒和大尺寸的热打印头，因为只有这样色带才能从打印头下面通过，导致热打印机驱动系统的制造成本增加。接受介质采用绞盘驱动技术后，压盘滚筒可以自由转动，滚筒直径很小，从而使打印头变得更小和更便宜。

发展到现在，大量热打印机开始使用全宽尺寸打印头，是形成热打印速度优势的因素之一，染料扩散热转移印刷同样如此。热打印技术经历了快速发展之路，可以用行记录时间衡量从 1987～2007 年总共 20 年时间内热打印技术的发展轨迹，如图 5－1 所示。

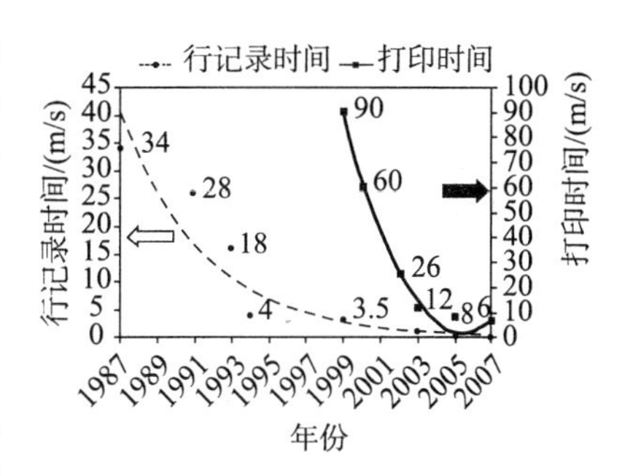

图 5－1　通用染料热转移系统

20 世纪 80 年代中期，首批图片热打印机开始出现，先在低质量领域得到应用，例如小规格身份证卡打印。早期图片热打印机在质量方面的局限性是必然的，因为那时的技术还限制于复制视频信号。由于高质量的打印效果要求足够的信息，但 20 世纪 80 年代中期视频信号还不足以打印常见尺寸的照片，局限于小规格图像打印也就不奇怪了。

以柯达为例，该公司首先进入照片质量打印机领域的机器型号是 XL7700，于 1989 年开始推向热打印机市场并获奖。这种彩色硬拷贝输出设备是第一批能达到柯达认可的摄影质量的热打印机，重量比 125 磅略多，销售价格超过 20000 美元，打印一张长 8.5 英寸宽 11 英寸高的印刷品需要 3.5min 以上的时间。如果打印 A4 页面尺寸的透明薄膜，则占用的打印时间在 3.2～12min 之间，取决于所选择的密度和色带。通常，高质量透明薄膜要求两次通过打印，即黄、品红、青三色各重复一次，才能达到高透射密度。

那时最新型号打印机的打印时间已降低到 30～45s。快照尺寸（指 3×5 英寸或 4×6 英寸）染料扩散热转移打印机进入市场等待了多年时间，但到了 2003 年时却变得流行起来，销售价格在 129～200 美元间，其中某些产品包括读卡器、蓝牙无线连接和无边缘空白打印，甚至提供全覆膜印后加工的全出血打印能力。这些打印机建立了易用性的新标准，已经为市场所接受。

5.1.4　关于印刷图像的耐久性问题

染料扩散热转移印刷图像由染料分子组成，这些分子被转移到染料接受介质的表面。实践表明，只要图像不受光的照射，避免护肤油脂、增塑剂或其他化学物品的侵蚀，染料扩散热转移印刷品可保存几十年之久而没有明显的颜色损失或损坏。当然，耐光性是任何彩色印刷技术的共同问题，但对于染料扩散热转移印刷而言，容易受增塑剂的影响甚至为增塑剂损坏是这种技术的特殊问题，因为染料通常情况下能够为增塑剂所溶解，而人们的居住和工作环境往往存在增塑剂，例如某些塑料钱包。

处理或解决上述问题大体上有两种方式。其中最普通的方法是利用保护层，通过染料扩散热转移打印机应用到纸张，从而需要扩展染料扩散热转移的打印序列。在转移完黄色、品红色和青色薄膜上的染料后再进行覆膜，这种薄膜由聚合物构成，通常包含紫外光吸收剂，用作印刷品的覆膜层，如图 5－2 所示那样。聚合物整体覆盖到图像上，为印刷图像提供保护，用于“对抗”机械损伤、护肤油脂、增塑剂和光损害等。

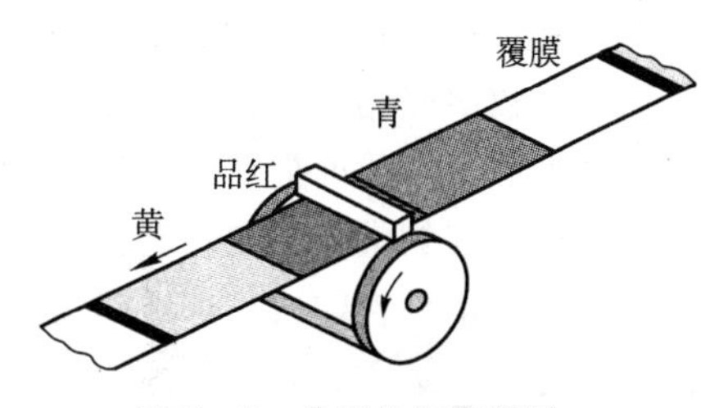

图 5－2　典型热打印配置

第二种技术由柯尼卡开发，利用螯合化学作用带给印刷品优异的稳定性，据说耐光性和对抗增塑剂侵蚀的稳定性都很突出，在相当长的时间内可保持图像复制时的色域。与增加保护层相比，这种技术处理的印刷品或许缺乏机械稳定性，因为没有物理保护时，表面磨损等机械性损伤容易发生。尽管如此，螯合处理毕竟是图像的保护手段，类似覆膜那样处在图像上部，只要仔细操作，对图像的保护效果良好。

能准确地反映印刷图像耐光性的测试方法需要的时间太长，为此研究工作者们不得不几乎一成不变地采用加速试验法。这种测试方法建立在假设的基础上，认为破坏强度的增加与耐光性的变差成正比。这样的假设对某些喷墨印刷用墨水材料太简单，但对于染料扩散热转移印刷而言基本上成立，从未找到严重偏离的证据。

5.1.5 热升华印刷用途的多样性

喷墨设备在用作个人计算机通用打印机上明显优于染料扩散热转移印刷，在普通纸上打印文本的能力方面，染料扩散热转移印刷无法与喷墨匹敌。此外，某些特殊类型的喷墨打印机也具备处理任何尺寸纸张的能力，例如大型喷绘打印机；与喷墨技术相比，染料扩散热转移打印机往往局限于单一尺寸的纸张，且规格都相当小。

然而，尺寸限制对染料扩散热转移印刷未必是坏事，甚至带给这种热印刷技术特殊的优点。例如，世界上许多国家的护照签发机构都批准使用特殊的染料扩散热转移纸张，用于护照人像照片的输出。之所以要这样做，是因为给定的照相纸集合定义了印刷品的本质，从照相纸的基底层到色带染料组成的图像，直至印刷品上部的保护层。喷墨印刷很难定义这种结构，因为给定的纸张可以用不同的打印机印刷，不像染料扩散热转移印刷那样彼此对应，从而无法确认硬拷贝输出系统使用的墨水是否与授权机构所制定规则的要求相符合。

护照并非显示染料扩散热转移印刷印刷优点的唯一领域，事实上还存在其他领域，采用染料扩散热转移印刷不仅方便，这种技术甚至是这些领域唯一的选择。例如，染料扩散热转移印刷可用于在 PVC 上打印信用卡，为用户提供个性化的服务，也带给用户更高的安全性。染料扩散热转移印刷的特殊应用并不局限于上述例子，许多领域都需要，比如需要染料扩散热转移印刷的领域还有主题乐园出入证、银行证卡和驾驶执照打印等。

染料扩散热转移技术对彩色图像的转移印刷也很合适，个性化咖啡杯是早期应用的例子之一，已有印刷品上的热升华印刷图像通过加热转移到咖啡杯上特殊的接受层。最近，染料扩散热转移应用扩展到了三维领域，已有的热升华图像转移到模型表面，例如移动电话机的背面。平面印刷品与三维塑料物体表面匹配相当复杂，但这对于染料扩散热转移印刷却不存在困难，在物体表面产生的图像没有畸变现象，且印刷效果令人满意。

5.1.6 易用性优势

电子（数字）摄影的早期接受者主要来自计算机用户，他们习惯于在不同的存储介质间复制和传输数字文件，也习惯于操作包括打印机在内的计算机外围设备。彩色喷墨打印机出现后，得到计算机用户的普遍接纳，他们对于彩色喷墨打印机的使用已经相当熟悉了。对这些用户来说，过渡到染料扩散热转移打印机极其自然，要求从老的染料扩散热转移打印机更新到新机型时更是得心应手。

随着数字照相机取代卤化银摄影技术，越来越多不习惯于操作计算机的用户迫切希望在计算机不参与的前提下打印他们的数字摄影照片。由于这一原因，市场上已经出现了无需计算机参与的染料扩散热转移打印机，允许直接插入数字照相机存储卡并直接驱动打印数字图像，这种打印机往往还带有裁剪功能，可调整图像的亮度和对比度。有的染料扩展热转移打印机甚至具备将图像保存到光盘的能力，虽然产品不多。这种技术当然属于电子的范畴而并非打印，但用户并不在意，他们的需求正转化成购买打印机的行为，新的用户也将因为染料扩散热转移打印机的方便性而陆续成为拥有热升华打印机的新成员。任何使用过彩色喷墨打印机的人都知道，常规用途确实可以由喷墨印刷满足，但当他们到达彩色喷墨打印机有效工作时间长度的末端时麻烦就来了，因为喷墨打印机用户已经进入了打印头的清理周期，不仅仅要消耗大量的墨水，且清理堵塞的喷嘴很可能需要手工干预。

染料扩散热转移打印机的长期运转优势明显，长周期使用引起的问题（例如喷墨打印机墨盒清理和喷嘴堵塞）几乎可以忽略，一旦在停用一段时间后重新启动打印机，就能立即输出效果良好的彩色图像，因为热升华印刷用色带和记录介质与打印机分开保存。无须清理是影响染料扩散热转移打印机易用性或方便性的主要因素，至少用户端来说确实如此。染料扩散热转移打印机的体积很小，放在桌面上占用的空间不令人注意，且这种设备往往更容易携带，无须关心液体墨水的运输问题。当然，染料转移热量对于热量的要求转换成对电功率的要求，相比于热喷墨打印技术，热升华打印机的功率要求更高，因而不适合于安装在移动电话上使用。

喷墨打印机记录介质（纸张）和墨水的选择范围很宽，会令人觉得无所适从，甚至无法做出正确的选择，对不熟悉印刷材料性能的喷墨打印机用户尤其如此。由于选择了不适合纸张，彩色喷墨打印机的输出结果可能严重地影响视觉效果，以至于本来可以正常工作的喷墨打印机容易被误认为输出质量低劣。

5.1.7 打印成本

表面上，染料扩散热转移印刷的记录介质（类似于照相纸）比喷墨印刷用涂布纸的生产成本要高得多，但如果油墨（染料扩散热转移印刷用色带和喷墨印刷用墨水）成本也纳入比较范围，则两者的成本差异会有所缩小。

喷墨打印机制造商往往按每种颜色5%的页面覆盖率确定墨盒的使用寿命。然而，对于大多数照片打印来说，按5%的页面覆盖率确定使用寿命并不合适，这种计算方法是对于墨水实际使用量极大的误解，打印实际图片时消耗的墨水数量要大多得，即使不占满页面的照片也很容易超过按5%页面覆盖率计算的数量。

根据参考文献［41］一文作者1998年的对大量喷墨打印机的测量数据，若采用重复地打印相同图像的方法，一直到墨水消耗完必须更换新墨盒为止，则得到如图5－3所示的结果。该图将测试资料折算成两种成本数据，图中以斜线填充的矩形代表墨水成本，纸张成本则以灰色填充块表示。由于墨盒在测试时连续使用，因而墨水的消耗量比实际的间歇式打印使用的墨水消耗量要低一些。从图5－3容易看出，1998年时墨水成本在喷墨印刷总成本中的比例占有支配地位。该图汇总的数据来自从A～E的五种打印机，输出A4尺寸典型幅面，喷墨印刷品的生产成本覆盖从0.78～2.14英镑很宽的范围。

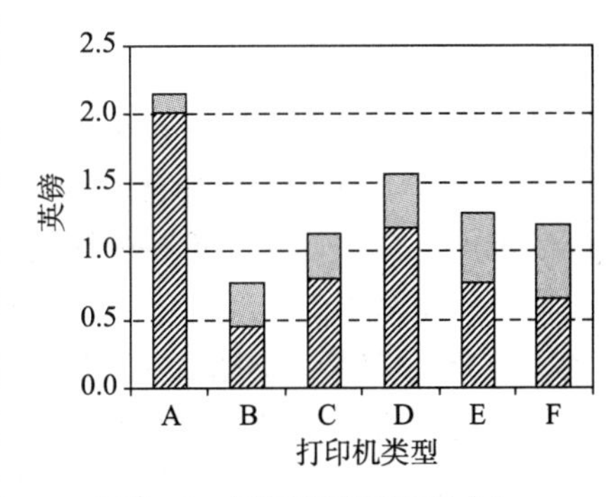

图5－3 不同喷墨打印机A4幅面图像打印成本

到2001年时，喷墨印刷的成本构成几乎没有变化，那时喷墨打印机的A4印张输出成本如图5－3中的F所示，仍然在0.78～2.14英镑的范围内。正在使用喷墨打印机并关心实际印刷成本的用户不必感到惊讶，墨水成本确实远高于纸张成本，特别是那些采用稀释墨水印刷照片的打印机。值得强调的是，某些“专家”提出的节省纸张的观点其实是伪命题，当你在取得经济性的同时，必然牺牲图像质量。喷墨印刷是染料扩散热转移印刷成本控制重要的参考依据，在此消彼长的过程中变化，要看处在什么样的年代。例如，2001 年时染料扩散热转移印刷处在喷墨价格的高端，欧洲表现得特别明显，输出 A4 印张的成本达到 2.10 英镑。一般来说，热升华印刷成本确实高于喷墨，但连续调的图像复制质量和使用的方便性等优点对某些应用来说足以弥补高成本的缺点。

5.1.8 彩色打样应用

染料扩散热转移打印机较早就用于彩色数字打样，原因在于这种数字印刷设备的色域范围相当宽，足以覆盖胶印色域。只要有色彩管理系统的参与，就不必担心热升华印刷色域太宽而与胶印色域匹配不良的问题。下面以 Rainbow 染料扩散热升华专用系统为例说明这种数字印刷技术的打样适用性。

数字印前系统的供应商已经开发成产生控制打样稿或合同打样稿的数字措施。上述两种打样稿的区别表现在：控制打样稿针对内部需要而生产，比如公司内部的色彩校正；合同打样稿则具有商业意义，它对应于印刷服务商与客户间的“协议书”，按打样稿提供给定质量的印刷品，要求印刷品与打样稿一致性良好。到目前为止，染料扩散热转移设备已达到高可靠性的程度，因而可考虑作为合同打样系统使用，打样效果如图 5－4 所示。

重要的问题在于，数字打样的工艺目的并非直接输出印刷品，而是模拟胶印或其他传统印刷工艺的实际色彩表现，因而无论对何种设备型号都需增加系统标定能力，以调整这些数字打样设备的性能。根据对于 Rainbow 的标定数据，当颜色的饱和度降低时，标定数据的 L^* 值（色彩的明暗程度）增加，且标定导致数字打样设备的色域范围明显变窄。此外，由于对 Rainbow 数字打样系统执行了标定程序，而标定操作必然改变染料热升华设备的彩色复制能力，所以实地色相稍有改变也不足为奇，对青色和品红染料而言尤其如此。

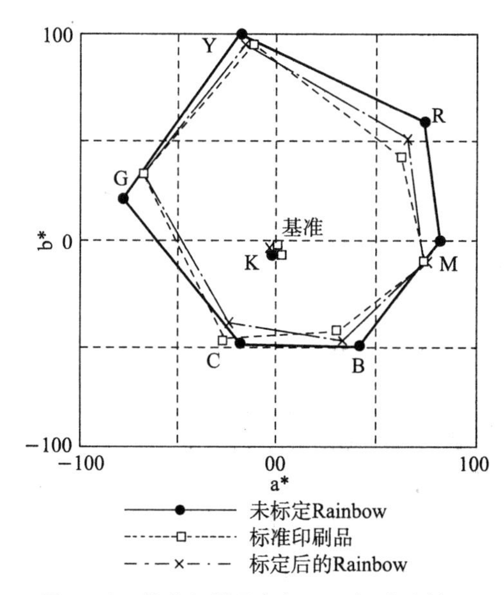

图 5－4　数字打样设备与 ISO 标准比较

从图 5－4 对于 Rainbow 打样系统和 ISO 12647－2 标准值（图中的标准印刷品）的比较可以看出，数字打样设备经过标定后色域范围比未标定前变窄不少，经过色彩管理技术的干预后变得与 ISO 12647－2 标准规定的 $L^*a^*b^*$ 值轮廓接近，两者的 Lab 色差保持在小于 7.4 个单位的范围内。注意，不要认为热升华彩色打样与胶印的色差很大，事实上这是相当合理的数字，说明标定操作使得数字打样系统色域与 ISO 标准很相似，从而也说明染料扩散热转移印刷胜任数字打样任务。

5.2 染料扩散热转移印刷的工艺基础

热升华与热转移印刷在复制工艺所依赖的物理效应上存在相当大的差异，由此导致系统结构的不同，例如打印头加热元件。一般来说，复制工艺的物理效应不同时，最终的复制效果也不可能相同。除照相成像彩色数字印刷技术外，热升华印刷可能是迄今为止所有数字印刷方法中复制质量最高的技术了，已经大量地应用于打印数字摄影照片。

5.2.1 记录点生成原理

染料扩散热转移打印机的加热元件往往不同于热敏打印和热转移印刷，除选择电阻型加热元件外，也大量使用激光器（通常为半导体激光器），如图5-5所示。虽然没有太多的数据证明哪一种加热元件可以达到更高的分辨率，但习惯上大多认为借助于半导体激光器加热的复制技术容易获得高清晰度的图像，理由可能是激光束具有聚焦成直径很小光斑的能力，激光器发出热能可通过脉冲调制的方法控制，准确的位置控制也容易实现。

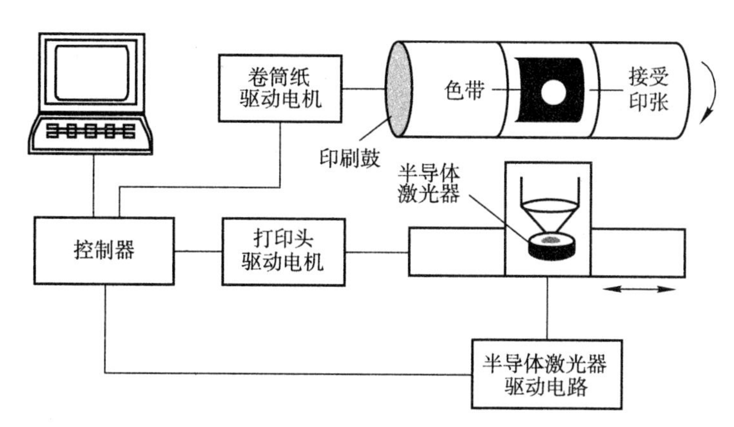

图5-5 热升华印刷工作原理示意图

尽管染料的加热升华是一种并不常见的物理现象，但又是物理常识，热升华印刷更重要的概念是染料扩散和热转移过程，理当成为理解热升华印刷的重点。由于染料加热并升华后的扩散和转移过程完全不同于其他热成像打印机，因而热升华印刷严格意义上不存在最终记录点的概念，但考虑到激光束以点作用的形式加热色带，出于理解上的方便，这里仍然借助于记录点的概念解释热升华印刷原理。

热升华打印机形成记录点的基本原理可简述如下：加热系统的热激光器（以半导体激光器较为典型）在成像信号的控制下对色带加热，半导体激光器产生的热辐射作用使色带油墨层中的染料发生升华现象，即染料直接从固态转为气态；由于热升华印刷使用的特殊纸张由载体层和扩散层构成，故气化后的染料与特殊纸张的扩散层接触，开始向纸张的里层扩散，但由于向下扩散受到载体层的限制而只能向两侧扩散；气化染料的扩散因纸张扩散层的阻断作用不能无限制地进行下去，当扩散作用力与阻断作用力取得平衡时扩散过程即告结束，形成与页面图文部分对应的彩色图像。

如图5-5所示的热升华印刷系统以卷筒形式供纸，属于示意图性质，实际的热升华打印机结构肯定要复杂得多。尽管如此，染料扩散热转移打印机需要的基本部件已经包含在该图中了，例如半导体激光器、卷筒纸进给和驱动打印头移动的副扫描系统等，其中的印刷鼓用来完成主扫描，鼓上包裹有接受印张。观察图5-5时应该将印刷鼓和包括半导体激光器的打印头联系起来，事实上半导体激光器的加热对象是色带。

对于同一个被复制像素，当热升华打印机激光器供给的热能不同时，转移到纸张的油墨（即染料）数量也不同，油墨的转移量与作用于色带的热量成正比。这一特点说明，尽管热升华印刷的一个记录点对应一个像素，但每一个记录点能复制的光学密度却随着作用于色带的热量而改变，无须用多个记录点形成与像素值大小对应的网点。

5.2.2 两种热打印头

最近几年来，数字印刷设备性能取得了长足的发展，由此出现了输出高分辨率印刷品的需求，且数字图像的数据量呈日益增长的态势。在数量众多的输出和印刷方法中，染料扩散热转移印刷为要求高质量图像复制效果的领域所接纳，原因在于这种数字印刷技术在输出速度、系统稳定性和层次表示方面取得的进步。

如前所述，染料扩散热转移印刷系统主要使用两种热打印头，其中之一利用电阻加热，结构如图 5 -6 所示。这种结构的优点主要表现在可以为热转移和直接热打印共享，已形成事实上的工业标准，得到几乎所有热打印机制造商的承认。

另一种加热器已经在图 5 -5 中出现过，即激光加热器。第四章曾经提到过以激光加热热转移色带的方法，理论上确实存在以激光对热转移色带加热的可能性，但考虑到熔化热转移色带的能量需求时，激光加热的应用范围将变窄。染料扩散热升华印刷同样存在恰当的能量需求问题，然而这种数字印刷方法对记录点的位置、尺寸和形状精度要求更高。如果以其他加热技术不能满足精度要求，激光加热成为唯一的选择时，则只能从提高激光器的发射能量或改变色带结构两方面着手，例如在色带中增加光吸收层。

为了更容易理解激光的作用，图 5 -7 给出了基于激光加热的染料扩散热转移印刷系统结构示意图，图中的色带按激光加热的特点考虑，即至少包含基底层、光吸收层和染料层。这种色带之所以与常规色带结构不同，是因为半导体激光器发出的热量不够强大，任何损耗都应该避免，为此需要利用光吸收层更有效地利用热能。这样，半导体激光器发出的光线对色带的光吸收层曝光，激光束通过光学镜头聚焦后转换成热能，对色带的彩色染料层加热；色带中的染料在激光热能的作用下从固态直接升华为气态，转移到接受印张（涂有特殊材料的纸张）后形成记录结果，即在接受印张表面产生染料图像。

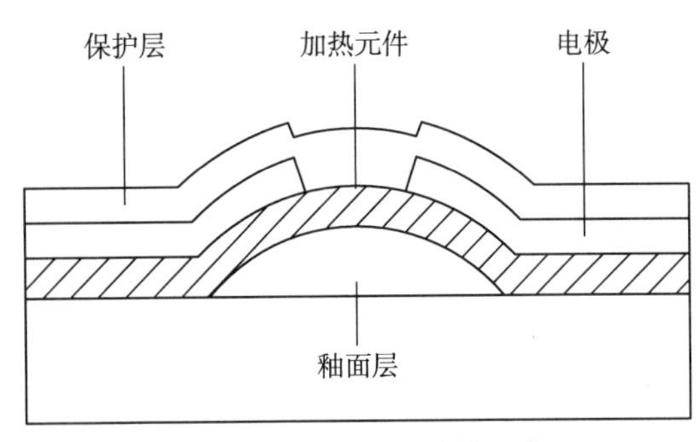

图 5 -6　热打印头结构示意

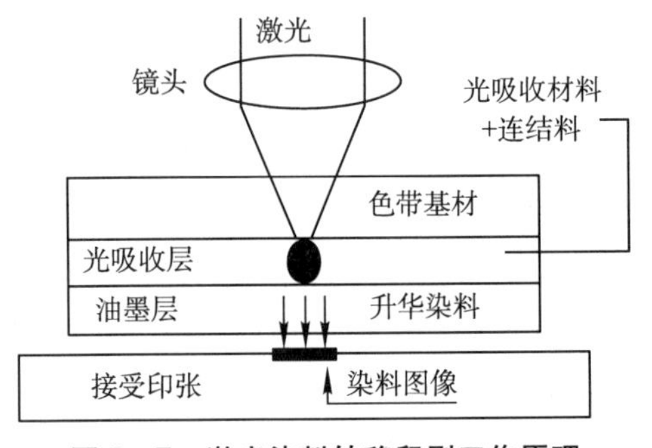

图 5 -7　激光染料转移印刷工作原理

5.2.3 染料扩散转移类型

以激光器加热色带油墨层中的染料并使其升华虽然重要，但热升华印刷的重点应该是如何实现升华染料在特殊纸张内的扩散和转移。染料局部加热升华后的扩散和转移需要接受印张的配合毫无疑问，为此需要开发有利于染料扩散和转移的承印材料，获得类似于模拟彩色摄影照相纸的复制效果。因此，热升华印刷的关键问题之一归结为对色带的结构要求，色带上的染料既要具备加热后气化的良好灵敏度，且气化必须控制在局部区域内。

除色带的特殊结构要求外，热升华印刷系统色带上的染料以何种方式扩散和转移也十分重要。热升华系统建立印刷条件归结为色带以何种方式与特殊接受印张交互作用，方式之一是色带与接受印张以相互接触的方式建立印刷条件，受激光器加热作用发生气化（升华）的染料在这种印刷条件下实现常规扩散和转移，如图5－8（a）所示。

除常规接触扩散和转移技术外，有的热升华印刷系统也采用有间隙的染料扩散热转移方法，即色带与接受印张不发生接触，如图5－8（b）所示。由于间隙扩散/转移法在色带和接受印张间增加了一层隔离膜，由此必然会产生气隙，因而升华的染料只能通过气隙向接受印张扩散和转移。此外，也有在色带和接受印张间增加垫珠的系统，由于垫珠颗粒的大小和形状差异，对气化染料的扩散和转移行为将产生不同于隔离膜的影响。

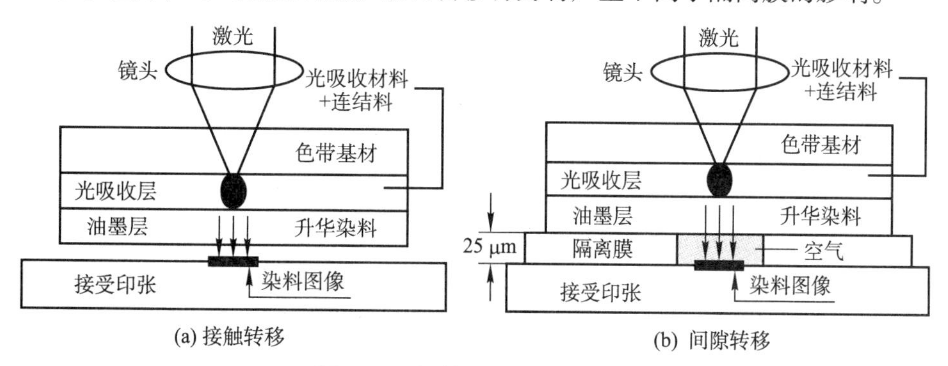

图5－8 接触和间隙扩散/转移

实验结果表明，常规接触扩散/转移与间隙扩散/转移之间存在一定程度的差异，主要区别表现在常规接触配置更容易实现染料的扩散，且染料转移的数量也更多；间隙配置的染料扩散和转移效果对加热时间更敏感，染料不能完全转移的唯一原因是气隙存在而导致的色带变形，没有完全的转移就谈不上完整的扩散，所以染料扩散也连带受到影响。

5.2.4 中间转移介质热升华印刷

无论染料直接转移还是间隙转移，都对承印材料的染料接受层有特殊要求，从而限制了热升华印刷的应用范围。为了消除热升华印刷对承印材料的特殊要求，有人提出借助于中间转移介质的热升华印刷新工艺，染料图像在中间记录介质的接受层上形成，从中间记录介质剥离接受层后，染料图像再与接受层一起转移到目标对象，复制原理如图5－9所示那样。这种工艺也称为逆图像印刷，优点主要表现在对接受印张的广泛适应性，不再要求对接受印张添加性能优异的特殊接受层，且最终印刷结果的耐久性良好。

从图5－9可以看出，采用中间转移介质作为染料接受体后，复制原理与彩色热转移印刷十分相似，因而这种热升华印刷方法或许更应该称为热转移记录技术。归纳起来，中间记录介质接受层形成的染料图像可以转印到几乎所有的承印材料上，无须任何要求染料能扩散和转移的专有属性。中间转移法的主要优点归纳如下：第一，允许在各种承印材料表面组成染料图像，例如不同厚度的纸张、塑料薄膜、卡片和金属等；第二，对建立染料图像的记录介质几乎没有限制，包括平直印张和弯曲表面；第三，印刷面积扩大，甚至可以印刷到承印材料的边缘，可见以这种方法印刷全出血图像毫无困难；第四，由于染料图像通过中间介质和最终接受体形成，因而印刷图像的耐久性相当高；第五，如果图像打印装置与图像转移装置采用分离配置的形式，则有可能通过改变转移装置的方法将图

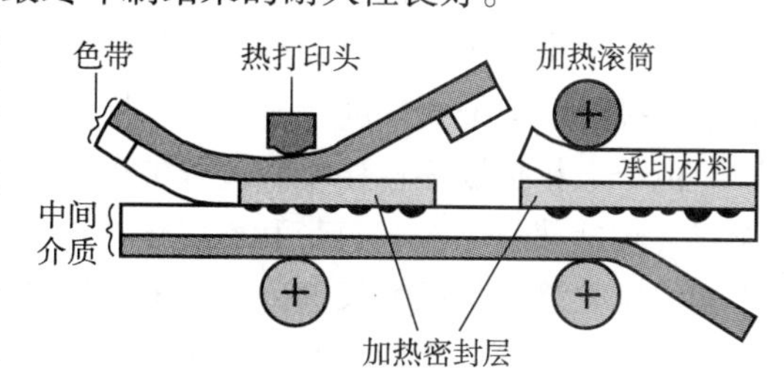

图5－9 中间转移介质形成图像的基本原理示意图

像转印到不同空间形状的接受体上，从而进一步扩展应用范围。

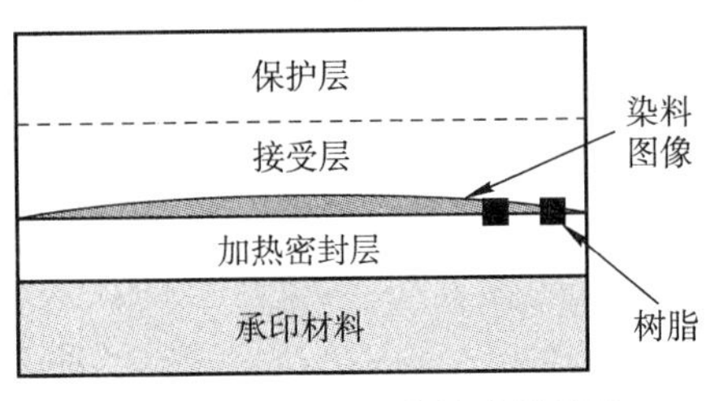

图 5－10 染料图像转移横截面

为了利用中间记录介质在各种承印材料上形成彩色图像，要求最终记录介质提供具有黏结特性的加热密封层，热打印头通过这种加热密封层在接受层上打印染料图像。为进一步说明中间介质图像转印特点的需要，图 5－10 给出了在中间转移介质接受层上产生染料图像后与承印材料作用的横截面示意图，图中的上面两层带有染料图像，从中间介质整体转移而来；加热密封层介于承印材料和中间介质的接受层之间，已经在中间介质接受层上形成的染料图像通过加热密封层转移到承印材料。

中间介质转印法的优点可以用卡片印刷来说明。常规热升华印刷只能在 PVC 卡片上直接记录图像，不适合于在诸如 IC 卡那样的不平整表面上印刷；改成中间转移介质热升华印刷后，可用承印材料扩展到 PET 和 ABS 卡片等。试验结果表明，两种热升华印刷方法在耐热性、耐湿性和耐化学性能方面相似，中间介质转印法的光稳定性高于常规热升华印刷。

5.2.5 染料扩散的定量分析

染料在热量作用下的扩散过程可以建模为温度和浓度驱动的质量扩散过程，这种过程的控制方程是菲克定律的扩展应用。柯达公司的研究人员以商业软件包 ABAQUS 对染料扩散热转移过程建模，定义了理论解变量的归一化浓度，计算结果如图 5－11 所示。

作为一阶近似，假定色带和接受体连结料的染料扩散系数相同。以上述假定和归一化浓度作为菲克定律扩展方程的求解要素，得到的两种典型色带和接受体组合的有限单元计算结果已经在图 5－11 中给出，表示为温度与染料扩散系数的关系，两种典型色带和接受体组合即图中的高相关性和低相关性材料。

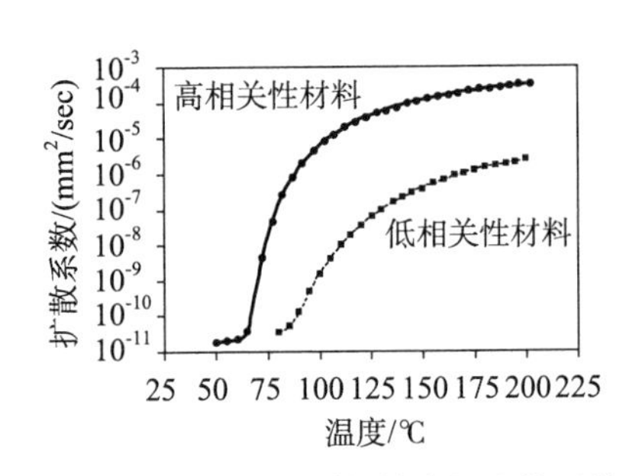

图 5－11 热诱导引起的染料扩散系数

在热升华印刷过程中，染料扩散系数强烈地依赖于染料接受层的化学性能、形态和热特性，以及染料接受层内已有的染料浓度和染料分子的可溶性。因此，研究染料扩散过程时染料接受层的染料浓度十分重要，历来是热升华印刷理论研究的主题。

由于染料扩散热转移印刷过程中存在来自打印头加热元件快速的热脉冲作用，整个兴趣域（包括热打印头、色带和接受体等）的温度可能发生明显的波动，根据以往对热升华印刷的研究结果，认为某些色带的染料层和承印材料的染料接受层的染料扩散系数与温度成线性关系。来自物理学的知识表明，扩散系数是温度和浓度的函数。然而，在热记录介质中加入高效率的染料接受层后，发现聚合材料（化合物）的玻璃化温度值至关重要。

5.3 色带与接受印张

相比热转移印刷，染料扩散热转移印刷对色带和记录介质的要求更高。由于热升华印刷记录介质承担接受扩散和转移的染料，往往称记录介质为接受介质或接受体。染料扩散和热转移对色带和接受介质的配对使用要求很高，所以需要按统一体的要求设计和制造色带和接受介质，使两者的能力更好地匹配，提高热升华印刷质量。

5.3.1 染料色带与接受体系统

典型染料扩散热转移印刷过程离不开热染料接受体与色带的接触，其中色带以薄膜支撑三种染料矩形块，交替地排列着透明覆膜层和青、品红、黄三色染料组成的薄膜；覆膜层加到彩色印刷图像表面后不仅起保护作用，也可以增加图像的耐久性和稳定性，防止指印、刮伤等损坏图像，减轻光和热作用引起的退色，保护图像免受臭氧和其他气体的“侵袭”，防止水等液体物质破坏图像，也可以控制和调整图像的光泽水平，例如光泽度、高光程度或产生亚光效果等。为了改善打印头与色带的接触条件，染料扩散热转移设备制造商还开发成了滑动层，涂布到色带的背面，使色带能平滑地通过温度极高的打印头。

滑动层也称保护层，两种称呼从不同的着眼点强调其作用。称其为滑动层并非这种结构层相对于色带或热打印头滑动，而是为了改善色带与热打印头的接触条件，确保打印头将热量高效率地传导到色带，使得色带与热打印头粘连的可能性达到最小程度。如果色带真的粘连到了打印头，则必然导致印刷缺陷的产生。

染料扩散热转移的另一重要参与者是热染料接受体。现在，市场上有多种染料接受体供应，但未必适合于用户购买的打印机。众所周知，最佳的图像质量来自最合理的染料扩散热转移系统，而称得上最佳系统的一定是色带与接受体组合优化处理的结果。可以毫不夸张地说，质量优异的热升华印刷品来自色带和接受体的条件匹配，因而每一家制造商提供的热升华打印机及其色带和接受体都是特殊的热印刷系统。

染料接受体随染料扩散热转移技术的发展而进步，制造商们针对不同的热升华打印机和应用需求开发了数量众多的接受体。通常，热染料接受介质由聚合化的图像实现（Image Realization）层组成，图像实现的意思是通过从色带转移到接受介质的染料形成图像，所以也称为记录介质的染料接受层，这种结构层涂布在接受介质的支撑材料上，包含具有彼此协调能力的“热管理”层（Compliant Heat-Managing Layer）；接受体和支撑材料覆盖到基底层上，用作基底的材料有纤维素纸或塑料薄膜等；接受体及其支撑材料与基底的组合即图像记录介质或染料扩散热转移印刷用纸张，外观与照相纸类似。

现在，接受介质支撑技术已经从树脂涂布纤维素纸发展到多层结构，结构层中包含所谓的“热管理”层，夹在两层单轴定向聚丙烯薄膜间；聚丙烯薄膜层之一黏结到纤维素纸，另一层覆盖在纤维素纸的反面。之所以采用“三明治”结构，是考虑到接受介质结构整体平衡的需要。染料接受层的功能是多方面的，例如以有效的方式接受来自色带的染料分子，提供染料兼容性环境，防止染料沾脏和染料分子退化，其中染料分子退化与导致不能长时间地保持图像锐化程度和对比度同义。在印刷过程中要确保承印材料的染料接受层不粘连到色带矩形块，继续与其自身的保护层牢固地黏结。

5.3.2 空白点接受体

热转移和热升华印刷都需要色带，其中的核心成分是色料。一般来说，热转移印刷使用基于颜料的油墨，而热升华印刷的色带以染料为主材。颜料着色是大量分子作用的结果，而染料呈色则基于单个分子；颜料着色剂属于非溶解性的物质，有研究者认为：颜料和染料的区别表现在尺寸、对外部条件的抵抗力以及光线反射能力诸方面，微小的染料颗粒反射光线，产生更生动的颜色；颜料颗粒尺寸比染料颗粒更大，意味着颜料颗粒更倾向于使反射光沿各种方向散射，导致颜色暗淡。

色彩表现的评价准则是色域、反射光学密度或图像密度，以及色彩的耐光性，其中色域定义为可以被图像数字化设备捕获的颜色阵列（数组）的极限，以彩色编码数据媒介的形式表现，或者是输出设备或记录介质的物理实现，可见更大的色域范围意味着能产生范围更广的颜色。进一步研究染料油墨、颜料油墨和喷墨印刷复制颜色的对比度后发现，染料基油墨的色域范围（颜色数量）大约是颜料基油墨的1.5倍，喷墨印刷的2.4倍。

从发明热升华印刷技术开始，人类对接受印张的研究从未停止过。为了改善热升华印刷品的光学密度，从20世纪90年代早期开始提出空白点接受体的记录介质开发思路，目前继续按这种思路开发记录介质。改善热升华印刷品光学密度的努力与接受印张的导热性能有关，提高印刷密度和导热性以降低不均匀密度为通用原理，目的在于使热升华印刷期间的热损失达到最小程度。于是出现了在接受体表面附加带有空白点的层或带有空白点的薄膜的技术，只要利用与接受体不兼容的材料薄膜做双向拉伸，就可以形成带空白点的薄膜，事实上拉伸过程也是空白点形成的过程。热升华印刷的实践表明，空白点有利于降低接受印张的导热性，提高热升华印刷的染料扩散和转移效率，如图5－12所示。

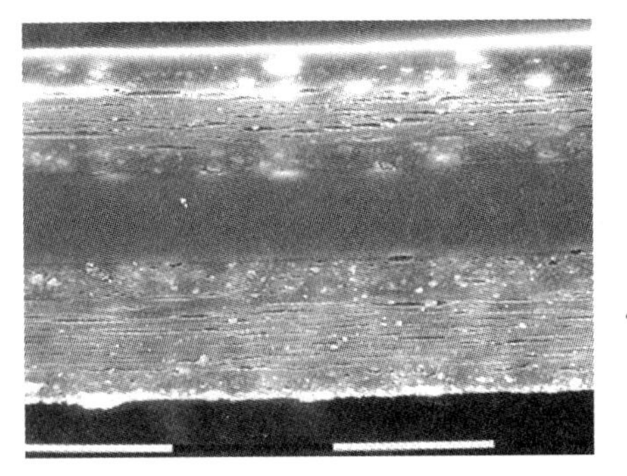

图5－12　空白点接受印张横截面扫描电镜照片

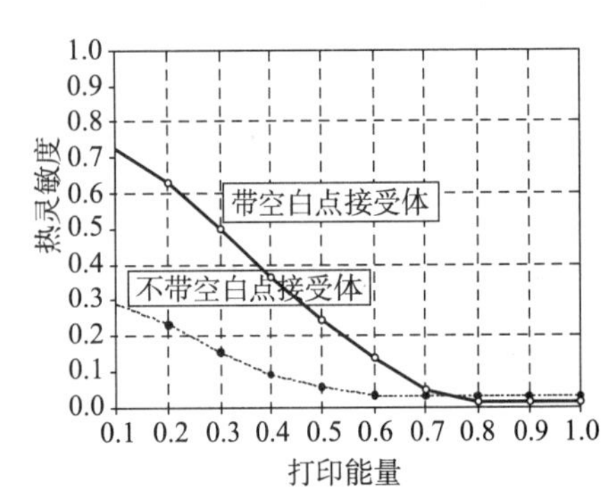

图5－13　两种青色接受体在相等打印能量条件下的热灵敏度曲线

对接受体表面附加空白点层后，印刷密度明显改善，如图5－13所示的打印能量与热灵敏度关系曲线足以说明不带空白点和带空白点接受印张的性能差异，附加空白点的接受印张热灵敏度在低到中等能量区域大约是不带空白点接受印张的2倍。虽然该图只表示青色接受层的热灵敏度，但接受印张其他接受层类似。由于这种原因，事实上目前几乎所有染料扩散热转移打印技术都采用在接受体表面附加某种类型空白点层的方法。如果没有空白点特征，则打印能量要求提高，产品的其他优势因此而丧失。

5.3.3　干滑动层

染料扩散热转移技术可以打印出具有照片质量的彩色图像，所有的数字印刷技术中只有照相成像数字印刷能与其媲美。由于打印机本身以及耗材价格的不断降低，导致染料扩散热转移印刷设备的用户群迅速扩大，同时也意味着耗材用户的迅速增长。保持和扩展市场份额还需要解决其他问题，才能在不丢失已有的市场份额的前提下渗透到其他领域。染料扩散热转移技术的成功应用需要解决的问题有不少，包括色带染料的重新转移。

考虑色带染料重新转移对单张进给结构的热升华打印机并无必要，因为单张进给色带的青色、品红和黄色分块按顺序前进的方式与热打印头接触，彼此间没有影响。然而，如果色带以卷筒进给的形式提供给热升华打印机，则色带处在双面接触条件下，从而发生染料的扩散，应设法予以解决。

举例来说，打印时染料很有可能扩散到相邻色带卷的绝热层内，或扩散到色带染料薄膜滑动层（以卷筒方式进给时与其他表面的相对滑动）的一侧，这种染料扩散效应容易理解。染料扩散到其他表面当然是不希望出现的，虽然微弱的扩散不至于引起很明显的密度损失，但从高质量照片打印角度看这样的缺陷就变得不可接受了。如果在色带染料的扩散和转移过程中存在下述两个条件之一，则可能发生问题：首先，数量可观的染料转移到滑动层，这必然影响印刷质量；其次，卷筒供应机构的几何条件变化，例如色带卷绕机构发生了问题，最有可能出现的情况是主滚筒到卷轴的不匹配。在上述两种可能产生的条件下，滑动层上累积起来的染料将发生第二次转移，即转移到色带的染料侧，导致颜色污染或者在印刷品内出现染色现象，如图 5－14 所示。尽管颜色污染的程度是如此之低，以至于肉眼无法辨别，但这种二次转移却可以在覆膜区域观察到，从而产生不应有的视觉副作用。

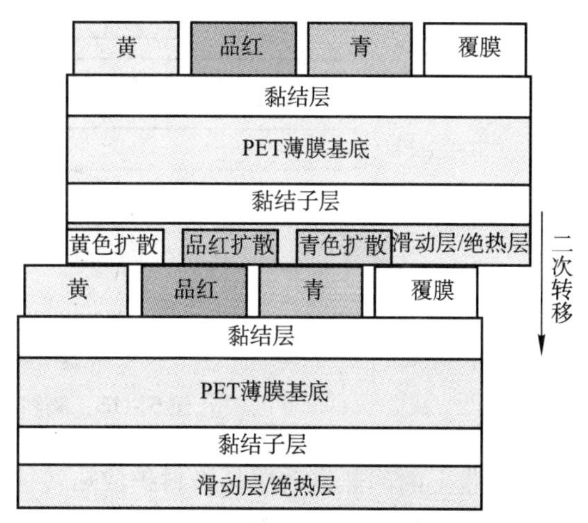

图 5－14　一次转移后色膜配置与二次转移

通常，再次转移问题用户是无法解决的，只能由制造商在设计和生产时考虑，主要通过热升华打印机的制造工艺控制。然而，万全之策还得依靠添加干滑动层，只有对接受体本身采取了这种措施，才能明显降低再次转移现象。

5.3.4　耐热滑动层

染料扩散热转移印刷离不开加热作用，如同直接热打印和热转移打印那样。色带的基底层往往不为人注意，总觉得这种结构层仅仅为其他层提供支撑。但是，如果基底层损坏，色带就不可能发挥正常作用。为了染料层得到牢固的支撑，应该保护色带的基底层，为此需要使用隔热材料。此外，保护色带和避免色带上的染料转移到热打印头的表面也需要在色带上附加耐热涂布层，因为染料扩散热转移印刷系统在工作过程中免不了出现热打印头表面与色带间的相对滑动，为此必须充分重视系统的耐热和滑动稳定性。

色带的耐热滑动层即保护层，有耐热和滑动两种作用。其中，耐热指可以承受打印头热量的作用，对色带的其他结构层起保护作用；滑动指可以承受打印头表面与色带接触时的相对运动引起的摩擦，也是对色带的其他结构层起保护作用。值得注意的是，耐热不等于绝热，滑动保护层不能绝热，否则就不能传递来自打印头的热量了。

通常，耐热滑动层涂布在色带的一侧，在与热打印头接触的过程中得到热量，并将热量传递给色带表面的油墨层，即以染料为主的涂布层，如图 5－15 所示的那样。由于耐热滑动层直接影响染料扩散热转移印刷设备的复制质量和系统稳定性，也影响染料的扩散和转移效果，对色带性能的发挥有至关重要的作用，因而提高色带表面的耐热和滑动稳定性受到制造商的普遍重视。从维护保养和保持设备长期运转的角度看，为了实现染料扩散热转移设备的免维修和保护色带，也需要起耐热作用的滑动层，一方面用作热打印头的清理器，避免由于色带墨层与打印头接触而弄脏打印头表面。

耐热滑动层由树脂黏结料、润滑剂和填充料等组成，其中树脂黏结料起耐热作用，防止染料直接转移到打印头；润滑剂用于改善色带与热打印头表面的接触条件，增加热打印头与色带所构成局部系统的滑动稳定性；填充料的作用也十分重要，是染料扩散热转移系统免维修运转的基础，在色带与打印头表面接触时起清理作用。

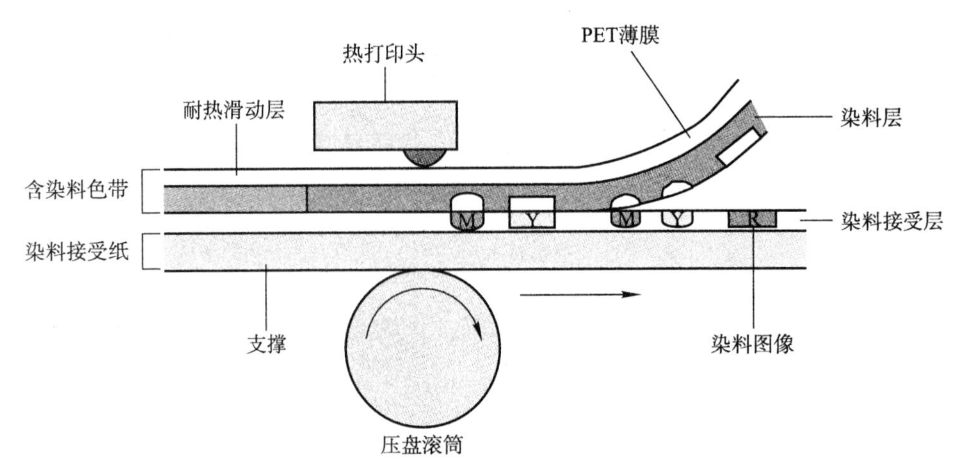

图5－15　染料扩散热转移印刷示意

色带上的耐热滑动层是染料扩散热转移设备和色带制造商在认识不断深化的过程中逐步形成的概念并付诸实施。设计耐热滑动层的主要目的是保护色带，保持色带的滑动稳定性，无论哪一种染料扩散热转移打印机使用的色带都必须考虑，因为提高印刷质量和改善系统稳定性都需要耐热滑动层。

5.3.5　材料性能对转移效果的影响

前面已经提到过，典型热染料接受体包含染料接受层，涂布在“热管理”层上，而“热管理”层又覆盖在基底材料上，例如纤维纸和塑料薄膜。由于色带和记录介质的染料接受层处在压力作用下，因而有必要研究弹性模量对热作用效果的影响，以研究“热管理”层为主。根据实际测量数据，接受介质“热管理”层材料的弹性模量与转印间隙宽度基本上成线性关系，由于转印间隙宽度在相同的打印头载荷下由热打印头与色带及接受体组合形成，说明转印间隙宽度代表热打印头与色带的接触面积，因而接受介质“热管理”层的弹性模量基本上与打印头对色带接触面积呈线性关系。

高效率的染料扩散热转移印刷要求高效率的热传导，而高效率的热传导则要求打印头表面与色带的密切接触，因为热打印技术以接触的方式传递热量，通过对流的方式传递热量效率太低。如果没有特殊的考虑，打印机的工作状态正常，则大多数热转移发生在打印头加热元件直接下方的接触区域。尽管热打印头结构因制造商而异，但加热元件的典型尺寸大多在150μm左右。确定接受介质“热管理”层参数时必须考虑到打印机的工作效率，为此应尽可能得到更大的转印间隙宽度，通常情况下转印间隙宽度应超过打印头加热元件的长度。例如，假定接受介质“热管理”层的弹性模量为1000MPa，产生的转印间隙宽度约120μm，比加热元件长度150μm略小，则色带和接受介质弹性模量需比“热管理”层弹性模量略低，可参阅图5－16所示的时间与温度关系曲线。

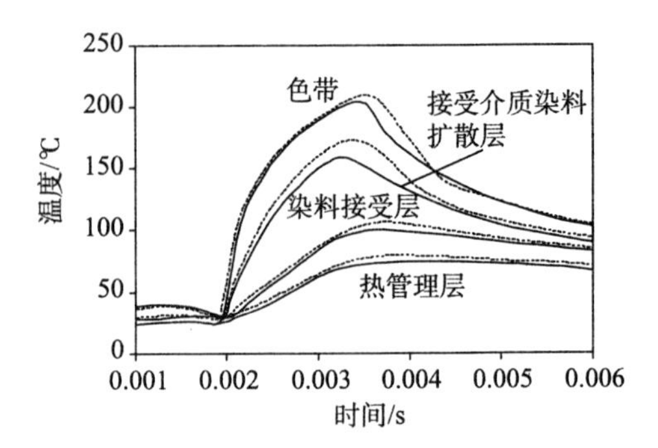

图5－16　“热管理”层弹性模量对色带和接受介质热作用的影响

5.3.6 打印头与滑动层间的摩擦力

根据普通物理知识，耐热滑动层的滑动稳定性取决于摩擦力的大小，由于热打印头和色带表面接触而必然会出现。如果色带表面没有涂布耐热滑动层，则打印头将直接与色带的染料层接触，在色带与打印头表面间形成相当大的摩擦力，不但引起热打印头表面磨损，且打印头表面容易弄脏。在色带上附加耐热滑动层后就不同了，打印头不再直接与色带的染料层接触，也改善了热打印头表面与色带的滑动条件。无论从提高染料扩散热转移系统的工作效率和提高滑动稳定性角度考虑，摩擦力肯定不能太高；从能量角度考虑，摩擦力当然越小越好。重要的问题在于，染料扩散热转移印刷通过改变作用于热打印头的能量数值表示图像的层次感，考虑到热能不同时摩擦力也会不同，因而要求复制系统在打印头发出的能量范围内有稳定的摩擦表现，即要求打印头与色带摩擦力的稳定性。

因此，染料扩散热转移印刷系统开发需要评价打印头与色带耐热滑动层间摩擦力的大小，制造商为此组建了有针对性的器具，准备两种类型的滑动层，用于测量摩擦力，测量原理如下：设计专门的测量“图案”，两端布置中等灰色色块，中间部分从白色渐变到黑色；利用加载单元产生载荷，在打印期间作用到热打印头；测量图案包含连续阶调内容，打印完成后评价测量图案的印刷效果。测量时，打印速度大约每行 1ms。

根据对以前使用的两种色带耐热滑动层与热打印头表面摩擦力的测量结果，测量图案从白色到黑色的摩擦力变化都是非线性的。打印高密度（深暗阶调）区域时耐热滑动层类型 A 的稳定比类型 B 表现更优异，但中间调区域摩擦力明显上升，这种现象说明类型 A 耐热滑动层的润滑能力还不足以覆盖输出测试图案中间调时的温度范围。通过耐热滑动层 A 的摩擦力测量确认了印刷图像出现褶皱的原因，是由于图像内包含大量中间调的缘故。

另一方面，耐热滑动层 B 在打印高密度区域时摩擦力迅速上升，从黑色过渡到中间调的区域内表现得极不稳定。与耐热滑动层 A 相比，耐热滑动层类型 B 的摩擦力整体控制范围更狭窄些。这种测量结果促使人们思考，以耐热滑动层 B 打印包含大量高密度区域时印刷图像出现褶皱的可能性增大，打印头经过长期运转后导致破损的风险上升。

根据上述研究成果，可以认为摩擦力的稳定性对染料扩散热转移印刷所有温度范围都极端重要，打印高密度区域时摩擦力的稳定性特别值得关注，因为在打印机以更高的速度输出的前提下存在增加打印能量的趋势。当前两种滑动层类型的摩擦力分布显然不能令人满意，必须开发新的耐热滑动层。

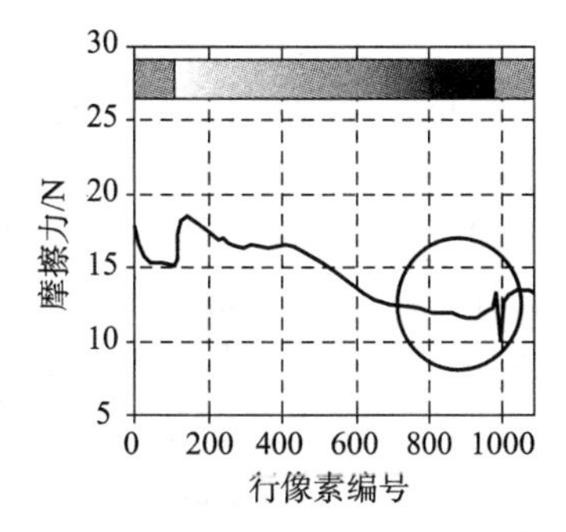

图 5-17 新开发耐热滑动层的摩擦力分布

为比较方便计称新开发的耐热滑动层为类型 C，其摩擦力分布如图 5-17 所示。与耐热滑动层类型 A 和 B 相比，类型 C 在所有打印能量范围内都具有平滑的摩擦力分布，高密度区域的稳定性得到大幅度的改善。之所以呈现稳定的摩擦力分布，是由于耐热滑动层中添加了多种固体润滑剂的缘故，针对不同的温度范围。

5.4 染料扩散热转移打印机

前面讨论了色带和接受介质结构对热升华印刷质量的影响，然而色带和接受介质组合再优异，如果没有结构合理、功能与色带和接受介质组合匹配良好的打印机，则其他的一切努力都将化为乌有。染料扩散热转移打印机的结构差异可能很大，价格也各不相同，小规格热升华打印机的结构相对简单，输出速度很快的打印机则采用一次通过结构。

5.4.1 热升华打印机典型配置

图5－18表示典型的热打印机配置，也适合于染料扩散热转移印刷。在图5－18所示配置基础上建立的热印刷过程需要各种参与因素的协调和配合，其中热打印头的地位最为重要，为印刷过程提供必需的热量。在染料扩散热转移印刷过程中，包含染料的色带和接受介质在各自的机构驱动下进入预定位置，到达热打印头和弹性体覆盖的压盘滚筒组成的间隙时彼此密切地接触；打印头内的加热元件受电流（电压）脉冲的作用而发出热量，这些热量在打印头和色带组成的界面上发生转移，作用于色带和接受介质组成的信息复制联合体。为了获得染料的高转移效率，要求热打印头与含染料的色带以及含染料的色带与接受介质间保持密切的接触，确保从色带到接受介质的染料扩散的高活动性。

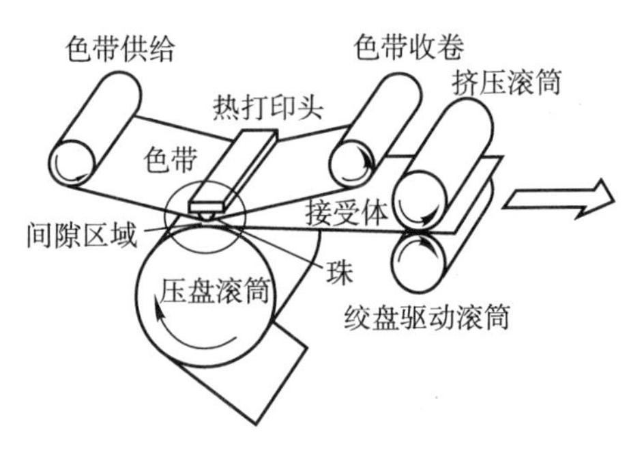

图5－18 典型热打印机配置

如同前面描述的那样，染料扩散热转移印刷即使以很简化的形式实现，也涉及多种物理作用，例如借助于电阻的热量生成、色带与打印头接触及转印间隙形成机制、热量横贯可能出现不连续接触界面的转移和热辅助条件下的染料扩散等。来自用户的对于更高印刷速度以及更低色带和接受介质成本连续不断的需求，导致对组成热接受体的各种成分的作用应该有更深入的理解，使得热接受体的开发人员聚焦于主要的推动因素，试图找到经济性与热接受体整体性能表现间更好的平衡点，以设计出稳定可靠的热染料接受体。

5.4.2 一次通过系统的结构要素

彩色静电照相数字印刷机早在20世纪90年代初期就已经借鉴了多色胶印机的单元设计思想，成像和复制过程的技术要素集合到印刷单元内，再根据预先确定的印刷色序按顺序沿水平方向或圆周方向排列印刷单元。现在，绝大多数彩色静电照相数字印刷机采用顺序排列集中转移一次通过系统，成为彩色静电照相数字印刷的主流技术。发展到20世纪末时，某些彩色静电照相数字印刷设备制造商开始探索新的结构，从而进入了第三代彩色静电照相一次通过系统。静电照相数字印刷印刷机领域的结构设计也影响了喷墨印刷，单元设计思想已经为彩色喷墨印刷机的主要制造商采纳。现在的问题是，彩色静电照相数字印刷机的单元设计思想是否适用于热升华印刷，答案是肯定的。

图5－19给出了新的染料扩散热转移印刷系统示意图，热打印头针对接受体层在中间转印带上的成形要求设计，青、品红、黄三个打印头各自负责三色染料转移，位于转印带的外侧，沿大尺寸驱动滚筒的周向排列。已经带有染料的接受体层由转移头处理，安装在中间转印带的内侧，记录介质印张新的接受体层沿该印张的释放层排列，接受印张包含隔热的滑动层，位置在接受印张的反面；释放层处于接受印张基底层与受体层间。

5.4.3 两种直通联接结构比较

染料扩散热转移印刷的直通联接结构与一次通过静电照相数字印刷机类似，高速热升华印刷可以从这种结构受益。所谓的直通联接系统指每一种主色热打印头以并行工作的方式对色带加热并在记录介质上建立彩色图像的热升华印刷系统，如图5－20所示。

图5－20中的宽度和高度以毫米计，仅作为尺寸参考。该图的（a）和（b）分别代表传

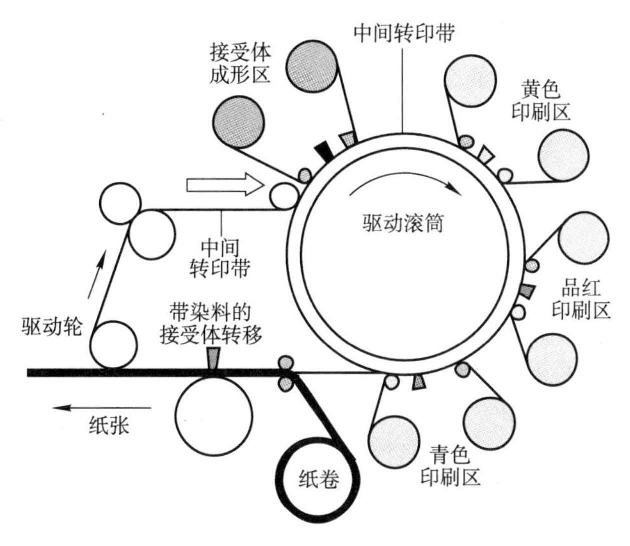

图5－19　一次通过染料扩散热转移印刷系统横截面示意图

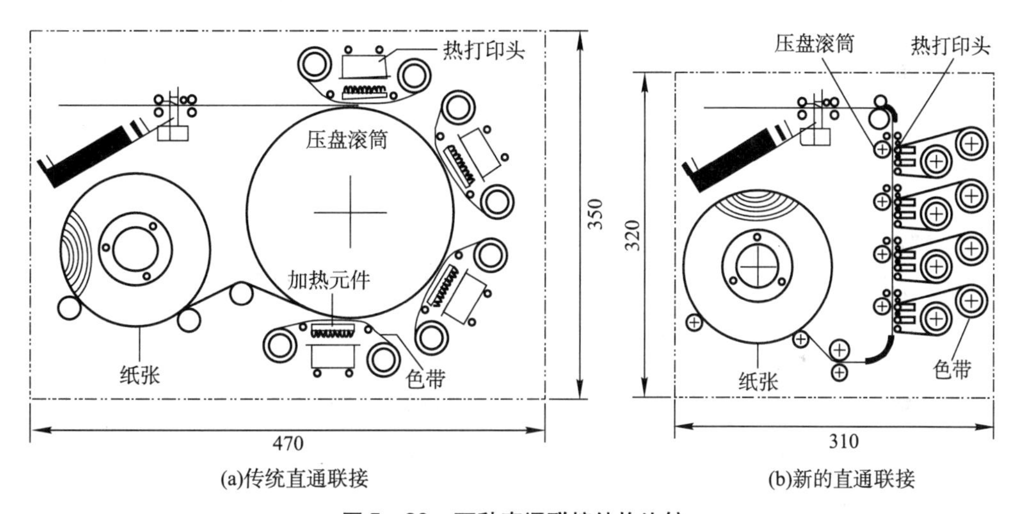

图5－20　两种直通联接结构比较

统和新的直通联接结构，容易看出新的直通联接结构比传统结构的空间利用效率更高。更重要的是，与仅仅单个打印头的传统结构相比，直通联接结构的工作效率当然要高许多。由于结构方面的原因，按直通联接原理构造的打印机将占用更多的空间，但某些场合必须减小系统尺寸，例如街头数字照片打印系统。

某些应用确实要求制造商提供小尺寸染料扩散热转移印刷设备，热升华技术从一般用途转移到数字照片打印后，这种需求变得更加重要。例如，除前面提到的街头使用的数字照片打印设施外，热升华打印机制造商迫切希望占领家庭和办公数字照片打印市场，设备体积成为占领这些市场的首要问题。减小直通联接结构染料扩散热转移系统的工作任务归结为减小印刷单元的体积，由于设备整机体积缩小后印刷单元的距离变得很狭窄，因而减小印刷单元的尺寸显得尤其重要。现代染料扩散热转移系统使用的印刷单元以热打印头为主要部件，热打印头通常又加工成芯片形式，因而获得小尺寸热升华印刷单元的主要问题归结为减小芯片尺寸，为此需改进打印头的热辐射设计思想。在狭窄的距离条件限制下，打印头制造的主要任务转化成打印头单元的电子抖动问题。由于紧凑的结构，印刷单元间的距离变得很狭窄，当一个打印头上下或前后移动时，其他打印头仍然处于工作状态，不可避免地会影响到正在工作过程中的打印头。从热辐射角度考虑，染料扩散热转移设备的制造商采用了水冷系统，至少可以降低热量导致的电子抖动的副作用。除结构设计时考虑热辐射因素外，制造商还改进了记录介质进给机制，解决打印结果的畸变问题。

为了减小打印头芯片尺寸，可以采用驱动集成电路与导线结合到一起的方法，并控制树脂涂布层的高度，大约固定到 0.4mm 的尺寸。打印头的密封位置应尽可能靠近加热元件所在位置，这一措施导致打印头宽度缩小大约 13mm。采取一系列的措施后，得到体积紧凑的染料扩散热转移直通联接系统，可用于高速打印。

5.4.4 打印头结构优化

染料扩散热转移印刷速度以热打印头工作速度最为关键，如果热打印头本身的速度无法提高，则热打印头基础上构造的热升华打印机的输出速度很难提高。虽然限制热打印头工作速度的因素多种多样，但以打印头的热特性为重点，问题归结为打印头温度，因为打印头的温度太高时，有可能导致系统无法正常工作。根据以往对热打印头的测量数据，传统热打印头的表面温度与加热器长度有关，表面温度的上升或下降规律如图 5 - 21 所示。

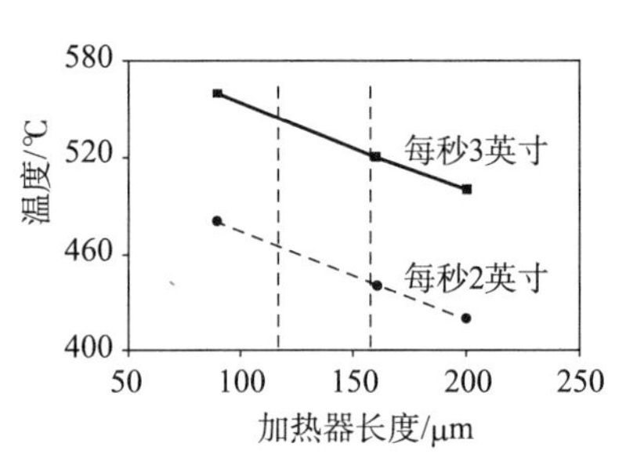

图 5 - 21 加热器长度与打印头表面温度关系

考虑到加热元件长度对打印头表面温度的影响，应该以优化加热元件长度为重点。研究结果和使用经验表明，利用染料热升华打印机复制特定的光学密度时，如果加热元件越长，则热打印头要求的温度就越低。然而，这并非问题的全部，提高加热元件长度可能产生副作用，因为加热元件长度的增加会导致印刷页面对象的轮廓将变得不清晰，图形和文字对象尤其如此。在考虑上述因素的基础上，终于找到了加热元件长度的优化尺寸。例如，染料扩散热转移打印机以每秒钟 2 ~ 3 英寸的速度工作时，加热元件的优化长度大约在 120 ~ 160μm 之间，热打印头的表面温度大体上在 450 ~ 550℃ 的范围内。

高速打印容易在传统热打印头的隔热层累积热量，导致在印刷品上出现额外空白点或污点。这种问题可通过对打印头隔热层厚度和打印头基底层的优化处理而得以解决，打印头釉面厚度和热量累积关系的模拟计算结果如图 5 - 22 所示。假定热量与温度成正比，则该图表面上说明打印头表面温度随釉面厚度的增加而上升，实际上却表示打印头累积热量随釉面厚度增加而上升的非线性关系，据此得到的最佳釉面厚度在 100μm 左右。

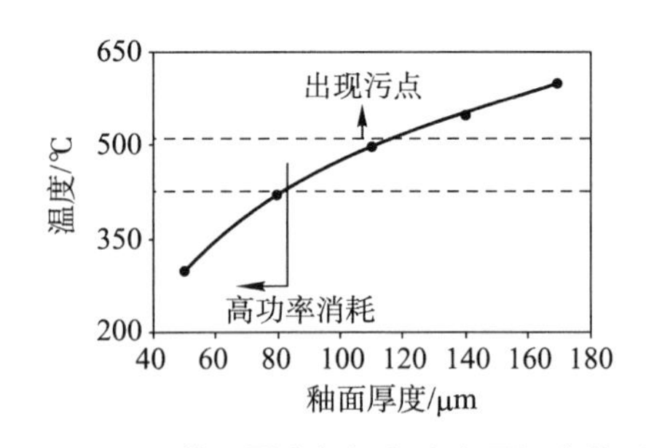

图 5 - 22 釉面厚度与打印头表面温度关系

5.4.5 热打印头的耐久性

凡移动部件总要磨损，热打印头也不例外。打印机输出任务不多时，热打印头间隙性地工作，最外层的磨损量不至于很大；输出大量印刷品时，热打印头处于频繁的工作状态，再加上一直处于高温作用下，打印头最外面的保护层磨损将不可避免。电阻型热打印头的外层材料对保护加热元件至关重要；虽然保护层的磨损是渐进式的，但打印头与色带耐热滑动层的接触条件也在渐进式地变化，在压盘滚筒的作用下，不良的接触条件将影响到记录介质，完全有可能在印刷品上出现褶皱和刮痕等缺陷。

耐热滑动层的清理能力不够时，工作过程中掉落下的碎块等将黏结到热打印头加热元件的邻近区域，导致密度降低和刮伤等印刷缺陷。随着印刷质量下降，热打印头恢复到出厂时的性能变得越来越困难，从而有必要替换热打印头，但这意味着运转成本上升。

最近出现的图文公司或快印店铺为提高打印机单位时间的印刷效率而采用了提高打印速度和打印能量的方法，打印头磨损速度必然明显加快，导致残渣和碎片等在打印头内堆积。从延长打印头寿命的角度考虑，开发合理的耐热滑动层是价廉物美的方案，但选择耐热滑动层材料时需慎重，在仔细考虑的基础上选择那些摩擦力小而分布均匀的材料。

打印头与色带的摩擦是不可避免的，延长打印头的使用寿命不但要从色带的耐热滑动层方面着手，也要设法提高打印头的抗磨损性能。由于延长打印头寿命的需要，应该测量和评价热打印头的抗磨损能力，且测量使用的材料应该从零售商店购买，观察热打印头测试前后的变化。染料扩散热转移打印头的保护层以使用硅基材料最为普遍，图 5－23 给出了对这种打印头保护层的测量结果，绘制成磨损程度与印刷数量的关系。

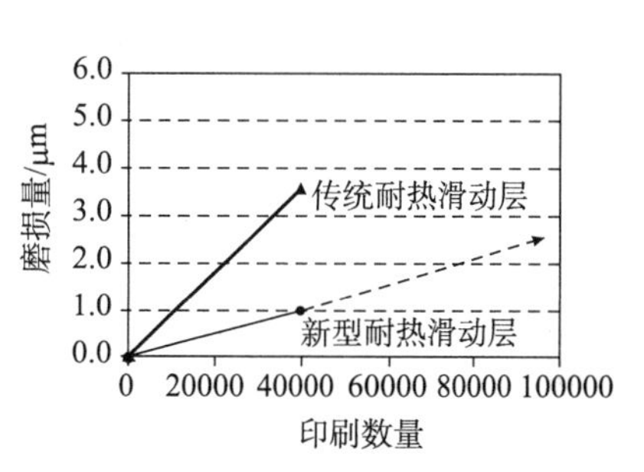

图 5－23 热打印头保护层磨损量与印刷数量关系

根据图 5－23 提供的测量数据，新开发的耐热滑动层成功地降低了热打印头保护层的磨损程度，输出相同数量印刷品时磨损量大约是传统耐热滑动层的三分之一。来自对使用一段时间后染料扩散热转移系统的观察结果表明，改成新型耐热滑动层后，即使输出 4 万印也未发现有残渣和碎片堆积到加热元件上，热打印头表面仍保持足够清洁的状态。

5.4.6 中间转移热升华打印机

20 世纪前，染料扩散热转移印刷方法要求色带结构包含独特的接受层，才能打印染料热升华图像。针对这种特点，有研究者提出新的染料扩散热转移介质，采用在中间记录介质接受层上形成染料图像的方法，中间记录介质上的染料图像可以剥离，与染料接受层一起转移到目标介质。这种中间记录介质可应用于各种对象，无须性能优异的类似照相纸的染料接受纸张。中间转移介质印张以保护层和接受层形成主要结构，涂布在基底层的上面。由于染料图像在保护层下面的接受层内组成，因而中间转移介质具有良好的耐久性。

从直接转移改成间接转移后，必然扩大承印材料的选择范围，某些直接转移法不能使用的承印材料也可以印刷，例如塑料薄膜和 IC 卡。一般来说，间接转移印刷方法往往具有对承印物表面形状宽容的特点，中间转移记录介质染料扩散热转移印刷也如此，例如允许在曲面上印刷。因此，相对于常规染料扩散热转移印刷，基于中间转移记录介质到最终承印材料的热升华印刷更有效。

中间转移介质所记录图像的耐久性得到光稳定性实验结果的支持。根据氙弧灯泡曝光测试结果，中间转移介质热升华印刷的光稳定性优于直接转移热升华印刷。在耐热性、抗塑化性能和耐湿性等方面，间接转移与直接转移热升华印刷大体相当。

纸张是最常用的承印材料。如果某种印刷方法在非纸张承印材料上能产生优良的印刷效果，但改成纸张后印刷质量下降，则这种印刷方法无法为市场接受。通过中间转移记录介质将图像转移到普通纸上时，如果以一般的转移记录介质转印染料图像，则包含染料图像的接受层不能与纸张黏结。采用包含热密封层的中间转移记录介质后，由于热密封层与中间转移记录介质的染料接受层一起转移到纸张，且热密封层具有与纸张黏结的能力，因而在纸张上印刷不成问题。中间转移热升华印刷彩色图像复制原理如图5－24所示，该图也表示中间转移记录介质染料扩散热转移打印机的结构简图。

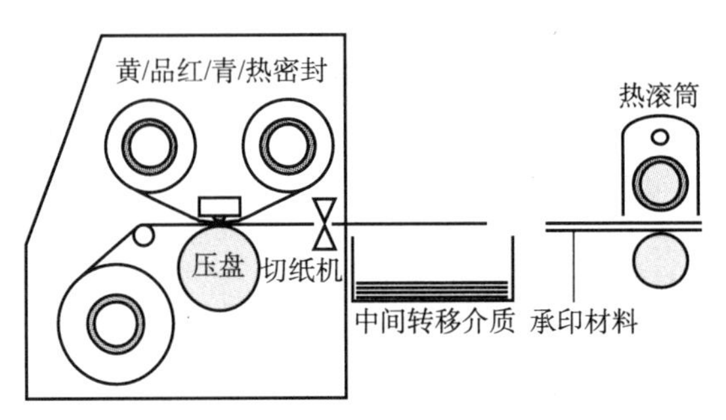

图5－24　中间转移介质普通纸印刷图像转移原理

用于接受染料图像的纸张需提供从中间转移介质基底层剥离接受层的能力，基底层通常由塑料薄膜和纸张构成，染料图像利用热升华设备打印到中间转移介质，接下来携带染料图像的中间转移记录介质放到纸张上面，再通过层压设备使中间转移介质与普通纸张压紧在一起，染料图像连同接受层和保护层从中间转移介质转移到纸张上。

5.5　复制质量与后处理技术

没有人怀疑热升华印刷的复制质量，尤其表现在图像复制质量方面，原因在于染料扩散热转移印刷具有连续调复制能力，印刷质量与照相成像彩色数字印刷相当。此外，为了提高热升华印刷图像的耐久性或使得热升华印刷图像具有特殊的视觉效果，还应该采取必要的后处理措施，例如增加覆膜层和亚光处理等。

5.5.1　热升华图像复制质量

染料扩散热转移印刷不同于传统印刷和其他数字印刷，也不同于热转移印刷，不存在利用油墨或热转移色带形成记录点的概念。着墨点对喷墨印刷、静电照相数字印刷和热转移印刷是建立记录点并进而组合成印刷图像的必要条件，油墨或色带颜料转移到承印材料表面后组成记录点。热升华印刷基于染料扩散和热转移过程，主色混合后构成平滑过渡的连续阶调，可产生1670多万种颜色。

彩色热转移印刷利用四种主色颜料制成的色带建立有限范围的颜色，每一个记录点按给定的次序彼此叠印，以得到需要的色彩组合。虽然热转移印刷可使用记录分辨率更高的热打印头，但染料扩散热转移印刷产生的颜色显得更为鲜艳，足以产生与摄影照片几乎相同的视觉感受，可充分利用热打印头的能力。以分辨率600dpi的热打印头为例，由于热转移印刷靠色带形成的记录点以特定的间距排列，以及记录点本身的颗粒感，热转移打印机只能达到近似于180dpi的实际质量，图像清晰度也不高。

相反，由于热升华印刷存在染料扩散和转移过程，因而不存在颗粒感，图像清晰度得以明显增强。以分辨率300dpi的打印头为例，热升华印刷的实际分辨率可能等于或超过2400dpi，无须排列密度太高的打印头。染料扩散热转移技术通过染料的扩散和转移建立阶调和层次的变化，不必像热转移印刷那样通过记录点叠加混合颜色。

一般来说，热转移印刷使用基于彩色颜料的油墨，染料扩散热转移印刷从其名字就可知道彩色油墨是染料基的。颜料的呈色是大量分子作用的结果，而染料的呈色机理则基于单个分子；颜料着色剂属于非溶解性的物质，如同封装成胶囊那样的树脂点结构。

如图 5－25 所示，颜料油墨接受光的方式不同于染料。染料油墨聚焦光线，而颜料油墨则散射光线。摄影人士都知道，染料基油墨印出来的图像质量比热转移印刷图像更高。

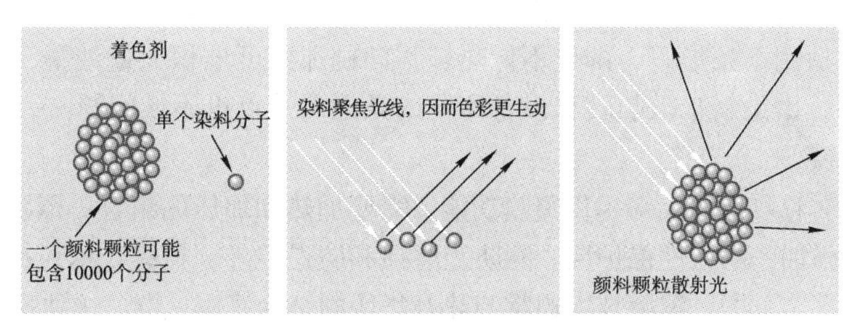

图 5－25　颜料与染料光线接受方式比较

染料扩散热转移印刷获得连续调效果建立在着色剂基础上，而染料的扩散和转移则是热升华印刷获得高质量图像的物理基础，这两种基础延伸出热升华印刷的优异能力。例如，复制范围广泛的皮肤阶调最能衡量印刷技术的能力差异，因为皮肤阶调的复制要求印刷技术具有全彩色复制能力。喷墨印刷和热转移印刷复制的皮肤阶调往往不能令人满意，无法像染料扩散热转移印刷那样复制出变化多端的不同人种的皮肤阶调。在身份证和驾驶执照上使用脸部图像的关键理由是为了识别人的身份，染料扩散热转移印刷很高的彩色图像复制质量是得到身份证期望结果至关重要的因素。

5.5.2　条形码复制精度

为了复制出能够为所有条形码扫描仪（阅读器）阅读的印刷品，几乎所有的印刷技术都使用黑色油墨，包括染料扩散热转移、喷墨和热转移印刷。

条形码阅读器不能区分“好”、“一般”和“差”这样的评定等级，只有眼睛或许能以这些等级评价条形码印刷质量。简单地说，对阅读设备而言只需分成可阅读的条形码和不可阅读的条形码就可以了。几乎所有生产条形码的公司都使用 A 到 F 分等系统，源于美国国家标准委员会 ANSI 提出的方法。条形码测试通过扫描印刷条形码实现，而条形码识别通常采用 Webscan TrueCheck Verifier 技术，在 ANSI 标准的基础上得出从 A 到 F 的读数等级。必须注意，等级 D 仍然可以由条形码阅读器识别，因而关键在于条形码印刷品能够以条形码扫描仪方便地扫描。即使眼睛能够看出某一条形码图像优于另一条形码，但这对条形码阅读器来说并不反映问题的本质，只要阅读器可以识别就可以了。

使用非 ANSI 标准的条形码是允许的，要求能成功地扫描，但这些非 ANSI 标准的条形码可能存在问题。典型条形码阅读器要求组成条形码的线条宽度至少千分之一英寸，才能够确保成功地阅读条形码。由于 300dpi 和 600dpi 的打印机都能够产生符合条形码扫描仪阅读要求的最细线条，因而一幅图像看上去优于另一图像其实并不反映问题的本质。

对于那些将要用于输出条形码的印刷设备，通常在工厂生产时针对条形码阅读要求执行过优化处理，因而出厂后可以打印 ANSI 标准条形码。当然，条码印刷设备也可能优化到可以输出精确的、机器可阅读的条形码，但可能与 ANSI 标准不相适应。与 ANSI 标准不适应（兼容）的条形码可能无法为条形码验证测试设备阅读，但常规的条形码阅读器却仍然能够成功地阅读。考虑到条形码验证设备设置到探测与 ANSI 标准兼容的条形码，因而 ANSI 规定的 A 到 F 等级未必能准确地反映条形码的可阅读性。

一般来说，染料扩散热转移打印机往往并不是条形码输出设计和制造的目标。然而，以热升华打印机输出身份证卡类印刷品时，除人脸图像外往往包含条形码，可见热升华打印机也是要印刷条形码的。热转移印刷以油墨的集群转移为基本特点，以热转移打印机输出的条形码对象的边缘十分清晰。输出条形码并非染料扩散热转移印刷的专长，但优异的图像复制能力也适用于条形码，即使不像热转移印刷那样可堆积大量油墨，但如果从能够阅读的角度考虑，由染料扩散热转移设备印刷的条形码一点也不成问题。

5.5.3 覆膜

染料扩散热转移打印机大多提供覆膜功能，需要加热和加压的组合。覆膜技术用于为热升华印刷品提供附加的耐久性保护层。除防止磨损和防退色外，覆膜技术还提供附加的安全功能，例如身份证全息图。覆膜技术通常与热升华印刷结合使用，寿命达到 8 年以上。

中间记录介质染料扩散热转移技术打印的图像有时会受到批评，尤其是卡片，因为使用一段时间后容易退色，不过覆膜能够解决这一问题。为了测试卡片上的热升华印刷图像的易退色特性，可以将覆膜后的卡片暴露在紫外线作用下一段时间，比如在 96h 内以标准 QUV 测试器械曝光；测试过程结束后测量卡片，以确定退色是否发生或退色的程度。一般来说，未曝光的卡片和经过曝光的卡片颜色总存在一定的差异，测量两种卡片的颜色并计算它们的色差，如此则可以从数学角度描述两者的区别了。

对于非专业的观察者而言，大于 5 到 6 的色差是不可接受的；受过专业训练的眼睛能够区分色差在 3 到 4 间的两种颜色；色差小于 2 时，眼睛无法区分。

选择打印技术时需要考虑的另一个很重要的因素是覆膜对承印材料的黏结能力，以覆膜层与塑料卡片的黏结力最为典型。为此，覆膜材料和染料扩散热转移打印机的制造商们付出了极大的努力，以确保覆膜层与包括卡片在内的承印材料的牢固连接。

热升华印刷和热转移印刷的区别可以用图 5－26 说明，热转移印刷卡片的表面很可能堆积 4 种油墨，也可能堆积更少数量的油墨；热升华印刷卡片则与此不同，染料扩散转移后渗透到卡片内部。热转移印刷卡片表面的多层油墨与覆膜层交互作用，使这种卡片的最终色彩表现与覆膜层和卡片结合后的整体性有关。此外，由于热转移油墨通过加热从色带材料转移到卡片，因而覆膜时在热量作用下完全有可能再次发生热转移。问题还在于，如果有合适的热量和压力作用到卡片，则墨层容易通过化学措施去除。染料扩散热转移印刷不存在这些问题，原因在于染料已经在印刷的过程中渗透到卡片的内部了。

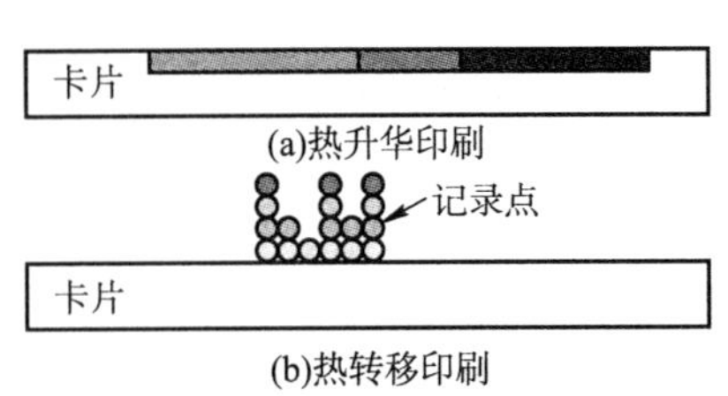

图 5－26　热转移和热升华印刷油墨位置比较

对于有限数量的热转移印刷身份证的初步测试表明，覆膜层很难牢固地与卡片“捆绑”在一起。因此，覆膜技术往往针对染料扩散热转移技术专门开发，经过多年的测试和现场使用考验，染料扩散热转移印刷的卡片覆膜后很少有失效的现象发生。

5.5.4 亚光整饰基础

记录到反射型承印材料上的图像往往采用两种表面整饰方法，得到高光泽度或低光泽度亚光表面。增加入射光线的散射程度用于建立低光泽度表面，其结果是观察者看到的来自印刷图像的反射光线已产生了漫反射。光线的散射可能伴随印刷品表面的结构化光学效应，也可能出现如同在覆膜层或顶部保护层表面下放置颗粒的效果，因颗粒折射系数与周围物体的折射系数不同所致。颗粒的直径不仅决定光泽的程度，也决定印刷品表面的纹理结构。摄影工业使用直径在 10 ~ 50μm 间的颗粒，目的在于产生 60 度的光泽，数值在 20 ~ 40 个光泽度单位之间。以前，如果热印刷品需要亚光表面整饰效果，则经常采用印后加工处理时对印刷图像表面做亚光“喷雾”的方法，或者对印刷图像应用现成的亚光表面。上述两种解决方案的成本不低，也会增加表面处理的复杂程度。

染料扩散热转移印刷品同样可以产生亚光表面，方法归结为按设计好的图案将可转移的保护层加热到不同的温度，例如格子图案。若对于保护层施加均匀分布的低温，则得到高光泽度印刷品；对保护层的表面施以高低不同的温度“图案”时，可获得亚光效果。后一种处理方法基于下述原理：不同的温度导致保护层厚度的变化，而厚度不同的保护层导致光的散射，似乎从印刷图像表面突出许多颗粒那样。

染料扩散热转移色带的表面往往涂布保护层，对色带起保护作用；若受热膨胀的聚合微球体（Polymeric Microsphere）结合使用到色带的保护层，则可以建立亚光印刷表面。基于以上原理的亚光表面整饰工艺已经开发成功，材料方面可根据需要结合制造商提供的参数做出选择，例如 Expancel 公司提供的 EXPANCEL 微球体，这种材料通过光的散射建立低光泽度表面。上述微球体核填充异戊烷或异丁烷物质，周围由共聚体组成密封效果良好的壁，例如过氯乙烯和丙烯腈共聚体。图 5 – 27 所示转移到图像接受介质（染料扩散热转移印刷用纸）前的色带顶部保护层表面微观结构形态，色带表面的微球体尚未膨胀。

5.5.5 印刷品表面微结构

染料扩散热转移色带表面保护层的温度超过微球体壁材料的玻璃化温度时，微球体膨胀导致尺寸增加，其结果是提高了微球体内部的压力，因为微球体加热后产生使其体积扩大的碳氢化合物气体。作为色带保护层的微球体材料涂布时的平均直径在 8μm 左右，在打印头加热元件所发出热量的作用下微球体的平均直径膨胀到大约 20μm，甚至更大的平均直径。微球体平均直径大约 12μm 的增加引起的体积改变量很大，明显影响光学效应。只要色带不再受到热量作用，则必然导致温度降低。微球体的奇妙特性在于，即使色带温度逐步降到低于微球体壁的玻璃化温度，但微球体已经膨胀到的体积将保持不变。微球体之所以具有这样的特性，是由于聚乙烯醇缩醛作为连结料和覆膜材料保护层使用时发挥的功能。如图 5 – 28 所示热升华印刷完成后记录介质表面的微结构。

图 5 – 27 放大 150 倍的色带表面

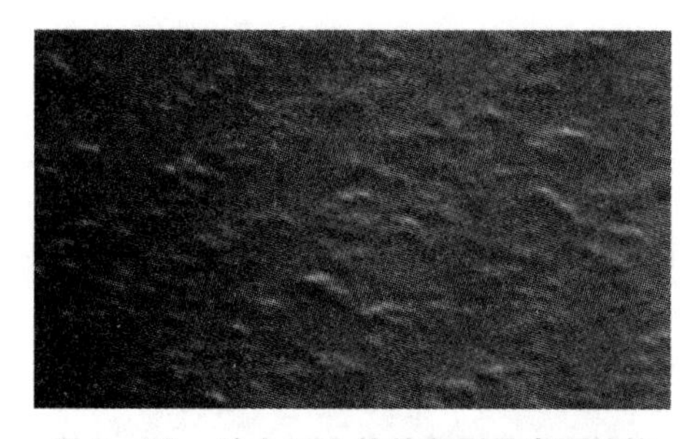

图 5 – 28 放大 150 倍的印刷品表面结构

除改变成像材料（接受介质）表面的纹理结构外，包含微球体的色带转移到图像记录介质的表面后相当于增加一层保护膜，微球体的位置在被保护印刷品表面的下方；由于微球体与记录介质覆膜层的折射系数不同，导致微球体呈现散射光线的能力。色带进入由热打印头和压盘滚筒组成的间隙时，由于受到温度和压力的共同作用，导致微球体与记录介质的覆膜层结合后形成印刷品保护层，迫使微球体进入印刷品表面下方。正因为以上原因，才使得微球体散射光线，从而产生亚光效果。

除聚合性的连结料和微球体外，染料扩散热转移色带外部的保护层也包含称为胶体氧化硅的物质，俗称硅胶。加入胶体氧化硅的主要目的，在于改善色带保护层覆膜部分的抗撕裂能力，不至于在印刷时造成覆膜脱离色带。

硅胶的商业化程度如此之高，以至于到处可以买得到。当然，作为抗撕裂物质使用时，物理形态肯定不同于建筑装修使用的半液态硅胶。作为表面整饰材料使用时，主要利用硅胶良好的分散性能，以异丙醇为载体。在表面整饰技术开发的开始阶段，涂布操作时发现存在严重的微球体沉淀，以至于无法获得合格的涂布层。为了改善涂布性能，后来以甲醇基硅胶分散剂代替异丙醇基硅胶分散剂，涂布溶液具有相当高的黏性。分散剂的改变产生了很好的效果，微球体沉淀大为改观。在低剪切力条件下使这种分散剂的黏度提高到超过 200 厘泊，剪切力的应用与凹印大体等价。

第六章 磁成像数字印刷

Schein 认为，磁成像（Magnetography）是静电照相的磁模拟，两者的主要区别在成像阶段，显影过程必须利用墨粉磁性，成像和显影结束后的其他过程基本相同。磁成像数字印刷基于材料的铁磁性，即以铁磁性代替静电照相数字印刷的光导性，因而静电照相数字印刷与磁成像数字印刷的根本区别在于物理效应不同。

6.1 技术基础与磁成像数字印刷简介

静电照相成像是相当复杂的技术，需要充电、曝光、显影、转印、熔化和清理六个主要工艺步骤。为此，人们始终在寻求一种新的、更简单的成像和复制技术，生产比静电照相复印机和打印机更简单的复制设备，磁成像技术是其中之一。

6.1.1 磁现象与磁记录技术

人类早就发现了磁石吸铁现象，其历史大约可追溯到我国的战国时期。北宋时，我国古代科学家沈括根据磁性原理发明了指南针，是为中国四大发明之一。在印刷技术不断推陈出新的今天，具有铁磁特性的材料找到了用武之地，产生了磁成像这一独特的信息记录和转移技术，并研制出了相应的设备。

现代社会广泛使用磁记录技术，录音带记录声音信号、录像带记录视频信号和磁盘记录数字文档等，都是使用磁记录技术的例子。磁记录技术的应用与磁性材料有关，而存在于自然界的天然磁性材料就是磁石，一种学名为四氧化三铁的矿石。现在，人类已很少使用天然磁性材料了，各种基于磁性的记录技术使用的磁铁大多用人工方法制成，例如铁、镍和钴等金属可以制成称为永久磁铁的合金材料。目前使用的另一种重要的磁性材料称为铁淦氧磁体，由氧化铁与二价金属化合物通过烧结工艺制成。

天然磁铁能吸引铁、镍、钴等物质，这种现象称为磁性，能够为磁铁吸引的物质称为铁磁物质或磁性材料。铁磁物质在自然状态下并不显示磁性，但当接触或靠近磁铁时因受到磁铁的影响而呈现出磁性，从而被磁铁所吸引；当铁磁物质离开磁铁一定距离后，它们的磁性多半不能保留。这种基本原理后来用到了磁记录和磁成像技术中。

同样的磁铁或载流导线放在真空中或放在各种不同的物质中，磁铁之间或载流导线之间的作用力在通常情况下是不相等的，这说明不同的物质对磁力有不同的影响。据此，安培在 1822 年提出了有关物质磁性本质的假设：一切磁现象的根源是电流，因为磁性物质的分子中存在着回路电流，安培将其称为分子电流，而分子电流相当于分子中电子绕原子核的转动和电子本身的自旋运动。因此，物质磁性的强弱取决于该物质的分子电流。

处于电场中的电介质（Dielectric）由于极化而影响电场。电介质是一种非导体，通常指电导率低于百万分之一（10^{-6}）的物质。与此类似的情况是，处于磁场中的磁介质也能

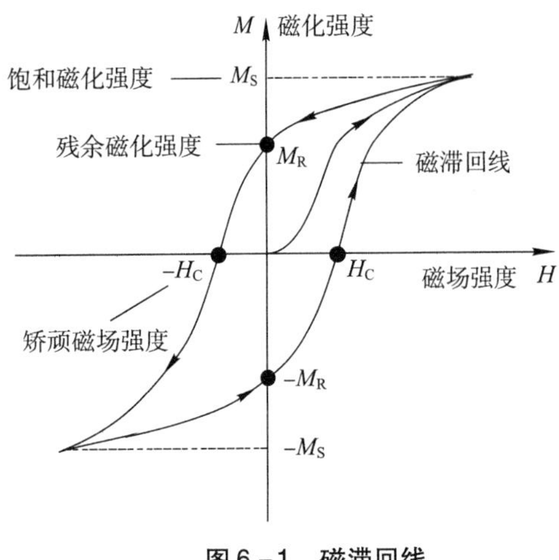

图 6－1　磁滞回线

影响磁场。磁介质置于磁场中时因受到磁场的作用而处于一种特殊的状态，物理学中称为磁化状态。从广义的角度看，所有物质均可能被磁化，只是程度不同而已。

磁记录技术基于如图 6－1 所示的磁滞回线，这种曲线描述铁磁体的磁化特性，当反向磁场作用于铁磁体时，磁化曲线不再循原路返回而呈现更平缓的趋势。反向磁场作用下的磁滞回线与垂直轴的交点 M_R 称为残余磁化强度，俗称剩磁。为了消除剩磁，需要对铁磁体加更大的反向磁场，剩磁消除的点 $-H_C$ 说明了应该施加的反向磁场的大小，H_C 称为矫顽磁场强度，又称为矫顽力，意谓矫正剩磁所需的磁力。若进一步增加反向磁场，则磁化曲线开始反向，并到达反向饱和点，相应的磁化强度称为反向饱和磁化强度，标记为 $-M_S$。如果再次对铁磁体加一正向外磁场，则磁化曲线将取如图 6－1 所示的右下角曲线，磁场加大到 H_C 时磁化强度为零；继续增加磁场强度，磁化强度又到达饱和状态，如此组成磁滞回线。

残余磁化强度和矫顽磁场强度反映铁磁材料的磁化特性，其中残余磁化强度表示铁磁体在外磁场撤销后能保留磁性的程度，铁磁体的残余磁化强度越大，则该材料保留磁性的能力也越强；矫顽磁场强度反映材料保存剩磁状态的能力，矫顽磁场强度越大时，说明材料保存剩磁的能力越强。所有磁记录技术均利用铁磁材料在外磁场撤销后仍然能保留磁性的重要特征，也是铁磁材料记忆能力的保证。

6.1.2　磁成像数字印刷的出现

材料的铁磁性和光导性本来属于物质的两种不同属性，反应两种不同的物理现象，如果不考虑成像结果的永久性和临时性，则铁磁性和光导性都可用于记录。由于铁磁体特有的磁滞回线现象，使铁磁材料具备永久性记忆的能力，这说明磁成像结果可以永久性地保存下来，且需要时可以借助于相同的原理施加反向磁场予以擦除。静电照相成像基于材料的光导性，充电和放电过程得到的结果称为静电潜像，一旦显影过程结束，静电潜像就失去了利用价值，因而静电照相成像属于临时性的记录结果。

静电照相成像对于材料光导性的利用以及铁磁材料的信息记录能力两者的共同性引起了不少人的注意，从 20 世纪 60 年代末开始计算，在 20 年左右的时间内，不同的公司都宣称正在研制磁成像数字印刷系统，但直到 20 世纪 90 年代初期才得到大家的认同。开始时至少有五家公司对磁成像的硬拷贝输出能力表示出很大的兴趣，于是出现了利用磁感应头阵列在铁磁材料上建立磁潜像的设想。由于磁感应头写入铁磁材料的信息为磁图案，因而显影时必须使用磁性墨粉。1972 年，美国 Data Interface 推出基于磁写入技术的 DI 240 磁成像打印机，每秒钟打印 240 个字符，每分钟打印 180 文本行，每行可打印字符密度达到 80 个，输出到 8.5 英寸宽的卷筒纸。美国通用电气公司和日本岩崎公司分别在 1979 年和 1982 年发布磁成像行式打印机和磁成像鼓等产品。磁成像技术对于数字印刷应用最成功的公司当数 Bull，该公司于 20 世纪 80 年代初期研制成磁成像打印机 MP 6090，该产品 1985 年进入商业打印机市场。1992 年，Bull 组建独立经营的 Nipson Printing Systems 子公司，专门从事磁成像数字印刷机的研制和营销。

磁成像以及相应的复制工艺可简要归纳为：利用铁磁材料在磁场作用下的磁化特性形成类似于静电潜像的磁图案，有时也称为磁潜图像，并将形成的磁图案加到成像滚筒上与页面图像对应的区域。由外加电场产生的磁场通过一种特殊的输墨（显影）装置吸附铁磁性墨粉，然后使墨粉颗粒转移到承印材料表面。原则上，磁成像滚筒具有在特定表面永久性地存储磁图案的能力，无须像静电照相那样对相同的内容重新成像。

6.1.3 发展轨迹

借助于物质磁性实现数字印刷的概念在 20 世纪 70 年代时还很新，不少人或许觉得难以理解。早在 1839 年，英国人 W. Jones 曾经指出，他可以通过电磁效应或自然的磁现象获得印张或压印结果。然而，这种早期努力并没有继续下去，因为 W. Jones 的设想很快就为以机械锤打方式的撞击印刷技术所取代。

磁成像数字印刷从 20 世纪 60 年代末期起步，到 1990 年前后已经出现速度达每分钟 300 英尺（约合每分钟 91m）的卷筒纸高速磁成像数字印刷机，相当于每分钟输出 420 页 A4 印张的能力。现在，磁成像数字印刷机主要由 Nipson Printing Systems 提供，该公司经历的技术发展基本上反映磁成像数字印刷的成长轨迹。根据 Nipson 的报道，磁成像数字印刷从 1985 年开始走过了下述发展道路：

（1）1985 年，Bull 发布世界上第一款卷筒纸磁成像数字印刷机 MP 6090。

（2）1989 年，第一款针对电子印刷的磁成像数字印刷机 VaryPress 面世。

（3）1995 年，新组建的 Nipson 公司宣布氙闪光熔化系统研制成功。

（4）1996 年出现每分钟 202 页速度的 Nipson 7000，该磁成像数字印刷机首次使用双子星排列双面印刷装置。

（5）1997 年，单张纸磁成像数字印刷机 Nipson 7000 的记录分辨率达到 480dpi。

（6）1998 年时，Nipson 7000 磁成像数字印刷机配置字符印刷功能模块 CMC7，只需一个步骤就可以印刷个性化的支票。

（7）1999 年，赛康 UV 收购 Nipson Intrenational 公司 80% 股权，命名为赛康 SA，卷筒纸磁成像数字印刷机 VaryPress 的记录分辨率提高到 480dpi。

（8）2001 年，发布研制成每分钟 70m 的 DMP 8000 磁成像数字印刷机，也是第一款记录分辨率达到 600dpi 的磁成像数字印刷机型号。

（9）2002 年时，赛康法国 SA 的业务和知识产权为 Nipson SAS 所收购。

（10）2004 年，在德鲁巴展会上 Nipson 推出 VaryPress 200 和 VaryPress 400 机型，同年 8 月 Nipson SAS 的母公司 Nipson Digital Printing System PLC 在伦敦股票交易所上市。

（11）2007 年，印刷速度达每分钟 150m 的 VaryPress 500 磁成像数字印刷机面世，同时发布 VaryPress 磁成像数字印刷机生产线的双面专色解决方案。

（12）2008 年，新的投资者开始在 Nipson SAS 母公司内发挥重要作用，在此期间 Nipson 集团经历角色转换，力图成为更有竞争力的公司，开发更多的新技术，加强与客户沟通的灵活性，对客户需求做出快速的响应。

（13）2009 年，在许多技术革新的基础上推出新的更容易使用的 DIGIFlex，从此建立了磁成像数字印刷质量、灵活性和成本效益标准。

（14）2010 年，荧光墨粉取得专利授权，这种墨粉的优点表现在防伪能力，确保增值文档高等级的安全特征，同年 Nipson 还获得最佳卷筒纸单色印刷 EDP 奖。

（15）2011 年，由于获得新的金融支持，Nipson SAS 完成重组，建立新的子公司

Nipson Technology,以确保磁成像滚筒、打印头和墨粉的生产能力。

6.1.4 磁成像印刷过程概述

磁成像数字印刷的图像通过磁性效应转移到旋转的成像滚筒表面，磁潜图像以带有磁性的墨粉转换成视觉可见的墨粉像，此后再转移到纸张表面，通过熔化过程使墨粉图像牢固地黏结到纸面，形成永久性的印刷图像。

磁成像数字印刷的工作机制可以用图 6－2 说明，以刚性的金属滚筒为基础，该滚筒用作印刷图像的记录介质。成像滚筒的外表面由硬质的磁性材料层制成，以电沉积的方式覆盖到软质磁性材料基底层表面。这种设计明显提高了成像滚筒的机械强度，可达到超过几千万印的使用寿命。与此不同的是，静电照相设备通常使用寿命更短的光导体。

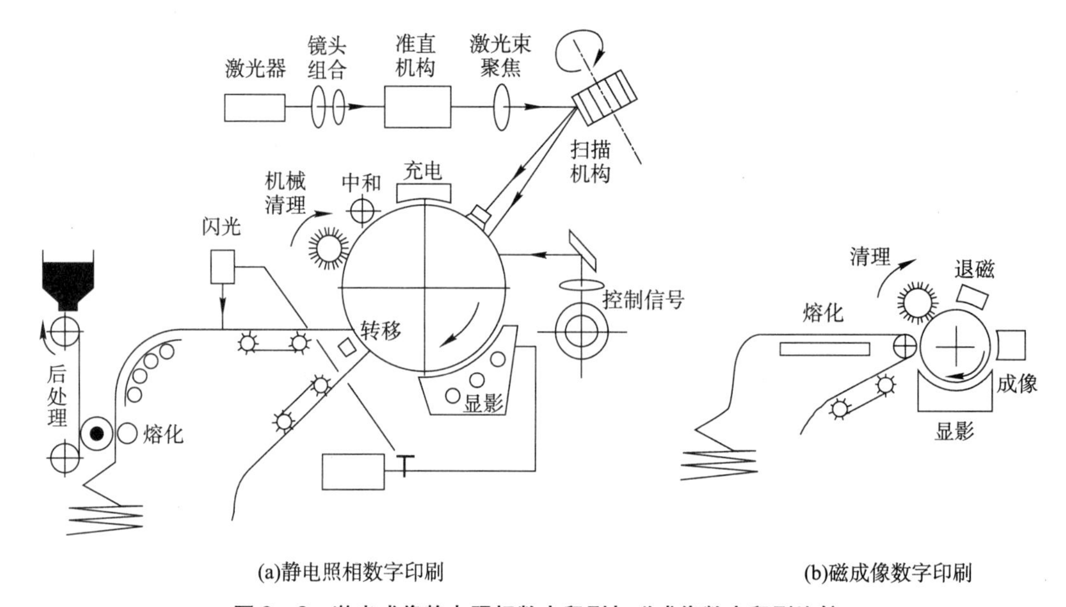

(a)静电照相数字印刷　　(b)磁成像数字印刷

图 6－2　激光成像静电照相数字印刷与磁成像数字印刷比较

在磁成像印刷的过程中，成像滚筒以恒定的速度旋转；每旋转一周，磁成像滚筒上的磁记录结果就以擦除装置清理一次，使滚筒的磁性恢复到初始状态，目的在于保持磁成像滚筒可接收图像数据。磁记录头布置成并行的阵列，负责在滚筒表面记录信息；这些记录头排列成可产生多个记录点的块单元，确保能按照要求产生规定的记录点密度。每一个记录头维持永久性的磁化状态，记录头的组合在成像滚筒上组成磁潜图像。

磁成像数字印刷的固有属性体现其不同于其他非撞击印刷技术的主要优点之一，即成像结果的永久性，这意味着磁成像技术记录的图像可以重复使用，对复制数量没有限制，不必像静电照相等非撞击印刷技术那样每复制一份就必须更新图像。事实上，几乎所有的其他电子打印机或数字印刷机都不具备永久保持记录结果的能力，成像滚筒每旋转一周就必须更新一次图像。磁成像数字印刷甚至可以在系统再次启动时使用磁潜图像，只要成像滚筒置于强大的磁场作用下即可。

如同其他非撞击印刷技术那样，印刷过程最敏感的阶段是墨粉与纸张相遇，即墨粉从成像滚筒转移到纸张的过程。

墨粉图像完成转移后，“躲过”转移过程的墨粉（残留在成像滚筒表面的“多余”墨粉）应设法清除。磁成像滚筒表面质地坚硬，允许以简单的刮刀法清理。由刮刀清理的墨粉和真空系统清理的墨粉合并到一起，输送到气旋分离装置。磁成像数字印刷也需要熔化过程，常采用辐射熔化装置，转移到纸张表面的墨粉熔化并与纸张牢固地黏结。磁成像数字印刷除记录阶段外的过程均不涉及磁性，可见原则上可以使用任何类型的熔化装置。磁成像数字印刷机的开发商之所以特别偏爱辐射熔化，是因为这种熔化装置的机械部件十分简单和始终处于静止状态。虽然上面叙述的理由十分重要，但对于高速和高产能机器来说，辐射熔化要求更少的维护保养或许更重要，特别适合于连续折叠纸或卷筒纸印刷。

磁成像数字印刷不会导致对纸张的压光效果，或者说不至于在高速印刷条件下形成纸面的反光。此外，即使磁成像数字印刷机使用了低保养需求的部件，仍然可以实现高速和高质量印刷。统计数据表明，磁成像数字印刷机的平均失效时间达到 80 万印张，与激光成像静电照相打印机的平均 25 万印张相比寿命显然更长。

6.1.5 可集成的磁成像数字印刷模块

从磁成像数字印刷设备基本成型开始，技术开发者就制定了下述主要指导准则：第一，尽量追求可变化速度条件下印刷质量的一致性，涵盖设备的整体范围；第二，设备以卷筒方式输纸时，要求做到高速卷筒张力与系统的适应性；第三，对卷筒输纸方式的磁成像数字印刷机而言，要求成像和印刷过程在整体上服从设备在工作环境下卷筒纸的运动规律；第四，为了与各种应用的需求匹配，有利于渗透到各种领域，占有更多的份额，要求扩展磁成像数字印刷机可用的记录介质范围。作为高性能磁成像数字印刷系统开发项目的第一步，技术路线的选择和性能测量对进一步的发展至关重要。

在技术开发的初始阶段，应用磁成像数字印刷的基本思想归结为高质量多色固定图像由传统印刷机复制，磁成像数字印刷则提供单色可变数据印刷能力，可与传统印刷机以在线操作的方式同步完成。事实上，这种思路目前仍然适用，因为磁性墨粉颜色太深，以至于实现彩色印刷很难。与磁成像数字印刷机配套使用的传统印刷机往往在速度变化的条件下运转，与套印调整和卷筒承印材料种类等因素有关，且承印材料处在很高的卷筒张力下，意味着磁成像数字印刷同样应该满足这些运转条件提出的要求。此外，为了保持复制过程的稳定性，速度变化的印刷过程不应干扰印刷品生产线，必须服从卷筒纸的运转规律。显然，这些概念与经典非撞击数字印刷机或打印机相比差异相当大，其他非撞击印刷设备的印刷速度是固定的，纸张受到的张力事实上为 0，纸张运动需服从材料的性能特点。

磁成像数字印刷机的磁成像可集成模块尽可能按其他经典非撞击数字印刷机或打印机的运转特点和选择项设计并制造，因而磁成像数字印刷机结构与其他类型的数字印刷机接近，同样需要在计算机的控制下输出印刷品，为此要求磁成像数字印刷机提供稳定的侧面框架结构和纸路滚筒，在极端稳定的纸路上实现非线性的纸张折叠，且要求收纸装置的滚筒系统以机械方式与印刷机主轴良好地匹配，如图 6－3 所示。

6.1.6 发展趋势与挑战

从早期的相关研究活动开始，到 20 世纪 80 年代中期时，磁成像数字印刷进入其现代发展时期，成为主要非撞击印刷技术之一。截止到 1990 年，全世界正在使用的磁成像数字印刷机数量已超过 1400 台。在十多年后的今天，磁成像数字印刷的市场规模不断扩大，尽管与静电照相数字印刷不能相比，但在高速单色印刷领域却占有一定的优势。磁成像技术曾经是最“古老”的印刷技术之一，随着技术含量的不断提高，新技术的不断出现，磁成像数字印刷有可能发展成先进的印刷方法，这当然需要实践来证明。

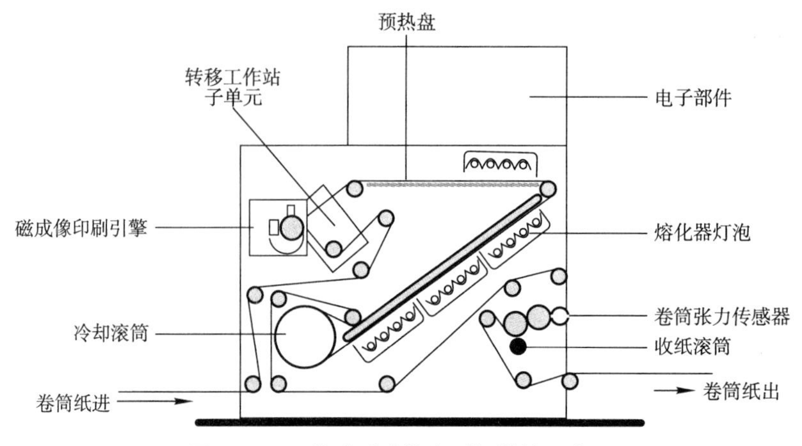

图6－3　可集成磁成像印刷机模块示意图

无论过去和现在，无论技术开发者或技术应用者都会提出，磁成像数字印刷的未来目标是什么？根据这种非撞击印刷的物理原理和材料选择，彩色印刷和提高输出速度显然是磁成像数字印刷技术开发的两大主要目标，也是磁成像数字印刷的出路所在。

彩色磁成像数字印刷的概念涉及在成像滚筒旋转一周期间两种或更多种颜色墨粉的顺序转移问题，由于磁成像滚筒结构的紧凑性，完全有可能沿纸张运动路径在较短的距离内完成多种颜色的印刷。磁成像数字印刷实现多色图像复制最值得注意的限制条件在于磁性墨粉自身的有效性，即能否利用彩色磁性墨粉复制出质量可接受的颜色。

另一方面，磁成像数字印刷的输出速度与磁记录介质的响应速度有关，到20世纪90年代初期时已经实现每分钟500英尺的印刷速度，静电照相数字印刷达到这种速度面对的困难是可想而知的。若仅仅考虑到印刷引擎一种因素，则更高速的磁成像数字印刷完全有可能，实践方面也行得通。磁成像数字印刷未来面对的主要挑战是数据的转移速度，归结为能否充分利用磁成像的固有能力实现高速印刷。

除彩色印刷和高速输出能力外，更高的分辨率和记录介质（承印材料）的灵活性也始终是磁成像数字印刷的重要开发目标。到20世纪90年代初时，由Bull开发和制造的磁成像设备实现了240dpi的分辨率，成为那时磁成像数字印刷的工业标准；后来，这种分辨率的记录被不断打破，无论卷筒纸还是单张纸机器，记录分辨率都达到了600dpi，但这并不意味着已经达到了磁成像数字印刷技术分辨率的极限。随着数据处理技术和电子出版业进一步走向成熟，未来必然对磁成像数字印刷机的分辨率提出更高的要求，其对于高质量印刷品的追求必然要求更高的记录精度。从技术本质看，磁成像数字印刷机提供优异的记录介质适应能力，涵盖广泛的纸张类型，以及标签等，甚至信封印刷。

6.2　磁成像数字印刷系统

铁磁材料经过磁化过程的作用具备永久记忆的能力，这种特性用到印刷领域时既是磁成像数字印刷技术的优点，也成为磁成像数字印刷的缺点，原因在于磁成像的结果必须通过磁性墨粉才能显影成视觉可见的墨粉图像，而磁性墨粉的颜色较深，高纯度彩色墨粉的制备相当困难，彩色印刷的实现难度就可想而知了。既然如此，磁成像数字印刷必须找到适合于自身的发展道路，技术开发目标以高速度印刷、允许使用广泛类型的承印材料、提高设备分辨率和长期运转的使用寿命等为主。

6.2.1 系统结构

Nipson 最近推出的磁成像数字印刷机的单元结构如图 6 –4 所示，与静电照相数字印刷机相比无须充电和放电过程，显影、转移、熔化和清理与静电照相数字印刷类似。

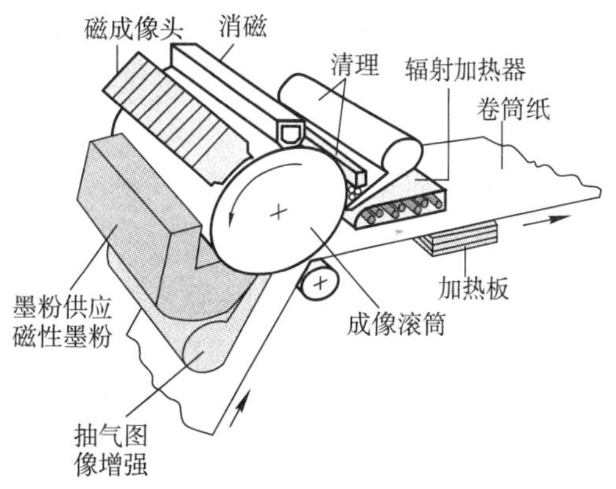

图 6 –4 磁成像数字印刷单元结构

磁成像滚筒是印刷引擎的核心部件，新一代机型的成像滚筒直径 4 英寸（约合 101.6mm），长度 16 英寸，从内到外共由四层组成，分别为青铜或铝加工成的非磁性滚筒芯、厚度 50μm 的软质铁镍磁性合金层、厚度 25μm 的硬质钴镍磷磁性合金层和 800μm 厚的保护层，后者的材料选择与机器型号有关。

如同传统卷筒纸印刷机那样，磁成像数字印刷机可以按离线原则制造，卷筒纸处理机构并非一定要与印刷单元集成到一起。图 6 – 5 是离线配置的例子，虽然用于性能测试，但可以在实践中采用。这种配置的输纸装置和收纸装置卷筒宽度大约 40 英寸，工作稳定性很高，纸张处理机构与可集成磁成像模块组合，它们“挂靠”在印刷机的主轴上，由独立的电动机驱动。可见，离线配置是一个或多个传统印刷机单元的叠加或组合，即满足最低要求的卷筒纸磁成像数字印刷机的简化版本。

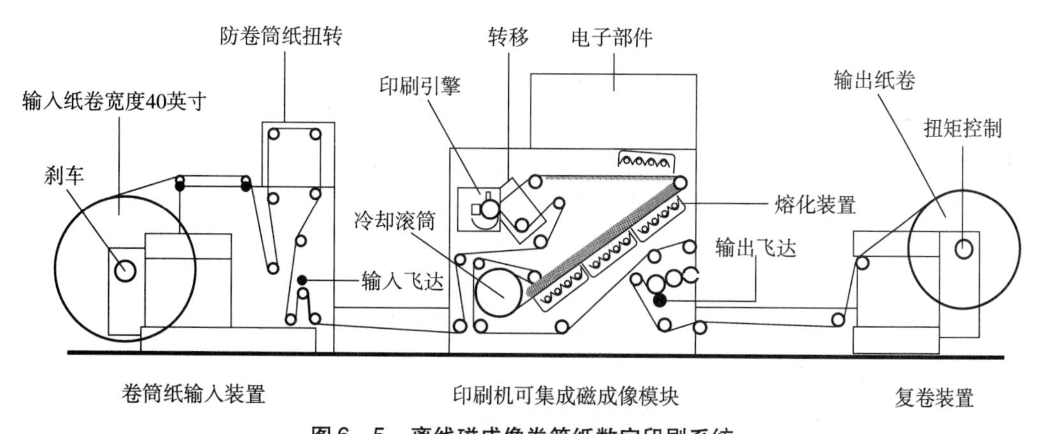

图 6 –5 离线磁成像卷筒纸数字印刷系统

6.2.2 工作原理

电子图像（磁潜图像）以并行排列的记录头阵列写入，记录头包含多个模块，例如印刷宽度 14 英寸时有 10 个记录头阵列模块参与记录，每一个模块由 336 个记录头组成，线排列密度达到每英寸 240 个磁极。记录头在成像滚筒芯上蚀刻到 50μm 深而成，每个模块中的全部记录头嵌入塑料并以 13N 作用力的弹簧压到成像滚筒表面。脉冲电流通过绕在记录头上的线圈时，将在记录头和磁成像滚筒间建立封闭磁路，窄记录极的磁通密度如此之高，以至于记录层内的磁畴与成像滚筒的表面垂直；而宽极的磁通密度又太低，因而不会对成像滚筒的磁性层产生任何影响。这样，磁性脉冲就在记录极下面的成像滚筒记录层内建立起微小的磁化区域，形成记录点。设计记录极时必须考虑其磨损能力，通常设计成至少允许200μm的磨损量，只要不超过这一数值，则不会对磁通密度和分布有任何影响。

记录极在成像滚筒记录层内形成的磁化记录点组成磁潜图像，带有磁图像的滚筒旋转到显影工作站所在位置；已经过磁化处理的单组分墨粉由旋转带输送到显影间隙，墨粉为成像滚筒表面的磁潜图像有选择地吸附，产生视觉可见的墨粉像。

磁性墨粉原则上只能为磁潜图像吸引，但总可能在非图像区域和阶调渐变区域沉积一定数量的非期望墨粉，这种背景墨粉可以用磁性“刮刀”或真空吸附系统去除。清除多余墨粉的操作不仅能改善背景质量，也有助于增强图像的清晰度，所以该步骤称为润饰。

如同静电照相数字印刷技术那样，墨粉到纸张的转印过程对磁成像数字印刷而言同样至关重要，大约60%的墨粉在机械压力作用下通过转印滚筒转移到纸张，可见滚筒压力进一步确保了高质量的印刷效果。经验观察数据表明，当成像滚筒与转印滚筒间存在静电场作用时，墨粉转移效率可提高到80%~85%，为此要求转印滚筒保持一定的电位，并在转印前以电晕装置对墨粉充电，以改善静电转印效率。转印过程结束后，由第二电晕装置对墨粉做放电处理，避免静电效应导致的相邻印张黏结。

磁性墨粉的熔化方法与静电照相数字印刷类似，商业磁成像数字印刷机通常采用辐射加热器的组合，位置在纸张的印刷面一侧；纸张的另一侧设置加热板，目的在于保持恒定的纸张温度。来自卤素灯泡的红外辐射热使墨粉颗粒熔化，黏结到预热过的纸张表面。

为了防止记录头变脏，必须在启动新一轮印刷周期前彻底清理成像滚筒。磁成像数字印刷机的清理机构由刮刀和清理皮带组成，在与成像滚筒保持接触的状态下清除滚筒面上未转移到纸张的墨粉颗粒。清理工作站内堆积起来的墨粉颗粒利用抽气系统或磁性滚筒转移到其他地方，处理后可重复使用。

在准备下一轮新的印刷周期时，磁性成像滚筒必须做退磁处理，使滚筒表面恢复到磁化前的中性状态。执行退磁操作的原理与记录头多少有点类似，但退磁装置的结构比记录头简单多了，只要有交流电加到退磁头上就能完成退磁操作。

尽管最近几年来采取了各种可能的措施，记录头的排列密度也增加到了600dpi，但与今天的静电照相数字印刷进行比较，磁成像数字印刷仍然不能达到静电照相的印刷质量水平。原因可能是多方面的，其中最主要的原因是磁成像数字印刷原理上的固有弱点，来自磁潜图像散发的磁通泄漏很难避免，导致印刷品呈现一定程度的模糊外观。

6.2.3 磁潜图像

所有磁成像数字印刷系统均需要记录磁潜图像的磁性表面，建立磁潜图像的方式也多种多样。类似静电照相数字印刷，磁成像数字印刷系统需要信息写入工具，例如图6-6所示的磁成像头，由成像头核、线圈和记录极组成。显然，成像头是磁成像系统的核心部件。

成像滚筒体的表层由铁磁材料组成，成像信号加到线圈上后产生感应磁场，形成与页面图文内容对应的磁通变化，这意味着通过成像头和成像滚筒的铁磁材料层即可形成闭合磁通。如图6-6所示的磁力线在窄极（记录极）端产生记录结果，磁力线的返回路径在成像头的宽极端。成像头中有磁力线通过时，记录极利用磁通变化使成像滚筒的表面涂层产生不同程度的磁化效应，在成像滚筒的记录层（铁磁材料涂层）上产生磁潜图像。

考虑到设备的制造成本，用于写入信息的磁性表面通常是一层涂覆在滚筒状部件表面的薄膜（称为铁磁膜），无须制备成整体铁磁材料的形式。磁潜图像的建立可通过不同的方式实现，例如按记录头与铁磁膜的位置关系可分为垂直记录和水平记录两大类。

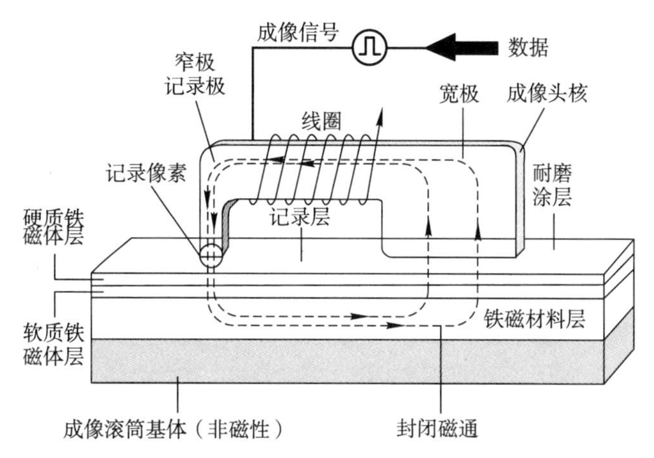

图6－6　磁成像头结构与工作原理示意图

垂直记录原理已经在图6－6中给出，这种成像方法所用记录极的磁化方向与铁磁膜垂直，其中记录极处理成针状磁极的形式，通过磁极的磁通变化控制记录动作，在成像滚筒的铁磁层上产生磁潜图像。磁成像与所有磁记录技术一样，需形成闭合的磁力线，因此成像系统还需为磁力线提供作用到记录表面后的返回路径。如果磁力线沿铁磁膜返回，则将破坏已经记录在铁磁膜表面的磁潜图像，因而磁力线必须通过其他路径闭合，为此还需要在成像滚筒的铁磁膜下提供一层导磁材料，称为磁通返回的子层。

水平记录通过环状或马蹄铁状的记录头实现，记录头放置在靠近铁磁膜的位置上。这种记录方法的典型例子是使用扁平型的薄膜记录头，螺旋形线圈的上、下两侧均有坡莫合金层（一种由铁镍组成的导磁合金）；两层坡莫合金边缘组成环状磁缝，可产生发射形的磁潜图像。某些水平记录技术通过皮带结构在铁磁膜正面或反面记录，若打印头处在铁磁膜正面位置，则容易在墨粉转移时玷污铁磁膜；打印头在铁磁膜反面时，容易降低磁成像系统的记录分辨率，因为磁场通过承印物和铁磁膜形成的总厚度将产生扩散现象。

6.2.4　磁成像结果的擦除

原则上，磁成像形成的记录结果可重复使用，且不使用时还可通过退磁的方式擦除，但退磁要求的反向磁场强度应该大于使铁磁体材料磁矩反转的磁场强度，才能恢复到成像滚筒磁性材料的初始物理状态。铁磁材料具有记忆能力，磁潜图像是磁记录头作用于铁磁材料的记忆结果，可反复用于印刷内容相同的图像，不必像静电照相那样每印刷一次就需要成像一次，因而基于磁成像的复制工艺是一种成像一次、使用多次的工作模式。磁成像技术的这种可重复使用效应目前尚没有相当透彻的研究成果发表，主要原因并不在于物理现象的解释，更可能是磁成像原理应用的具体实现方法和细节，例如系统设计方面需要面对的困难可能在现阶段无法解决，同时也有材料磁特性不稳定方面的原因。

磁成像系统所处的直接工作环境也有可能导致印刷质量的明显下降，因为磁成像的参数控制本来就很困难，而外界条件的变化对系统磁特性的影响可能是相当敏感的，这导致了尽管磁成像技术本身很简单，但具体实现起来却有难度的局面。

磁成像技术与其他成像方法的主要区别，在于成像结果可重复使用，如果对成像结果不加处理，则成像滚筒表面的磁性图案是永久性的。因此，基于磁成像的数字印刷系统应该具备擦除已产生在成像滚筒表面磁性图案的功能，为此应该在系统中提供为实现擦除磁潜图像所要求的退磁装置，类似于静电照相数字印刷系统的放电装置。

为了去除成像滚筒表面的永久性磁性图案，要求使用特殊的磁性组件，这种组件称为磁擦或磁刷（Magnetic Brush）。从铁磁体材料的磁化和退磁特性可知，用于擦除磁性图案的装置需根据成像滚筒表面，铁磁材料层的磁滞回线特性设计，不仅要求擦除装置产生与成像时相反的外加磁场，也要求反向磁场达到特定的强度，才能形成在铁磁材料磁畴范围内稳定的反向磁性，很少或不受外界环境变化的干扰。因此，磁性图案擦除装置的作用是在铁磁体材料的一个磁滞回线周期内利用该装置产生的交变磁场强度降低磁化强度的峰值，直至恢复铁磁材料的初始状态，即获得中性的、非磁性的表面。显然，这种状态是成像滚筒表面铁磁材料涂布层的基本状态，只要达到这一状态，就为后面的再一次成像创造了基础条件。

6.2.5 墨粉与显影原理

如同静电照相数字印刷系统那样，磁成像数字印刷系统也需要作为图文转移载体的墨粉颗粒，每一个印刷动作均将发生墨粉颗粒从输墨装置转移到成像滚筒、再从成像滚筒转移到承印材料的两次转移过程。

图 6－7 给出了磁性墨粉的结构示意图，墨粉颗粒外形呈不规则形状，图中简化成了圆形，最大尺寸约 10μm。磁性墨粉颗粒的核由长度约 1μm 的条状氧化铁以及附着在氧化铁上的色料构成，其中色料用于使墨粉颗粒带有需要复制的颜色。

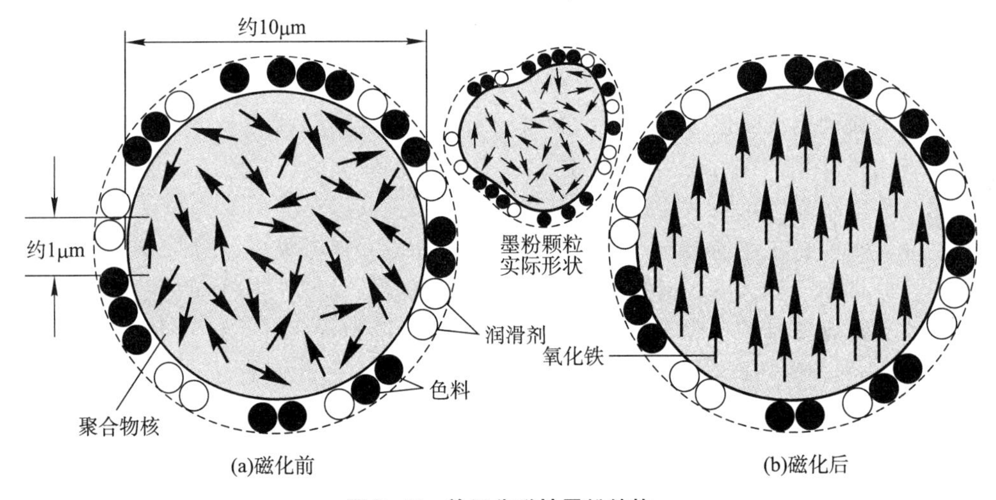

图 6－7　单组分磁性墨粉结构

氧化铁属于铁磁体材料，由于使用时将要为成像鼓表面的磁潜图像所吸引，因而需要在使用前磁化，但磁化过程应该在墨粉制备工艺的最后阶段执行。磁化前，墨粉中各磁畴的磁矩方向呈不规则形态排列，墨粉颗粒在外磁场的作用下极性方向将与磁场方向取得一致，该极性方向实际上就是磁性墨粉磁畴的磁矩方向。附着在核外边缘的色料层与墨粉核的数量比大约为 40∶60，这意味着单组分磁性墨粉的颜色将会明显受到核的影响，因为墨粉核由氧化铁构成，而氧化铁的颜色较深（通常为暗红色），色料层占墨粉总量的比例不到一半，因而墨粉的最终颜色与墨粉核的颜色较为接近。

一般来说，磁成像数字印刷系统可使用类似于静电照相数字印刷系统所用磁性墨粉颗粒显影的磁刷结构，但显影装置的多极旋转磁性滚筒应独立于成像滚筒。考虑到显影装置旋转磁性滚筒产生的磁场强度足够高，因而全部墨粉颗粒的极性将与旋转磁性滚筒产生的磁场方向取得一致。此外，成像滚筒表面已有磁潜图像的极性与显影装置旋转磁性滚筒所产生的磁场方向相反，但由于旋转磁性滚筒的磁场强度没有超过成像滚筒表面铁磁材料的矫顽磁场强度，因而仍然保持其极性方向而吸引墨粉颗粒，形成磁性墨粉图像。研究结果表明，吸引磁性墨粉颗粒的磁力大小与外加磁场强度成正比，且与磁场衰减程度有关。磁性墨粉显影是颇为复杂的过程，因为墨粉颗粒被吸附到成像滚筒表面后磁化强度会发生改变，导致吸附其他墨粉颗粒的非期望结果。实验研究还表明，磁成像滚筒对墨粉颗粒吸附力的数量级比静电照相同类显影结构小一个量级。

6.2.6 显影效果评价

法国 Bull 公司是磁成像数字印刷技术的早期开发者，该公司的 MP 系列产品堪称磁成像数字印刷机的经典之作，基础显影方法由楔形建立（Wedge-Created，其中楔形描述对象边缘的显影效果，楔形的尖锐程度衡量显影质量的高低）、增压流化床（Pressurized Bed）和双磁化真空清理（Magnetic-then-Vacuum Scavenging）等操作步骤组成，这种显影技术适合于高速磁成像印刷，但以显影装置与输纸路径几何条件的彼此适应或需要细化处理为代价。已有的理论和实验研究结果表明，即使老型号磁成像数字印刷机的速度在每分钟 60 英尺的基础上提高 5 倍，即印刷速度提高到每分钟 300 英尺，沉积到磁潜图像区域的墨粉数量也不受影响，对调整后的真空清理参数也基本如此。

如图 6－8 所示磁成像数字印刷显影效果的经典测量结果，绘制成磁成像数字印刷机输出速度与光学密度的关系，可用于评价磁成像数字印刷的显影效果。

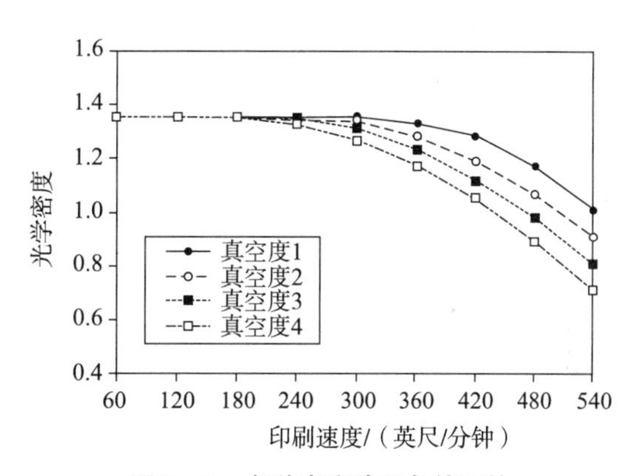

图 6－8 各种真空清理条件下的速度与显影密度关系

图 6－8 中的真空度 1～4 代表清理操作时达到真空等级，从 4～1 分别代表实际使用的最低到最高真空度。由该图可以看出，清理时的真空度越高，则印刷速度增加对光学密度的影响也越小，或许是真空度越高、清理越干净，清理越干净时墨粉更容易吸附到磁成像滚筒表面的缘故。此外，当磁成像数字印刷机的输出速度从每分钟 60 英尺（约合每分钟 18.2m）提高到 300 英尺（即速度提高 5 倍）时，光学密度的差异并无明显变化，但速度继续提高后差异就变得明显起来。随着输出速度的逐步增加，最终印刷品的光学密度逐步降低，这种测量结果证实了技术开发者提出的理论，即增压流化床背景墨粉清理动能理论。由于速度超过原机型参考速度的 3 倍后气动效应的影响，显影楔变得不明显，自由气流传输墨粉将重新沉积。由此可知，在设计显影装置结构时应该慎之又慎，以使得墨粉重新沉积导致的对页面空白区域的污染最小化。虽然如此，速度提高到每分钟 300 英尺后的背景质量可以接受。

6.2.7 转移过程

提高印刷速度对于磁成像数字印刷压力加静电（变换为磁性力）转移的组合过程将产生很大的限制效应。如果在墨粉图像进入转移间隙前以电晕装置对高电阻墨粉充电，则可以获得最佳的印刷效果，如图 6－9 所示从成像滚筒和纸张表面测量所得的光学密度，分别对应于发生转移过程前后的墨粉显影和转移效果。

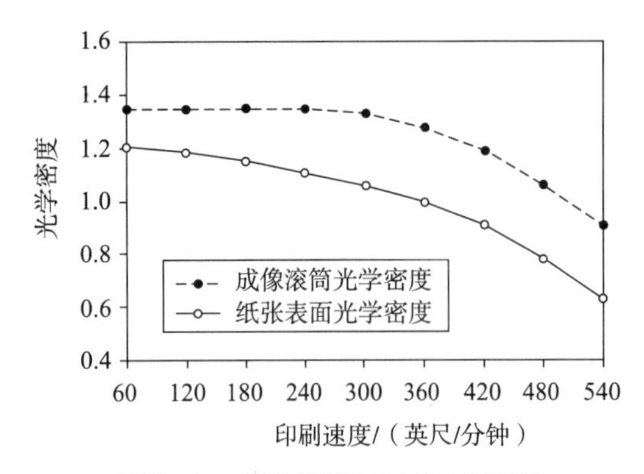

图6－9　成像滚筒与纸张表面墨粉图像光学密度比较

图6－9中的两条曲线表示为印刷速度与光学密度的关系。由于成像滚筒与纸张表面的墨粉图像密度比可视为墨粉转移效率，因而比较图6－9所示的两条曲线不难看出，速度从每分钟60英尺提高到300英尺时，成像滚筒与纸张表面的密度差略有增加，说明转移效率有所改善。但总体上来说，磁成像数字印刷墨粉转移效率对每分钟60英尺到540英尺测试条件下速度范围内的复制效果并无明显的影响。在气动效应作用下，当印刷速度提高到原速度的4倍时，可观察到图像的暗调区域复制质量下降，并出现附加的墨粉污染问题，但只要走纸路径修改到合适的形状和长度，这些问题就可得以解决。

6.3　背景显影墨粉的磁性作用机理

背景墨粉显影指本来应该是空白（对应于纸张白色）的背景出现墨粉颗粒，如果磁成像滚筒表面退磁不彻底，则磁性墨粉颗粒容易被吸附到本不应该出现的区域。显影到背景的墨粉严重影响复制质量，只有在掌握其磁性作用机理的基础上才能设法避免。

6.3.1　机械因素的影响

影响墨粉颗粒显影到背景区域的因素包括静磁能量、墨粉的逃逸速度、墨粉颗粒间的弹性碰撞和墨粉颗粒尺寸等，分述于下。

假定墨粉颗粒被背景捕获，则颗粒的静磁能量（Magnetostatic Energy）可表示为：

$$\frac{E_m}{V}=\frac{1}{12}\mu_0\frac{\mu-1}{\mu+1}\eta^2 J_0^2 \tag{6-1}$$

式中　E_m——能量；

V——墨粉颗粒体积；

η——墨粉材料的氧化物的体积比例；

J_0——氧化物的本征磁化强度；

μ——磁记录介质的导磁率；

μ_0——磁记录介质的真空导磁率，常取$4\pi 10^{-7}$，以SI单位计量。

单纯从能量角度考虑时E_m的作用似乎一般，但如果墨粉颗粒受到的作用力等于0，且颗粒需要从当前位置移动到离开磁记录介质无穷远处，则必须由能量做功。墨粉颗粒移动到无穷远处时需要满足逃逸速度（Escape Velocity）条件，实现墨粉逃逸的条件之一，是墨粉颗粒撞击时得到的动能E_c至少等于E_m。

根据上述条件可以确定墨粉颗粒的最小逃逸速度u_0：

$$u_0^2=\frac{1}{6}\frac{\mu_0}{\rho_0}\frac{\mu-1}{\mu+1}\frac{\eta^2}{1+4\eta}J_0^2 \tag{6-2}$$

其中ρ_0表示墨粉中聚合物的密度，假定该密度是墨粉材料典型氧化物密度的5倍。

从物理角度考虑，如果墨粉颗粒的给定速度低于逃逸速度u_0，则该颗粒将回落到背景显影区域，从而真正显影到背景区域；反之，墨粉颗粒将会逃逸。

墨粉颗粒在显影过程中发生弹性碰撞总是难免的，将影响墨粉颗粒是否显影到背景区域。令 P_1 表示被背景捕获的墨粉颗粒，其半径为 r；以 P_2 表示另一墨粉颗粒，假定该颗粒在显影装置内处于自由状态。若坐标系统固定在磁记录介质上，则颗粒 P_1 静止，而墨粉颗粒 P_2 则具有速度 u，是显影处理速度的直接函数。

墨粉颗粒 P_2 的初始速度为 u，而墨粉颗粒 P_1 的初始速度等于0，若 P_2 与 P_1 撞击，假定墨粉颗粒间彼此的撞击属于弹性碰撞，则根据经典力学可得到 P_1 和 P_2 碰撞后的速度：

$$P_1: u_1 = \frac{2R^3}{R^3 + r^3} u, \quad P_2: u_2 = \frac{R^3 - r^3}{R^3 + r^3} u \tag{6-3}$$

由于墨粉的静磁能量在碰撞前后保持不变，因而对式（6-3）的解没有影响。

墨粉颗粒的逃逸速度与临界尺寸（Critical Sizes）有关。可以对每一半径为 r 的为背景捕获的墨粉颗粒 P_1 定义临界尺寸的数值，这种临界尺寸的定义针对“入射”的墨粉颗粒 P_2。首先，如果墨粉颗粒 P_1 的速度 u_1 大于临界速度 u_0，且如果墨粉颗粒 P_2 具有最小的半径 R_0，则 P_1 将发生逃逸。根据式（6-2）和（6-3）可得：

$$R > R_0 = 3\sqrt{\frac{u_0}{2u - u_0}}\, r \tag{6-4}$$

式中的 R_0 称为临界半径。显然，仅当墨粉颗粒速度 $u > u_0/2$ 时，最小半径 R_0 才存在。因此，当墨粉颗粒的速度小于逃逸速度之半时，不可能清理被背景捕获的墨粉颗粒。若墨粉颗粒的速度大于逃逸速度的一半，则对于“入射”墨粉颗粒 P_2 来说一定存在临界半径 R_0，因而被捕获的墨粉颗粒 P_1 可通过碰撞过程被清理掉。

其次，颗粒碰撞结束后对于墨粉颗粒 P_2 发生的变化是必须考虑的。由于公式（6-3）对颗粒 P_2 的速度 u_2 而言可以产生负值，物理意义上对应于 P_2 从背景弹跳回来，为此应该以墨粉颗粒 P_2 速度的绝对值 $|u_2|$ 与临界速度比较。据此，对于墨粉颗粒 P_2 的半径可以定义其他两个边界值，令它们分别为 R_1 和 R_2，由此得到：

$$R < R_1 = 3\sqrt{\frac{u - u_0}{u + u_0}}\, r \text{ 或 } 3\sqrt{\frac{u + u_0}{u - u_0}}\, r = R_2 < R \tag{6-5}$$

显然，仅当墨粉颗粒速度 u 大于临界速度 u_0 时，上式定义的“入射”墨粉颗粒 P_2 的两个边界速度 R_1 和 R_2 才存在。

对于“入射”墨粉颗粒 P_2 来说，临界半径 R_0 以及两个边界速度 R_1 和 R_2 均表示其半径 R 的临界值，如果以被捕获墨粉颗粒 P_1 的半径 r 做归一化处理，则可得到如图6-10所示的以上三种临界值的变化规律，绘制成速度比 u/u_0 与半径比 R/r 的函数关系。

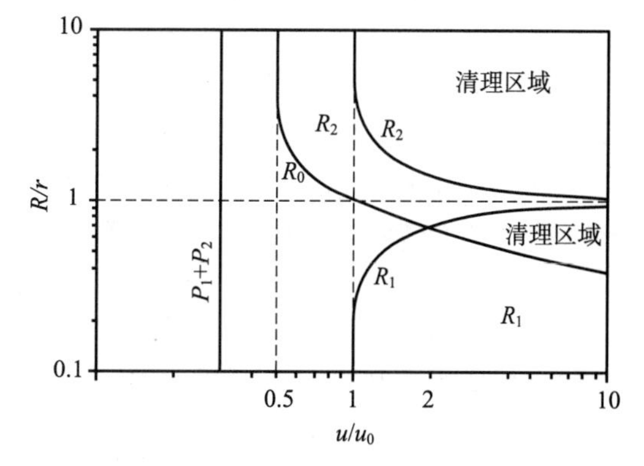

图6-10 归一化的临界半径

6.3.2 背景显影模式

检查如图6-10所示的速度与墨粉颗粒尺寸关系导致可定义4种操作模式，即磁成像数字印刷系统墨粉是否显影到背景的条件。

1. 模式一

当墨粉颗粒 P_2 的速度 $u > u_0/2$ 时，半径的三种临界值 R_0、R_1 和 R_2 均不存在，从而也不能清理被背景捕获的墨粉，此时的背景处于待命状态，因而是磁成像的非运转模式。

2. 模式二

墨粉颗粒 P_2的速度介于 $u_0/2 < u < u_0$范围内时，仅临界半径 R_0存在，被背景捕获的墨粉颗粒 P_1可以为直径大于 R_0的自由墨粉颗粒 P_2所清理。然而，这种条件下的墨粉颗粒 P_2自身却将为背景所捕获，因而原捕获颗粒 P_1为尺寸更大的另一墨粉颗粒 P_2所取代。在这样的条件下，被显影的背景区域可能发生更多的碰撞，所以也属于非运转模式。

3. 模式三

若墨粉颗粒 P_2的速度介于 $u_0 < u < 2u_0$范围内，则存在 $R_1 < R_0 < r < R_2$的排序关系，半径为 r 的被背景捕获的墨粉颗粒 P_1可以为半径为 R_0的尺寸更大的自由墨粉颗粒 P_2所清理，这种场合的 $R_0 < r$。在此情况下，仅仅尺寸更大的墨粉颗粒 P_2的质量足以保持动量，其自身可以从背景逃逸出来。由此可见，在这种操作模式下，经过一次碰撞的墨粉颗粒处于下述四种状态之一：背景区域仅存在 P_1，仅存在 P_2，存在 P_1和 P_2，无背景墨粉。

4. 模式四

墨粉颗粒 P_2的速度 $u > 2u_0$时，所有的三种临界值 R_0、R_1和 R_2均存在，但出现新的排序条件 $R_0 < R_1 < r < R_2$。这种场合与操作模式三的主要区别是一次碰撞后将出现 3 种状态：背景区域仅有墨粉颗粒 P_1，背景区域仅有墨粉颗粒 P_2，背景区域无墨粉颗粒。

根据以上分析所得的 4 种背景显影操作模式可归纳和总结出下述结论：模式一和二对磁成像数字印刷来说缺乏实际意义，仅模式三和四对磁成像数字印刷才有价值，或者说仅模式三和四才算得上真正的背景显影模式。因此，讨论墨粉背景显影时只需考虑模式三和模式四，对其他两种模式不予考虑。这样，2 倍的逃逸速度 $2u_0$作为模式三和四的分界线。

6.3.3 数值计算结果

假定磁成像数字印刷系统使用单组分磁性墨粉，具有如下典型参数：墨粉内聚合物密度 $\rho_0 = 1000\text{kg/m}^3$，制备墨粉所用材料内的氧化物比例 $\eta = 9\%$，氧化物的本征磁化强度 $J_0 = \text{kA/m}$，磁记录介质层的导磁率 $\mu = 6$，则利用公式（6 - 2）可算得逃逸速度 $u_0 = 0.34\text{m/s}$。再进一步假定墨粉颗粒尺寸的分布划分成精细、中等和粗糙。

图 6 - 11 给出了墨粉背景显影的数值计算结果，针对中等尺寸墨粉颗粒绘制成磁成像数字印刷机处理（显影）速度与背景指数的关系曲线，该图涵盖完整的速度范围，从最低操作（运转）速度到临界速度，包括各种重新捕获墨粉颗粒的概率，即沿磁记录介质空气边界层捕获的墨粉颗粒，概率 k 的数值从 0.2 ~ 1，增量 0.2。前面提到的背景指数由概率密度函数定义，在 0 ~ 1 间取值，即对应最大墨粉背景的指数值为 100%。

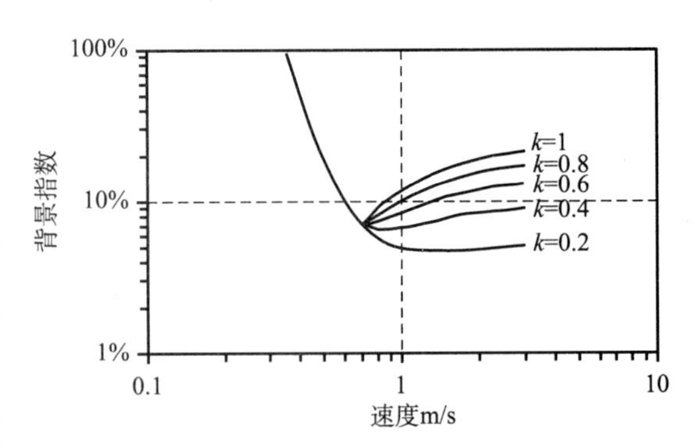

图 6 - 11　各种二次背景重新捕获概率下的背景指数

6.3.4 实验数据

由于磁成像数字印刷的工作速度相当快，因而较早出现了卷筒纸机器。如果宽幅卷筒纸磁成像数字印刷机以整体集成的方式使其输出速度提高到每分钟 300 英尺，则测试结果与窄卷筒纸磁成像数字印刷机相比显得缺乏规律性。从测量数据看，宽幅卷筒纸磁成像数字印刷机的输出效果更好，或许卷筒纸宽度的增加使墨粉颗粒的作用宽度增加，背景显影模式变得更单一，且有利于墨粉颗粒逃逸的缘故。为了评价磁成像数字印刷质量随时间进程的稳定性，对于宽幅卷筒纸数字印刷机总共 20 次的测试任务在超过 100 个小时的连续印刷条件下完成。在 100 多个小时的印刷测试时间内总共印刷了 2×10^6 个页面，每 2000 个页面装成 1 箱，总数多达 1000 箱卷筒纸，等价于大约 540km 的印刷长度，测试耗费的纸张总重量达到 11 吨。如图 6－12 所示实地填充区域的变化特点，绘制曲线的数据在没有任何空气调节的条件下测量而得，代表复杂多变的操作环境。

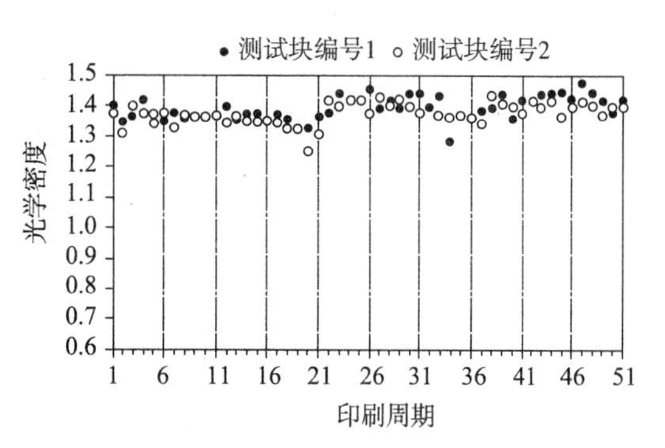

图 6－12　实地填充区域测试期间的光学密度变化特点

如图 6－12 所示的测量数据对应于两个实地填充区域测试块，分别命名为测试块 1 和测试块 2，以 2h 为 1 个印刷周期。除个别测量点的数据出现跳动外，两个实地填充测试块的大多数测量数据吻合良好。图 6－13 是背景区域的测量结果，也从两个测试块得到。

图中包含的测量数据来自相同的背景，仅划分成两个测量区域。该图所示的测量数据对应于每分钟 60 英尺和每分钟 300 英尺的印刷速度，纵轴数据以实地填充区域相对于背景区域的反射系数差表示。图 6－12 和图 6－13 中的测量数据在环境温度和相对湿度变化范围分别从 17～28℃ 和 30%～65% 的连续印刷条件下获得。根据对于测试环境条件温度和相对湿度变化的测量数据，说明磁成像数字印刷往往处在复杂的环境条件下，若不采取必要的控制手段，则印刷质量无法得到保证。

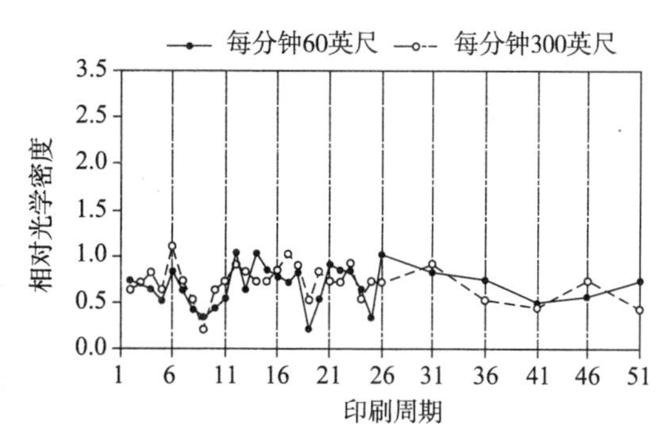

图 6－13　背景区域测试期间的相对光学密度变化特点

6.4 磁性作用力

磁成像数字印刷的要点在于墨粉借助于磁性力的作用显影到成像滚筒。这种数字印刷技术的成像过程与一般的磁记录并无多大差异，转移和熔化过程与静电照相数字印刷极其相似，完全可以从静电照相数字印刷借鉴成功的经验。一般的磁记录技术不存在磁成像数字印刷那样的显影过程，且与静电照相数字印刷显影差异相当大，因而研究的重点在于掌握显影过程，以了解磁性作用力最为重要。

6.4.1 过渡区域的磁化函数

磁成像头沿成像滚筒轴线方向移动的成像方式称为轴向记录，磁成像数字印刷机以这种记录方式居多。微小的软磁性墨粉颗粒放置在磁场中时，作用于颗粒的磁性力可表示为：

$$F = M\frac{\mathrm{d}H}{\mathrm{d}r} = xH\frac{\mathrm{d}H}{\mathrm{d}r} \tag{6-6}$$

式中　F——作用于每单位体积磁性墨粉颗粒上的磁性力；

H——磁性墨粉颗粒所在位置的磁场强度；

r——磁性墨粉颗粒所在的位置；

M——作用于磁性墨粉颗粒上的磁矩，由磁性颗粒感应而产生，且有 $M=\chi H$，其中 χ 表示包括退磁因素在内的磁性颗粒的有效磁化率。

注意，式（6－6）中的 F、H 和 r 分别具有相同或相反的方向。

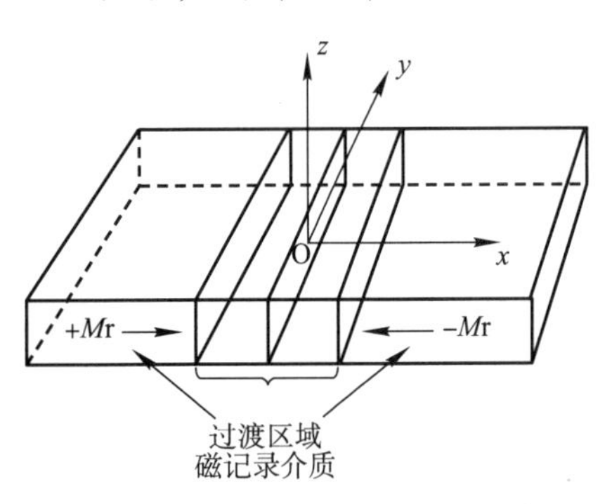

图 6－14　过渡区域的坐标系统

如图 6－14 所示为磁成像数字印刷设备磁性记录介质相邻单元过渡区域的坐标系统。出于简化问题的考虑，假定磁性记录介质仅仅沿 x 方向（轴向）磁化，其前提是 y 方向（与轴向垂直的方向）的尺度与磁性记录介质的厚度相比足够大。

之所以要讨论过渡区域的磁化函数，是因为相邻记录单元中心位置受集中磁场力的作用，磁力线分布相对简单。过渡区域则不同，由于记录单元彼此的影响，导致磁场分布较为复杂。图 6－15 用于演示数字印刷机成像系统磁记录介质相邻磁性单元过渡区域的磁化函数，根据以往经验以反正切函数近似表示磁成像数字印刷系统的磁化函数。

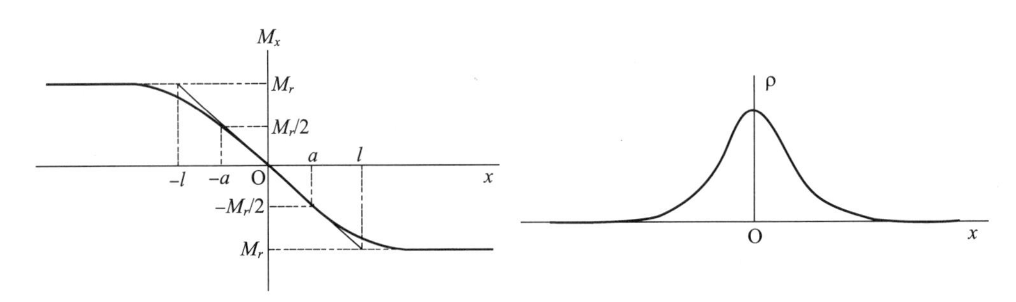

图 6－15　过渡区域的磁化函数

图 6－15 中的 M_x 和 M_r 分别表示 x 方向的磁化强度和残余磁化强度；根据材料的残余磁化强度 M_r 确定 l，再按公式 $a=l/\pi$ 得出过渡区域长度。

6.4.2　磁场与磁性力分布

根据轴向记录磁成像数字印刷系统的几何特点，可建立包括墨粉和记录介质在内的数学物理模型，据此计算这种系统相邻磁过渡区域产生的磁性力，结果如图 6－16 所示。

图 6－16 中的 H_x 和 H_y 分别表示沿水平和垂直于磁成像滚筒表面方向的磁场强度，两者的合成即 H，模拟计算时假设显影结果由两层墨粉组成，厚度 z 为 20μm。根据磁成像数字印刷的目前状况，墨粉颗粒的平均直径取 10μm 是合理的。

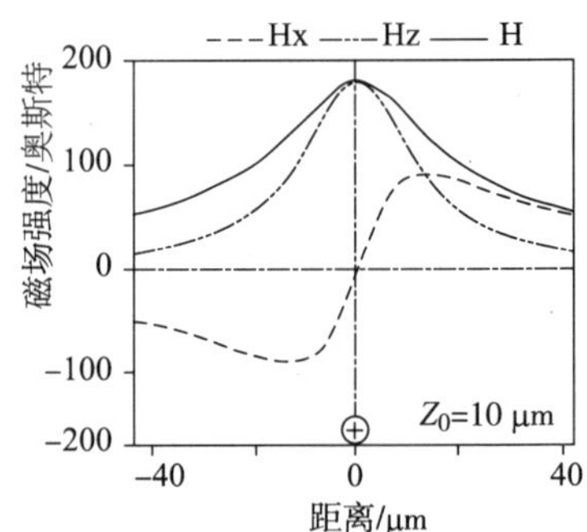

图 6－16　磁场强度分布计算结果

理论分析发现，大磁性力出现在每一个过渡区域中心附近，而相邻过渡区域之间的中间区域磁性力却变为 0，与如图 6－16 所示的磁场强度计算结果一致。根据这种纯理论的研究结果，磁性墨粉仅仅为过渡区中心的邻近区域所吸引，介于邻近过渡区域之间的中间区域则没有墨粉。然而，实验却观察到中间区域仍然有墨粉覆盖的现象，为此需引入新的计算模型。这种新的分析模型建立在封闭磁路的基础上，磁路容纳磁性墨粉和记录介质，据此产生不同于图 6－16 的计算结果。改进模型计算所得合成磁场强度的反对称位置不在 $x=0$ 处，而是移到了 $x=15\mu m$ 处。以矢量表示时，磁场强度的分布如图 6－17 所示，进一步说明改进模型的计算结果更接近实际，可以解释中间区域有墨粉覆盖的现象。当然，即使改进了数学物理模型，计算结果也并非一定合理。由于磁成像数字印刷的实际过程极有可能偏离理论分析的假设条件，因而计算结果偏离实际是完全有可能的。

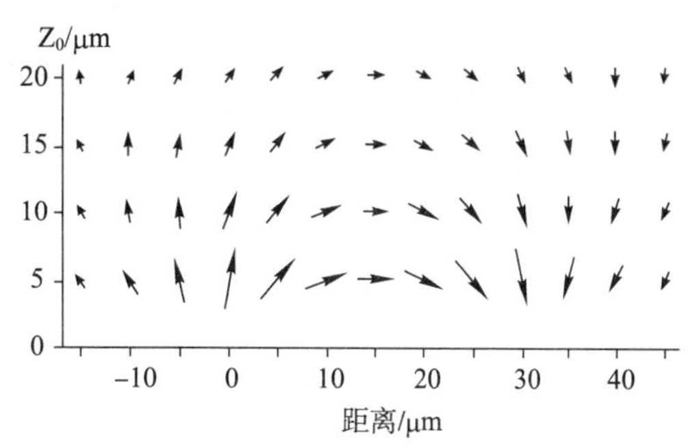

图 6－17 磁场分布的矢量表示

由于磁感应作用，磁性墨粉会彼此吸引，在相邻过渡区域组成墨粉“桥”。通过实验测量发现，墨粉桥内的磁性引力大约比重力大 300 倍。

6.4.3 像素密度与磁性力的关系

静电照相数字印刷机使用的墨粉可以带磁性，但并非利用墨粉的磁性显影，因为静电照相借助于带电墨粉与静电潜像的电位差完成显影过程。磁成像数字印刷就不同了，必须利用磁性完成显影，因为磁潜图像带有磁性，如果墨粉颗粒也带有磁性，则会给成像结束以后的显影过程带来很多方便。磁成像数字印刷的显影过程归结为：通过磁记录技术在成像滚筒表面建立磁潜图像，准备参数合适的磁化墨粉，磁潜图像对墨粉产生磁性作用力，导致墨粉被吸附到磁成像滚筒的表面，使磁潜图像转换成视觉可见的墨粉像。

高质量的图像复制效果与显影过程存在密切的关系。因此，为了实现磁成像数字印刷系统更高的设备像素密度，即获得更高的分辨率，有必要研究像素密度与磁性力的关系。

如果相邻磁荷（Magnetic Charge）变得很靠近，则轴向记录磁成像数字印刷机的自发退磁的磁场强度将会增加，由此引起磁记录介质的磁化强度的下降。因此，系统的像素密度越高时，磁潜图像作用于墨粉颗粒的磁性力将变得越弱。一般来说，磁性力的明显降低导致磁成像数字印刷机的显影效果变差，印刷品的光学密度下降，即使磁成像数字印刷机的设备像素排列密度很高时质量也无法接受，例如高达 2000dpi 分辨率也可能无济于事。

根据以上描述的内容，提高像素密度（分辨率）与复制质量是一对矛盾，高复制质量要求高像素密度排列，但高像素密度导致磁潜图像对墨粉的吸引力降低。由此提出下面这样的问题：是否存在像素密度提高的同时保持磁性力的条件？使磁潜图像对墨粉的作用力足以复制出具有良好光学密度的印刷品。

图 6－18 给定建立计算模型依赖的坐标系统。出于简化问题的目的，假定记录介质仅沿该图的 x 方向磁化，而 y 方向的尺度与磁记录介质的厚度相比则可以认为足够大，且 y 方向沿垂直于承印材料的表面延伸，因而可归结为二维问题的求解。考虑磁成像过程形成的磁潜图像具备使两层墨粉堆积到磁成像滚筒表面的能力，记录介质与上层墨粉接触，假定墨粉颗

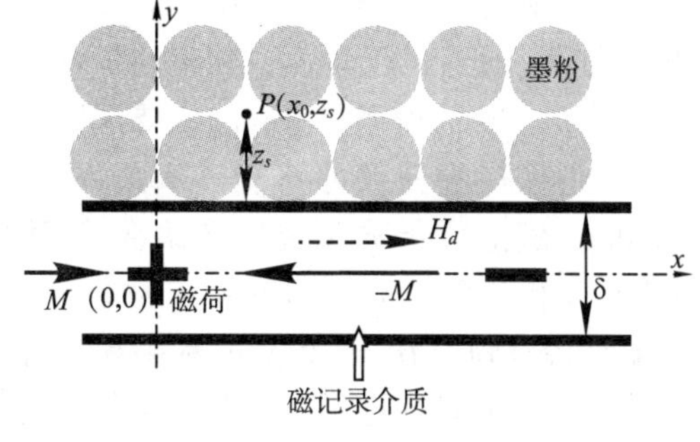

图 6－18 坐标系统

粒为球形，且所有墨粉颗粒的尺寸（直径）相等。在上述假设条件下，记录介质表面到两层墨粉组成的墨粉层，整体的中心线的距离 z_s 刚好与墨粉颗粒的直径相等。据此可以假定 $P(x_0, z_s)$ 所受到的磁性力的大小与磁潜图像作用于两层墨粉组合的磁性力相等。

磁记录介质内相邻磁荷的作用导致自发退磁（Self-demagnetizing）场 H_d，其方向与记录介质的磁化强度 M 的方向相反，结果必然引起记录介质磁化强度的降低。随着相邻磁荷变得更靠近，自发退磁场的强度因此而增加，导致磁性力的降低。

图 6－19 是像素密度与磁性力关系计算结果的例子。如同前面提到过的那样，由于自发退磁现象的作用，像素密度或分辨率越高时，墨粉颗粒受到的磁性作用力将变得更弱。

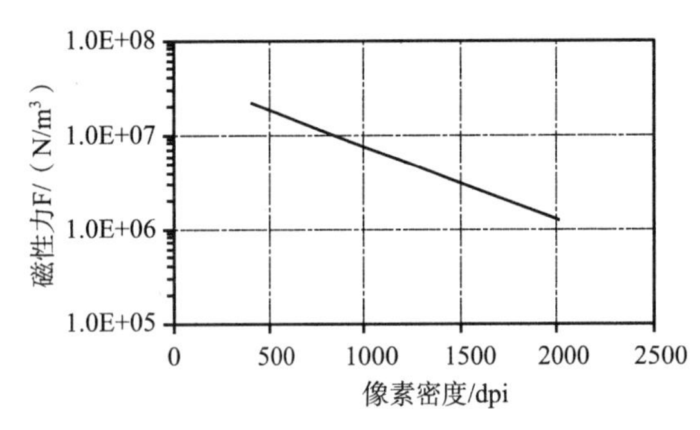

图 6－19　像素密度与磁性力间的关系

表面上，如图 6－19 所示的像素密度与墨粉受到的磁性力作用成线性或比例关系，但由于该图的纵轴按指数坐标绘制，因而随着像素密度的增加，磁潜图像作用于墨粉的磁性力实际上按指数规律降低。举例来说，像素密度 2000dpi 是 400dpi 的 5 倍；根据图 6－20 的计算数据，像素密度 400dpi 对应于 1.1×10^7 N/m³ 的磁性力，而像素密度 2000dpi 的磁性大约为 1.03×10^6 N/m³，可见像素密度 2000dpi 下作用于墨粉的磁性力大约是 400dpi 像素密度的 1/10。以上数据意味着最终印刷品的光学密度随像素密度的增加而降低，因而磁成像数字印刷在高像素密度条件下图像复制质量将会降低，已经得到实验的证实。

6.4.4　矫顽力对磁性力的影响

图 6－20 按磁成像数字印刷系统不同的分辨率参数说明高像素密度条件下矫顽力对墨粉受到的磁性力的影响，每一幅图考虑到 600dpi、1000dpi 和 2000dpi 三种分辨率。

图 6－20 顶部和底部分别代表矫顽力 31.8kA/m 和 63.6kA/m 条件下的磁性力分布，假定墨粉颗粒直径为 10μm。图中的标准磁性力按下述参数的组合条件确定：记录介质的剩余磁化强度 $M_r = 0.8$ Wb/m²，以单位体积物质内具有的磁偶极子矢量和单位 Wb/m² 表示，也称为磁极化强度；磁性涂布层的厚度 $\delta = 1$μm，这种尺寸很小，但作为涂布层还是合理的；磁性材料的矫顽力 $H_c = 32$kA/m，定义为使剩磁消失的反向磁场强度，单位与磁场强度单位相同，故也取 A/m；墨粉的相对磁导率 $\mu_s = 2$，定义为磁感应强度与磁场强度之比，因而没有量纲；像素密度 400dpi，与空间分辨率含义相同。根据上述参数，标准磁性力可以确定为 $F_s = 1.7 \times 10^7$N/m³，在图 6－20 中表现为一条水平线。据专业文献报道，实验和理论研究均已证实，在上述条件下磁成像数字印刷机可以复制出质量合理的图像。

图 6－20 的顶部和底部的主要区别在于矫顽力的变化，底部矫顽力比顶部矫顽力增加 1 倍，但保持墨粉尺寸不变。从图 6－20 顶部所示计算结果不难看出，仅仅像素密度 600dpi、磁记录介质（磁成像滚筒表面的磁性涂布层）厚度 $\delta = 2.4$μm、矫顽力 $H_c = 32$kA/m 和墨粉尺寸 $z_s = 10$μm 参数组合才符合标准磁性力要求；像素密度超过 600dpi 后，只要维持矫顽力 $H_c = 32$kA/m 和墨粉尺寸 $z_s = 10$μm 参数组合，则不存在合适的记录介质厚度，意味着任何记录介质厚度条件下均不满足标准磁性力要求。

根据图 6－20 底部所示计算结果，若选择矫顽力更高的 $H_c = 64$kA/m 磁记录介质材料，则在 600dpi 和 1000dpi 像素密度条件下都可以找到合适的厚度范围，使作用于墨粉的磁性力大于标准磁性力。由此可见提高记录介质矫顽力措施的有效性，但 $H_c=32\text{kA/m}$ 和墨粉尺寸 $z_s=10\mu\text{m}$ 参数组合对 2000dpi 的像素密度仍然无法找到合适的记录介质厚度。

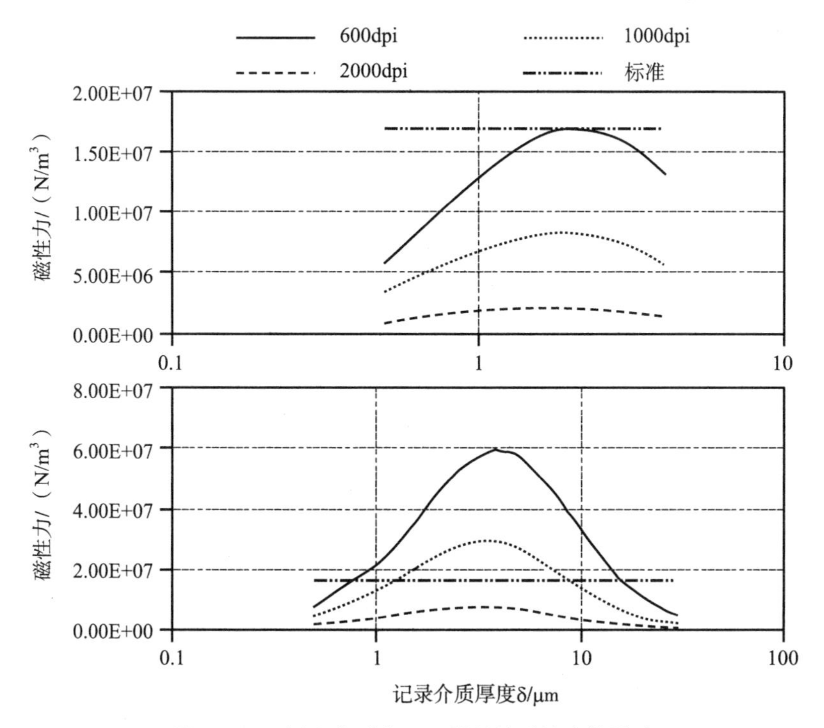

图 6－20　矫顽力对作用于墨粉的磁性力的影响

6.4.5　模拟实际印刷条件的墨粉排列模型

前面讨论的磁性力分布不考虑墨粉颗粒彼此的影响。为了模拟更真实的磁成像数字印刷条件，应该考虑多个墨粉颗粒同时作用条件下的磁性力分布，意味着应该了解黑色图像和白色图像区域相邻时作用于墨粉颗粒上的磁性力。

按如下条件考虑成像模型，计算作用于墨粉颗粒的磁性力：

①黑色记录点 1 + 白色记录点 1 + 黑色记录点 1。

②墨粉尺寸/直径 = 10μm。

③像素密度 400dpi。

④一个记录点尺寸 $\lambda=60\mu\text{m}$，对应于 6 个墨粉颗粒。

⑤记录介质（磁成像滚筒表面的磁性材料涂布层）相邻渐变（过渡）区域距离为黑色图像区域（1/2）$\lambda=30\mu\text{m}$，对应于 3 个墨粉颗粒；白色图像区域（3/2）$\lambda=90\mu\text{m}$，对应于 9 个墨粉颗粒。

如图 6－21 所示那样，相邻记录介质的 N 极和 S 极相向排列，假定在磁记录介质相邻渐变（过渡）区域的中心安排 1 粒墨粉（例如图中的 N 极对 N 极或 S 极对 S 极），该墨粉颗粒以灰色填充表示；其他墨粉肩并肩地放置，分别以黑色和白色填充表示。

注意，白色图像本来不应该出现墨粉，如图 6－21 所示的墨粉排列模型仅以墨粉颗粒的大小占据应有的位置。此外，出于简化问题的目的，墨粉排列模型仅考虑单层墨粉，即简化成二维问题，因而只需研究图 6－21 中由 x 轴和 y 轴构成的横截面即可。如同静电照相数字印刷的显影过程那样，磁成像数字印刷也利用墨粉显影磁潜图像，假定在磁潜图像的显影过程中墨粉颗粒受显影磁场的作用而形成链状结构。根据如图 6－21 所示的墨粉排列模型，黑色图像区域的相邻渐变区域距离为 λ/2，对应于 3 颗墨粉占据的距离，与显影磁场形成的墨粉颗粒黏结力相比，在 λ/2 距离范围内的磁性力要强得多。因此，黑色图像区域可以从显影磁场取得需要的墨粉颗粒，组成黑色图像。另一方面，在记录介质渐变区域（3/2）λ 的距离范围内，磁性力比显影磁场引起的墨粉黏结力更弱，因而该区域不能从显影磁场取得墨粉，由此形成白色图像。为了研究磁成像数字印刷系统的显影效果，必须考虑黑色图像区域吸引的墨粉数量，并确定黑色图像与白色图像尺寸之比。

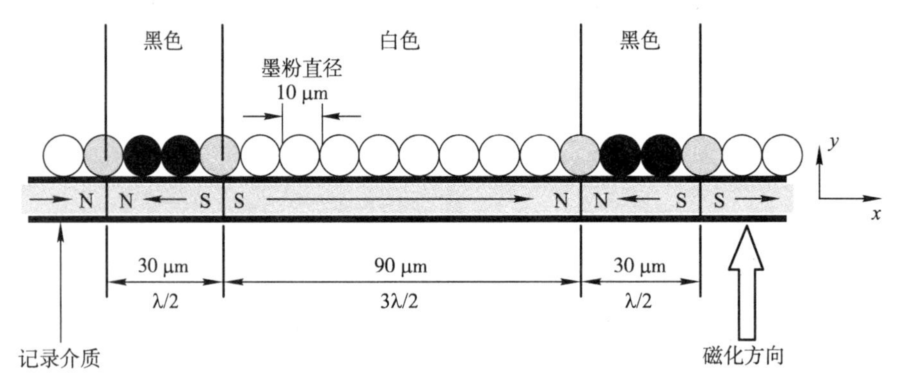

图 6－21　记录介质上的墨粉排列模型

6.4.6　白色和黑色图像区域的墨粉磁性力

根据电磁模拟软件的有限单元计算结果，两个黑色图像区域的墨粉颗粒受到强烈的磁性力作用，而白色图像区域墨粉颗粒受到的磁性力则相当弱，作用力弱的区域也包括两个黑色图像区域之间的部分以及其他黑色图像区域外的部分。

图 6－22 表示利用物理公式计算所得的作用于墨粉颗粒的磁性力分布，图中的黑色、白色和灰色圆的含义见前面的解释。该图所示的磁性力分布代表第一层墨粉中心受到的磁性力分布特点，即 $z_s=5\mu m$ 位置指示的水平线上作用到的磁性力分布。

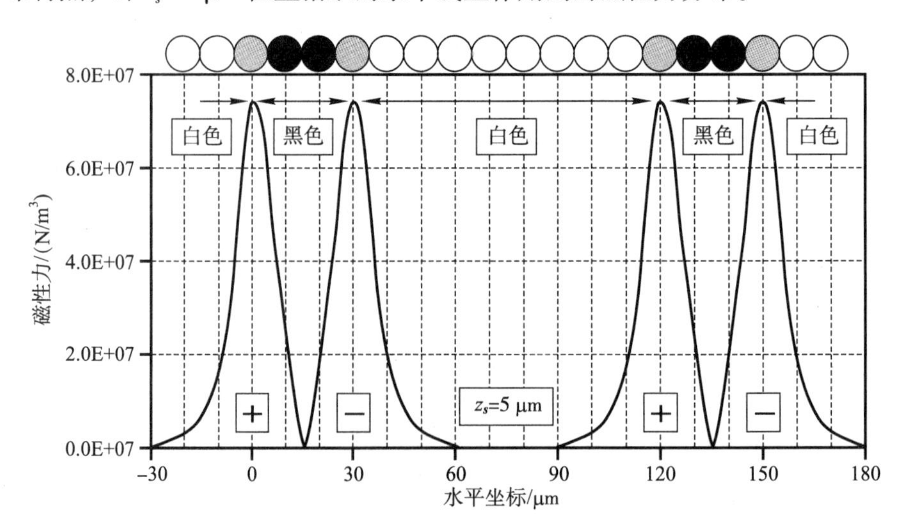

图 6－22　作用于墨粉颗粒的磁性力分布

从图6－22可以看到，由于演示的结果来自物理公式，因而表现得很有规律，磁性力分布与电磁模拟软件的计算结果趋势一致。记录介质渐变区域附近的墨粉颗粒受强烈的磁性力作用，以水平坐标$x=0$，30，120和150μm受到的磁性力作用最为强烈；靠近记录介质相邻渐变区域中间位置墨粉颗粒受到的磁性力作用很微弱，即图6－22中水平坐标0～30μm和120～150μm的中心点，尽管这两个位置处在黑色图像区域。

6.4.7 放大模型

了解磁潜图像对于磁性墨粉的作用力是磁成像数字印刷领域的重要研究课题之一，可采用仿真计算或实验的方法。然而，测量磁成像过程实际的磁性作用力十分困难，利用放大模型的实验仿真测量就成为行得通的方法。根据基于放大模型的实验仿真测量数据与模拟计算数据两者的比较结果，证明模拟计算结果是正确和合理的。

如前所述，放大模型并非为了仿真计算，而是针对实验测量的仿真模型。建立放大模型时利用了相似原理，即认为墨粉颗粒和位置关系放大后测量所得的磁性力分布适用于尺寸很小的实际墨粉颗粒和位置关系。放大模型实验测量分成基础测量和仿真测量，即单个墨粉颗粒和多个墨粉颗粒系统的磁性力测量，图6－23所示基于放大原理的多个墨粉颗粒排列系统的实验装置。为了方便测量，墨粉颗粒以重量3.18g的钢球代替，放置在由矩形永久磁性条组成的磁条组合面上，以称重的方法测量墨粉受到的磁性作用力。

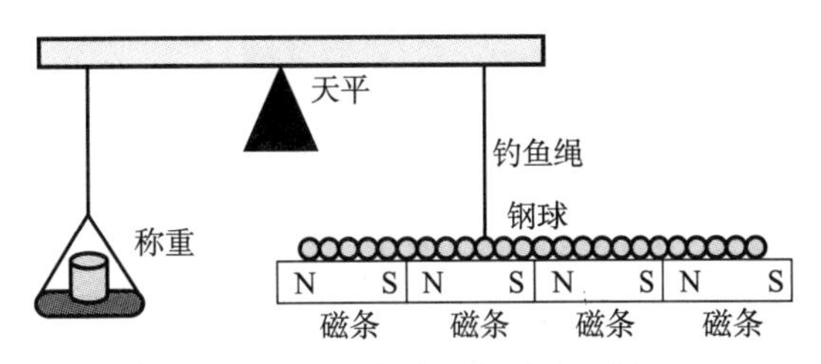

图6－23 放大模型实验测量示意图

如图6－23所示的实验装置中，矩形的永久磁条排列成行，可以用来模拟带有磁潜图像的磁性记录介质（成像滚筒表面的磁性材料涂布层）；钢球挂在钓鱼绳上，呈自然下垂的形态，用于模拟磁性墨粉颗粒受磁性作用力的条件。相邻的矩形永久磁性条彼此按相同的极性排列，即每一根磁条的N极和S极排列成相同的方向。这样，在相邻磁条的两个磁极区域就形成过渡区域，磁通量在每一根矩形永久磁条N极的过渡区域上升，再返回到磁条的S极。钢球定位在空气中，经磁化处理后为磁性条所吸引。测量装置的矩形磁性条排列在三维的台面上，可以调整钢球与磁条的相对位置，并利用天平测量模拟磁记录介质的矩形磁条与模拟磁性墨粉颗粒间的引力。

钢球上打有小孔，使钓鱼绳可以穿过该孔而下垂，吊在天平的一端，称量用的重物则悬挂在天平“横梁”的另一端。若重物比作用于钢球和磁性条之间的吸引力更小，则钢球将紧贴在磁性条的表面；当天平一侧的重力作用大于钢球与磁性条间的引力时，必然导致钢球与磁性条分离。在钢球与磁性条分离的瞬间，应该对天平另一端的称量盘中添加微小的重物，此时盘中的全部重量等于钢球与磁性条间的引力。

6.4.8 实验测量结果

在讨论放大模型实验结果前，有必要分析如图6－23所示实验装置的测量原理：放置在磁性条表面的钢球模拟堆积在磁成像滚筒表面的墨粉图像，相邻钢球间的引力代表墨粉颗粒间的磁性作用力；假定相邻钢球间的引力彼此沿水平方向作用，则这种作用力必然妨碍钢球从磁性条的表面分离；在重物提起钢球的过程中，相邻钢球间的作用力方向逐步变化，从水平方向转换到垂直方向；在钢球脱离磁性条表面的瞬间，相邻钢球间的引力几乎转变到垂直方向，此时称得的重量即代表相邻墨粉颗粒间的磁性垂直作用力。

假定墨粉颗粒的平均直径为 10μm，则钢球直径 9.8mm 大约是墨粉颗粒平均直径的 1000 倍，说明仿真实验将以这种钢球尺寸建立 1000 倍比例的仿真模型，其他参数的推算将建立在 1000 倍放大比例的基础上。据此，考虑到磁性条相邻磁极间的距离为 50mm，因而记录点尺寸之半也为 50mm，而每一个完整记录点的尺寸则等于 100mm。按 1000 倍放大模型计算，记录点的实际尺寸应该为 100μm，由此可知放大模型模拟 254dpi 分辨率的磁成像数字印刷显影过程中墨粉受到的磁性作用力。这样，在模拟计算磁性力时将采用 254dpi 的记录分辨率，以利模拟计算结果与仿真实验结果的比较。

图 6－24 说明利用放大模型原理的实验装置得到的结果，可以模拟作用于墨粉颗粒的磁性力分布实验数据，总共有 34 个钢球参与测量，可以代表相当数量墨粉颗粒在磁成像数字印刷显影过程中受到磁性力作用的实际条件。

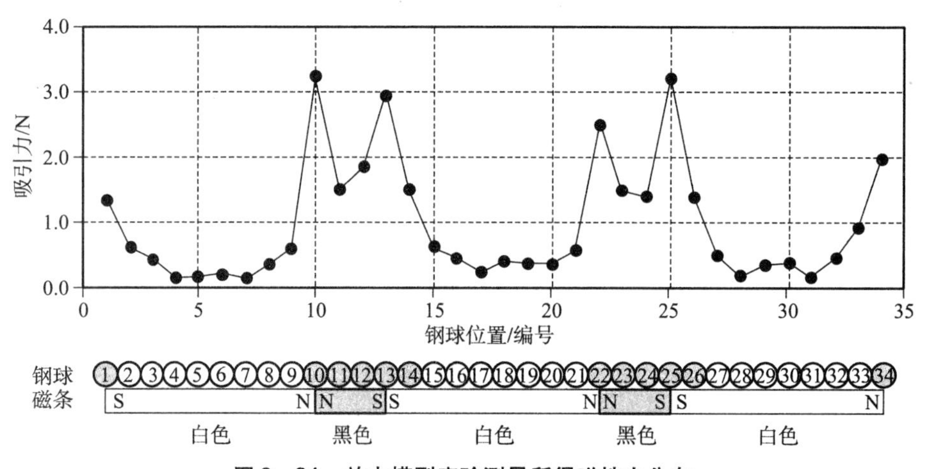

图 6－24　放大模型实验测量所得磁性力分布

从图 6－24 可以看到与黑色图像区域关系密切的 5 个钢球（墨粉颗粒）受强烈的磁性力作用，由这些颗粒组成黑色图像，在图 6－24 中以灰色填充表示；白色图像区域的 7 个钢球（墨粉颗粒）受到的磁性力作用相当微弱，成为组成白色图像的基础。

6.4.9　墨粉桥模拟

图 6－25 用于说明在放大模型中磁性条与磁性球之间彼此吸引的方式，从仿真实验拍摄而得。虽然图中仅仅显示一根磁条，但由于磁条上存在多个模拟墨粉颗粒的钢球，且考虑到磁条的完整性，钢球的覆盖长度超过磁条长度，两端的钢球跨在相邻磁条间，因而仍然可以看到磁条与钢球间的彼此作用特点。从该图不难看出，磁条两端的钢球处在磁条的两个相反的磁极上，它们的受力状态反映相邻磁条极性过渡区域的磁性力特点。

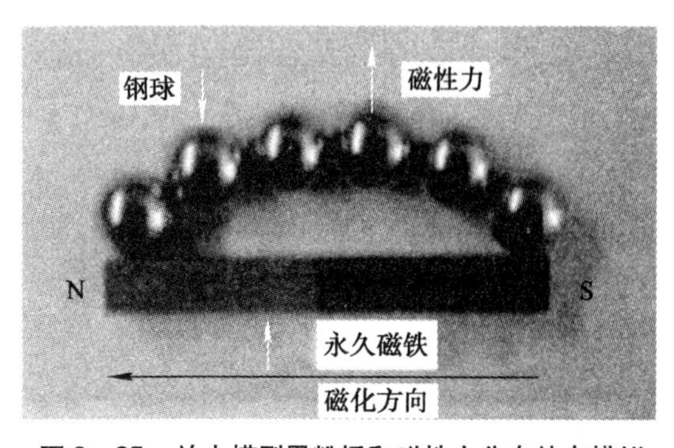

图 6－25　放大模型墨粉桥和磁性力分布特点模拟

图 6－25 清楚地显示钢球组成的模拟墨粉桥，每一个钢球均为磁性条吸引。此时如果有足够的力作用到中间的钢球上，则引起钢球从磁性条表面分离，但处在磁性条两端的钢球不会与磁条分离，而处在磁场中的墨粉必然为磁通所磁化，磁力线将从磁条（磁成像数字

印刷成像滚筒磁性材料涂布层）的N极出发，通过墨粉桥返回到磁性记录介质的S极。

墨粉桥的基本形态说明，磁成像数字印刷方法在实地填充区域的边缘较难获得接近理想灰度等级变化率的复制效果，因为墨粉桥边缘的墨粉颗粒受到的磁性作用力往往要小于中心部位墨粉颗粒，导致边缘与中心部位显影结果的不一致，且边缘显影密度更低。

第七章

离子成像数字印刷

离子成像（Ionography）数字印刷又称电子束印刷或电荷沉积印刷，定义为在电介质表面形成静电荷图像（类似于静电照相技术的静电潜像）的成像和复制技术，通过带相反电荷的墨粉颗粒显影成视觉可见的墨粉像。这种数字印刷技术除没有成像过程的充电和曝光步骤外，其余过程与静电照相几乎没有区别，即使显影过程也与静电照相几乎相同。

7.1 技术起源与发展

分子内的束缚电荷在外电场的作用下产生微观位移而产生极化电荷，这种现象称为电介质的极化，离子成像数字印刷就是利用了介质的极化现象产生电荷图像，经后续工艺步骤形成最终的印刷品。离子成像数字印刷的显影、转移和熔化过程与静电照相数字印刷几乎相同，即使清理过程也与静电照相数字印刷十分相似。

7.1.1 早期离子成像记录装置

1842 年，英国人 Ronalds 从闪电得到启发，导致世界上第一份离子印刷品的诞生。他的大气电活动记录装置利用从架高锚用油漆伸出的导线作为大气电荷收集器，导线与触针相连，而触针则沿径向“走过”旋转的绝缘圆盘，在圆盘表面建立螺旋轨迹。当横跨触针顶部记录间隙的电位超过空气的击穿强度时将发生放电现象，据此在绝缘的圆盘表面形成电荷潜像。此后，电荷潜像以绝缘粉末显影，得到视觉可见的粉末图像。该方法算得上最早发布的方向引导印刷的例子，由导电的触针和绝缘的记录介质间的放电直接形成结果。

Ronalds 的离子印刷以带电的颗粒在远离电荷潜像的位置组成记录结果，这种原理的实现却与静电照相扯上了关系。号称静电照相之父的匈牙利物理学家和数学家 Paul Selenyi 也是世界上实践 Ronalds 离子印刷原理的科学家，静电照相技术的发明者卡尔逊正是从他发表的论文中获得启示，发明了目前主流数字印刷技术之一的静电照相技术。

1838 年，Selenyi 开发成电子成像（Electrography）记录装置，在绝缘的表面沉积信息写入所需的离子。作为离子成像数字印刷的雏形，由 Selenyi 开发的记录装置的基础工作原理如图 7－1 所示，该图归纳和总结了 Selenyi 记录装置的显著特征。

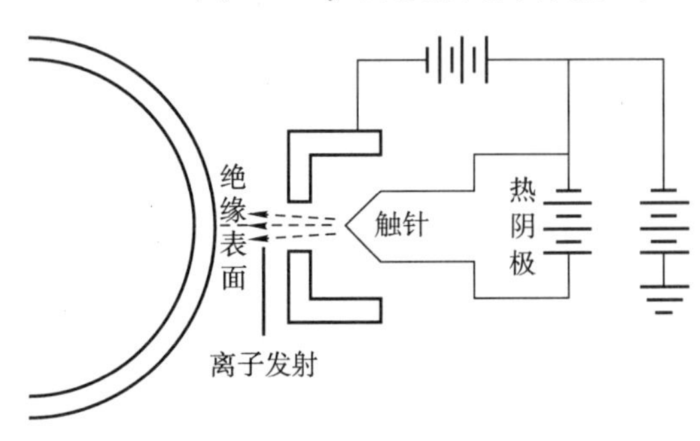

图 7－1　早期离子成像的基本原理示意图

从热阴极发射的电子形成负离子，沉积到绝缘表面的离子由加到控制“光圈”上的电压控制；离子枪的位置与绝缘纸张的距离大约 1mm，其中绝缘纸张以浸渍石蜡或虫胶清漆的方法组成，紧贴在迅速旋转的滚筒表面；记录由离子运动和滚筒旋转形成的螺旋轨迹，再利用石松粉末或铺路用沥青粉显影成“墨粉”图像。关心这种印刷方法的图像质量是理所当然的，根据 Selenyi 的观察和比较结果，若选择颗粒尺寸更小的沥青粉末，则可以获得更好的图像复制质量。控制电压即使低到 5V 也足以有效地调制负离子流，典型电压确定为 800V。绝缘成像滚筒以每秒钟 10m 的不可思议的速度运行，电荷潜像也可以在这样的速度下记录，但实际设备的典型操作速度大约每秒钟 1m。

7.1.2 离子成像的早期工程模型

Ronalds 发明的大气电活动记录装置与现代意义上的离子成像数字印刷有相当大的距离，称得上与离子成像数字印刷有直接关系的技术发展历史发生在 20 世纪的 30 年代末，时间上可以说与静电照相技术的发明处在同一时代。早在 1777 年时，人们就已经观察到了绝缘体表面能产生星状图案，例如灰尘一类的绝缘体粉末落到瞬态放电的树脂表面时，由于极化效应而为树脂表面所吸附，这一过程类似于静电照相数字印刷的显影。到 20 世纪 30 年代时，已经开始了放电树脂吸附绝缘粉末颗粒的工业应用研究，例如 1938 年 Selenyi 在应用物理杂志上发表的论文中提到了一种称为电子照相的记录系统，这是离子成像的早期工程模型，如图 7－2 所示那样。由于这种系统既没有使用光导体和光源成像，也没有通过磁性墨粉显影，而是利用了绝缘体在电场作用下的极化原理，所以不同于静电照相。

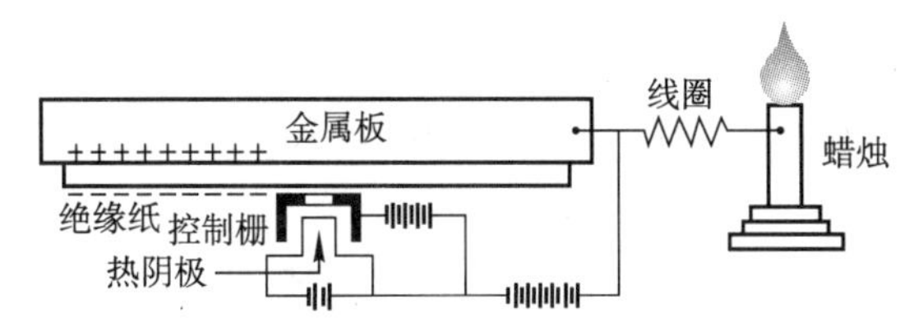

图 7－2 早期离子成像工程模型

在图 7－2 给出的记录系统中，金属板和热阴极相当于电容器的两块平行金属板，绝缘纸张则是放入电容器中的电介质。从介质的极化效应可知，绝缘纸张表面在电场的作用下可感应出负电荷。系统的作用原理归纳为：电源对阴极加热，阴极发热后向绝缘纸张发射电子，为绝缘纸张表面感应负电荷创造基础条件；控制栅的作用在于控制阴极电流的大小，故发出的电子数量也得到控制；阴极发射出的电子朝向绝缘纸张迁移，在靠近控制栅一侧的绝缘纸张表面形成电荷图案（类似静电照相产生的静电潜像，后面称电荷潜像）；当绝缘粉末颗粒撒到纸张表面时，颗粒在电场的作用下发生极化而能传递电作用，为电荷潜像吸附，从而使电荷潜像转换成视觉可见的“绝缘粉末图像”，完成显影。绝缘纸张的另一侧是一块与蜡烛连接的金属板，连接蜡烛和金属板的导线在中间部分是线圈，蜡烛发出的正电荷用于擦除纸张上的电荷潜像。

如图 7－2 所示的装置中，电荷潜像的产生实际上是借助于直接在绝缘纸张上有选择沉积离子而实现的，这或许是离子成像被称为电荷沉积法的原因。从静电照相技术的成像原理知道，光导体和光源对静电照相数字印刷来说是必需的，但图 7－2 所示的装置中显然不存在光导体和光源，因而没有必要在成像的开始阶段对电介质表面充电，也无须以光源对电介质表面曝光。因此，上面讨论的成像和复制过程比静电照相更简单。

图 7－2 给出的工程模型多少有点“原始”，用于工业实现可能是不合适的，因而它不应该是离子成像装置的唯一选择，事实上存在多样化的电荷潜像形成方法。例如，多刻针阵列成像方法也使用了离子成像原理，每个刻针负责对一个像素成像；当刻针上的电压加大到约 350V 时，刻针与电介质成像表面间的空气被击穿，使刻针能以非接触的方式在电介质表面记录而形成电荷潜像。

7.1.3 商业化努力

使用绝缘纸张的离子成像印刷的第一次商业应用通过导电触针阵列充电，利用微小气隙的空气击穿效应。如图 7－3 所示为这种印刷系统的原理基础，粗糙的纸张表面为空气击穿所需的最低电压提供恰当的气隙，由于良好定义的初始击穿最小电压，因而可实现多路记录。

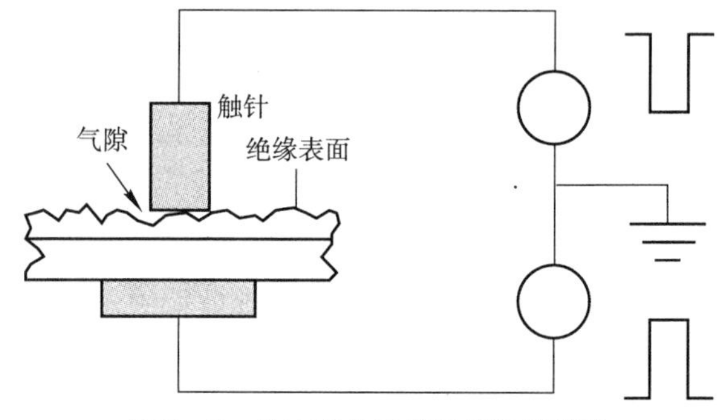

图 7－3　首次商业应用离子印刷基础

下面是对于与微小气隙击穿打印机和喷绘仪有关的商业开发活动的总结，大体上反映离子成像数字印刷从 20 世纪 50 年代到 80 年代末的发展轨迹：

（1）1955 年，H. Epstein 和 Burroughs 开发成惠比特绝缘纸和导电墨粉，超过 100 套的纸张和墨粉销售给了军事部门。

（2）1957 年，斯坦福大学和 A. B. Dick 公司的 Crews 研制成阴极针孔面管 Videograph，分辨率达到 250dpi，每分钟可产生 2000 个地址标记。

（3）1966 年，美国科学仪器制造商 Varian 有限公司的 Lloyd 获得针孔阵列专利，而 Gould 则获得电容耦合专利。

（4）1974 年，美国 Honeywell（霍尼韦尔）公司推出页面打印系统 PPS，这是一款高速打印机，每分钟 210 页的输出速度（这种输出速度即使到现在仍然很快），分辨率 200dpi。

（5）1979 年，富士通电介转移鼓式打印机 FY－3 问世，每分钟 60 页的输出速度，分辨率 240dpi。

（6）1987 年，美国 KCR 技术公司研制成聚酯转移（转印）带，输出速度分成每分钟 60 页和每分钟 200 页两挡，分辨率 240dpi。

绝缘纸小气隙击穿技术到 20 世纪 90 年代初还在使用，以喷绘仪为主要应用领域，经过 20 世纪 80 年代末期几年时间的发展，设备的寻址能力已经提高到了每英寸可产生 400 个记录点，印刷宽度增加到 72 英寸，也验证了离子成像彩色印刷的有效性。参与上述小气隙击穿商业化活动的公司包括 Versatec、收购了 Gould 公司的 Calcomp、继承 Varian 技术的 Benson、精密成像和 Synergy 计算机图形学公司等。

7.1.4　远程离子源打印机开发

如同前面提到过的那样，另一种离子沉积类型的打印机使用位置远离绝缘成像表面的离子源，通过低能量的电火花、电晕导线或无声放电形成离子，使这些方法产生的离子流动到记录表面，除直接生成离子外也可由电场控制离子的流动。

低能量电火花打印首先由 Phillips 公司的 Krekow 和 Schramm 两人付诸实施，他们研制了灰度等级传真记录装置，可以打印 15～20 个灰度等级，每英寸 250 个记录点的寻址能力。电火花在环状和针状电极组成的直径为 0.15mm 的凹坑中形成，电极的间隙大约 0.05mm。1979 年，富士通发布基于类似原理的打印机，但系统包含“光圈”阵列，以智能图像的方式对涂布绝缘层的滚筒放电，滚筒预先充电到负 600V。

在 1968 到 1973 约 5 年的时间内，美国 Electroprint 公司成长为开发离子打印技术的先锋，以电晕导线与离子调制“光圈”板结合，如图 7－4 所示为两种“光圈”的组成原理，左面的“光圈”沿电荷传输方向加偏压，而右面的“光圈”所加偏压则对离子传输起阻碍作用。

在图 7－4 所示原理的实现方法中，以超声波发生的水性墨雾在离子“光圈”板和作为图像接受者的普通纸间形成层流，经离子充电的墨粉颗粒通过电场加速行进到纸张。借助于以上措施实现了每秒钟 16 英寸的高速印刷，由 Electoprint 及其授权制造商日本 OKI 公司研制出多款打印机产品。但不幸的是，某些现实问题无法克服，以至于 Electoprint 公司于 1981 年为 Markem 公司所兼并。此后不久，Markem 推出标签打印机，以离子调制板实现了每英寸 100 个记录点的寻址能力，速度达到每秒钟 6.2 英寸。此外，该公司还开发成单组分墨粉，用于对临时记录在绝缘纸上的潜像进行显影。

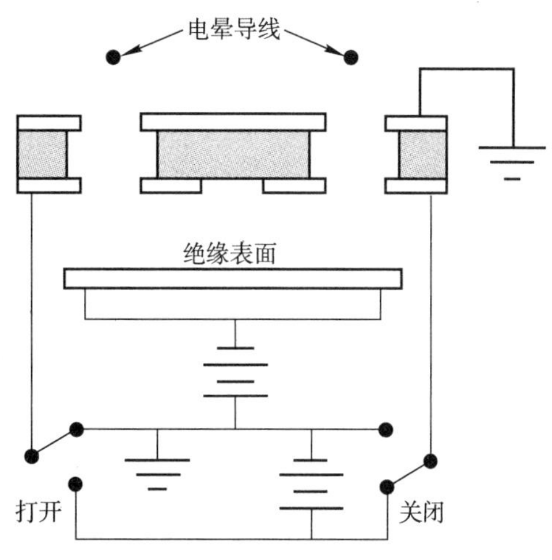

图 7-4 两种“光圈”的组成原理

1976 年，Horizons Research 从 Nomex-Avery 取得授权，制造条形码打印机，也采用绝缘纸记录电荷潜像，以单组分墨粉显影，辐射加热熔化。通过电晕导线调制脉冲宽度生成条形码，利用开有沟槽的“光圈”定义条形码，有多款打印机在 20 世纪 70 年代后期销售。

受限于电火花电压，有效电流密度受到来自传统电晕导线的限制。这样，应用电晕导线的离子“光圈”控制板打印机局限于每秒钟几英寸的印刷速度。为了提供更高的离子流，需要增加电晕导线的电火花发生电压，为此可采用在导线上方吹高速气流的方法，以快速地去除刚开始时有可能引发雪崩效应的离子。IBM 和施乐曾经探索过高速气流提高电火花发生电压的方法。此外，当时出现的两个专利也帮助过技术开发人员，启发技术开发者利用横向电场控制离子流通过槽口或“光圈”。来自美国专利出版物的信息表明，Konishuroku 和佳能也参与了该领域的活动。施乐的研究者们在气助离子成像印刷技术的开发过程中表现得相当活跃，许多施乐学者在该领域发表了论文并取得专利。

7.1.5 面向标签印刷的开发活动

Dennison 制造公司是工业标签的主要生产者和销售者。1976 年初，该公司意识到机器可识读标记系统的增长，将产生可变条形码标牌和标签的市场需求。满足这种将要出现的市场需要新的打印机产品，用于以更高的输出速度完成可变条形码印刷，要求新的打印机具有比机械驱动的撞击式打印头更高的灵活性。为此，Dennison 制造公司的先进技术开发实验室启动了新的项目，致力于开发相应的高速电子印刷技术。开发人员们意识到，他们必须开发可靠性等级比早期激光打印机和复印机更高的产品，才能满足高速和重载荷生产条件下运转的要求。为了开发成直接组成电荷潜像并实现墨粉的冷压转移和墨粉图像可以熔化到各种承印材料的技术，预期需要 4 年的时间。由于可以实现墨粉 100% 的转移，后续的清理达到最小程度，导致产生了高度可靠和清洁的印刷系统。

技术开发目标包括绝缘涂布层滚筒的直接充电，由此诞生了更可靠的系统，不再需要首先将电信号转换成光学图像、再转换回电气图像的老技术。静电照相必须使用光导部件，但新的技术并不需要这种对静电照相来说至关重要的零件，也无须曝光用光源，耐磨性很高的成像滚筒允许同时在高压间隙内完成墨粉图像的转移和定影。这种新技术的成像滚筒由铝合金材料制成，表面经过电镀处理，再脱水和干燥，并以绝缘树脂浸渍。由于具有维持机器清洁度的优点，体现各种墨粉处理子系统结构的简单性，在长时间的运转过程中保持图像质量，可以按极高的速度提供密度很高的阶调图像，因而选择了单组分墨粉。

大量组成静电记录点矩阵潜像的技术逐步研究出来，包括虚拟接触、小气隙击穿、低能量电火花、吹风电晕、离子“光圈”控制和脉冲电晕针孔等。到 1977 年初时，利用无声放电的电荷生成技术终于开发成功，两个电极通过绝缘分离，利用高频交变电压为电荷生成提供能量，电极结构绝缘区域的气隙放电用作高密度带电颗粒的来源。人们在 1977 年看到了多路传输墨粉盒的发展，成功地设计了第一代门电路震荡器，结合使用云母作为打印墨盒良好的绝缘材料。与此同时，无声放电有效地擦除潜像的技术也发明于 1977 年。

7.1.6 整机产品发展概述

第一台真正能产生收益的离子成像数字印刷机用于 Dennison 公司的 Framingham 标签生产环境，该设备被命名为 Presidax，卷筒输纸系统，与传统窄幅卷筒纸标签印刷机组合到一起使用，早在 1982 年时就完成系统安装和必要的调试。从此以后，大量的附加设备开发成功，针对高速和宽卷筒纸处理能力而研制，这些能力对于那些将要与已经安装和正在使用的传统商业卷筒纸印刷机集成的离子成像数字印刷机来说是必须的。据统计，截至 20 世纪 80 年代末，以离子成像数字印刷机生产的标牌和标签的数量已接近 10 亿英尺。

Dennison 与 Canada Development Corporation 的合资企业 Delphax Systems 公司从 1982 年开始供应每英寸 240 个记录点的印刷引擎和每分钟 60 页输出能力的单张纸印刷单元。由于这种产品有很高的可靠性，速度不断提高，从 20 世纪 80 年代初的每分钟 60 页提高到 75 页，后来再提高到每分钟 90 页，甚至每分钟 120 页。由 Delphax 设计和制造的、安装 24XX 引擎的离子成像数字机以 OEM 产品的形式销售给多家客户，其中最大的客户是施乐，他们在 1984 年购买了 Canada Development Corporation 拥有的 Delphax 股权。从 1983 年开始，超过 3500 套 24XX 引擎发运到世界各地。

每英寸 300 个记录点寻址能力的单张纸工程型号离子成像数字印刷机在 1983 年时开发成功，该设计方案于 1984 年授权给 C. Itoh 公司，首套客户订购的设备于 1986 年发货。这种离子成像数字印刷机的型号为 S4500，通过 OEM 和经销商卖出。到 1990 年为止，Delphax 制造的的离子成像数字印刷机每年完成 50 亿页的生产任务，范围涉及全世界。

Delphax 以双引擎打印机成为高速离子成像设备开发和制造领域的先锋，公司的 S－9000单张纸离子成像数字印刷机保持 20 世纪 90 年代初每分钟输出 180 页的世界纪录，那时 Bull 研制的 4180D 型磁成像数字印刷机采用两种 Delphax 卷筒纸引擎。

Dennison 还开发成小型的 4 英寸宽度离子沉积引擎，应用于 Dennison 公司的 Idax 100 和 Idax 40 标牌及标签打印机，每分钟可连续打印 100 英尺的长度，除打印外还配备切纸和标牌堆垛功能。这种设计技术于 1985 年授权给 SCI Corp.，用于打印飞机票等。截至 1989 年底，约 4000 台这种飞机票打印机已安装并使用。

7.1.7 发展现状

现在已形成 Delphax 产品系列、分成标签、单张纸和卷筒纸数字印刷机三大类型，其中单张纸机器又细分为四种子类型，包括文档输出用 Checktronic、用于大批量支票簿印刷且具有磁性油墨字符识别印刷能力的 Pro MICR、单张纸彩色数字印刷机 elan 和黑白数字印刷机 IMAGGIA II。然而，这些机器中的标签印刷机 Colordyne 实际上属于喷墨印刷设备，并非离子成像数字印刷机；单张纸彩色数字印刷机 elan 也不是离子成像数字印刷设备，而是激光束扫描成像彩色静电照相数字印刷机。

卷筒纸离子成像单色数字印刷机 CR 系列总共有 CR2200、CR1500 和 CR1000 三种型号，数字越大表示印刷速度越快；电子束（离子）成像，水平和垂直分辨率均为 600dpi；

卷筒纸最大宽度 483mm，可印刷宽度 463mm，连续印刷的图像长度从 152～1524mm；印刷速度达到每分钟 500 英尺，具有大约每分钟输出 2200 页 A4 印张的能力，这种速度已经可以与胶印展开竞争；单面和双面印刷两种配置，可按需要选择；冷压和辐射加热熔化组合，不同于静电照相数字印刷的加热滚筒和压力滚筒组合熔化技术；数字前端系统具有拼大版、作业排队和印刷业务处理优化等功能的可选件。

Delphax 生产的单张纸离子成像数字印刷机包括 3 种类型，均为黑白数字印刷机，其中 Checktronic 与 Pro MICR 类似，两者的主要区别表现在分辨率和输出速度上，例如 Checktronic 的分辨率仅 300dpi，但 Pro MICR 的水平和垂直分辨率达到 1200dpi，可以说 Checktronic 是 Pro MICR 的简易版；单张纸离子成像黑白数字印刷机 IMAGGIA II 的熔化方法与静电照相领域的主流技术相同，以加热和压力滚筒组合熔化墨粉，水平和垂直分辨率 600dpi，可成像宽度 463mm。

7.2 离子成像数字印刷的物理与技术基础

电介质在电场作用下感应出电荷的现象称为电介质的极化，电介质表面产生的电荷则称为感应电荷，有时也称束缚电荷，此为离子成像数字印刷的基础所在。从物理现象考虑，离子的产生源于气体放电，气隙击穿是生成大量离子的必要条件，围绕这种离子生成方法出现过不同的技术，离子成像的原理相同，但具体实现时派生出不同的技术。

7.2.1 汤森自持放电条件

正常大气环境条件下的帕邢区域（包括间隔和电压）由电场激励的电荷载体决定，参见帕邢、汤森和其他学者描述的计算公式。原则上，只要电场存在，则包含足够数量离子的空气将被加速，并向着相反电位的电极运动；在电场强度、气体密度和距离条件足够的条件下，这些气体将使其他气体分子电离。以上物理效应由汤森描述为指数律离子倍增。

均匀电场气体间隙击穿电压、间隙距离和气压间的关系由德国物理学家帕邢于 1889 年建立，其依据是帕邢平行平板电极的间隙击穿试验结果，表示为击穿电压 U 是电极距离 d 和气压 P 乘积的函数，计量单位分别为千伏、厘米和托，如图 7－5 描述的曲线所示，该曲线也称为帕邢曲线，表现为非单调函数，最小值的出现与电极和气压的乘积有关。

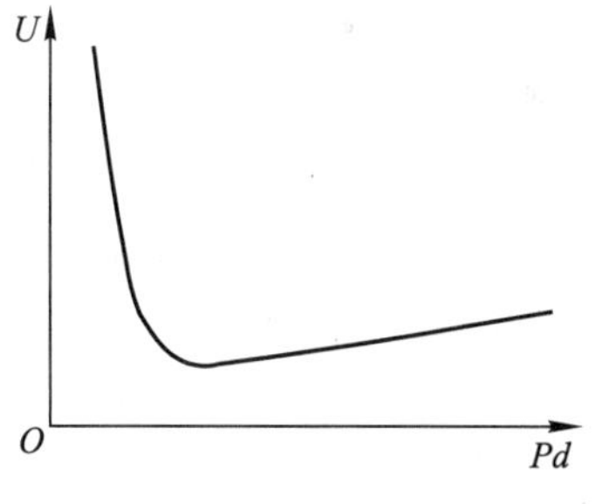

图 7－5 帕邢曲线

应用汤森击穿条件以及电离系数与 Pd 的关系式可以导出击穿电压公式，再对击穿电压公式求导即可得最小击穿电压。从图 7－5 所示的帕邢曲线不难知道，提高气压或者气压降低到真空都能提高间隙击穿电压，这种概念在实际应用中是有意义的。

深入地理解离子成像的物理原理需要了解汤森理论的主要内容。汤森在实验中发现，当两块金属或其他导电材料制成的一对平板电极间所加电压增大到一定值时，平板所形成间隙的气体中出现连接两个电极的放电通道，使原来绝缘的气体变成电导很高的气体，有放电电流通过，间隙被击穿。汤森用气体电离的概念解释这一现象：他设想有 n_0 个自由电子在电场作用下从阴极向阳极运动，只要电场足够强，电子在与气体分子碰撞时会引起后者电离，发展成所谓的“电子雪崩”效应；若每个电子在电场中移动单位距离时产生的电离次数为 α（称为汤森电离系数），则可推知 n_0 个自由电子在从阴极向阳极运动的过程中

经过距离 n 后将增加到 n_0e，而每个电子产生的正离子－电子对数为 e^{-1}。正离子在电场作用下向阴极运动，设每个正离子撞击阴极时引起的电子发射（称二次电子发射）的概率为 r，则 n_0 个自由电子引起电离后产生的二次电子数为 rn_0（e^{-1}）。若要求放电持续不断，必须满足 rn_0（e^{-1}）$=n_0$ 或 r（e^{-1}）$=1$，此即汤森自持放电条件，又称汤森判别式。

7.2.2 离子增长的乘法规律

如图 7－5 所示的帕邢曲线以击穿电压与电极距离和气压乘积的关系表示，确实是对于帕邢定律准确的物理描述，但与离子成像打印头的结构较难联系起来，如果改成如图 7－6 所示的以气隙和气隙电压的关系表示，则与离子成像数字印刷机结构更接近。

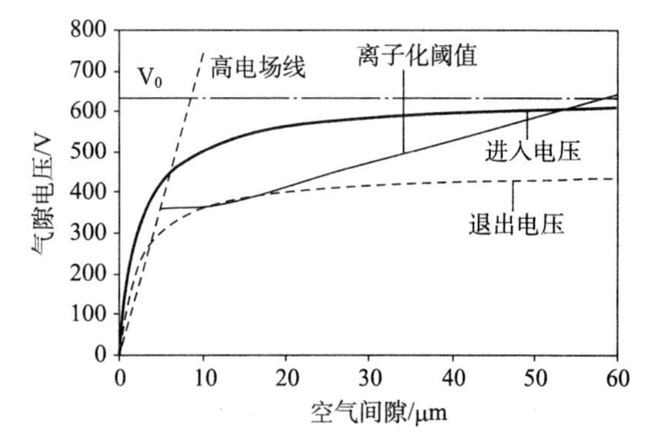

图 7－6 帕邢曲线与离子化阈值

为了更深入地理解离子生成的条件，需要了解离子化前离子成像数字印刷机提供气隙条件的针孔到绝缘带的电场分布，绘制成如图 7－7 所示的距离与电场强度分布关系。

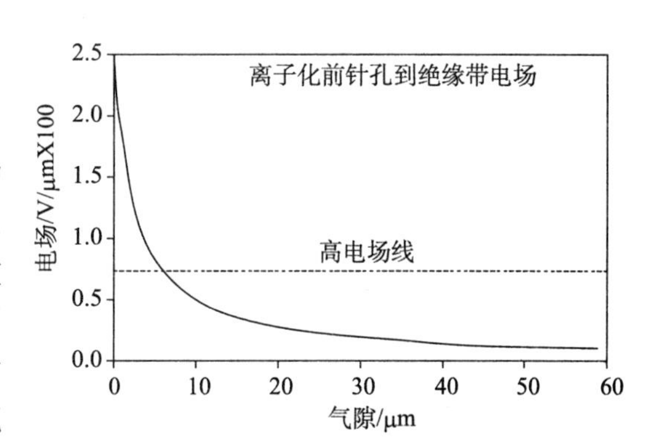

图 7－7 离子化前针孔到绝缘带电场分布

针孔结构是早期离子成像设备类型之一，用于“规范”离子流的运动方向，为后来的离子成像头结构设计提供了很好的借鉴。图 7－7所示气隙内的电场分布，假定不存在离子化过程，且绝缘带正进入气隙位置。图 7－6 给出的帕邢曲线指示，当气隙距离大约为 50μm 时将超过离子化阈值，这是绝缘记录表面离子，生成条件的进入电压相对于针孔电位超过离子化阈值的结果。一旦绝缘记录表面的进入电压超过离子化过程的阈值，则气隙电压将迫使绝缘记录表面带电，气隙电压服从离子化阈值曲线。当气隙距离明显低于帕邢曲线平坦部分、但又超过高电场发射线时，绝缘记录带将被恰当地充电，与绝缘带离开针孔区域时上升到的离子化过程退出电压数值有关。

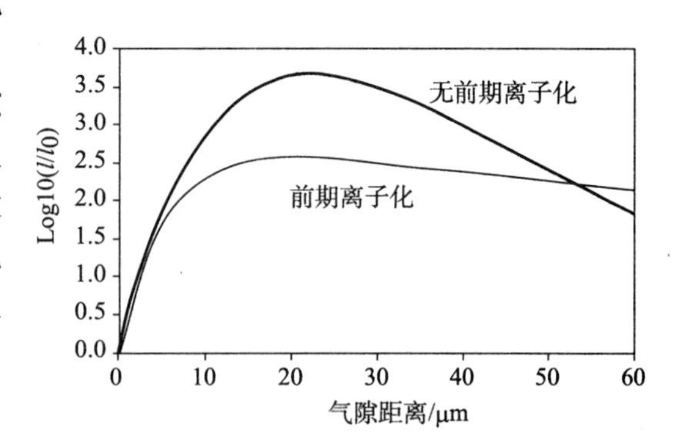

图 7－8 离子按乘法规律增长的趋势

图 7－8 给出了离子化过程发生时在如图 7－6 所示帕邢离子化效应和如图 7－7 所示针孔到绝缘带记录表面电场分布条件下的离子化过程特点，离子的增加按乘法规律变化，图中的无前期离子化曲线表示达到起始电压时离子的发生规律。

7.2.3 离子发生过程分析

20 世纪 80 年代末，离子成像数字印刷领域的技术开发人员开展了大量基础研究，曾测量过模拟离子打印机工作状态的离子发生参数，分析离子化的过程，根据这些对于离子化过程的分析和测量结果，他们认为提高离子成像数字印刷的输出速度和分辨率在技术上是可行的。在已经提出的离子成像过程经典物理模型的基础上，结合已经得到的实验测试数据设计了专门的电极控制，并据此确定了绝缘参数配置。相关实验结果表明，只要在实践总结出来的条件下操作，离子传输过程本质上是稳定的物理现象，预测结果与模型一致。

离子成像设备物理模型的计算结果表明，离子生成后的传输过程具有表示图像灰度等级的基本属性，意味着离子成像技术具备图像复制的能力，例如即使在超过每秒钟 50 英寸的印刷速度条件下，仍然具备 50μm 像素尺寸的描述能力。

后来，离子成像数字印刷领域的实验测量数据进一步证实，如果使用了全部记录点可寻址的图像处理器，则已有的离子成像系统将具有多功能性，说明输出速度较低的离子打印机有可能被“改造”成高速印刷设备，不再局限于刚开始时的只能打印文本，且可以组建成针孔阵列硬拷贝输出设备，为以后演变成更好的打印头结构创造了基础条件。

图 7－9 给出 KCR 公司于 20 世纪 80 年代推出的 7600 离子打印机的针孔“图案”，这种打印机是早期离子成像设备类型之一，针孔没有设计成多路控制结构，而是采用了每个针孔独立驱动的形式。图文数据依次传递给包含并进行输出的移位寄存器，完整的图像数据行加载结束后，输出数据锁存到高电压场效应开关，为针孔提供 500V 的驱动电压。

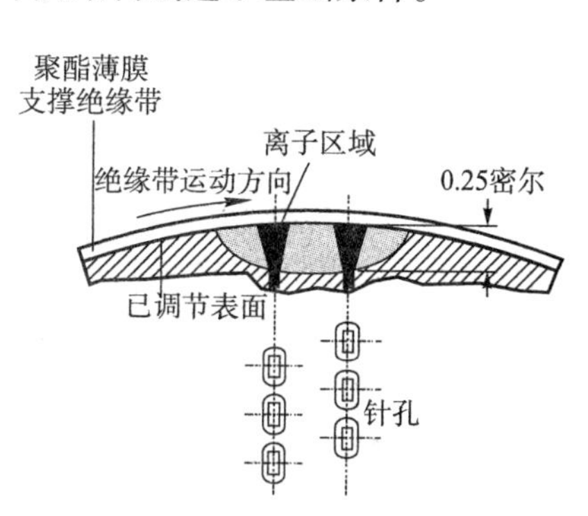

图 7－9　离子成像针孔图案

进入针孔区域时，预充电的绝缘带电压大约降低 100V，使针孔处于关闭状态，导致气隙电压恰当地低于高电场发射条件。当针孔电压上升到 500V 时（具体数值与激励条件有关），气隙将处在超过 360V 的帕邢极限作用下，因而发生离子化过程，此时绝缘记录带获得正电荷，一直到不再超过帕邢极限时，离子化过程停止。离开针孔区域时，绝缘带对应于页面背景区域的电压约为 150V，图像区域的电压大约为 50V。

7.2.4 离子化过程控制

离子成像数字印刷机由计算机控制，极有可能在缺乏操作人员干预的条件下长时间地运转，对此应该有特殊的考虑。为了满足离子成像设备的这种特殊需求，必须选择长寿命的设备部件，且成像和复制过程具备自行清理能力，应付不可避免的污染源。仍然以具有一定代表性的针孔结构为例，在所有维持长期稳定运转的因素中，最关键的因素是针孔的离子化属性，归结为针孔间距、电压和表面洁净程度等要素。只要针孔表面没有抑制离子生成过程的涂布层，则离子化过程极为稳定。

理论研究和实践经验都证实，在正常的成像和复制过程中存在离子化过程时，会进一步增强离子化过程。此外，如果在持久的时间内非印刷区域不发生离子化过程，则后续的时间内也将抑制该区域的离子生成能力。引起上述物理效应的准确机制目前尚不清楚，但设计和制造离子成像系统时必须考虑。在正常的离子成像数字印刷过程中，显影装置显得相对“空闲”些，针孔则在没有纸张运动的情况下处于激活态，以便尽可能利用大约 4%

的工作周期使所有针孔一起打开。这种技术允许在针孔结构离子成像数字印刷机或打印机长时间的运转过程中连续地保持针孔的有效性。

像素生成器以期望的像素“图案”对串行数据做格式化处理，在绝缘记录层表面组成电荷图像。处于工作状态的针孔可形成离子充电“图案”，在移动的绝缘层表面产生电荷潜像的记录结果。针孔几微秒的活动时间对于全面激发出帕邢过程是恰当的，与绝缘记录层通过针孔的时间和产生记录结果需要的时间匹配。从工艺的合理性出发，一旦撤去加到针孔上的电压，就应停止气隙内的离子传输，余下的正离子将传输给绝缘记录带。负电荷自然以电子为载体，在几分之一微秒钟的时间内传输到针孔。然而，氧化物或其他微小的绝缘颗粒等污染物可能抑制离子化过程的迅速衰减。此外，由于气隙距离如此之窄，而正离子的传输速度又很快，以至于在如此短的距离内无法探测。为了确保清理系统与预防污染的特殊要求匹配，必须十分谨慎地控制相关因素。正离子云分布在从针孔到绝缘记录带的整个区域内，但很快就会消散掉。

根据以上描述的离子成像数字印刷原理和过程看，只要印刷机或打印机的控制系统工作在理想状态下，则电荷图像是页面图文内容的合理而准确的复制。

考虑到针孔与绝缘记录表面所形成空间内存在横向电场分量的作用，因而单个针孔由电荷感应产生的图像必须包含电场容差因素。横向电场分量导致的离子束直径增量是针孔设计参数和相关因素的函数，且应该反映周围支撑结构的物理本质。以 20 世纪 90 年代初的离子成像打印机达到的水平为例，当时的离子成像打印机采用直径约 3 密尔的针孔，假定离子束直径增量 1 密尔，并考虑到其他因素引起的开花效应，则可以形成大小约 5 密尔的像素或记录点。按交变电场结构测试结果，相应的离子成像系统针孔直径为 3 密尔时可获得大约 4 密尔直径的记录点，估计横向电场分量导致 0.5 密尔的增量。

离子成像数字印刷已经达到每英寸 600 个像素的记录分辨率，以后甚至会更高。这种记录精度建立在大量研究工作的基础上，离子传输过程中的直径扩展可以控制在 1 密尔范围内。例如，直径 0.9 密尔的针孔发射的离子束直径扩展约 0.8 密尔，变换成记录点时的离子束直径为 1.7 密尔 = 0.0017 英寸，因而可实现的空间分辨率为 1/0.0017 = 588.2 ≈ 600dpi。根据印刷实践，大多数文本印刷应用要求的线条宽度在 8 密尔左右，有时甚至比 8 密尔更宽。然而，图像复制，尤其是模拟连续调效果的半色调图像复制却不能局限于文本印刷如此低的尺度，连续的针孔行的交错接合显然可以提高位置分辨率，理论上对期望分辨率没有限制，是否合乎应用需要则是另一回事。数字硬拷贝输出设备形成的线条由记录点组成，因而线条的边缘清晰度与针孔（记录点）有关，可以表示为离子束扩散、时间控制和空间差异的函数，大体可控制在 0.5 密尔的水平。

7.2.5 离子流的集聚效应

离子生成后不能自由运动，否则无法得到正确的成像结果，需要“规范”到设计人员要求的行为特征，这种操作称为调制，实现离子流调制的空间则称为调制通道。通过调制通道低电场区域的离子将“发现”自身奇怪的行为特征，这些离子将会在调制通道电场很高的区域再次出现，与调制通道形成的高电场区域位置有关。

离子成像数字印刷发展过程中曾经出现过所谓的气助离子印刷，其关键结构部件被命名为 Corjet 打印头或 Corjet 头，本小节将以气助离子印刷分析离子流的集聚效应。

位于 Corjet 打印头和形成带电荷图像（潜像）表面间的区域称为投影场（Projection Field），其中带电成像表面即电荷接受体。重要的问题在于这种区域应该保持很高的电场，以获得最佳的印刷图像质量。电荷接受体通常由很薄的绝缘层组成，覆盖在导电基底层上。投影场区域的电场由应用于基底层和 Corjet 打印头间的电压建立，或采用以电晕装置对绝缘表面预先充负电的方法。典型条件归结为 Corjet 打印头与绝缘表面的距离小于 0.050 英寸，投影电压通常应大于 1000V，电荷接受体实际使用的电压值、绝缘层厚度及其绝缘常数很大程度上与显影系统参数和材料的选择有关，用于将电荷潜像转换到视觉可见的墨粉像。电荷接受体的绝缘层厚度的典型范围为 0.001 ~0.010 英寸。

由于投影区域电场比调制通道内的电场高得多，因而等电位线容易从投影区域堆积到调制间隙内，导致图 7 -10 所示强烈的圆柱形“镜头”效应，使离开调制通道的离子在电荷接受体表面集聚成宽度小于 0.001 英寸的离子流线。

随着离子流离开调制通道的低电场区域，这些离子将遇到投射区域很高的电场作用，导致投射区域等电位线的“肿胀”效应，在调制通道内形成奇特的电场线，建立所谓的圆柱形“镜头”效应，使离子流强烈地集聚到电荷接受体（成像滚筒）的绝缘表面。

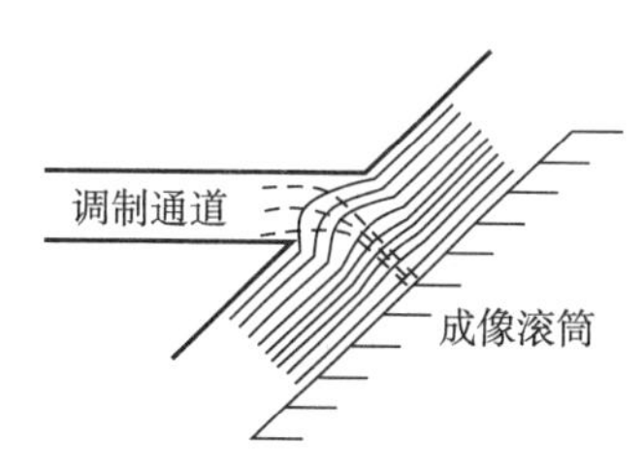

图 7 -10 离子流的圆柱形镜头集聚效应

Corjet 属于常数电流（离子流）设备，这一点与其他离子成像设备不同。之所以如此，是因为离子流进入并通过调制通道时的行为特征几乎与存在于投射区域的电压无关，离子流基本上仅仅由调制电压和气流控制，这种特性的价值之一体现在电荷接受体上堆积而成的图像电荷密度，独立于绝缘层电容的局部波动。上述特征意味着显影过程产生的墨粉图像的光学密度与绝缘层的厚度无关，适合于电荷控制显影系统，例如液体墨粉系统。

7.2.6 电晕放电差异

许多设备需要电晕放电过程，某些离子成像设备同样如此，其中以气助离子成像打印机最为典型。在大量设备应用电晕放电原理的过程中积累了许多经验，可以说电晕放电设备经过各种环境条件的运转考验，例如静电照相数字印刷系统使用的电晕装置。虽然气助离子成像打印机也在电晕放电设备之列，但又与大多数电晕放电设备不同，因为气助离子打印头的电晕放电过程受全面的限制，从而对实际应用产生至关重要的影响。

按理来说，静电照相技术使用电晕放电装置的历史相当悠久，但整机系统中的电晕放电装置却是可靠性较低的部件。实践经验表明，静电照相系统用电晕放电装置可靠性不高的根源在于沾脏效应，因为这种部件往往在脏污的环境条件下运转。一般来说，灰尘和脏物颗粒在运动期间容易变得带电，当这些颗粒通过电晕放电装置和后续的电场线时，将附着于电晕放电装置的导电表面。不仅如此，来自周围环境的碳氢化合物蒸气也有副作用，在电晕放电装置内经历化学变化，倾向于在某些导电表面产生聚合作用，从而在电晕放电装置的导电表面堆积成绝缘薄膜。

当绝缘薄膜足以限制离子流时，电晕装置的连续放电状态将被一系列短期作用的电弧所中断，这种电弧来自电晕导线及其导电性能已变得很差的装置壁之间的放电。随着这些电弧的能量逐步增加，由电晕放电形成的电荷图案的均匀性被打破，在特定的环境条件下甚至有可能导致电晕导线损坏，例如产生硝酸铵固体物条件下的放电过程引起设备失效。

由于静电照相设备需设计成开放式的结构，来自周围环境的灰尘、脏物和碳氢化合物蒸气等有害物质进入设备几乎无法避免，从而影响电晕放电装置性能的正常发挥。尽管如此，如果能保持电晕放电导线和导电放电表面之间相对大的距离，并设法加工出最大面积的导电放电表面，则电晕放电装置的使用寿命可以延长。采取上述措施后，灰尘颗粒的沉积区域增加，由放电副产品引起的碳氢化合物分解则为灰尘颗粒累积腾出了更多的空间。

气助离子成像设备与静电照相设备相反，由于这种设备在空气正压力下操作，因而容易控制到达电晕放电区域的灰尘、脏物和其他污染物，但必须保持调制通道内气流的顺畅。与大多数静电照相设备的电晕充电装置相比，对气助离子成像设备来说，灰尘、脏物和碳氢化合物的允许累积数量要小得多，原因在于电晕导线与导电的放电表面靠得更近，且这些表面的整体尺度比起静电照相设备来要更小。虽然如此，由于低成本过滤器的开发成功，使解决气助离子成像设备脏物累积问题产生新的希望，所有的测试结果均表明，借助于过滤器可以有效地去除来自输入空气流的脏物，即使在很脏的环境条件下也可保持设备的正常运转。对于气助离子成像设备的应用实践进一步发现，这种成像系统仅产生相当低水平的连续碳氢化合物蒸气污物，作为电晕放电的结果，副产品的一次分解使得导电的放电表面产生聚合效应，此后再进一步全部分裂成气体状态的材料。

7.3 离子成像打印头

如同其他数字印刷技术那样，打印头或印刷单元总是数字印刷整机系统最重要的结构部件，离子成像数字印刷同样如此，其他结构部件起辅助作用。在离子成像数字印刷发展和进步的过程中，曾经出现过不同类型的离子成像打印头，例如针孔阵列离子打印头、气助离子打印头和介质阻挡离子打印头等，目前以 Delphax 离子打印头为主流技术。

7.3.1 离子沉积引擎

1978 年期间，两种窄卷筒纸标签打印机的实验电路板设计和制作成功，使用实验电路板的打印机型号用于验证 Dennison 技术的可靠性和高速性能。到 1990 年时事情已经变得很明显，离子沉积技术的潜在能力超越了标牌和标签生产。离子沉积作为计算机页式打印机使用于潜在应用领域时，要求开发 8.5 英寸的页式打印机电路板，这种整张进给的打印机按每英寸 200×300 的精度形成记录点，每分钟打印 50 页，于 1979 年设计和制造成功。

与打印墨盒和系统结构有关的基础专利得到授权。技术开发者寻求商业合作伙伴的努力始终没有停止过，主要集中在计算机和办公自动化应用领域。到 1979 年底前，Dennison 完成了与加拿大开发公司（Canada Development Corporation）的合资企业组建事宜，到 1980 年时 Delphax 系统的应用终于变成了现实。

20 世纪 70 年代到 80 年代 Delphax 离子沉积“引擎”的基本结构如图 7－11 所示。在这种数字硬拷贝输出系统中，电荷潜像在涂布绝缘层的成像滚筒表面形成，带电颗粒从离子打印头转移到成像滚筒的表面，形成类似于静电照相所需静电潜像的临时记录结果。此后，显影得到的图像同时转移和熔化到普通纸张的表面，为此需要保持由成像滚筒绝缘表面和压力滚筒形成的间隙区域的高压力。连续的印刷过程必然要求成像滚筒绝缘表面恢复到初始物理状态，通过组合清理技术实现，即首先利用反向作用的刮刀去除滚筒表面的残余墨粉颗粒、从纸张上散落的灰尘和其他碎屑等，并利用擦除头对残留的静电荷做放电处理。

显影所得墨粉像转移到普通纸张表面后，使电荷潜像的电位从大约 200V 降低到

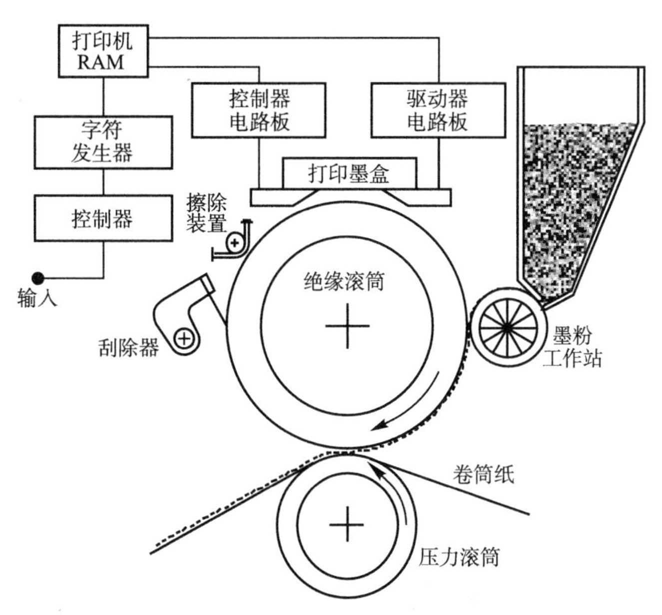

图 7－11　离子沉积引擎的结构与工作原理

60V，但正因为这 60V 的残余电压才导致出现非期望的图像背景，当然非期望背景也有摩擦充电引起的静电条纹和人为缺陷的影响，为此需要有对电荷潜像进行放电的系统。尽管可以采用交流电晕导线作为擦除源，但利用无声放电离子发生装置的擦除系统无疑更有效。特别有效的擦除系统由涂布玻璃的钨丝构成，使用开孔的导线金属丝网格或小间隔排列的平行导线。高度浓缩的离子通过在擦除装置电极间施加 800V 电压获得，频率等于 100kHz。

离子成像印刷系统的心脏是离子沉积盒，通过带电颗粒组成电荷图像，在两个由绝缘体分离的电极间以无声放电的方法生成矩阵点图像。两个电极间施加交流电压，只要边缘场区域的电应力（Electrical Stress）超过空气的绝缘强度就会发生放电现象；电位方向相反时将发生同样的现象，绝缘体以符号相反的离子带电；有效的带电颗粒密度取决于打印头的几何配置，以及工作频率和交流激励电压。

高频激励电压被加到驱动器和控制电极间，以在邻近控制电极的边缘场区域组成无声放电效应。气隙击穿可能发生在控制电极的光刻孔内，或发生在控制电极的槽口中。应该防止靠近驱动器电极边缘场区域的气隙被击穿，为此可以采用以高绝缘强度树脂对驱动器电极加封套的方法。为了在放电时抽取出带电颗粒，需要在控制电极和绝缘涂布层滚筒间施加合适数量的电压。

仅当激励电压和抽取控制电压同步施加时，才能在绝缘涂布层的成像滚筒表面组成电荷图像。为了满足上述两种电压同步施加和一致性的要求，可以采用对离子生成“盒”应用多路传输或矩阵寻址的措施。第三种电极服务于静电“隔离”功能，使控制电极与组成在绝缘涂布层成像滚筒上的电荷潜像绝缘。这种“隔离”电极采用丝网电极的形式，由连续的金属箔加工而成，蚀刻有与打印头每一放电区域相反方向的圆孔。

发生在空气中的放电现象会生成很活跃的带电体，存在水气的场合时，这些带电体的作用导致生成稳态的和亚稳态的化合物，包括硝酸和硝酸铵。幸运的是，这些物质的有害作用容易为打印墨盒相对高温的操作条件所消除，因为打印墨盒的典型操作温度可达到

60℃。来自打印墨盒或擦除放电过程的盐将浓缩到绝缘涂布层成像滚筒的表面，存在湿气时形成侧向导电条件，导致印出的产品外观略显模糊。如果成像滚筒的表面温度处于相对湿度10%或更低的操作条件下，则不会发生图像质量的降低，已经为实验结果所证明。根据统计数据，成像滚筒温度应保持在50～60℃的典型温度范围。

7.3.2　针孔阵列离子打印头

KCR 7600离子打印机以改性聚氟乙烯（Modified Polyvinyl Fluoride）材料为电荷接受层，在聚酯薄膜结构层的支持下工作。这种改性聚氟乙烯皮带（带式离子成像绝缘层记录结构）沿滚筒套件的表面运动，通过单边链轮驱动，如图7－12所示。

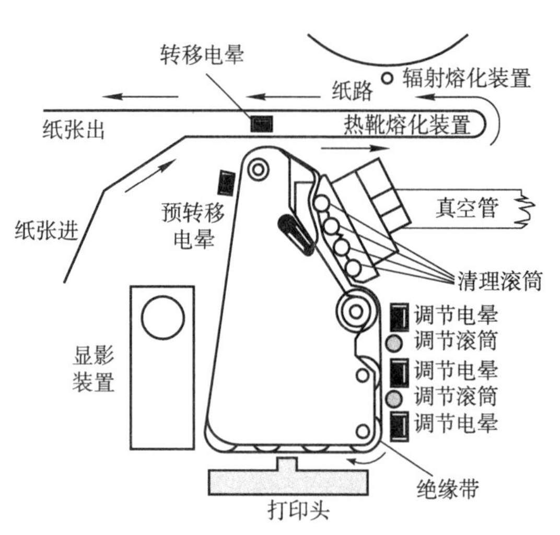

图7－12　针孔阵列离子打印头结构

图7－12中的打印头以离子发生器为主，由射频电极、放电电极和丝网电极等组成，从打印头发射出的离子流在绝缘带上记录成电荷潜像，经显影、转移和熔化处理后在纸张表面形成永久性图像。在电荷接受器（绝缘带）进入按行排列的导电针孔阵列时，离子成像印刷系统的电气调节工作站为该电荷接受器提供均匀分布的电荷，数值不超过150V。在系统工作过程中，绝缘记录层和支撑层间涂布铝的界面保持良好的接地，即该界面始终保持与地面相同的电位。针孔阵列由2排“光圈”组成，每英寸包含120个“光圈”或针孔，针孔横截面的尺寸3.0×0.7mil（密尔），1密尔＝0.001英寸；针孔行相隔12.5密尔的距离，形成每英寸240个针孔的排列密度。

7.3.3　页面宽度离子写入头

气助离子成像打印头具有页面宽度信息写入能力，直接提供以离子分布调制为手段的在绝缘表面产生的电荷潜像记录结果，并开展后续的显影、转移和熔化过程，这种在气流帮助下实现离子成像的打印头结构示意如图7－13所示。

气助离子打印头以金属结构为主体，包含有调制功能的指形电极，以铸造结构最为典型。正离子由0.0035英寸的电晕导线提供，工作时电晕导线保持大约3000V的电压，放置在0.05英寸厚度的“墙壁”内。空气引入到离子头内，再从气助离子打印头机械加工表面和调制阵列表面组成的窄槽吹出。上述窄槽称为调制通道，正常情况下高度大约0.005英寸，长度大多等于0.02英寸。电晕导线所发射离子的小部分向调制通道运动，由气流搭载通过调制通道。低电压加到调制阵列的指形电极，导致离子偏转，从气流中清除部分离子。离开打印头的离子被强烈的电场拉向投射电极的绝缘涂布层的表面，

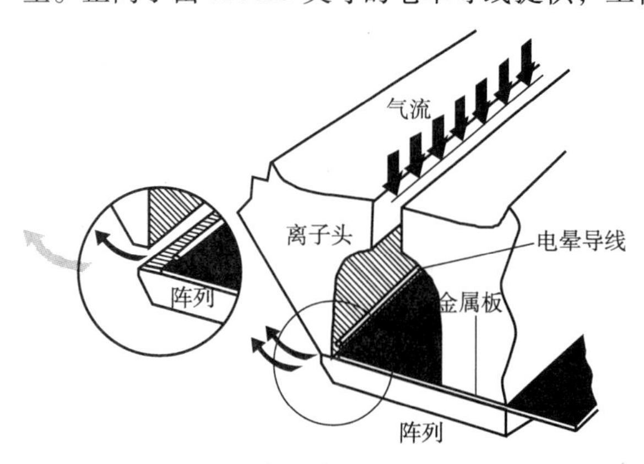

图7－13　气助离子打印头结构示意

组成类似于静电照相曝光结果的电荷潜像，等待进一步的显影处理。

7.3.4 介质阻挡放电离子打印头

介质阻挡放电（Dielectric Barrier Discharge）常用作大气压下的低温等离子体源，以射频电压供给能量最为典型，频率从几百千赫到几十兆赫，且具有大面积的电极，其中至少有一个电极的表面涂布绝缘层。在射频电压的作用周期内，直径极细的射频线近乎随机地分布在特定的空间内。激励出等离子体后，如果气隙电压减少到低于其自我维持的电压数值，则对于绝缘体的充电有可能终止放电过程。改变所加电压的极性时，来自前一射频作用周期的绝缘表面电荷将加强气隙电压，以至于电子雪崩现象变得更为强烈。微介质阻挡放电（Microdielectric Barrier Discharges）是介质阻挡放电的变体，通过微机电系统形成，随机的等离子体“灯丝”形成微观介质阻挡放电，可以从空间和时间两方面加以控制。对于特定的应用领域，比如测微计表面处理，可能采用第三种电极，用于抽取电子流或使微介质阻挡放电脱离激励状态。由于这一原因，微介质阻挡放电阵列可用作离子成像数字印刷的电荷源或离子源。

离子“摄影”是直接成像印刷工艺，利用电荷在绝缘成像材料上的直接沉积建立潜像，此后再利用墨粉显影。多种不同的离子源已用于离子成像数字印刷，其中以基于介质阻挡放电的离子打印头应用得最为成功，目前仍然为 Delphax 公司的离子成像数字印刷系统所使用。电子束印刷的称呼比离子成像数字印刷使用得更为普遍，或许更符合这种数字印刷技术的运行特点。图 7 - 14 所示为典型离子打印头结构的横截面图，来自 Dephax 的专利文献。

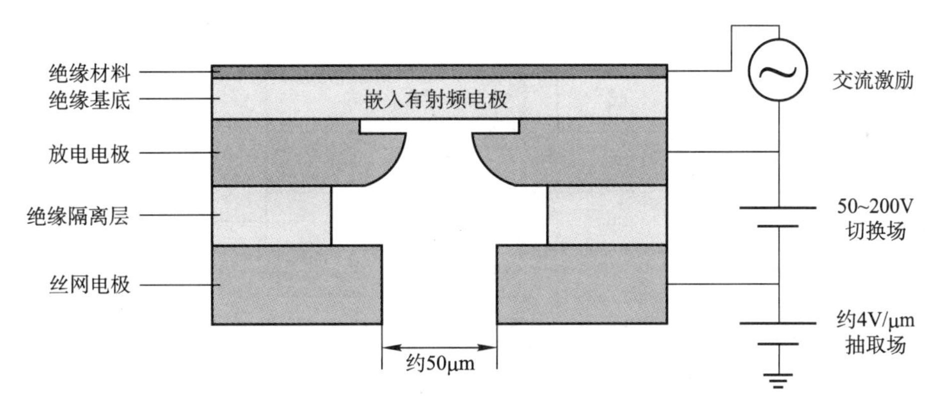

图 7 - 14 介质阻挡放电离子打印头结构示意

金属材料制成的射频电极嵌入在绝缘基底材料内，且射频电极的表面覆盖有一层绝缘材料。加直流负电压的放电电极放置在射频电极绝缘涂布层的下面，电极上开有直径仅几十微米的小孔。嵌入射频电极的绝缘层下面是丝网电极，上面加有数量更小的负直流电压，丝网电极与放电电极以另一绝缘层隔离，该绝缘层也用作阳极开关，用于从打印头的凹穴抽取电荷，并形成细小的离子束。各独立微介质阻挡放电离子头的距离仅几十到几百微米。

7.3.5 惠普小记录点离子打印头

离子打印头由交流电压驱动的电极对构成，电极之一包含开孔，也称为喷嘴，等离子体在此产生；其他电极全部密封，故名嵌入电极，以防止在这些电极表面发生放电现象。第二绝缘层和第三电极（丝网电极）布置在电荷发生器的顶部，用作从等离子区抽取电荷时的门电流控制。离子打印头的关键技术指标是每个交流电压周期内从每一个喷嘴抽取的电荷数量，大约在 1 ~2pC（局部放电计量单位）的量级，常称为电荷因子（Charge Factor）。典型交流激励频率 2.5MHz，电压在 $3000V_{p-p}$量级，其中 V_{p-p}表示峰值对峰值电压。

离子成像数字印刷引擎面临的主要挑战如下：①打印头电荷束尺寸和绝缘成像表面“开花”效应导致的分辨率限制；②高速运转的电流（离子流）要求；③使用寿命。

除上述主要挑战外，与离子打印头有关的几个设备制造领域面临的附加挑战包括如何涂布绝缘层，服务于介质阻挡放电，为此要求保持 $3000V_{p-p}$的交流电压；与此同时，成像系统还得提供横跨打印头宽度的均匀放电能力，以及多个喷嘴层的对齐和消除所谓的“寄生”放电效应，一种结构内部未填充气隙引起的物理现象。

惠普的离子打印头致力于小记录点打印，如图 7－14 所示 Delphax 离子打印头的基础稍作变动，结构如图 7－15 所示。其实，惠普小记录点打印离子成像头的典型喷嘴横截面结构与图 Delphax 打印头类似，仅包含经过优化处理的放电电极例外。

如图 7－15 所示离子打印头的典型激励源为 2.5MHz 频率下的 3000V 峰值对峰值电压，抽取电场强度大约 4V/μm，接近成像材料的击穿极限。该图给出的结构示意是对于惠普离子打印头横截面的细节描述，这种打印头原型具有 4 根射频线，每根射频线有 100 个喷嘴，单一的射频线不具备明确的寻址能力，但射频线与其他部件的组合可以寻址。惠普离子打印头原型印刷电路板整体尺寸 1 英寸见方，安装在铝质加热槽基底上。

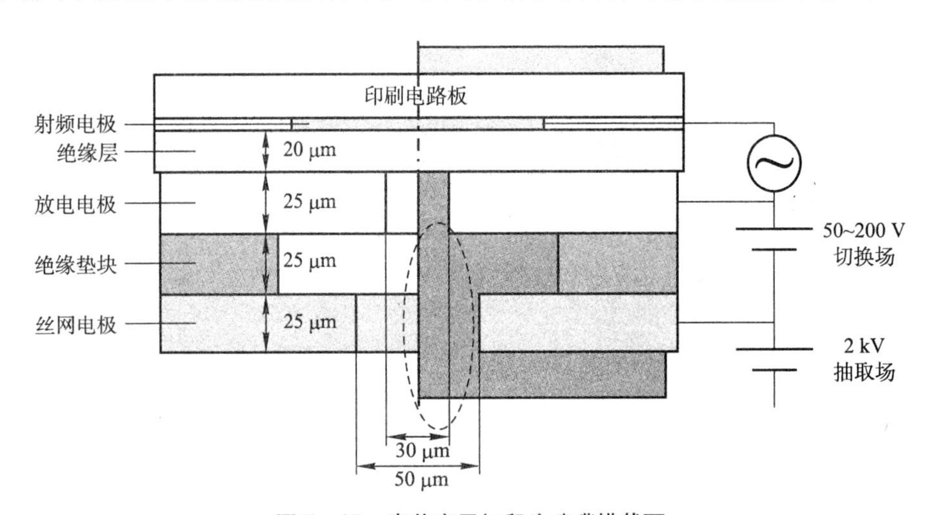

图 7－15　惠普离子打印头喷嘴横截面

惠普离子打印头的放电电极和丝网电极利用电铸（Electroforming）技术制造而成，印刷电路板包含嵌入电极。由于电铸制造技术允许对于放电几何条件前所未有的准确控制，因而离子束尺寸和定向能力大幅度提高，是以前使用的电极制造方法无法比拟的，例如以前曾普遍使用过的金属蚀刻（Metal Etching）电极加工技术。

7.3.6　介质阻挡放电离子打印头的电荷输出特点

离子成像打印头稳定的电荷发射对高质量印刷至关重要。发射电荷的数量改变时，将引起灰度等级和记录点尺寸的差异。介质阻挡放电离子打印头以 Delphax 制造的产品结构最为典型，利用射频“破裂”信号生成电荷，通过测量装置记录到了明显的正电荷与负电荷输出间的变化。研究结果表明，这些变化的诱发因素与相反极性带电颗粒的发射有关，源于相反极性带电颗粒发射过程中绝缘表面充电速率的差异。负电荷输出具有高度的不稳定性，可以在射频“点火”的开始阶段观察到。若放大射频电压的上升速度和绝缘表面充电间的比例适当，并增加离子化“站点”的数量，则电荷输出稳定性可得到明显改善，实验已经验证了稳定性可以提高 2 个量级。

Delphax 离子打印头设计得允许通过空气的射频击穿发生电荷，电荷生成过程由两个电极间的局部放电过程控制，以绝缘层隔离两个电极。为了建立一个记录点的图像，采用了高频率和高电压的双高射频“点火”方式，大约由 6 个周期组成。

介质阻挡放电离子成像打印头内部的典型电场分布如图 7－16 所示，图中包含等电压线和电场线，分别按各自的规律变化。值得注意的是，该图绘制的丝网电极到成像滚筒绝缘涂布层之间的部分实际上在打印头的外部，电场分布与打印头内部有关。

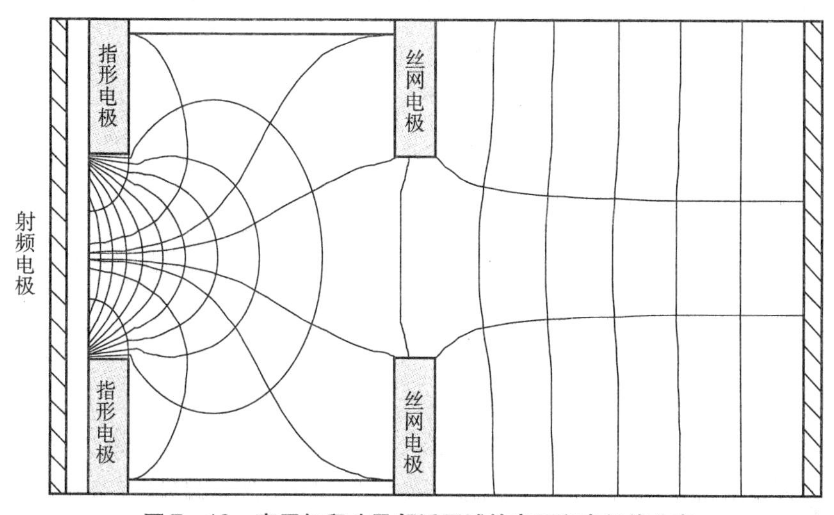

图 7－16　离子打印头及邻近区域的电压和电场线分布

由于加到指形电极和射频线（即射频电极）间的电压相当高，因而建立的电场深深地渗透进离子打印头的凹穴，导致强烈的带电颗粒发射效果。大部分带电颗粒被吸引到指形电极或丝网电极，也可能沉积到离子打印头的凹穴壁内。如此看来，只有数量很少的带电颗粒真正用于印刷，即在指形电极形成的“光圈”中心附近生成的那些带电颗粒，因为这些带电颗粒处在有效面积内。加到指形电极的偏压使得指形电极和丝网电极电位差指向射频电场，以至于带电颗粒的偏转进一步增强，也使有效面积受到限制。来自有效面积的带电颗粒可用于印刷，但带电颗粒的偏转引起有效面积缩小，使颗粒“浓缩”的可变性增加，导致记录点尺寸的可变性也相应增加。

7.3.7　离子打印头的带压操作

帕邢放电曲线为平行表面间的空气击穿提供判断起始条件准则，据此可正确地决定如何使更大的抽取电场起作用，并确定如何放置平行表面。即使帕邢曲线绘制成大气压力条件下与气隙距离有关的典型函数，击穿电压事实上是压力和气隙相乘组合的函数，这才符合帕邢曲线的本义。换言之，由于气隙的击穿电压取决于压力和气隙两个因素，因而增加压力与常数压力条件下增加气隙产生的效果类似。因此，为了提高抽取电场，离子打印头应该在带压条件下操作。

为了验证上面得出的结论，研究人员建立了离子成像打印头的压力操作实验台，结构如

图7－17所示，包含介质阻挡放电离子打印头的所有结构要素。该图所示的测试装置可以在几倍的大气压力下运转惠普小记录点离子打印头，从打印头测量抽取电流，并通过收集器电极和清洁的窗口实现对放电辉光现象的视觉观察，其中收集器电极由铟锡金属氧化物材料制成，观察窗口位于压力腔内。此外，压力腔也允许在大气环境中使用不同的气体。

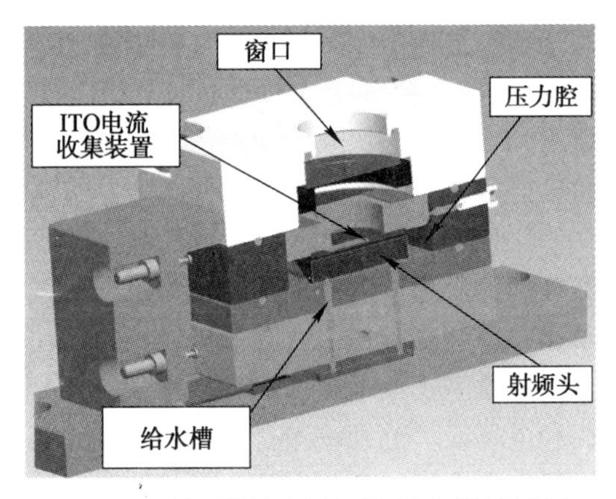

图7－17　带压操作离子打印头测试用压力腔

以图7－17所示压力腔运行离子打印头的典型测试结果在图7－18中给出，介质阻挡放电离子打印头丝网电极与收集器电极的距离为250μm，在射频激励源打开和关闭的条件下测试，按加到抽取电极的电压与收集器间隙比计算。

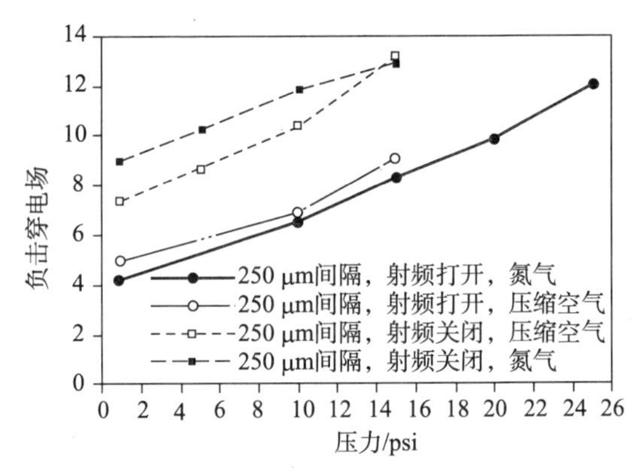

图7－18　压力对于离子打印头电流和击穿电压的影响

利用带压操作离子打印头压力腔对惠普小记录点打印头的测量和数据处理（计算）结果表明，打印头射频激励源的打开或关闭对平均击穿电场有相当大的影响。测量打印头击穿电压时，环境条件与电流测量相同，也在干燥压缩空气和氮气条件下测量，因为以上两种气体作为离子打印头的运行环境。如同帕邢放电曲线预测的那样，提高腔体压力确实能够增加电弧发生前离子发生装置可以达到的抽取电场。按拱形分布的击穿电压阈值在相当大的过渡区域和随机电流尖峰脉冲条件下定义，其中随机电流叠加到收集器电极得到的测量电流上。根据对于离子打印头的电流和击穿电压测量结果，说明介质阻挡放电型离子打印带压操作的可行性，而打印头在带压条件条件下操作可以减少“开花”效应。由于“开花”效应导致离子束直径的扩大，必然会影响离子成像数字印刷质量。

7.3.8　离子头特征化

有几种特征化方法用于评价惠普离子打印头的性能，最基本的方法之一是测量多个“喷嘴”交流激励周期已知量的平均电流，以获得打印头某些特定驱动条件下的平均电荷因子。图7－19给出了在大气条件下惠普离子打印头的典型电荷与交流激励电压关系。

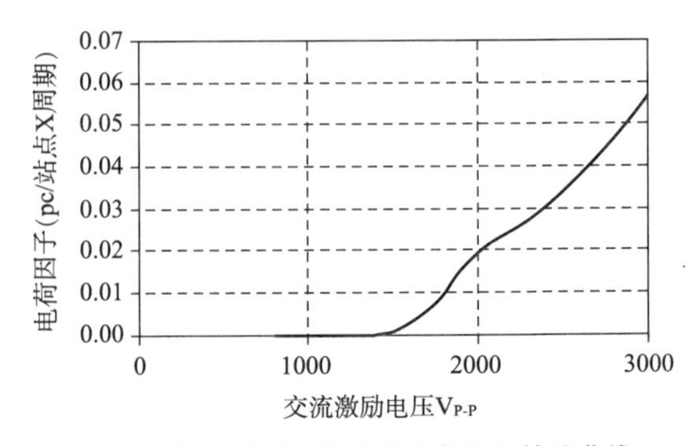

图7－19　惠普离子打印头的电荷因子转移曲线

惠普小记录点离子打印头以1.9V/μm的抽取电场与接地电极建立偏压，收集和测量电流，在氮气环境下放电。特殊离子打印头配置直径分别为35μm和50μm的放电电极和丝网电极。测量数据表明，平均“喷嘴”电流提供阈值电位，为启动放电过程所必需，且可以符合电荷因子要求。然而，测量结果并不能提供任何给定“喷嘴”离子束的外形信息，也无法根据测量数据判断打印头“喷嘴”输出的均匀性。

为了获得惠普离子打印头更深入的信息，研究人员开发了图7－20所示的刀口特征化系统，可以通过实验测量确定离子打印头的离子束外形特征。该系统包括以两个隔离电极组成的硅薄片，顶部电极浮动在底部电极上方，彼此以1μm厚的聚酯绝缘层分隔。

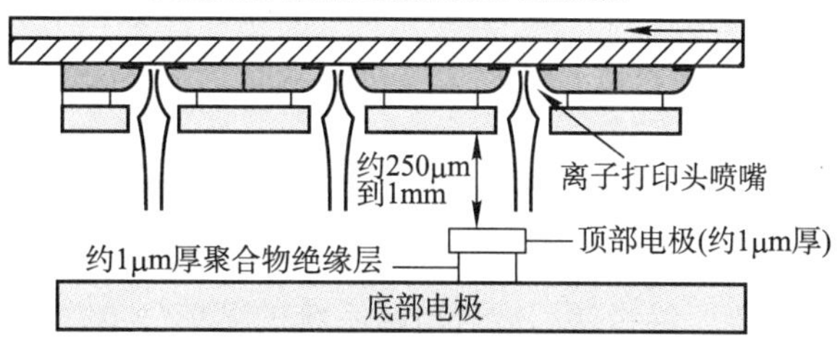

图7－20 刀口特征化系统

出于简化的考虑，图7－20没有画出与顶部电极和底部电极的测量电路。刀口特征化系统用于测量来自两个电极的电流，其中顶部电极可以做得比离子打印头窄。

7.3.9 离子流优化

根据图7－20给定的刀口特征化系统材料和结构参数可计算离子打印头沿离子“喷嘴”行的电流密度分布，理论计算数据如图7－21所示。

图7－21纵轴的数据已经过归一化处理，因而竖坐标单位中标记的A.U.指任意单位。只要电流测量扫描探头（顶部电极）的宽度（约10μm）已知，则离子束宽度可从图7－21所示的数据通过反卷积抽取出来，计算来自离子束的静电流积分，以确定电荷因子及其沿“喷嘴”组的变化。在电流测量的运算放大器工作过程中，顶部和底部电极都应该保持接地。优化处理前的离子流分布并不理想，经优化处理后的离子流分布如图7－22所示。

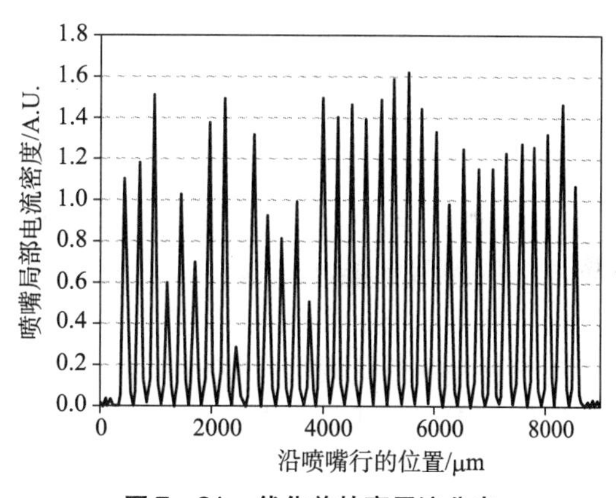

图7－21 优化前的离子流分布

利用图7－20所示的系统可以验证制造变量、发现制造缺陷和测量离子打印头的基本特性等，图7－22正是验证制造变量时获得的测量结果。值得注意的是，根据图7－21给出的离子流测量数据分布，可以看出离子流沿打印头宽度方向存在明显的非均匀性。若打印过程经过优化处理，且改善电极涂布和覆膜控制，则离子流沿打印头宽度方向的非均匀性明显改善，结果如图7－22测量数据所示那样。

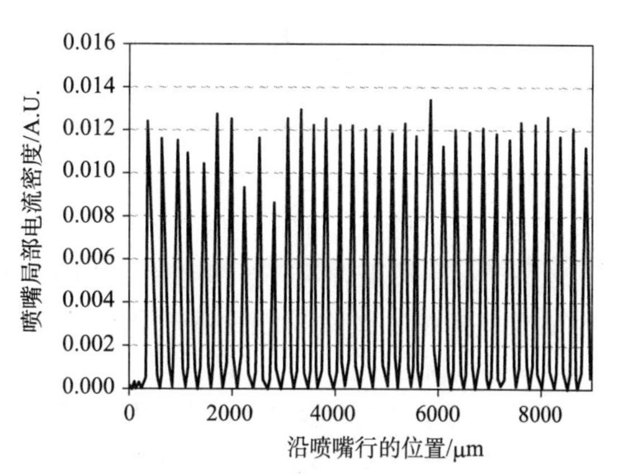

图7－22 打印头制造工艺优化后的离子流分布

7.3.10 放电电极设计

帕邢在研究两块平行板间气体的击穿电压时发现，气隙的击穿电压是压力和间隙距离的函数；随着气体所受压力的降低，为气隙产生电弧所必需的电压将下降到某一点，此后电弧电压上升，并将逐步超过原来的电压数值。他也发现，在正常的压力下产生电弧所需的电压随气隙尺寸而减少，但仅仅到达某一个点；间隙尺寸进一步减小时，电弧电压再次上升，到超过原来的电弧电压数值。帕邢曲线源于早期真空实验发现的奇怪现象，某些情况下电弧发生在电极板间相当长的不规则路径上，并未发生在最小距离上。参阅图 7－5。

然而，打印头气隙内的等离子启动无法利用帕邢曲线全面地解释，因为离子束“喷嘴”小型化时这种简单工具仍然按常规考虑打印头内部发生的现象。如果将帕邢曲线与放电电极、绝缘层和嵌入电极系统的简单静电模拟组合起来，并假定只能在帕邢最小击穿电位的限制条件下累积到绝缘体上，则上述组合可用于计算放电现象并决定单位电荷因子条件下绝缘体的面积。事实上，图 7－21 正是按上述简化计算原则得到的结果，揭示了来自离子打印头“喷嘴”的电位电荷因子如何随“喷嘴”直径而改变比例。

几何结构优化实现后的效果如图 7－23 所示，出于对小记录点离子打印头的电位电荷因子测量结果和简化模型的模拟计算数据比较的需要绘制而成。

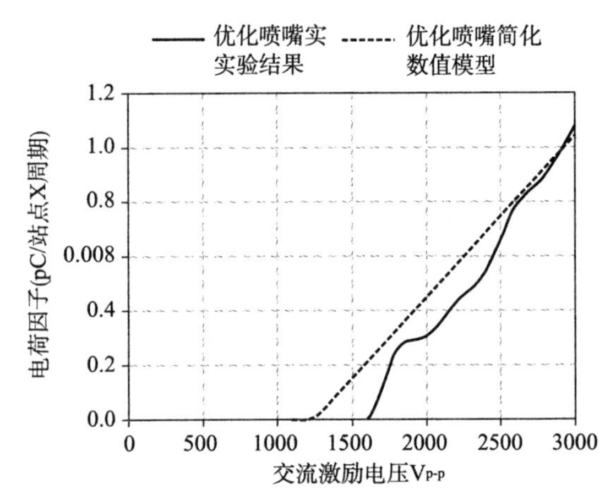

图 7－23 小记录点离子打印头电位电荷因子测量和简化模型计算结果比较

注意，简化模型的预测为离子打印头的期望电荷因子提供了上限数据，但启动气隙击穿的阈值不能准确地预测。出现这样的结果并不奇怪，原因在于模型过于简单。用于测量和简化模型计算的离子打印头只有一个放电电极，没有丝网电极，实验测量在氮气环境下完成，对电极加负的偏压，目的在于使离子迁移率的限制条件不影响测量结果。

7.3.11 丝网电极几何条件优化

描述彼此独立的“喷嘴”外形的能力允许按多种几何条件快速地进行大量的实验。为测试丝网电极的优化几何条件而准备了“光圈”变化的放电电极板，直径从 40～120μm，按 50μm 直径的单一“光圈”与丝网电极组装起来，如图 7－24 所示那样。

各独立的离子束以刀口扫描，测量所得的数据汇总于图 7－24 内，包括离子束直径最大全宽之半和“喷嘴”的电荷因子测量结果，数据涵盖 10 个以上的“喷嘴”。

从图 7－24 可以看到，丝网电极“光圈”几乎是决定离子束直径的唯一因素，测量时丝网电极“光圈”直径固定在 48～50μm。从图 7－24 也可以观察到，在放电电极直径大约 60μm 处电荷因子达到局部最大值，喷嘴直径加倍后离子流增量仅 20% 左右。这些结果意味着以大尺寸放电电极与丝网电极配合使用是不够的，因为离子流的大部分将在丝网电极内损失掉，导致来自离子打印头的多余热量耗散。

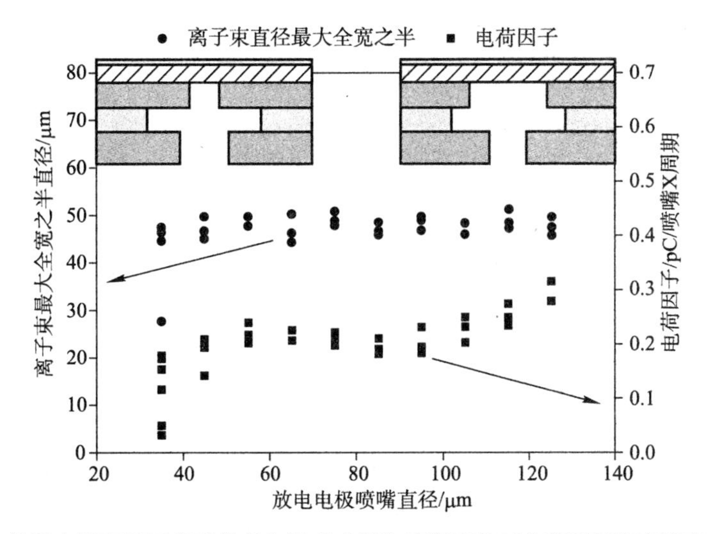

图7－24 丝网电极直径固定时放电电极“光圈”直径变化对电荷因子和离子束宽度的影响

7.4 复制质量影响因素

离子成像数字印刷区别于静电照相数字印刷的主要特点是组成电荷图像的方法，其他过程与静电照相数字印刷相似，例如两者的显影、熔化和清理没有原则区别。离子成像数字印刷的转移过程以静电的方式实现，也与静电照相数字印刷相似，与磁成像数字印刷有本质的区别。各种因素都会影响复制质量，但以离子成像过程最为明显。

7.4.1 介质阻挡放电的等离子属性

理论研究人员通常利用二维多流体空气动力学。一阶主模型计算介质阻挡放电阵列离子打印头结构的行为特征，以非结构性网格针对电荷传输求解电位分布的泊松方程、连续性方程和表面电荷平衡方程；对电子温度辐射传输以电子能量守恒方程求解，通过格林函数传递器寻址。计算时以蒙特·卡罗仿真跟踪离子化过程，通过外层结构对来自绝缘表面的二次电子加速形成激励源。其中，二次电子由离子和光子撞击所有表面而产生，按电子能量分布从波尔兹曼方程的局部解，得到批量电子速率和传输系数。

仿真计算假定在25MHz射频和1个大气压的氮气环境下操作，射频电极在1.4kV电压基础上再加－2kV偏压，放电和丝网电极电压分别取－2kV和－1950V，覆盖绝缘层的接地极布置在离丝网电极上方约400μm位置，射频作用周期内的电子密度如图7－25所示。

射频周期开始于－600V的射频电极电压，此乃绝对值最小的负电压，相对于充电电极和丝网电极来说当然应该算正电压，产生朝向射频电极顶部绝缘层的电子流量，使得绝缘层带负电。随着加到射频电极的电压变得越来越负，介质阻挡放电离子打印头器件凹穴内的电子被负电压驱赶成长羽毛状，由丝网电极集聚成束。此后，从气隙抽取出羽毛状电子束，使接地极的绝缘层带电。当射频电极电压接近其绝对值最大的负电压（大约第20ns的－3400V）时，射频电极绝缘层发射的二次电子产生雪崩效应，以保持介质阻挡放电器件空穴内的等离子属性。电压开始增加后，电子将被拉回到微介质阻挡放电器件内，从而中断电子羽毛，此时空穴内的电子密度达到$2\times10^{15}cm^{-3}$，而接地极绝缘层约$4\times10^{11}cm^{-3}$。如此高的电子密度只能由电场支撑，可能超过1MV/cm。

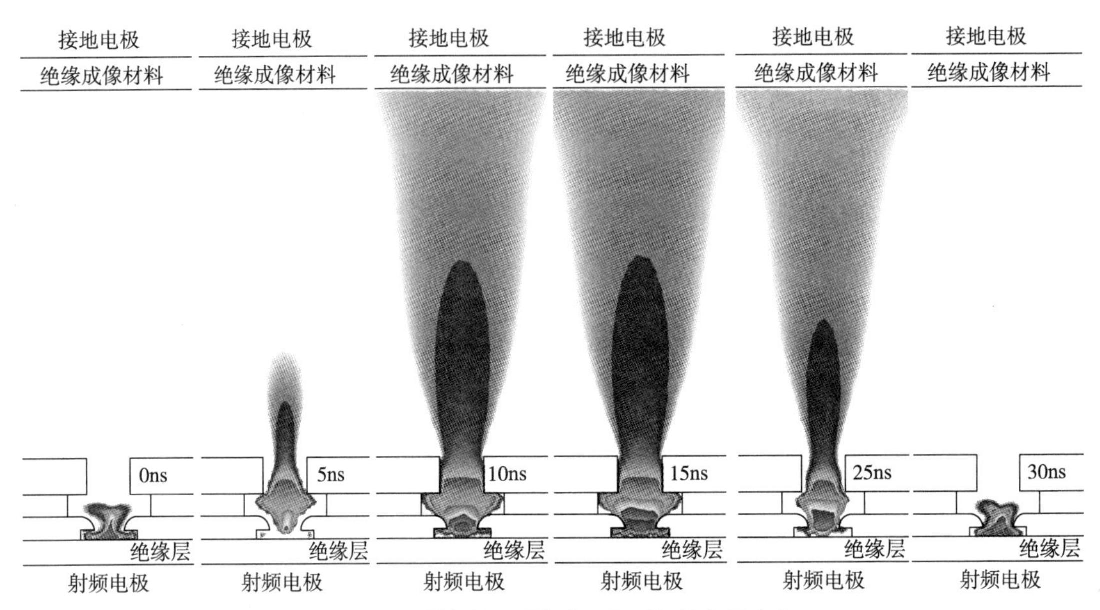

图 7-25　射频作用周期内不同时间的电子密度

7.4.2　记录点尺寸波动

离子成像数字印刷记录点的尺寸波动首先源于系统性的原因，具有短期彼此不相关的特点，可以用各记录点行之间的平均尺寸的标准离差表示。这种印刷非均匀性来自电荷生成站点的几何差异，以及打印头结构的非均匀性，通过技术措施往往能得到改善。

然而，记录点尺寸的不稳定也有随机性因素的作用，即随机性的尺寸波动，具有短期相关的特点。由特定电荷生成站点打印成的记录点尺寸因射频电极不同时刻的“点火”而异，比较一排记录点的尺寸就可以明白。这种印刷非均匀性与电荷生成的不可靠有关，源于局部放电过程的统计本质，即局部放电的随机过程本质。

如图 7-26 所示的那样，如果射频“点火”期间包含更多的周期，则可以提高电荷输出的稳定性，该图绘制成射频“点火”周期与记录点尺寸标准离差的关系。

从图 7-26 所示的射频电极“点火”周期数与记录点尺寸标准离差的关系来看，提高射频电极的周期数确实有利于降低记录点尺寸的标准离差。此外，改变射频电极的电压对记录点尺寸波动也有影响，例如采用 -150V 的射频电极电压时，随着电极“点火”周期的增加，记录点尺寸的标准离差迅速地下降。

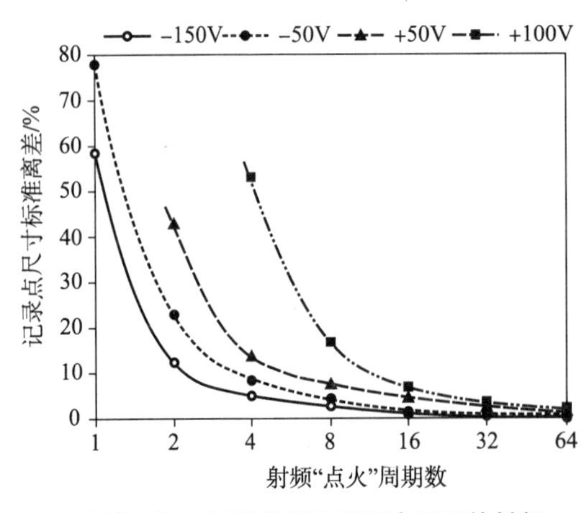

图 7-26　不同指形和丝网电压下的射频“点火”周期与记录点标准离差的关系

然而，不幸的是离子打印头输出的记录点尺寸波动也受其他因素的影响，例如电场线的“开花”效应，即带电颗粒束随丝网电极与绝缘表面不同的距离而发生变化，到达绝缘表面前带电颗粒束的直径明显放大。尽管在“开花”效应的影响下记录点尺寸的稳定性增加，但记录点尺寸也相应增加，导致记录点边缘模糊。测量数据表明，随着射频电极“点火”周期数的增加，记录点直径将明显变大。为了限制电荷输出，以补偿“开花”效应对记录点直径变大的影响，可以采用相对于丝网电极对指形电极加偏压的方法，但综合评价结果表明几乎没有正面效应，作为最终输出效果的记录点尺寸稳定性几乎不变。

7.4.3 电流稳定性

由于离子化过程激励机制的不确定性，每一次射频“点火”的开始电流往往是很不稳定的。为了理解这种启动电流不稳定的严重性，需要测量离子化过程的电荷输出和每次射频电压的半周期发射数据，以便对电流稳定性做出评价。射频电压工作周期内电流稳定性测量装置需要包含丝网电极，否则无法测得符合实际的电流数据。

以介质阻挡放电离子打印头典型结构为研究对象，设计可模拟这种离子打印头工作特性的测量装置，要求包含离子打印头最重要的结构部件，例如射频电极、指形电极和丝网电极等。在指形电极“光圈”的直径大约为160μm的情况下，电荷发射稳定性的测量结果如图7－27所示，表示为射频电压周期数与电流数值标准离差的函数关系，该图中的5个测量点数据对应于5个连续的半周期，相同极性测量点连成曲线。

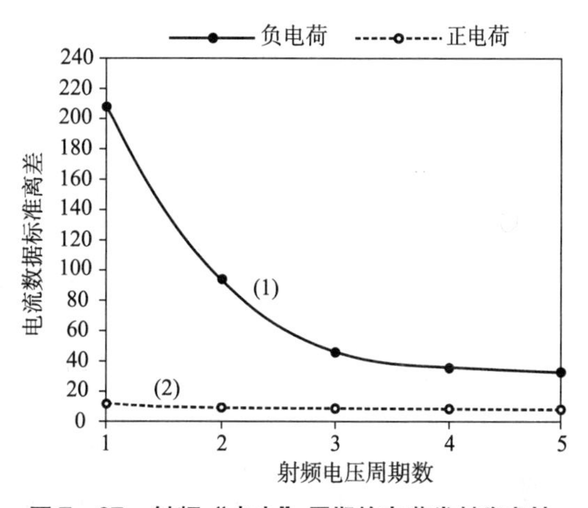

图7－27 射频“点火”周期的电荷发射稳定性

图7－27中的曲线（1）代表射频电极电子（负电荷）输出的稳定性，正离子（正电荷）输出电流的稳定性则绘制成曲线（2）。从该图所示的两条曲线可以清楚地知道，射频电极“点火”周期开始时因电荷发射的不稳定性而引起对印刷质量的严重影响。第一个周期的电荷输出很不稳定，到达第三个或第四个“点火”周期时，电荷发射开始稳定下来，印刷质量将迅速得以改善。比较图7－27表示的测量结果不难知道，正电荷发射与负电荷发射相比要稳定得多，这种特点仍然可以用绝缘体充电速率差异解释：在正电荷发射期间，指形电极电位相对于绝缘表面为负，带电颗粒的迁移率受空间电荷的限制，导致绝缘体充电速率低，因而作为充电结果的电流曲线平滑；在负电荷发射时，更高的充电速率造成不规则的脉冲电流输出。基于上述结果，应该从图像建立过程删除前几个射频“点火”周期，以提高印刷的可靠性。

7.4.4 小孔位置对离子成像结果的影响

由介质阻挡放电离子打印头组建的离子成像数字印刷机具有工艺过程简单和生产效率高的优点。当然，基于激光成像的静电照相打印机与离子成像打印机同步发展，与离子成像打印机相比，图像复制质量、分辨率、均匀性和灰度等级复制效果更好。

由于介质阻挡放电离子打印头结构的内部往往存在丝网电极小孔对齐误差，如果能获得输出离子流与小孔对齐效应的定量关系，则有利于深入理解离子成像数字印刷质量的影响因素。由于丝网电极小孔对齐不准效应的影响，可能导致输出离子流的明显波动，离子生成部分打算以陶瓷材料制造时尤其如此，因而掌握离子流与小孔对齐效应的定量关系可以有效地指导离子成像数字印刷机的设计和制造。

由离子成像头生成的各独立记录点的输出离子流与多种因素有关，比如空气击穿生成的离子特性、驱动电极各自的特征、构造离子生成交叉区域的驱动电极、丝网电极的微小通孔的直径或面积，以及小孔与离子生成区域间的位移等，后者的含义如图7－28所示。

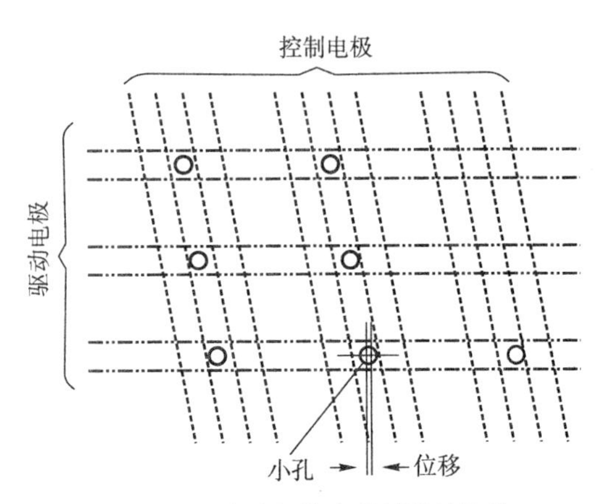

图7－28　小孔与放电区域间的位移

以测量所得64组数据作为多重回归分析的输入，多重回归分析在逐步优化选择方法的基础上执行，由此得到离子抽取效率与特定变量的散点图关系，例如小孔位移与离子抽取效率、生成离子流与离子抽取效率关系等，数据处理结果如图7－29所示。

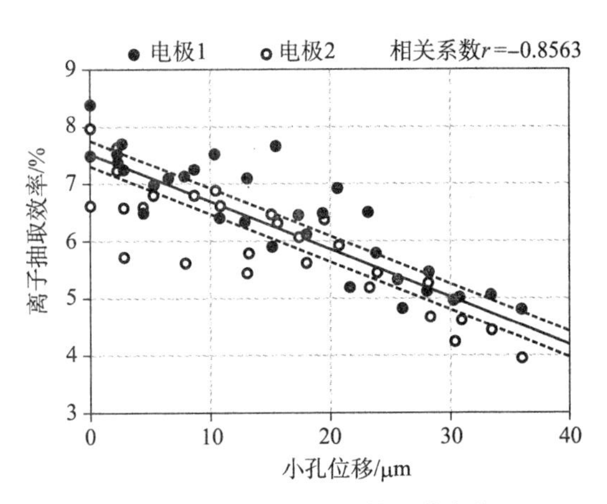

图7－29　小孔位移与离子抽取效率关系

图7－29中的离子抽取效率定义为，离子发生装置输出离子流与同一发生装置原来所生成的离子流相除所得之商。由此可见，离子抽取效率并非仅仅取决于输出离子流数值，而是与多种影响因素相关的非独立的变量，原因在于分析印刷质量缺陷发生的原因时必须考虑到相关的要素。此外，仅仅根据每个记录点各自的特征无法获得正确的结论，寻求离子抽取效率与小孔位移关系的整体解才更为重要。基于测量数据的多重回归分析使用的独立变量当然是位移，即小孔与离子生成区域间的距离，以及小孔直径、小孔面积、驱动电极和成像头发生的离子流及离子流的平方。

7.4.5　离子成像“开花”效应

为了定量地研究离子打印头潜像的“开花”效应，针对介质阻挡放电离子打印头专门以有限单元法建立了数值模型。这种模型并不试图重建放电电极的物理过程，而是致力于建立静电场和电荷离开放电电极时的漂移/扩散运动。冷状态的等离子体以边界条件替代，对应于电荷注射到喷嘴中心绝缘层的条件。典型的二维电场分布如图7－30所示，包括介质阻挡放电离子打印头的横截面结构示意和电场线分布，以喷嘴口的电荷密度为最高。

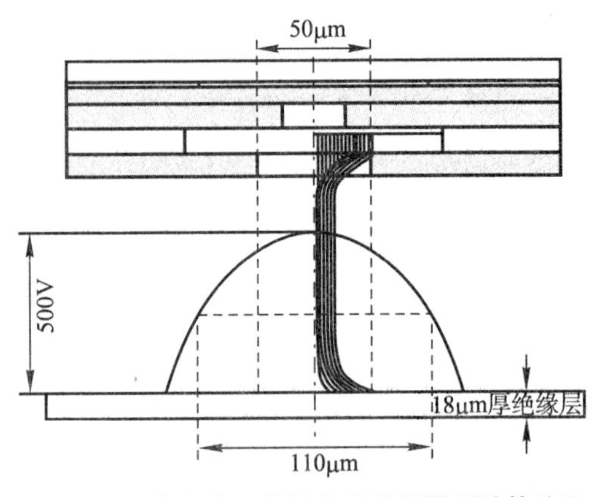

图7－30　离子束开花的有限单元模型计算结果

图7－30所示电场线分布是绝缘成像介质（涂布层）表面堆积一定量电荷后的结果，绝缘涂布层的厚度18μm，相对介电常数ε＝3；图中的电场线已产生了畸变，随着电场线接近绝缘成像介质，电场线的尾部出现“开花”效应，与充电（发生离子）前

相比，记录点潜像尺寸比原来的离子束直径明显增加。

如同静电照相那样，离子成像数字印刷也通过墨粉对电荷潜像显影。显然，显影效果与众多因素有关，例如潜像电场、绝缘涂布层厚度和墨粉特性等，因而显影工艺与绝缘层厚度和要求的潜像电场（电压）存在密切的关系。抽取电场具有聚焦效应，随着抽取电场数值的提高，记录点尺寸更接近预“开花”离子束的直径，说明增加抽取电场的数值有利于保持潜像记录点尺寸的稳定性。

7.4.6 不同充电阶段的电场线分布

在介质阻挡放电离子打印头中，带电颗粒由两个电极间气隙的射频电晕效应所产生，这两个电极由绝缘体隔离。这些带电颗粒到达图像接受体表面后，形成作为临时记录结果的电荷潜像。为了防止电荷潜像为相反带电颗粒所放电，需要引入另一电极，通常称之为丝网电极，布置在带电颗粒发生器和成像滚筒绝缘涂布层之间。

介质阻挡放电离子打印机的负电荷由电子承载，电荷迁移率 μ_e 大于 $750cm^2/Vsec$，表示离子运动速度的快慢程度，即电场强度 E＝1V/cm 时离子移动的速率，同时也描述离子体积的大小。在同样的电场强度下，离子体积越大时运动速度就越慢，体积越小则速度越快；离子迁移率越高时，意味着离子体积越小。由于大气压力中空气的平均自由路径以微米度量，因而电子轨迹直接对应于电场线，对于丝网电极左右两侧的典型电场数值，在不存在电荷的情况下，电场线将显得略微收敛，且电场线的端点与成像滚筒的绝缘表面垂直。

假定在打印头靠近丝网电极的凹坑内沿电子束的带电颗粒分布是均匀的，就可以建立电荷堆积模型。此外，建立这种模型还需要其他假设，比如空间电荷效应和横向热流速度效应可忽略不计。图 7－31～图 7－33 分别表示不同充电阶段的电场线分布。

图 7－31 是绝缘体不带电状态下的电场线分布，也称为电场形状，作用于打印头和绝缘表面间的外电场强度等于 2.4V/μm。图 7－32 表示进展到电荷沉积量 2pC 时的电场线分布，其中的 pC 是局部放电单位，标准值应该在试验场地背景干扰小的环境下测量。

图 7－33 是离子成像过程进展到电荷沉积量 5.2pC 时的电场线分布，电场线在靠近绝缘表面位置处的离子束“开花”效应比图 7－32 更明显，但在图 7－31 所示的离子头电场线分布中却根本看不到。由于离子束“开花”效应对带电颗粒轨迹的影响，离子束的直径与图 7－31 所示的原尺寸相比变得更扩散。

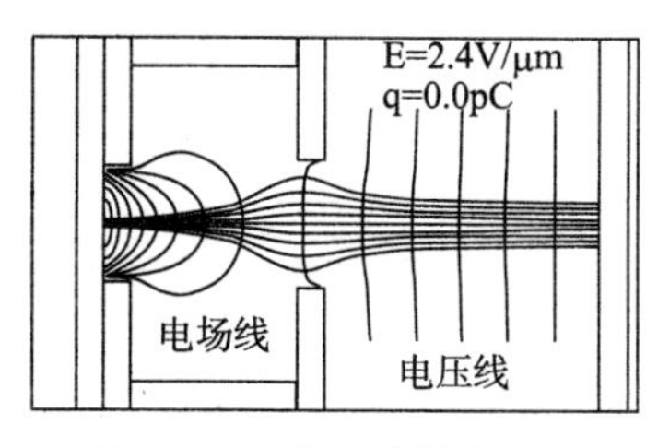

图 7－31 非充电状态下的电场形状

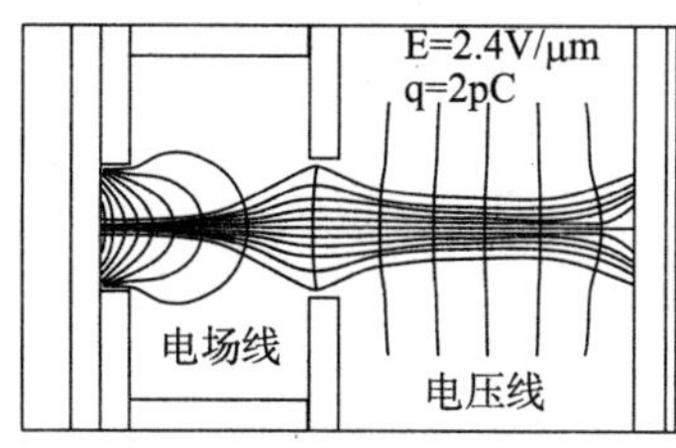

图 7－32 电荷沉积量 2pC 时的电场形状

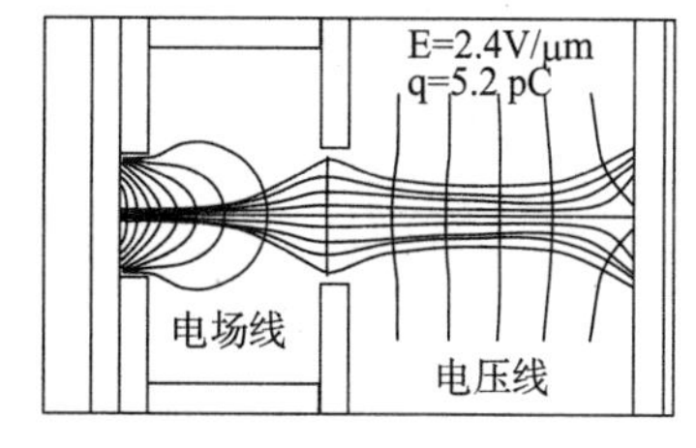

图 7－33 电荷沉积量 5.2pC 时的电场形状

7.4.7 分辨率影响因素

为了获得全黑的印刷品，需要达到特定的潜像电荷密度水平。若离子成像数字系统的显影子系统经过性能优化处理，则潜像电荷密度主要取决于墨粉的质量，可以从墨粉显影曲线推导出来，因为墨粉显影曲线表示为光学密度与表面电压的关系。从介质阻挡放电离子成像数字印刷机所用的典型单组分感应墨粉得到的显影曲线例子如图 7 - 34 所示，根据该显影曲线的特征可划分为三个区域，它们的极限位置由阈值电压 U_t 和饱和电压 U_s 控制。

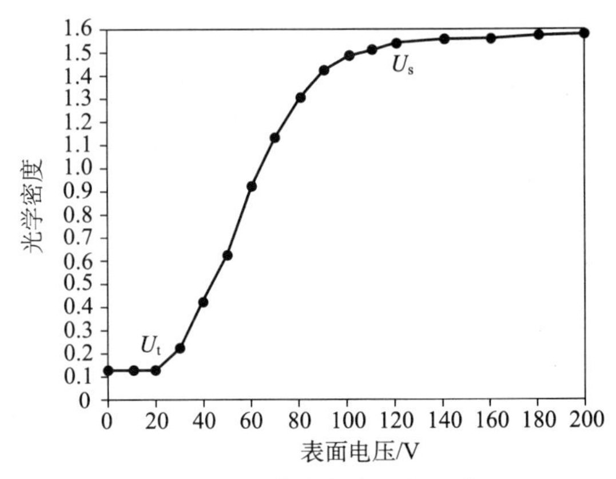

图 7 - 34　光学密度与表面电压关系

区域 1：低于阈值电压，对应于潜像电荷密度的墨粉颗粒感应电荷太小，以至于不能克服由磁性吸引力决定的墨粉与显影装置的黏结力。

区域 2：介于阈值电压和饱和电压之间，该区域以印刷品光学密度与表面电压的强烈相关性为主要特征，其中墨粉引起的非均匀性占主导地位，表示白色与黑色的渐变。

区域 3：超过饱和电压，该区域是确保可靠印刷质量所期望的离子成像数字印刷机的操作区域，由于显影实地潜像完全被墨粉颗粒所覆盖，因而显影结果的光学密度由墨粉颗粒的反射系数决定，几乎与带电水平无关。

若记录点调制为整体光学密度，则由于线条由记录点组成，因而最高线条分布密度表示的分辨率可定义为记录点的最大光学密度。这种定义方法要求记录点潜像的电荷密度至少达到恰当的最高光学密度值，而记录点外的电荷密度则应该低于其阈值的一半。这样，最小记录点尺寸按最小可能带电面积确定，记录点中心位置的电荷密度需达到对应于整体光学密度，记录点的最终尺寸与“开花”效应有关。降低阈值电压与光学密度饱和电压的差，则可获得更高的分辨率，当然也不能忽略减小磁性力和提高成像介质电容的作用。

第八章 其他数字印刷技术

所有以数字控制方式实现图文复制、无须印版、可以在每一份印刷品上记录不同内容图像的硬拷贝输出技术均可称为数字印刷。静电照相和喷墨被公认为主流数字印刷，热成像印刷的发展势头良好，有希望成为第三种主流数字印刷技术。磁成像和离子成像数字印刷与静电照相同属墨粉印刷，目前看不出足以与静电照相一比高下的能力。除上述技术外还有不少其他技术，例如直接成像数字印刷和照相成像数字印刷等。信息电子显示和传播技术的快速崛起使印刷面对前所未有的挑战，可能延缓了数字印刷的技术开发步伐，但估计数字印刷还会发展，在服务于包装和数字制造的技术获得发展的机会更多。

8.1 直接成像数字印刷

这里要讨论的直接成像数字印刷既不同于从计算机到印版的直接成像记录，也与直接成像胶印技术毫无关系。如果按油墨作用到承印材料的方式看，或许只有喷墨印刷才称得上真正的直接成像数字印刷技术。事实上，直接成像数字印刷的油墨（墨粉）并不直接作用到承印材料，仍然需要静电照相那样的显影和转移过程。因此，所谓的直接成像是相对于静电照相数字印刷而言的，原因在于直接成像数字印刷系统中并不存在起临时记录作用的光导部件，也无须充电和曝光。由于无须在光导体上形成中间结果，墨粉从成像滚筒直接转移到纸张表面，所以才得名直接成像数字印刷。

8.1.1 直接成像的技术源头

3M 公司的 A. R. Kotz 于 1974 年提出一种称为电子印刷工艺的专利申请并获得美国专利局的批准，可视为奥西现代直接成像技术的“祖先”。人们对 3M 电子印刷技术的认识并非从“电子”两字，而是从“磁性刻针”工艺这一名称开始。这种特殊的复制技术在磁性滚筒上产生导电型的单组分墨粉薄层，表面带涂布绝缘层的记录介质（纸张）通过带接地极的磁性滚筒和细小电极阵列（即刻针阵列）组成的转印间隙，当简单的电压脉冲作用到电极时，在对应墨粉颗粒链的端部感应出电荷；这些电荷足以保持住纸张绝缘层受针状电极影响区域最上层的墨粉颗粒，并将墨粉输送到走出显影间隙的纸张。

试图从 3M 电子印刷专利描述的工作原理正确地理解这种技术并不容易，但细心的人还是可以发现不少缺点。基于磁性刻针的电子印刷原理如图 8－1 所示，从该图看，似乎与电子印刷并无多大关系，更容易被误认为是磁记录系统。然而，这确实是 3M 曾经花费不少精力研究的电子印刷技术，只是后来放弃了而已。根据图 8－1 所示的结构，由于绝缘层厚度的影响，导致电极和成像滚筒表面间的距离很大，一方面容易引起电气杂散场效应，也限制了系统的记录分辨率，从而无法获得高质量的印刷结果。此外，电极与成像表面距离过大必然对作用于针状电极的控制电压提出要求，必须达到大约 1000V 的电压才能

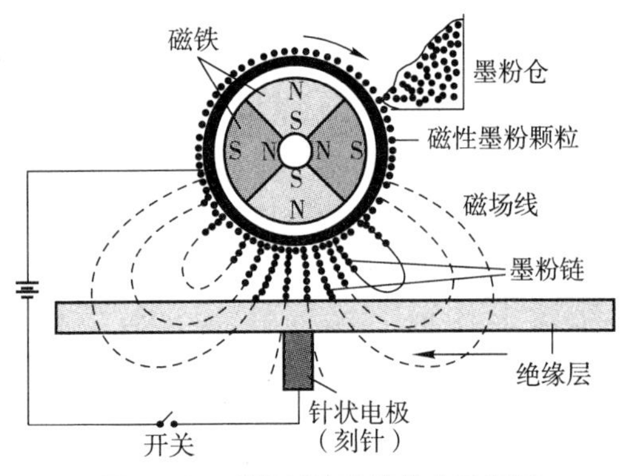

图 8－1 磁性刻针印刷技术示意图

对针状电极起实质性的控制作用。为了解决这些问题，研发人员付出了巨大的努力，采取了包括将电极阵列移到磁性滚筒相同的一侧和电极阵列集成到滚筒内的措施。不幸的是，问题仍然未得到合理的解决，导电的磁性墨粉容易在相邻电极间形成墨粉颗粒桥，以至于无法控制相邻电极产生的飞弧，从而在最终的印刷图像内出现清晰可见的不规则缺陷。虽然 3M 公司力图在印刷质量方面做出改进，但结果不能令人满意，促使 3M 公司于 20 世纪 80 年代中期放弃了他们的“磁性刻针”工艺，停止了所有的技术开发活动。

奥西在改善并力图使“磁性刻针”技术尽善尽美方面连续不断的努力换得直接成像技术的诞生，这种新型的成像技术得益于合理的决策步骤，电极阵列改成放置在绝缘层表面或绝缘层的内部，由此明显降低了控制电压。这样，绝缘层不再用作直接记录介质（即纸张），而是像静电照相技术的光导体那样，成为中间成像的载体。

8.1.2 信息记录载体

直接成像技术能否取得成功与成像滚筒关系极大，尽管成像滚筒的表面无须涂布光导材料层，但这种数字印刷技术仍然需要临时记录信息的载体，与喷墨印刷的墨滴直接喷射到纸张表面的工作方式有原则区别。直接成像数字印刷使用的成像滚筒由金属芯体和非导电的环氧树脂层组成，成像操作在滚筒面与页面同等宽度的范围内进行，临时记录的信息通过显影等工艺步骤在承印材料上形成最终的记录结果。在直接成像滚筒的环氧树脂层内刻有许多凹槽，用于容纳环状电极，相邻凹槽按给定的记录分辨率加工而成，因而凹槽的排列密度决定了直接成像数字印刷机的轴向（水平）分辨率，垂直分辨率则由驱动承印材料之机构的运动精度确定。在制造成像滚筒时，凹槽以导电的环氧树脂填充，如此则形成沿成像滚筒周向缠绕的环状电极，也可称之为线圈。

直接成像滚筒的基本形态如图 8－2 所示。值得注意的是，直接成像数字印刷系统的成像步骤不仅完全依赖于电子信号驱动，且无须像静电照相数字印刷、磁成像数字印刷和离子成像数字印刷那样记录到光导体、磁性材料和绝缘表面后形成静电潜像、磁潜图像或电荷潜像。直接成像的记录结果表现为环状电极沿周向的长短不一的成像轨迹，这种轨迹决定了直接成像数字印刷必须采用线形网点复制原稿的阶调和层次变化。奥西最初推出直接成像数字印刷机时，相邻环状电极的间距（轴向距离）为 63.5μm，所以直接成像系统的轴向分辨率为 400dpi，首次应用于奥西 1998 年推出的 CPS700 直接成像彩色数字印刷机，后来发布的 CPS900 提高到 600dpi。按直接成像滚筒表面的印刷宽度 317mm 和轴向分辨率 400dpi 推算，需要沿直接成像滚筒轴向排列 $(317/25.4)\times400=4992\approx5000$ 道环状电极。

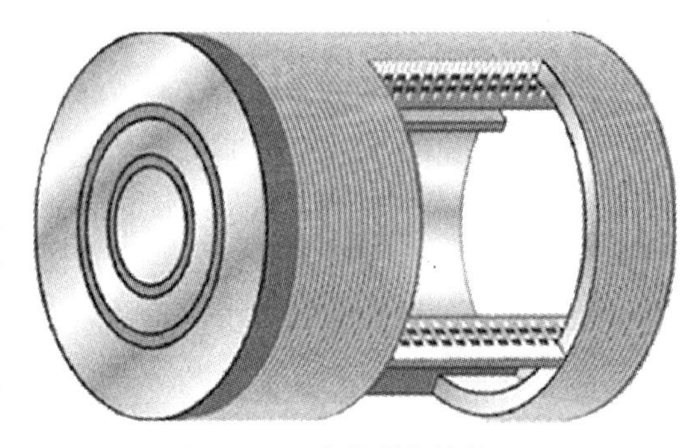

图 8－2 直接成像滚筒

成像滚筒的表面经整体的光滑处理，再在

滚筒的外表面涂布氧化硅绝缘层，也起保护层的作用，厚度仅 1μm 左右。直接成像滚筒加工技术面临的主要挑战是要求环状电极（线圈）有足够的导电性，既需要与高速的加工工艺适应，也要避免漏电的危险，甚至应当考虑到防止更糟糕的情况出现，比如由于环状电极材料为环氧树脂，如果环状电极的导电性太高，则有可能导致环状电极被完全消耗掉。此外，每一个环状电极还得与自己的电气控制阵列单独连接，困难在于电气控制阵列位于直接成像滚筒的内部。

8.1.3 显影与转移

直接成像数字印刷采用单组分的磁性墨粉，各种彩色（包括红色、蓝色和绿色）墨粉由许多细小的着色剂颗粒组成，组合成直径大约 10μm 的墨粉颗粒。这种带磁性的单组分墨粉处理成具有导电性，显影时通过感应方式充电，意味着直接成像数字印刷要求墨粉既导电且带磁性，与这种数字印刷技术的信息记录和显影特点有关。由于在聚酯型墨粉的内部分散着很细小的柔软磁性颗粒，因而容易在磁场的作用下磁化。直接成像数字印刷属于七色墨粉单层并肩定位（将在后面解释）的彩色复制工艺，不同颜色的墨粉可以用彩色染料或颜料制备，大多采用颜料着色剂。与磁成像数字印刷相比，直接成像数字印刷用墨粉中的氧化铁比例很低，大约只占总体积的 5%，而磁成像数字印刷使用的磁性墨粉中氧化铁的比例高达 60% 左右，由此可知磁性墨粉的使用不影响直接成像数字印刷的彩色复制能力。此外，直接成像数字印刷并非利用磁场力转移墨粉，而是基于电场力作用下的墨粉转移技术，与基于离子成像的数字印刷类似。根据第六章的讨论，磁成像数字印刷之所以很难复制彩色图像，是因为墨粉转移需要很强的磁性力的帮助，需要在墨粉中加入比例很高的氧化铁，因氧化铁颜色太深限制了墨粉的彩色复制能力；尽管直接成像数字印刷在墨粉中加入氧化铁成分也是为了产生磁性，但墨粉转移时磁性起辅助作用，从而不要求加入比例较高的氧化铁，这意味着直接成像数字印刷可复制出类似纯黄色的淡色。

直接成像数字印刷系统的显影工作原理如图 8－3 所示，墨粉显影发生在由直接成像滚筒、墨粉供应滚筒和旋转显影套筒形成的曲面三角形区域内，其中显影套筒和墨粉供应滚筒也分别称为第一滚筒和第二滚筒。借助于磁性相当强的旋转墨粉供应滚筒，并作用预先定义的显影偏压，单层墨粉就能够转移到直接成像滚筒的表面，电压大约在 100～180V 之间。墨粉通过感应方式充电，显影偏压加到墨粉与环状电极之间。此时，成像滚筒表面的墨粉均匀分布，与成像滚筒上是否存在成像轨迹无关。

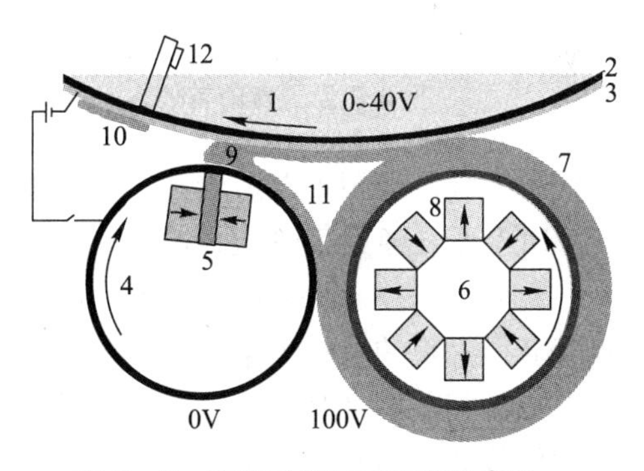

图 8－3 直接成像显影工艺示意图

1－直接成像滚筒；2－环状电极；3－绝缘层；4－旋转显影套筒；5－磁性刀；6－墨粉供应滚筒；7－已供墨粉；8－静止磁粉；9－墨粉链；10－已显影墨粉；11－被清理墨粉；12－驱动电路板

第二滚筒（即墨粉供应滚筒）的内部沿圆周方向均匀布置静止磁铁，用于产生强大的局部磁场，磁力线以 90° 角对准该滚筒的表面。在静止磁场影响到的区域，墨粉从直接成像滚筒整体“清除”下来，经由旋转套筒传输到第一滚筒（即旋转显影套筒）表面。旋转显影套筒沿成像滚筒的旋转方向产生很强的高磁场梯度（俗称磁性刀），这种磁性刀按线条集合方式吸附墨粉。所谓的磁性刀放置在旋转显影套筒内部，位置固定不动。

当环状电极被给定合理数值的电压时，即产生作为成像结果的成像轨迹，从而在墨粉与成像轨迹间形成了电场。若墨粉与环状电极间不存在电场（即环状电极的电压等于零）力作用，则意味着不产生成像结果，磁性刀与磁性墨粉颗粒相互作用引起的机械力组合大于电作用力，导致清除所有供应墨粉。粗糙的旋转显影套筒表面有能力拾取并移动任何多余的墨粉，送回到墨粉供应滚筒，可以重新使用。当成像轨迹取得大约40V的电压时，原来的作用力平衡状态被打破，从而在成像滚筒表面产生墨粉图像。

8.1.4 墨粉覆盖效率

由于直接成像滚筒以恒定的速度旋转，大多数情况下切换到印刷电压的成像轨迹不可能及时而完整地为墨粉颗粒所覆盖。要求获得整体覆盖的距离称为边缘锐化，其实际含义是墨粉颗粒整体覆盖的距离由边缘锐化程度确定。按整体考虑时，页面可印刷区域的边缘不存在图文对象时，墨粉整体覆盖的概念无实际意义，仅当边缘存在图文对象时才需要以整体覆盖衡量显影质量；对于具体的页面内容，墨粉整体覆盖的概念十分重要，如果直接成像数字印刷系统在显影页面对象时墨粉整体覆盖的程度不够，则对象边缘不可能清晰。

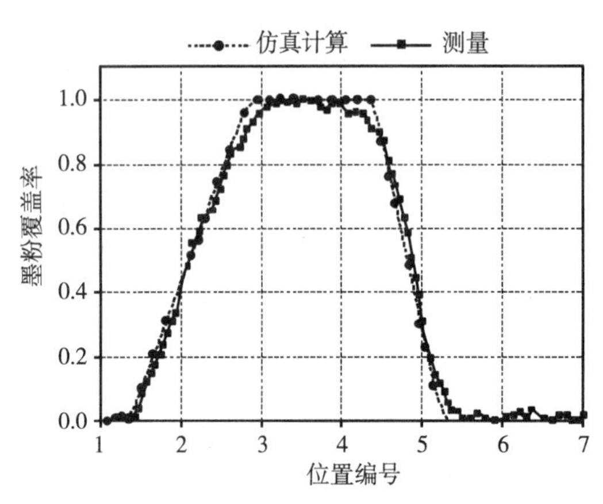

图8－4 直接成像滚筒表面彩色墨粉显影仿真的有效性

奥西建议以统计模型描述直接成像数字印刷机显影系统的墨粉覆盖率，方法的有效性已得到证实。确定墨粉覆盖率的方法如下：先利用高速数字照相机测量（拍摄）直接成像滚筒表面记录点（网点）的墨粉覆盖率外形，并以数字照相机的拍摄结果与统计模型的仿真数据比较。证实数字摄影测量方法有效性的例子之一在图8－4中给出，说明预测得到的墨粉平均覆盖率（横跨许多测量点的平均值）与测量数据的一致性良好，也证实了假设的统计模型足以预测直接成像滚筒表面记录点之间的覆盖率变化。

8.1.5 经典色彩混合与半色调网屏

墨粉印刷技术的半色调加网处理针对在纸张上产生规则的墨粉图案，通过转移和熔化过程获得真正的复制图像，网点图案的精细程度和大小决定图像的细节和均匀度。操作直接成像数字印刷机时可通过软件界面选择网屏类型，使文档细节复制、均匀度和边缘清晰度达到最佳。为此，直接成像彩色数字印刷机提供5种不同的图像质量模式，借助于选择5种不同的半色调网屏获得对应的印刷质量。

奥西直接成像彩色数字印刷机升级到CPS800和CPS900后添加了一种额外的质量模式，由动态色彩混合方案建立彩色效果，对每一种颜色均采用固定的网点参数。这种新的质量模式尽可能减少印刷品的颗粒感，降低网点结构的可察觉程度，也借助于新的质量模式增强印刷品的清晰度和细节复制能力。

直接成像彩色数字印刷机的半色调加网操作由印刷引擎的图像处理硬件执行，所有主色和整个文件均只能选用一种半色调加网模式，但每一色的网点图案具有不同的加网角度和加网线数。其中，加网线数定义为每英寸内包含的网点行数量，加网角度则定义为网点连线与走纸方向间的夹角。当加网角度为0度时，意味着网点连线与走纸方向一致。

采用经典色彩混合方案时，应该从很粗糙、粗糙、标准/正常、精细和非常精细这5种半色调网屏中选择。这5种网屏具有不同的特征，应针对质量优化要求选择它们。较精细的网点结构适合于复制精致的细节。精细或非常精细网点结构在纸张上产生高频图案，很难为人眼所察觉。网点结构越精细时，印刷出来的细节也越丰富。因此，较精细的网点结构有利于高分辨率图像、小字和细线条的复制。

要求以较高的均匀度复制彩色对象时可选择较粗糙的半色调网点结构。粗糙或非常粗糙半色调网屏导致低频图案，容易被受过训练的眼睛察觉。网点结构越粗糙，则印刷结果的均匀度也越高。因此，较粗糙网屏有利于低分辨率图像和低密度背景颜色的复制。对经典色彩混合方案而言，选择标准网屏意味着能兼顾细节和均匀度复制要求，适用于范围广泛的各类文档。这些可选的半色调网屏有利于避免在印刷品上产生莫尔条纹效应。

前面已经提到过，经典色彩混合方案有5种半色调网屏可供选择。黑色和6种彩色的加网线数和网点角度如表8－1所示。当加网角度等于0度时，对应于网点连线与数字印刷机的走纸方向一致，如同图8－5所示的那样。

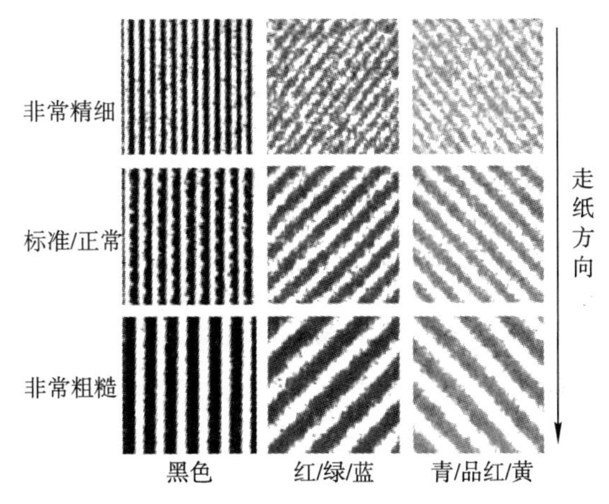

图8－5 网点的显微放大效果演示

表8－1 不同半色调网点结构和颜色的加网线数

网屏结构	黑色		红、绿、蓝、青、品红、黄		
	加网线数/lpi	加网角度	加网线数/lpi	加网角度	
				红、绿、蓝	青、品红、黄
非常精细	200	0	190	40	-40
精细	150	0	125	53	-53
标准/正常	150	0	105	45	-45
粗糙	150	0	90	34	-34
非常粗糙	100	0	70	45	-45

8.1.6 印刷单元与七色印刷的实现

直接成像数字印刷利用七色墨粉单层并肩定位的方式复制彩色图像，为此需要七个印刷单元，每一个印刷单元各自都包含图8－3所示的成像、显影和墨粉转移装置，说明每一个印刷单元都由直接成像滚筒、墨粉供应滚筒和旋转显影套筒三大基本部件构成。

为了说明直接成像数字印刷的基本原理，有必要简单回顾与彩色图像复制有关的工艺过程，深化前面讨论的内容。当墨粉颗粒进入由直接成像滚筒和旋转显影套筒构成的显影间隙时，墨粉颗粒为磁性刀所磁化，导致墨粉颗粒从直接成像滚筒表面拉向旋转中的显影套筒；如果环状电极未受到成像信号作用，则墨粉颗粒借助于旋转显影滚筒的粗糙表面传送回墨粉供应滚筒。这种操作称为清理状态，前提是环状电极的电压等于0，在此条件下建立起平衡关系，进入和退出显影间隙的墨粉数量相等。墨粉进出显影间隙的平衡条件导致显影间隙的墨粉颗粒数量大体上保持为常数，从而形成所谓的墨粉链，似乎“装配”成曲面三角形的封闭区域，墨粉只能在该三角形区域内往复运动。只要环状电极切换到40V的电压，则直接成像滚筒附近的墨粉颗粒通过上面描述的机制在墨粉供应间隙感应出电荷，这一操作称为印刷状态。由于墨粉尚未转移到纸张，因而只能说墨粉按成像结果有选择地转移到直接成像滚筒的表面，为以后实质性的印刷创造了条件。

直接成像彩色数字印刷机的系统结构如图8－6所示，由7个成像滚筒产生的各色墨粉图像先集中到柔软硅胶构成的中间转印滚筒表面，所有原来相互分离的墨粉图像由黏结力组合起来，并一次性地通过熔化工艺在纸张表面形成全彩色图像。

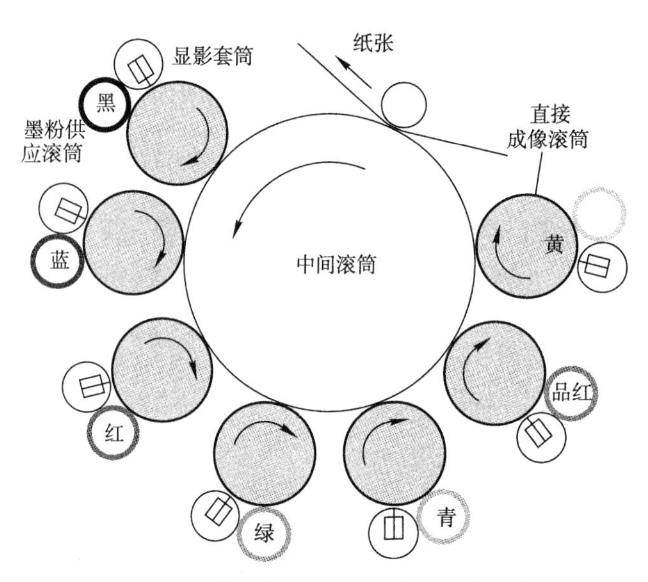

图8－6　直接成像彩色数字印刷机结构示意图

图8－6清楚地表明，直接成像数字印刷机结构上属于卫星式排列集中转印一次通过彩色系统，转印间隙由中间滚筒和压印滚筒组成，纸张只需走过转印间隙一次。

8.1.7　动态色彩混合

经典色彩混合方案建立在减色叠印基础上，通过6种不同的色彩组合呈现颜色，建立特定颜色时仅涉及3种着墨单元。

由于直接成像数字印刷机以单层墨粉并肩定位的方式表现彩色效果，因而色彩混合方法不能单纯利用减色叠印，改成动态色彩混合和经典色彩混合的组合。所谓的动态色彩混合需要使用8种不同颜色的组合。通常情况下应该以3种不同的颜色以及黑色和纸张白色在承印材料表面组合成需要的颜色。动态色彩混合方案将色域分解成8个分区，分别以数字0，1，2，…，7标记，每个分区由3个或4个墨粉单元定义，用于以相应的墨粉或纸张白色表现某种特定的颜色，如图8－7所示。

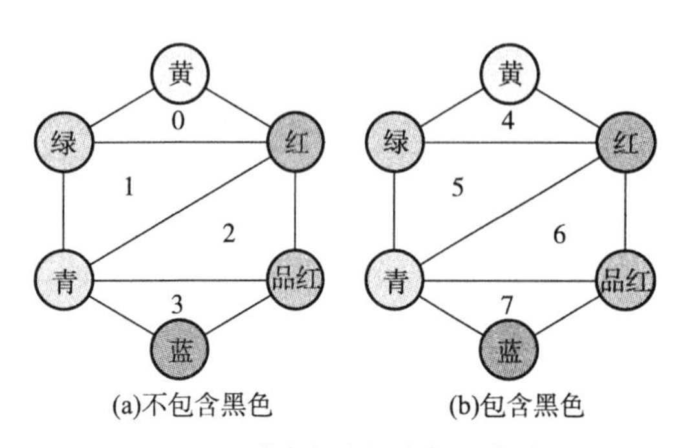

图8－7　动态色彩混合与8个分区

动态色彩混合0号分区中的颜色由红色、绿色、黄色和纸张白色组合而成，1号分区以红色、青色、绿色和纸张白色组合颜色，2 号分区通过红色、品红、青色和纸张白色合成出彩色，而 3 号分区则以品红、蓝色、青色和纸张白色混合颜色，上述色彩合成原理如图 8－7 之（a）所示。另一种色彩混合与黑色有关，4 号分区中的颜色以红色、绿色、黄色和黑色组合而成，5 号分区借助于红色、青色、绿色和黑色合成颜色，6 号分区由红色、青色、品红和黑色混合出颜色，而 7 号分区则通过品红、蓝色、青色和黑色组合颜色，这 4 种分区的彩色合成原理在图 8－7 之（b）给出。

以基于减色叠印的经典色彩混合方案产生颜色时，若要求表现某种程度的浅蓝色，则可以通过蓝色墨粉和白色纸张的组合定义。以动态色彩混合方案表现颜色时，应该在 3 号分区内定义浅蓝色，意味着只使用品红和青色墨粉；带蓝味的颜色不再像经典色彩混合方案那样由少量的蓝色墨粉生成，而是品红、青色和蓝色墨粉的组合。由于青色和品红墨粉的色调较浅，因而与纸张白色的组合颜色对比度低于由蓝色墨粉和纸张白色合成的颜色。墨粉的对比度越低，则颗粒感也越轻。因此，动态色彩混合方案生成的带蓝味颜色的颗粒感相对低一些。使用颜色较浅的墨粉时，墨粉的固有数量增加，从而能进一步降低最终复制结果的颗粒感。采用青色和品红墨粉组合时，带蓝味颜色的饱和度受到限制，是由于颜色部分合成的缘故。若要求产生饱和度更高的带蓝味的颜色，则应当添加蓝色墨粉；要求产生更深暗的带蓝味颜色时，应添加青色和黑色墨粉。

对经典色彩混合方案来说，黑色与纸张白色的组合定义灰色。以动态色彩混合方案生成颜色时，中性灰色在 1 号和 5 号分区组建。低密度颜色要用到 1 号分区，以红色、青色和绿色墨粉组合形成浅色；深暗颜色的形成依赖于 5 号分区，除红色、青色和绿色墨粉外，还得增加黑色。颜色较浅的墨粉与纸张白色组合所得颜色的对比度比起有黑色参与时合成的颜色来显得更低一些。参与合成颜色的墨粉对比度越低，则颗粒感也就越轻。因此，以动态色彩混合方案组合成的中性灰颜色的颗粒感也相对较低。当使用颜色较浅的墨粉时，墨粉的固有数量增加，从而可以进一步减轻印刷品的颗粒感。

8.1.8 在机灰度等级标定

彩色数字印刷产品的最终色彩表现与各色油墨（墨粉）的叠加结果有关，对直接成像数字印刷而言则取决于并肩定位墨粉的数量与彩色成分，因而直接成像数字印刷品的色彩表现是彩色半色调的混合结果。如同胶印和其他传统印刷技术那样，数字印刷系统复制半色调对象时的印刷结果应该表现出良好的时间稳定性，直接成像数字印刷当然不能例外。

众所周知，几乎每一种印刷工艺都是非线性的，即输入半色调等级与印刷到纸张的油墨数量关系表现出非线性特点，直接成像数字印刷同样如此，单层墨粉并肩定位照样存在覆盖效率问题。因此，确定数字图像的像素值与实际转移到纸张油墨或墨粉数量的准确关系显得十分重要，而确定输入半色调等级与墨粉覆盖率关系需要标定技术的支持，以便为图像处理提供符合复制特点的标定曲线。通常，标定程序可以自动地或以手工方式执行。

如图 8－8 所示曲线是对于直接成像滚筒表面墨粉覆盖率的测量结果，其中的每一个测量数据均来自面积很小的印刷区域。该图同时给出了光学测量结果（墨粉覆盖率）和墨粉传感测量结果（墨粉电容），曲线的横轴为输入半色调等级。图 8－8 中的对角线代表经过标定的复制曲线，其他两条曲线分别代表光学测量和墨粉传感测量结果，它们的形状看起来颇为相似，但尚未达到理想匹配的程度。光学测量数据来自对数字照相机捕获画面的分析结果，该照相机安装在显微镜头上。对墨粉覆盖率测量来说，图中的数据来自对墨粉颗粒表面的测量结果。两种场合的墨粉传感似乎在电容测量数据上表现得不太理想，或者说电容测量结果与打印墨粉颗粒的表面累积电容不成直接的正比关系。

为了获得一致性良好的图像质量，目前可采用的主要方法有两种。第一种方法在设计阶段考虑，取决于能否设计出具备固有稳定性的数字印刷系统；另一种方法建立在采取或多或少标定步骤的基础上，在数字印刷机使用前或使用过程中实现印刷参数的传感器测量功能，并建立信息反馈机制。奥西在开发直接成像技术和设计 CPS700 直接成像彩色数字印刷系统时采用了第一种方法，使数字印刷机本身是稳定工作的，或者说从设计上保证直接成像数字印刷系统固有的很稳定的印刷质量。

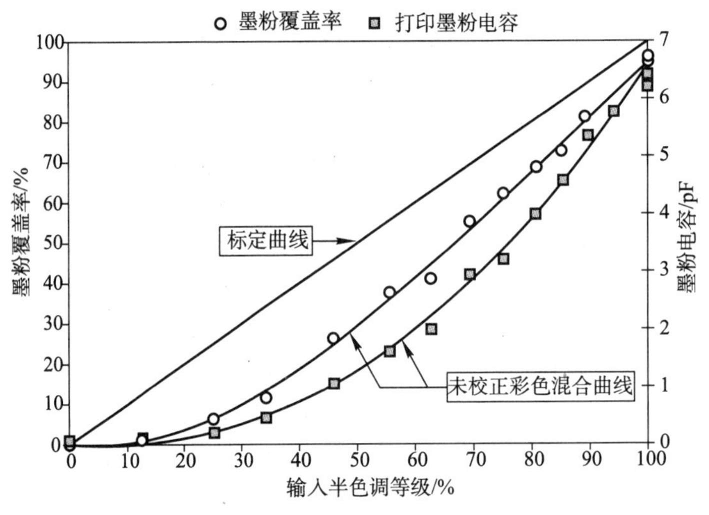

图 8-8　墨粉覆盖率和墨粉电容与输入半色调等级关系

8.2　视频打印机

模拟摄影技术形成彩色照片的方法与多色叠印类似，通过显影和冲洗等步骤从光化学摄影结果转换到彩色照片。利用不同类型的显示器屏幕也可以表示彩色，与传统摄影技术彩色表示不同之处在于使用加色混合法。计算机显示器或电视机屏幕显示的内容也可以转换成印刷品，完成这种转换的硬拷贝输出设备称为视频打印机。

8.2.1　数字微镜器件曝光系统

从 1935 年德国使电视广播变成现实开始，由于电视技术声画同步传播效果大大超过广播技术的优势，导致电视迅速发展，图像内容处理为电子信号、并在阴极射线管上显示图像处理结果的技术取得了进展。到 20 世纪 50 年代末，空间技术在图像传输方面的竞争十分激烈，数字信号处理及处理结果接收技术也发展起来。在上述技术取得长足进步的同时，打印来自电子信号和数字数据图像的需求逐步增长。由于上述原因，当索尼于 1981 年发明 Mavic 数字照相机时，通用彩色打印机的研制和开发加快了市场化的步伐。

相关技术的不断进步建立在人们认为卤化银光敏材料具备极大优势的基础上，许多人认为这种材料本质上适合于彩色电子信号和数字图像的硬拷贝输出。从今天的角度认识问题，上述看法似乎有点可笑，但从历史的角度看问题却很正常。卤化银材料之所以在那时为市场看好，一方面是因为卤化银材料有很高的灵敏度，具备记录成高质量图像的能力；

另一方面也由于此种材料的多样化特征，适合于广泛的应用领域。许多研究工作针对摄影材料开发，设计时考虑到了与大量新记录系统的兼容性。各种新技术开发不断取得进展，旨在为各种记录系统提供新的材料，与不同记录系统的曝光技术匹配。

基于卤化银材料的光敏摄影材料曝光成图像属于图像记录的光化学方法，而阴极射线管（CRT）则是通用图像记录设备之一，因为阴极射线管的结构相对紧凑，即使在开始应用时制造成本也较低，传统上用于即时“曝光”整幅图像。

作为一种点光源系统，滚筒扫描设备的开发时间相当早，例如20世纪60～70年代流行的电子分色机的扫描部分，曾经为印刷业用作高精度的分色扫描设备。滚筒扫描系统由多种结构部件组成，以卤素灯泡或发光二极管为光源。经过时间并不太长的使用后，基于激光的扫描系统开发成功，在扫描的同时完成网点的发生。这种新的扫描系统利用经过调制的激光束扫描，通过多边形反射镜曝光，记录到分色胶片上。

在一维阵列曝光系统的发展过程中，发光二极管功不可没，尽管那时发光二极管技术还处在开始阶段。这里，所谓的一维阵列指多个发光二极管对齐后形成的排列结果。另一种一维阵列曝光系统由电子发光显示管构成，多个电子发光显示管对齐后即构成一维的曝光系统，需要与PLZT材料制成的光线开关阵列系统配合使用，其中PLZT是包含铅（Pb）、镧（La）、锆（Zr）和钛（Ti）的特殊陶瓷材料，通过施加电压控制穿透光线的极化方向。另一种实用的图像记录系统属于二维曝光的范畴，利用二维的数字微镜器件阵列控制曝光，在光敏材料上产生记录结果，工作原理可以用图8-9说明。

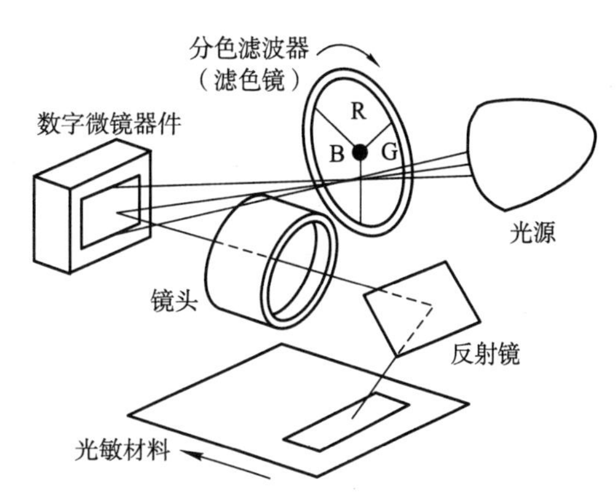

图8-9 数字微镜器件曝光系统

8.2.2 光导纤维曝光系统

摄影领域仅仅有卤化银光敏材料肯定是不够的，这种技术的发展与材料技术关系十分密切。此外，多元化的摄影技术应用需要多样化的材料支持，才能开拓更广阔的市场。在摄影技术的发展历史中曾经出现过各种材料，正是这些材料与卤化银光敏材料的配套使用才造就了摄影技术光辉灿烂的历史。因此，摄影材料不能局限于卤化银胶片，其他与卤化银光敏胶片同时使用过的材料包括一次成像胶片、反转片和直接记录彩色纸等，这些材料的开发成功使摄影成为更实用的技术，在许多领域发挥了重要作用。

技术发展的步伐不会停止，尤其像摄影这样实用性很强的领域。如前所述，摄影技术的发展在相当程度上与材料的发展有关，该领域取得的主要技术改进包括摄影材料的感光灵敏度、层次表现能力、可复制的色彩范围和分辨率等，这些进展一定程度上代表了技术发展的重要成果。同样，曝光对摄影也很重要，曝光措施的改进显然得益于多方面的努力，包括光源（例如闪光灯）的发射光谱和发射光量、曝光系统的寻址能力、层次控制和彩色复制能力等方面的变化。

光化学为摄影结果的形成提供了成像基础，也是光潜像生成的理论基础，但光潜像无法直接使用，必须转换成视觉可见的影像，这需要显影、定影和冲洗工艺的配合，与静电照相存在一定的相似性。然而，底片尺寸毕竟太小，观察和欣赏很不方便，需进一步记录到照相纸上，才能供人们自由地欣赏。因此，曝光技术不再局限于摄影，应该延伸到更为广泛的视觉应用领域，例如以底片为基础的照片印刷技术。作为现代照片打印方法，由于显示和印刷变成很难分割的关系，因而讨论曝光和印刷技术的重点是广泛使用的阴极射线管 CRT 和光导纤维管 FOT（Fiber Optical Tube）。阴极射线管曝光属于系统性操作，二维图像显示在阴极射线管屏幕上，通过光学方法使屏幕上显示的图像投射和曝光到光敏材料，如图 8－10 中（a）所示。类似于阴极射线管曝光，光导纤维管曝光同样是一种系统性的操作，显示区域是平板式阴极射线管一维装置，曝光时显示图像和光敏材料同时移动，通过光学方法在光敏材料上组成图像，见图 8－10 中（b）和（c）。

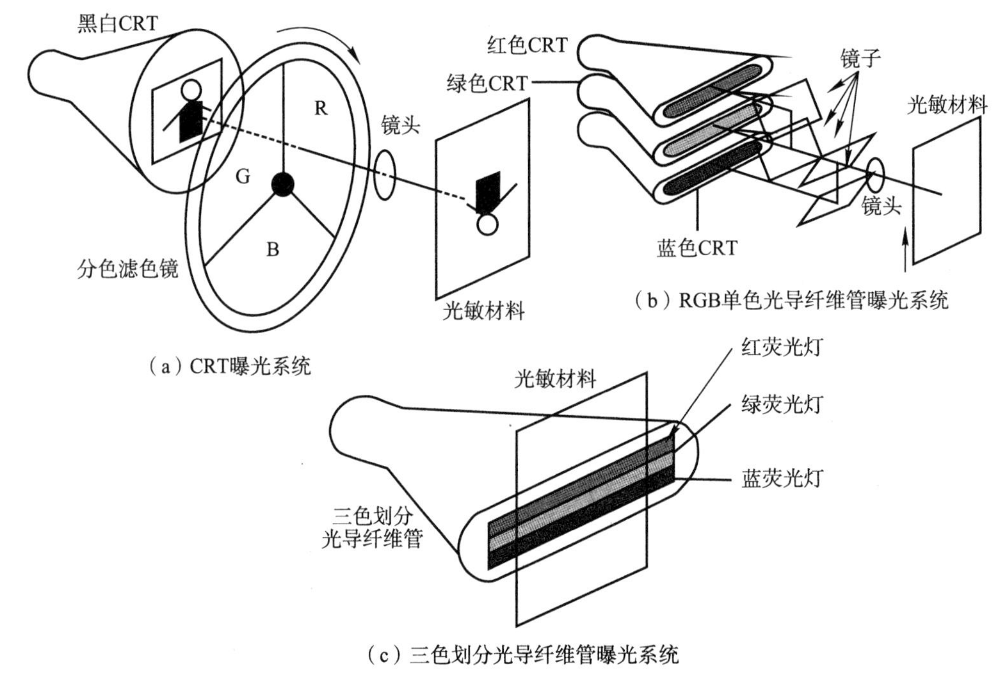

（a）CRT曝光系统

（b）RGB单色光导纤维管曝光系统

（c）三色划分光导纤维管曝光系统

图 8－10　三色划分光导纤维曝光系统

由于以阴极射线管（显示器）对彩色图像曝光时每一幅图像需曝光三次，因而用于黑白图像曝光的阴极射线管并不适合于彩色显示图像。一次曝光显然不能解决问题，需要三次连续的曝光操作，且每一次曝光应该针对一种加色主色，为此需要增加用于分色的滤波器。通过滤色镜的分色作用，彩色图像分解为红、绿、蓝三原色，这三种加色主色如同黑白图像曝光那样，三次类似于黑白图像的曝光操作叠加起来便形成彩色图像。上述信号处理过程和记录结果形成的原理可以从图 8－10 中（a）得到解释。

8.2.3　彩色视频打印机例子

视频信号与底片、照片或印刷品彩色原稿间存在原则性区别，底片和照片等模拟原稿必须通过数字化转换才能为数字硬拷贝系统所用。考虑到视频信号与模拟物理原稿所反射或透射的光信号完全不同，因而视频信号“原稿”的数字化处理不需要由机械部件构成的复杂扫描系统，导致处理视频图像的装置十分简单。目前市场上供应的许多视频图像记录产品采用了不同于常规打印机的复制材料，视频打印机输出硬拷贝图像时往往与即时“曝光”的摄影材料结合起来使用。

与彩色纸张结合的打印机大约在 20 世纪 80 年代末期投放市场，富士胶片公司开发和研制的 FVP600 是其中的典型例子，这种打印机的工作流程可以用图 8－11 说明。富士 FVP600 彩色打印机的最大记录宽度为 102mm，差不多是 A4 页面宽度的一半，因而从规格上看已经不错了。该打印机以 7 英寸对角线长度的高亮度阴极射线管执行多次“曝光”操作，以垂直方向划分成 525 个扫描行的方式工作，能够产生与标准纸张规格系列 E 尺寸相当的印刷品，三色加色主色完成三次“曝光”总共约需要 3s 的时间，速度基本合理。

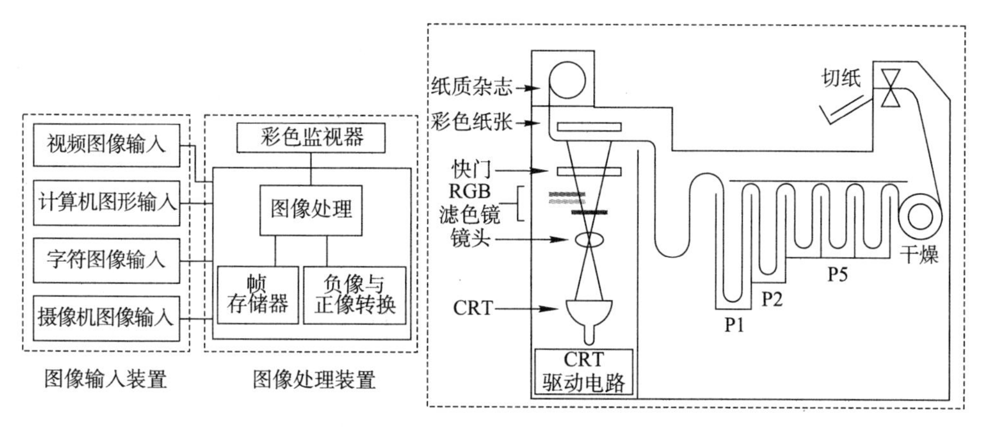

图 8－11 视频打印机的工作流程

8.2.4 视频打印机的光谱特征

视频打印机的输出内容由屏幕显示图像决定，如图 8－11 所示工作流程使用的视频打印机的图像“曝光”系统建立在光导纤维传递信息的基础上，已经在图 8－10 中给出。由于视频信息硬拷贝输出需要利用减色叠印原理，因而屏幕显示的 RGB 信号应转换成四色分量的组合，所用的分色滤色镜以及彩色纸张的光谱灵敏度如图 8－12 所示。

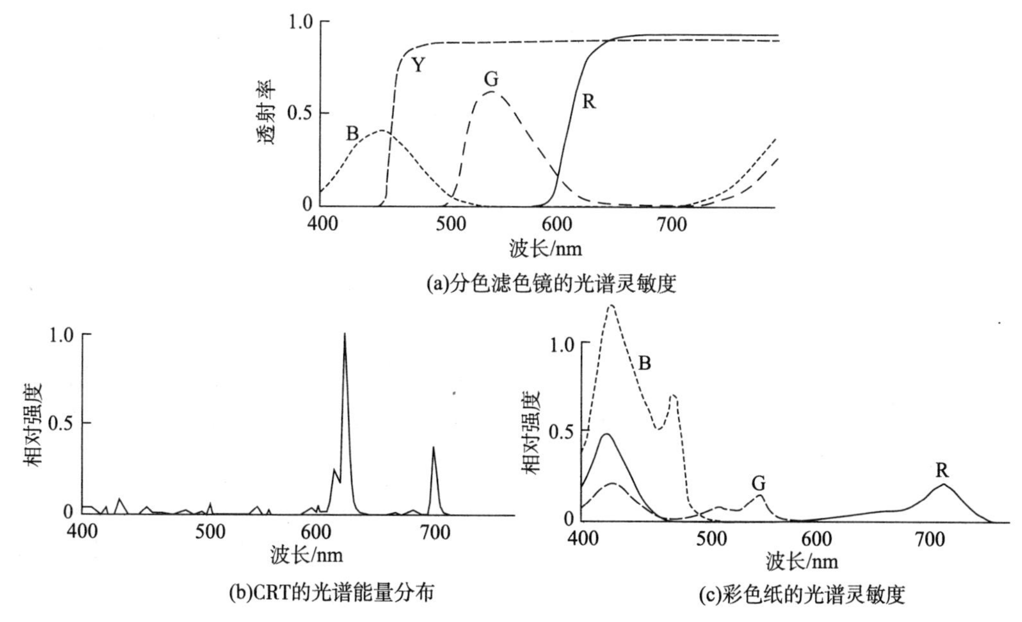

图 8－12 视觉打印机部件的光谱特征

到 20 世纪 90 年代时，大尺寸、高性能的视频硬拷贝设备开发成功，例如 AGFA 的商用系统 AGFA DSP 视频打印机，最大宽度增加到 203mm，使用 9 英寸的平板型阴极射线管显示器，共包含 1024 行扫描线。与 AGFA 视频打印机配套的 L 尺寸记录介质每小时的输出能力 1400 印张，输出 89mm×127mm 最大尺寸印张的能力为每小时 400 份。

使用光导纤维管的彩色曝光系统借助于三色滤色镜建立彩色图像，每一种主色滤色镜对应一套光导纤维管，通过反射镜/镜头系统使光线聚焦到材料的某一个点上，如图 8-10 中（b）给出的例子；或采用图 8-10 中（c）所示的光导纤维管，表面涂布三种颜色的电子发光材料。上述两种系统都需要辅助扫描装置，以恒定的速度输送材料。单个光导纤维管系统可以用光源“曝光”，且光源与光敏材料处于接触状态，因而设备尺寸能做得更小，例如柯尼卡的 VP100 商用视频打印机，以单个光导纤维管记录到彩色纸张。以柯尼卡 VP100 打印视频图像时，输出第一份拷贝需要 7.5min 的时间，每小时可以打印 60 份尺寸 130mm×180mm 的印张。

8.3 照相成像数字印刷

传统彩色冲扩技术通过照明系统，使记录到彩色胶片的负像聚焦到卤化银彩色照相纸上输出彩色图像，经过一定的曝光时间后显影，即得到彩色照片。模拟彩色照片冲印的原理很容易转换成数字工作方式，相应的数字冲扩技术称为照相成像数字印刷，具备复制已有彩色底片和照片的能力，因为彩色原稿可通过 CCD 扫描仪转换到数字图像，曝光到卤化银彩色照相纸上，经显影处理后得到彩色照片。此外，数字冲扩工艺还可以直接利用数字照相机的拍摄结果，无须扫描仪转换就能输出彩色照片了，但显影还是需要的。

8.3.1 照相成像数字印刷原理

传统彩色摄影技术分为底片记录和照相纸记录两种类型，也反映两种记录摄影结果的方法。一般来说，高质量记录采用反转片和高等级的照相机拍摄，经显影和定影处理后获得的底片是摄影的最终结果；大众彩色摄影常采用正片拍摄，显影和定影处理后还需转移到照相纸上，即最终结果以照片的形式存在，底片只是中间结果。因此，大众彩色摄影技术的拍摄结果是通过光线对底片上感光层的光化学作用记录实物场景，然后再从底片转移到特殊的涂布纸上，其间经历了两次转移：第一次是实物场景的光信息转移到摄影胶片的感光层，第二次则是从显影和冲洗工艺所得底片转移到照相纸。

记录在照片上的实物场景的颜色变化取决于光的波长，且这种变化反映在照相底片或照相纸的三个由染料制成的光敏涂层上，由于照相底片或照相纸的每一个感色层均匀分布着极其微小的银盐颗粒，在正常阅读距离内颗粒尺寸可认为接近于 0，因而从实物场景拍摄得到的底片或印到照相纸上的照片被称为连续调原稿。

众所周知，连续调照片的颜色过渡平滑，产生出精细的颜色渐变结构，涂布层在化学与物理方面的合成配方将决定照相纸和模拟照相成像结果的分辨率。连续颜色阶调的产生与光的强度和波长有关，也取决于胶片照相机的等级。由化学成分和光学化学作用给定的摄影图像本质上也是细小颗粒组成，其尺寸是微米级的，范围从 0.1～2μm，甚至更低。因此，从微观角度看，称记录在照相底片或照相纸上的彩色图像为连续调这一论断其实并不成立，连续调一词仅限于宏观尺度。

以照相成像为基础的数字复制技术，是将模拟摄影的暗房处理手段应用到通过数字控制方法产生彩色图像，为此需利用数字寻址的激光或发光二极管系统在照相纸上成像。因此，通过数字寻址方式工作的照相成像系统相当于一台模拟照片洗印设备，但采用了数字控制方法在照相纸上记录，可称为数字照相成像。归纳起来，数字照相成像与模拟照相成像的区别包括：成像控制采用了数字寻址方式，成像源（原稿）不是底片而是数字文档，成像光源是激光或发光二极管而不是常规光源，可见其核心是数字技术。

图 8 - 13 给出了以照相成像过程为基础的外鼓式照片印刷机的工作原理示意图，系统中包含红、绿、蓝三个激光器，每个激光器均配有光束强度控制器和光束调制器。

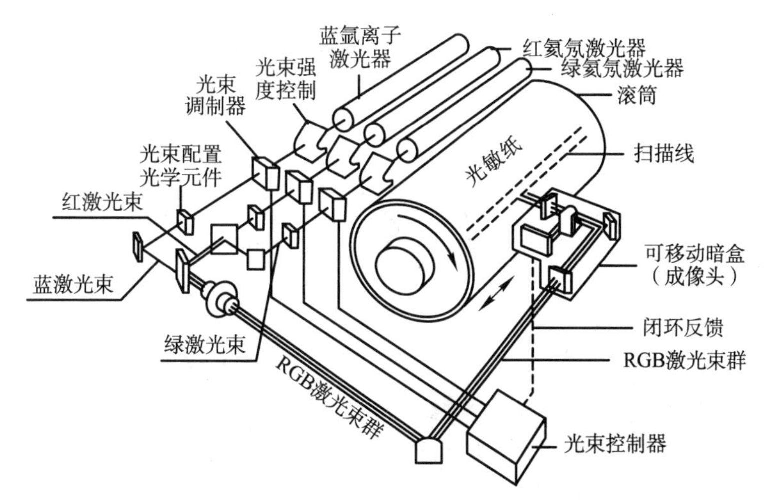

图 8 - 13　外鼓式照相成像工作原理示意图

数字照相成像技术利用红、绿、蓝三色激光器成像，它们有不同的波长，通过控制各主色激光器所发出激光束的强度可准确体现彩色数字图像各像素的色相。数字照相成像常采用气体或半导体激光器，其中波长为 633nm 的氦氖激光器作为红色光源使用，绿色光源采用波长为 543nm 的氦氖激光器，而蓝色光源则使用波长为 458nm 的氩离子激光器。

数字照相成像系统使用的信息记录材料为带有特殊涂层的照相纸（光敏纸），卷绕在圆柱形滚筒上。因此，照相成像数字印刷系统具有类似于外鼓式照排机的结构，其控制机制也与外鼓式照排机类似。由红、绿、蓝三色激光器发出的三束独立激光分别经强度控制和光束调制（开、关状态）后，一部分激光进入光束控制器，用于控制写激光束；另一部分则合成为 RGB 激光束群，在光束控制器送出的激光控制下最终写到照相纸上。

8.3.2　曝光技术

照相成像数字印刷机曝光系统多种多样，其中已经有几种曝光系统针对小型冲印店实现了商业化。由于开始时使用的发光二极管曝光效果不能令人满意，因而后来推出的照相成像数字印刷机改成激光扫描曝光系统。之所以要包含激光扫描步骤，是因为设计和研制照相成像数字印刷机时数字摄影技术尚未普及，绝大多数印刷任务集中在处理模拟摄影底片和照片上，为此需首先转换到数字图像，才能以数字方式实现复制任务。激光扫描曝光系统一经使用就成为主流技术，因为这种扫描曝光系统具有能获得高质量硬拷贝输出图像的优点，激光束的光强度足以在特殊的涂布纸上产生高质量的记录结果。总之，使用固体激光器的扫描曝光照相成像数字印刷系统具备产生高质量图像的优异特征，有利于实现设备的小型化。例如，富士早期型号照相成像数字印刷机采用固体激光器，卤化银照相纸以卷筒形式供应，可容纳两卷彩色照相纸；切割成特定长度的印张向上传送，完成改变水平方向的过程后输送到激光曝光部件。

富士照相成像数字印刷机的激光扫描装置通过光调制元件以很高的速度调制与数字图像 RGB 值对应的的每一束激光，高速传送的彩色照相纸受红、绿、蓝三束激光的辐射，利用图 8－14 所示的多边形棱镜以常数速度扫描曝光并产生记录结果。

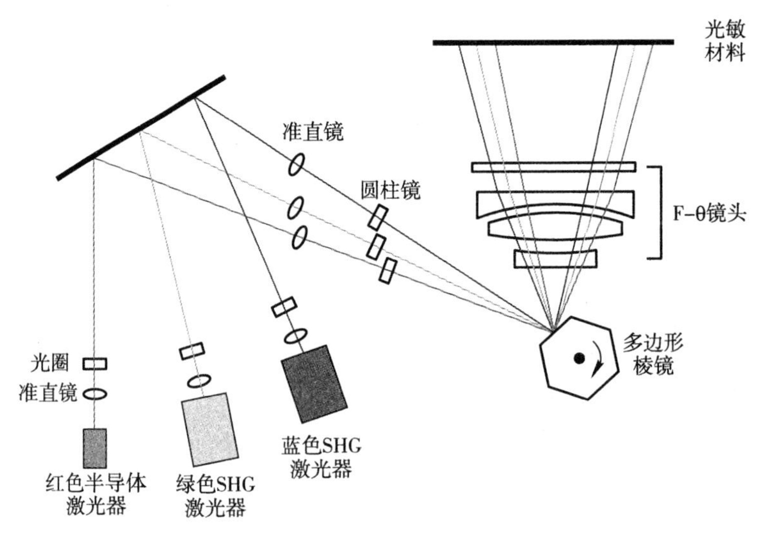

图 8－14　照相成像激光曝光系统

8.3.3　热显影扩散转移照片复制

从彩色图像复制技术总体角度看，在灵敏度和图像质量方面，使用卤化银的摄影材料要优于其他硬拷贝信息记录材料。然而，传统摄影领域卤化银彩色照相纸并非想象的那样完美无缺，例如以数字硬拷贝输出设备复制彩色照片时显影液和处理速度控制上的某些问题尚未得到很好的解决，因而某些特殊的硬拷贝输出技术值得一提，比如富士胶片公司推出的 Pictrography 扩散转移型彩色热显影技术，一种材料和复制技术综合的彩色照片数字印刷方法。这种组合技术有时也称为 Pictrocolor 系统，大约于 1987 年投放市场。尽管处理 Pictrography 材料需要少量的水和热量，但不需要处理其他液体。

Pictrography 系统属于扩散转移系统类型之一，具有热成像和照相成像的组合特点，材料内置了所有必需的显影药剂。这种硬拷贝输出系统的图像组成原理如图 8－15 所示。

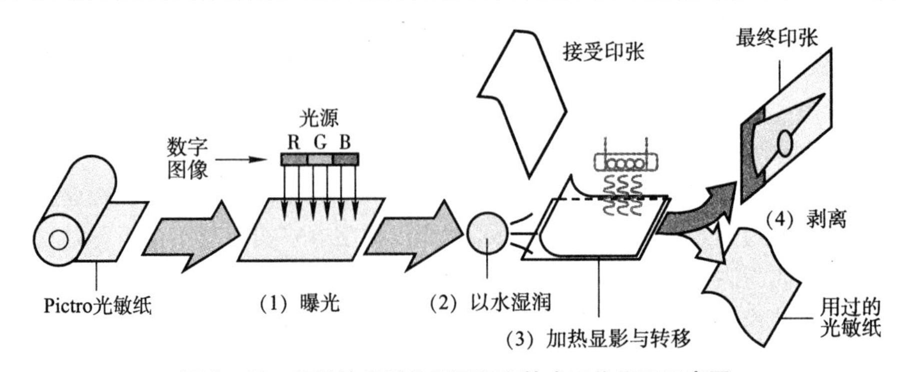

图 8－15　扩散转移型热显影打印技术工作原理示意图

Pictrography 系统与彩色图像硬拷贝输出密切相关的曝光、注水、接触、显影和剥离过程可归纳为：第一步，系统接收来自彩色数字图像的 RGB 主色数据，以相应的激光器对特殊的光敏纸（也称色带）做曝光处理，在光敏纸上记录成光潜像；第二步，以少量的水供给光敏纸使其湿润，每张 A4 页面大约 0.7ml 或每平方米 10ml 的用量；第三步，图像接受体或接受印张覆盖到光敏纸顶部并保持接触，其中接受印张是起中间作用的图像转移载体；第四步，对记录光潜像的光敏纸做热显影处理，激发光敏纸三层染料的转移过程，热显影结果转移到接受印张；第五步，从光敏纸上剥离下接受印张，用过的光敏纸只能丢弃。

扩散转移型照片复制系统的光潜像生成、热显影和染料扩散转移是彩色照片打印的关键步骤，这些工艺步骤的工作原理可以用图 8－16 进一步说明。

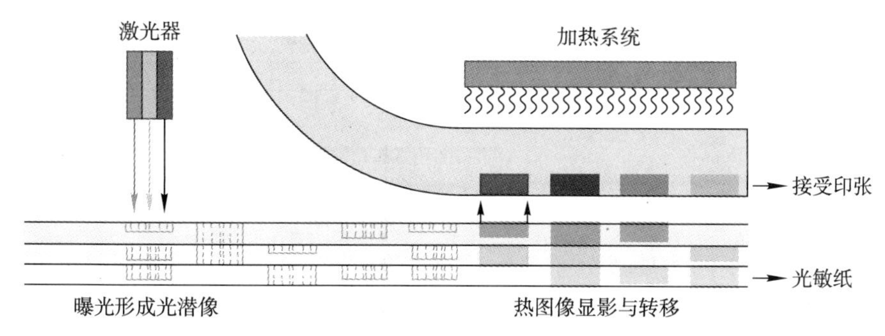

图 8－16 光潜像生成、显影和扩散转移原理

图 8－16 中的成像部分以红、绿、蓝三色激光器对光敏纸的三层染料做曝光处理，在光敏纸的三个染料层上记录成与彩色图像红、绿、蓝三色对应的光潜像。由于光敏纸设计成热显影材料，因而光潜像必须通过加热才能完成显影。利用这种照相成像和热成像结合的技术可获得质量很高的彩色图像，接近摄影照片，每一被复制像素的阶调值达到 256 个。尽管 Pictrography 系统的额定记录分辨率只有 400dpi，但由于对每一个像素均可复制出 256 个阶调值，因而得到的网点结构非常精细，且色域范围宽。

8.3.4 光敏材料

根据富士 Pictrography 系统的彩色图像复制原理，热显影材料是系统设计的关键。换言之，只有成功地开发出合适的热显影材料，才有可能设计整机系统，理由如下：用于生成光潜像的激光器的发射波长和发光强度必须按光敏纸的三层彩色染料选择，红、绿、蓝三色激光器分别对各自的补色染料曝光，形成青、品红、黄三色潜像；湿润和热显影子系统的加热温度必须与光敏纸染料层的热特性匹配，这意味着设计加热器时需要考虑到如何控制对光敏纸的加热速率和加热温度；开发接受印张也与热显影材料有关，应该有利于热显影完成后光敏纸上的三色染料层均能够顺利转移到接受印张。

热显影材料经激光器曝光后形成光潜像，如同光导体曝光后转换成静电潜像那样。从光敏纸染料层的化学结构成分分析，曝光处理后光敏纸染料层中原来的卤化银转换成了包含三到四个银原子的金属银原子核结构，即前面一直提到的光潜像。作为曝光结果的光潜像仅为中间结果，经供水湿润、光敏纸与接受印张接触以及加热处理后染料层转换成碱性，再经进一步的热显影处理则释放出水溶性的染料。此后发生的物理效应类似于热升华印刷的染料扩散和热转移过程，从热显影光敏纸释放出来的染料扩散并转移到接受印张，再借助于定色剂的作用使彩色图像固定在接受印张表面。从热显影光敏纸上剥离下图像的接受纸张由于剩余热量的作用，残留的水分迅速蒸发。

光敏纸经历上述复制工艺步骤时发生的内部变化如图 8-17 所示，印刷过程结束后光敏纸只能丢弃，无法重复使用。剥离下来的接受印张上仅仅包含染料，不可能有卤化银成分了，所以不会因卤化银的存在而导致图像质量降低。

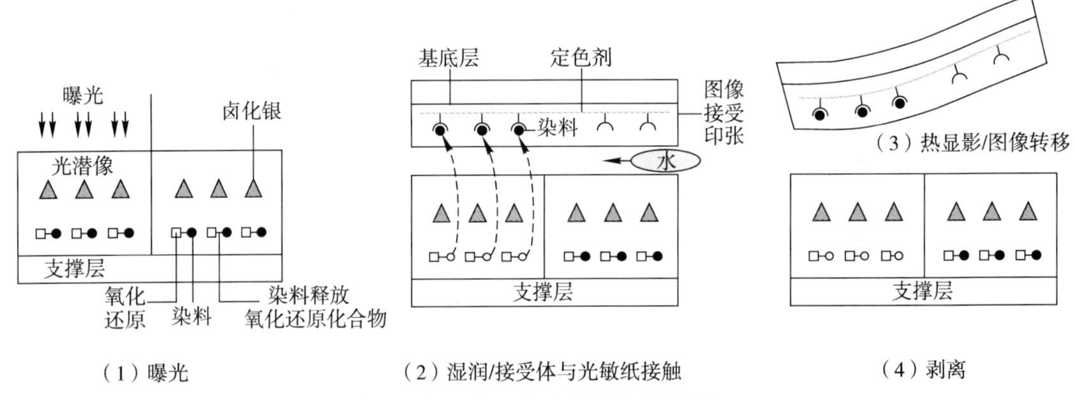

图 8-17　热显影光敏纸的内部变化

热显影光敏纸的主要成分是亲水的连结料，比如凝胶（白明胶）、对特定光谱成分敏感的光敏性卤化银、染料释放氧化还原化合物 DDR 和能生成碱的前体（母体）型基本金属化合物，其中的 DDR 常被认为是染料。图像接受介质（特殊纸张）的结构成分也是亲水性的连结料，例如凝胶或各种聚合物、起染料固定作用的阳离子定色剂聚合物以及与热显影光敏纸内基本金属起反应的前体化合物，后者用于通过螯化效应生成碱。

对 Pictrocolor 系统来说，没有必要为加快显影过程而生成碱，直到热显影光敏纸和接受印张接触时才需要，目的在于使用前能更好地保护材料，为此必须在接触前保证光敏纸和接受印张处于稳定的状态。接触后，包含在接受印张内的水溶性媒介和少量的可溶性基本金属化合物与少量的水反应，在 2～3s 的时间内生成碱，即使在室温条件下也照样如此。碱有助于 DDR 化合物的催化反应，释放可扩散的染料（参见图 8-17）。

8.3.5　热显影扩散转移型打印机

基于光敏纸潜像加热显影和染料层扩散转移的数字硬拷贝输出设备由富士于 1987 年开发成功，简称 PG 打印机，名称来自 Pictrography 中的两个关键字母。第一代机器以发光二极管对光敏纸曝光，热显影材料以卷筒纸形式供应。作为普通光源使用时，发光二极管的诸多优点或许是其他光源无法比拟的，比如发光二极管可以包装成十分紧凑的尺寸，制造成本低，动态范围宽，发光强度比白炽灯和荧光灯都要高，输入电流与发光强度间良好的线性关系等。虽然现在发光二极管已经用作静电照相数字印刷机的成像光源，但在 20 世纪 80 年代末期却尚未达到高质量成像光源的要求。

归纳起来，基于发光二极管成像的热显影材料曝光系统存在下述两大主要缺点：首先是发光二极管的发光点面积与热显影材料要求的光点尺寸相比显得太大，导致用于构成照片质量彩色图像的光束直径不能在光敏纸表面变细，从而限制了照片质量复制系统记录密度的提高；其次，热显影染料扩散转移打印机采用外鼓式曝光系统，由于发光二极管的曝光速度跟不上成像滚筒的旋转速度，从而限制了整机速度。

上述两大原因导致 PG 打印机很难达到高分辨率复制效果，也无法实现高速度的像素记录工艺。因此，从 1993 年开始生产的 PG 打印机放弃了发光二极管曝光，改成了基于激光器为成像光源的外鼓式曝光系统，设备结构和工作原理如图 8－18 所示。

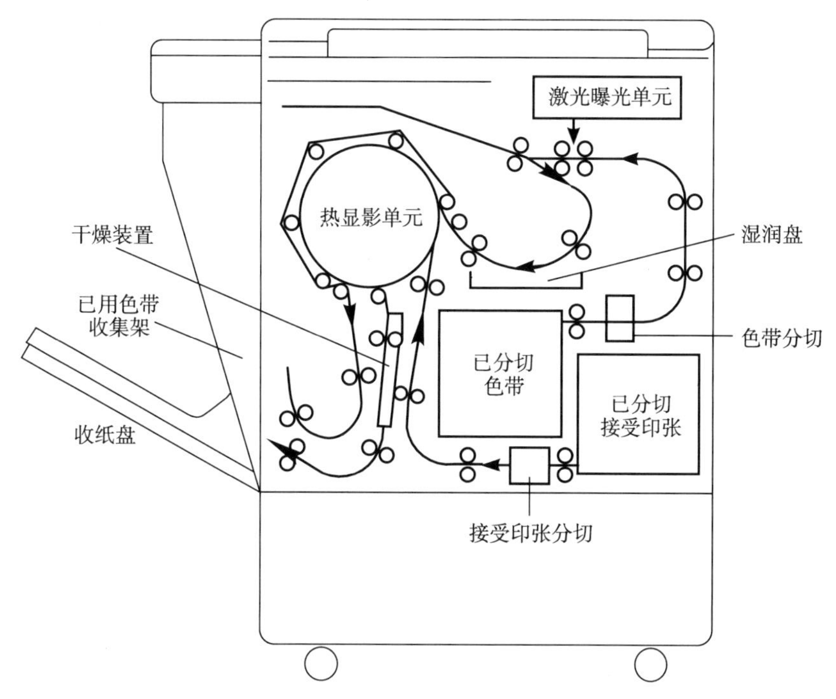

图 8－18 改进后的 PG 打印机结构

与发光二极管比较，激光束曝光能获得更小的光束直径，适合于高密度记录，分辨率从 284dpi 提高到 400dpi。由于激光准直镜的集聚效率如此之高，以至于曝光强度足以实现高速记录。此外，通过激光装置与包含多边形棱镜和 f－θ 镜头偏振器的组合，热显影光敏材料可以在平面传输过程中曝光，从而有利于实现设备的小型化。

激光束曝光的主要不足包括激光器的实际可用波长有限；从曝光装置整体考虑，电流和光学输出特征随温度的变化而明显改变；以相同的镜头处理并通过三束不同波长的激光束构成彩色图像时，波长与图像的形成特点有关，例如光束直径的变化导致颜色失真；光学部件沿主扫描方向同时出现透射和反射时可能引起阴影。

8.3.6 照相成像数字印刷机

Pictrography 系统的某些技术完全可用于制造更高效的照片印刷设备，例如富士胶片公司于 2001 年推出的全数字复制小尺寸 Frontier 照相成像数字印刷机，同类型的设备还有诺力士的 QSS 系列。在不太严格的意义上，可以说这种数字印刷以数字控制的激光或发光二极管代替传统彩色冲扩设备的光源，从摄影照片的模拟印刷改成了数字印刷。

基于固体激光器或发光二极管的曝光系统具备产生高质量图像的优异特征，有利于实现设备的小型化。图 8－19 给出了富士胶片公司 Frontier340 照相成像数字印刷机的工作流程示意图，该数字印刷机使用固体激光器，卤化银彩色照相纸以卷筒形式进给，整机可容纳两卷彩色照相纸；卷筒照相纸切割成特定长度的印张后向上传送，完成改变印张进给方向的过程后输送到激光曝光部件，再执行后续的工艺过程。

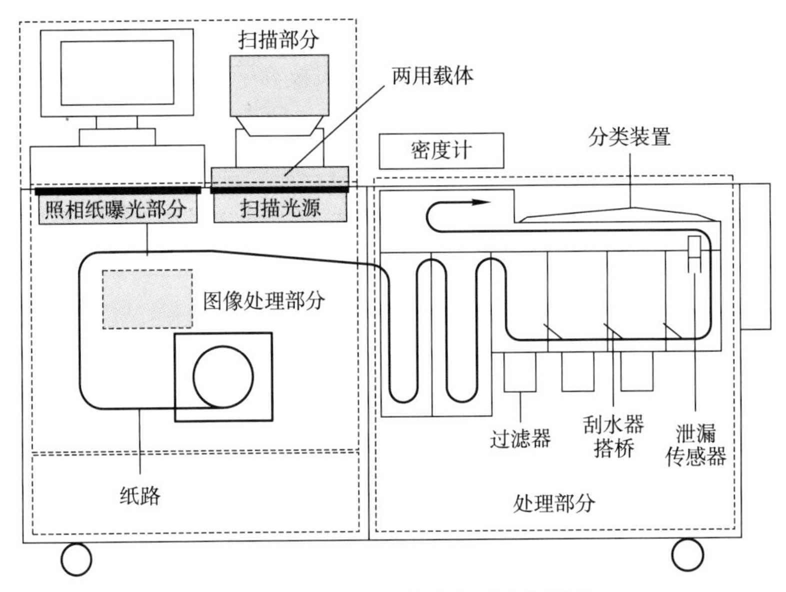

图 8－19　照相成像数字印刷流程简图

照相成像数字印刷的意义在于，模拟摄影的暗房技术应用到通过数字控制方法复制彩色图像的新工艺，因而对照相纸的成像必须改成数字寻址方式。归纳起来，数字照相成像复制与模拟照片冲印的主要区别包括：成像控制采用了数字寻址方式，复制对象不再是底片而是数字文件，成像光源改成激光或发光二极管。

早期照相成像数字印刷机都带有底片扫描系统，随着数字摄影的快速发展，底片扫描显得多余，因而目前市场上出现的 Frontier 系列数字彩色冲扩设备不再提供底片扫描仪了。

8.4　接触静电照相

所谓的接触静电照相更应该称之为接触静电成像，因为这种数字印刷方法取消了静电照相的曝光过程。然而，接触静电照相仍然有充电、显影、转移、熔化和清理过程，比照与静电照相数字印刷的相似性而在增加“接触”两字的基础上命名。接触静电照相出现在 2000 年前后，由于时间太短，未来的发展方向并不明确。

8.4.1　工作原理概述

目前，基于固体墨粉的静电照相数字印刷技术使用得十分普遍，但存在某些与图像质量有关的缺点，例如输出质量目前还比不上胶印或凹版印刷。静电照相数字印刷质量缺点的重要原因之一归结为单个像素的质量不高。固体墨粉静电照相数字印刷几乎不可能在图像内复制出单个白色像素和单个黑色像素，这里提到的单个像素指打印机能够寻址的最小记录点，像素尺寸决定于激光器或发光二极管发出的光束尺寸。

以静电照相设备建立的图像典型地利用二值半色调处理建立不同的灰度等级，全彩色图像通过在纸张上叠加青、品红、黄、黑四种颜色产生。显然，如果单色图像的灰度（色调）等级更一致时，则图像的总体质量也得到改善。二值半色调算法以利用多个正方形像素构成网点最为典型，例如 4×4 的像素阵列经过一定的组织后构成包含 16 个像素的网点，该网点内的所有像素可以取白色或黑色两种状态之一，导致从 0～16 的灰度等级。静电照相印刷之所以要使用二值半色调技术，是因为这种方法能形成比多层次半色调技术更一致的灰度等级，其中的多层次半色调方法指单个像素的灰度等级由曝光量控制。静电照相设备印刷白色和黑色时表现得相当稳定，而中间状态（例如一半密度）则缺乏稳定性。

通常意义上的静电照相印刷由6个工艺步骤组成，分别为光导体充电，按图像内容对光导体曝光，利用固体墨粉对光导体上的静电潜像显影而转换成视觉可见的墨粉像，墨粉颗粒从光导体转移到纸张，墨粉图像熔化后与纸张牢固黏结，最后再清理光导体。

称之为接触静电照相的成像过程与常规静电照相类似，由于取消了常规静电照相数字印刷的曝光过程而成为另一种“另类”技术。成像滚筒上带有微电容，以固体滑动接触点代替光导体、电晕管（导线）和光学成像装置，简化的工艺流程如图8－20所示。

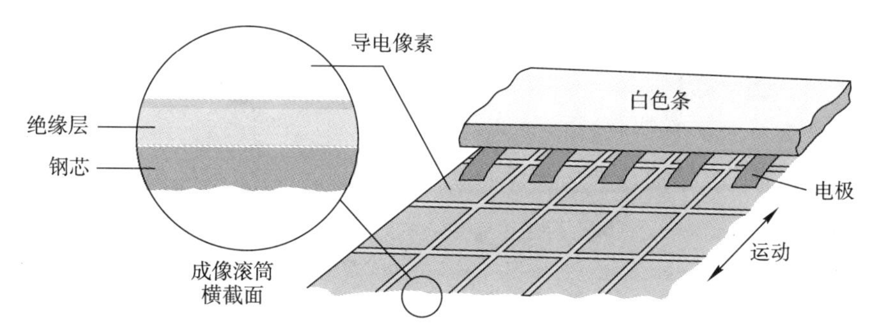

图8－20　接触静电照相工作原理简图

图8－20中的白色条带有微小的接触弹簧，与成像滚筒表面的绝缘层形成物理接触。成像滚筒表面以导电的金属小块（后面称为金属垫板）预制了图案，这些金属垫板彼此绝缘且隔离开，图8－20中的交叉部分表示成像滚筒表面层的金属垫板组合而成的图案。成像滚筒由导电的钢芯制成，表面涂布厚度为8μm的绝缘层，以耐磨的导电涂料覆盖在绝缘层上，正是这层耐磨的导电涂料构成了正方形金属垫板。这些金属垫板与成像滚筒的绝缘层和导电钢芯形成微电容。成像滚筒旋转时导致与电极的滑动接触，特定数量的电压加到指形电极上，每一个金属垫板以很高的精度充电，形成特定的电位（电动势）。金属垫板充电所需的时间在10ns范围内，其结果是成像滚筒上建立起静电潜像。此后的工艺步骤与常规静电照相没有多大区别，即显影、转移、熔化和清理成像滚筒。

8.4.2　打印机结构

已经完成测试的接触静电照相打印机使用间距为50μm尺度的电极阵列，放置在白色条上，成像滚筒表面的金属垫板结构以相同的尺寸组成图案，这意味着虽然成像滚筒表面覆盖的正方形金属垫板尺寸为40μm×40μm面积，但由于金属垫板之间有10μm的隔离带空间，因而图案的重复尺寸仍然是50μm。正方形的金属垫板按行和列布置，图8－20的左上角给出了四重对称性的平面图案。

测试时，成像滚筒上的静电潜像显影过程通过显微镜分析，或利用静电转移方法转印到纸张后按实际印刷效果评价。墨粉转移结束后，成像滚筒表面预调节到初始状态，为下一次成像过程做好准备，预调节设备包含清理装置和充电/放电装置。

用于测试接触静电照相图像质量的样机如下：通过商业市场供应的单组分非磁性间隙

显影系统以墨粉再现像素等级，显影滚筒表面与成像滚筒表面的距离 250μm，对显影滚筒施加数值 +125V 的直流偏压；此外，显影滚筒还加有 1000Hz 频率的 1500Vpp 峰值对峰值交流正弦波；由研磨工艺制备所得墨粉颗粒的平均直径在 9μm 左右。质量测试对象为成像滚筒表面形成的结果，速度约每秒钟 4cm。图 8－21 给出了接触静电照相样机示意图。

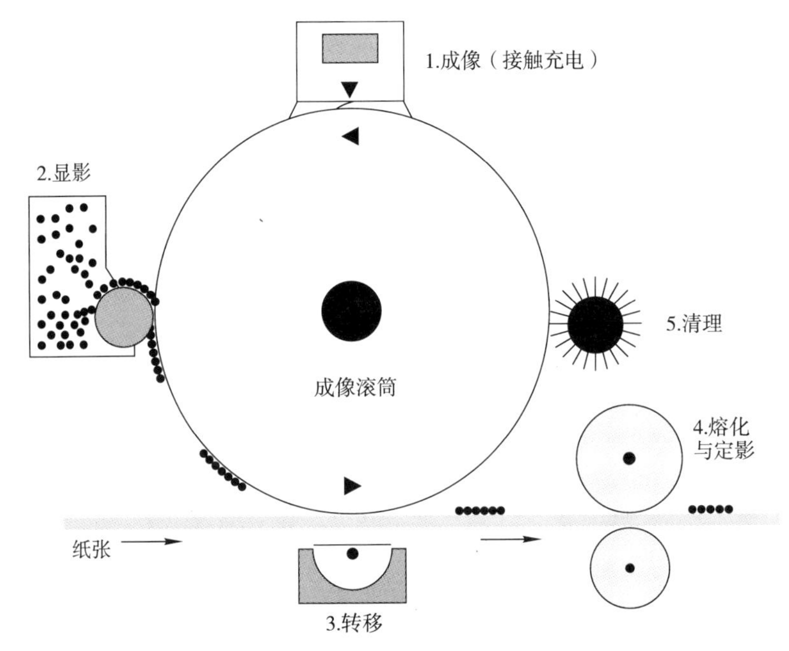

图 8－21 接触静电照相样机示意图

8.4.3 优点与挑战

接触充电机制允许近乎完美地控制金属垫板的电压，这种电压通过电场作用与显影后对应像素的光学密度相关联。由于金属垫板（用作等电位平面）的导电本质，使接触静电照相具有电动势空间分布恒定不变的固有特征，即金属垫板表面二维方向的电压为常数。

金属垫板表面的这种电压常数特征，导致与离子成像数字印刷或常规静电照相数字印刷成像过程的基本区别，其中离子成像需使用绝缘表面，而常规静电照相数字印刷则需要通过光导体记录成静电潜像，两者的准确性和重复性很难控制和保证，主要困难表现在：

（1）对不同的像素形成需要的表面电位。

（2）要求像素内的电位分布是平滑和连贯的。

（3）如何实现对于像素内电位的良好限制。

以静电照相数字印刷为例，上述困难源于下面这样的基本事实：充电过程产生的电荷必须沉积到绝缘体的表面（光导材料在黑暗环境下为绝缘体），理论上要求用正方形强度分布的光源照射光导体，这成为静电照相形成静电潜像的前提条件，光照的本质是对于光导体的放电操作。接触静电照相的基本特征体现在形成稳定性和重复性良好的电压，有助于提高图像复制质量。

接触静电照相和常规静电照相测量数据的比较结果表明，接触静电照相成像技术在可靠性方面既有优点也有缺点，主要优点表现在：

（1）与光导体相比成像滚筒质地坚固，滚筒由钢芯制成，表面涂布层耐磨性强。

（2）只需一步操作就可建立像素与带电量相关的静电潜像，而常规静电照相数字印刷却需要均匀充电、像素曝光和均匀放电三大步骤，可见接触静电照相由于减少了工艺步骤而提高了系统的工作可靠性。

接触静电照相在系统可靠性表现方面的主要缺点归纳为：

（1）成像滚筒表面的像素位置充电时需要机械接触，长时间保持接触有困难，当作为“脏物”的墨粉和纸张表面灰尘存在时尤其如此，硅油或许有类似作用。

（2）白色条50μm的间距必须与成像滚筒金属垫板的50μm节距匹配，由于处在同一数量级且尺寸相同，因而两者的理想对准状态较难达到，这必然影响系统的可靠性。

已经按每秒钟90cm的速度测试过接触充电原理的可行性，结果表明似乎不存在对速度的限制，估计速度提高后问题也不大。在证明接触静电照相接触充电可行性的同时，也证实了图像质量相当高，与静电照相数字印刷机大体相当。

8.5 墨粉喷射

喷墨打印头发生的墨滴直接喷射到纸张体现直接印刷的优点，但迄今为止以普通纸印刷时质量仍不能令人满意；静电照相相比于喷墨的主要优势表现在允许普通纸印刷，但由于过程太多而影响图像复制质量。能否将静电照相和喷墨结合起来，以充分发挥两种数字印刷技术各自的优点，答案是肯定的，这就是墨粉喷射（Tonerjet）。

8.5.1 墨粉喷射概念的出现

墨粉喷射印刷由Pressman于1972年发明，奥西下属的Array Printers子公司从1986年开始致力于这种技术的完善工作，目标定位于比喷墨印刷快，而制造成本要求比静电照相设备低，目前在该领域处于相对领先的地位，也研制出了样机。从1996~2001年总共6年的时间内，研发工作开始转移到彩色应用。今天，在墨粉喷射开发经过15年的努力后，第一次在纸张上建立特定记录点的尝试初步成功。

墨粉喷射概念上的固有特征包括速度、成本和产品尺寸，迄今为止这些固有特征仍然没有受到其他技术的挑战。技术开发队伍350人年复一年地在研发上耗费的精力已经收到了效果，致力于形成墨粉喷射技术的印刷质量竞争力。测试结果表明，在墨粉喷射与其他技术的竞赛中，墨粉喷射的印刷质量已经与许多静电照相技术的商业产品等价。

对所有基于孔径（包括光束直径）的印刷技术来说，频繁出现的垂直线条状噪声或条纹始终受到固有印刷缺陷的挑战。最显而易见和有效的解决方案隔行扫描仅仅在两年前实现，另一种方案则为喷墨印刷所选择。无论如何，隔行扫描隐含基本技术尚未达到理想状态，任何开发新印刷技术的研究团队必须付出巨大的努力了解缺陷的原因，许多缺陷都可以从静电学、物理学和表面化学本身或相关学科找到答案。

墨粉喷射应该归入直接印刷技术的行列，因为墨粉颗粒可以直接转移到纸张或其他记录介质，避免类似激光打印机那样的中间存储（墨粉临时转移到光导体表面）要求。墨粉直接喷射必然带来快速的输出，因为墨粉喷射只需要很少的工艺步骤。这种新技术的其他优点还表现在低廉的设备制造成本，高度的运转可靠性，原因在于打印机只需少量部件。

尽管墨粉喷射同时适合于单色和彩色印刷，但这种新颖的非撞击印刷技术更适合于彩色应用领域。根据测算，未来的墨粉喷射设备的制造成本比静电照相数字印刷机低，因而使用成本也低，预计将会受到低成本应用需求的欢迎。与静电照相彩色数字印刷机单元设计结构类似，墨粉喷射数字印刷机的四个印刷单元按次序沿纸张的长度方向排列，所以输出彩色印刷品的速度如同单色印刷输出那样快速。

8.5.2 工作机制

墨粉喷射的概念十分新鲜和优异，墨粉图像直接喷射到纸张，如图8－22所示为这种方法的印刷原理。带电墨粉颗粒通过打印头从墨粉源传递到背电极前端的图像接受体，打印头由带小孔的聚合物基底和至少一套控制电极组成。

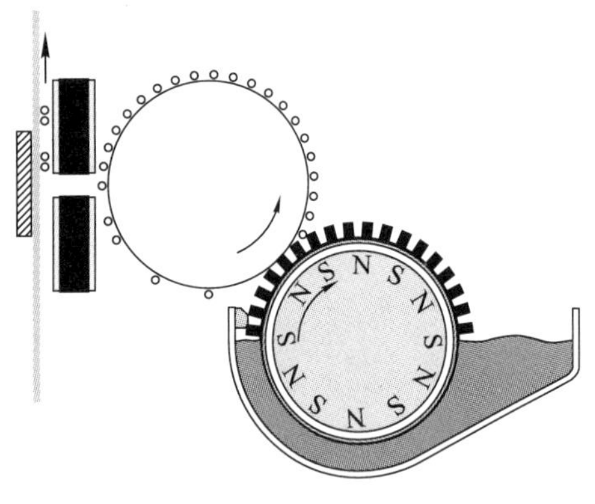

图8－22 墨粉喷射印刷原理

墨粉喷射印刷机制具有简洁和结构紧凑的特点，基于图8－22所示工作原理的紧凑型打印机已经实现，并发展到了彩色印刷机制，但两者还需要进一步的完善。

事实上，致力于墨粉喷射技术开发的公司不止Array Printers一家，从事墨粉喷射技术完善的公司还有施乐、Brother、夏普、惠普和Agfa-Gevaert等。在各种讨论直接静电印刷的文献中，墨粉喷射也称为EleJet、粉末喷射（Powder Jet）、干喷射（Xero-Jet）、墨粉喷射印刷（Toner Ejection Printing）和墨粉投射印刷（Toner Projection Printing）等。

墨粉喷射打印机的墨粉盒按青、品红、黄、黑的次序安装，带电墨粉传送到柔性（可弯曲）的印刷电路板，该电路板与微孔阵列匹配。每一个微孔由环状电极所包围，通过高电压驱动装置使环状电极与打印机的控制器连接起来。打印机的输纸机构使纸张通过印刷电路板和接地电极（设置为1kV）形成的间隙，由接地极建立的静电场足够大，以至于墨粉颗粒能穿过微孔而侧向喷射，撞击到印刷记录介质的表面。

墨粉喷射的工艺控制通过改变环状电极的电压实现：打印机处于待命状态时，将没有墨粉通过柔性印刷电路板的微孔；改变电压千分之几秒后，将有少量的墨粉颗粒穿过微孔喷射到承印材料表面，墨粉喷射也据此得名。每一次墨粉颗粒喷射的动作在承印材料表面形成一个记录点，而相邻记录点的搭接（彼此重叠）则组成字母和图像。最后，被复制文档借助于加热和加压组合熔化，使墨粉与纸张牢牢地结合在一起。复制过程完成后，就开始柔性印刷电路板清理步骤，为下一次复制过程做好准备。总之，墨粉喷射技术只需三个工作步骤（墨粉喷射、熔化和清理）即可印刷出彩色产品。

8.5.3 墨粉转移原理

墨粉喷射系统处理的对象是粉末状的物质，极易导致墨粉飞舞，控制难度相当大，为此需要采取特殊的措施，图8－23给出了墨粉喷射印刷的工作原理示意图。

墨粉喷射需要电场和磁场的共同作用，墨粉转移需要的电场加到承印材料和控制电极之间，电场由承印材料下方的背电极和控制电极产生，但组成印刷单元时控制电极不再是单个电极，而是由多个电极形成的控制电极阵列，成像和墨粉颗粒转移发生在电场力作用的区域。磁性墨粉颗粒在喷射前需通过一定磁场强度的作用形成墨粉薄膜层，因而磁场与电场的作用一样，成为墨粉喷射数字印刷的必要成分。磁场由磁滚筒产生，印刷单元实际使用的磁滚筒呈空心圆柱状，墨粉容器的形状需与磁滚筒匹配。

磁滚筒产生的磁场沿径向形成两个极性相反的磁极，磁场作用下的墨粉颗粒将在磁滚筒表面形成一层薄膜，这是控制墨粉喷射的基础，不会导致墨粉飞舞；磁滚筒与承印材料间的外加电场既用于引导墨粉的喷射方向，也为墨粉颗粒喷射提供“动力”；墨粉薄膜在

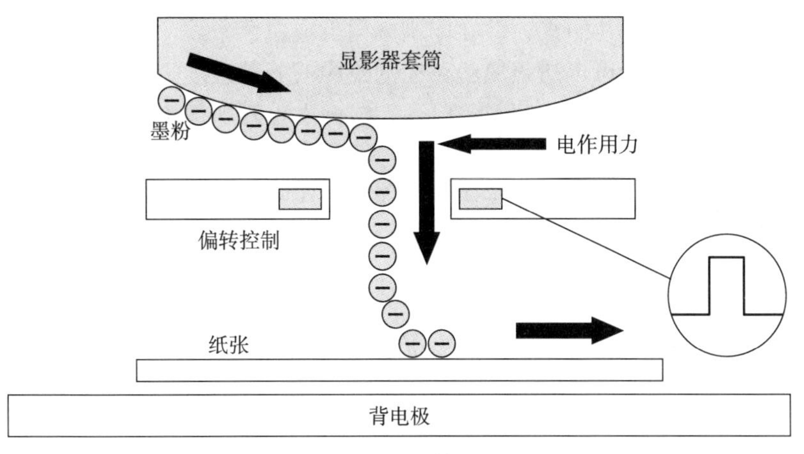

图 8－23 墨粉转移原理

电场力的作用下破裂，恢复到粉末状态，是电场力引导下的定向喷射，就像热喷墨打印头产生的气泡从喷孔中喷出并破裂后形成墨滴那样；当墨粉薄膜挣脱磁滚筒表面束缚释放出来后，经由环状电极阵列喷射，最终转移到承印材料表面。此时，环状电极的小孔从关闭转换到打开，使墨粉颗粒能在控制电极的电压作用下通过。

环状电极是实现墨粉颗粒准确喷射到承印材料上的重要元件，其主要作用如下：首先，环状电极与背电极组成电极对，用于产生成像所需要的电场；其次，环状电极的打开和关闭控制着墨粉颗粒的喷射，对应着墨和不着墨两种状态。环状电极的结构如图 8－24 所示，电极呈有规则的交叉排列，单位长度内的排列密度决定墨粉直接喷射系统的复制精度。从图中还可以看到，每一个环状电极均有一小孔，打开时分布在磁滚筒表面的磁性墨粉薄膜在电场力作用下从磁滚表面脱离，墨粉薄膜破裂，通过这些小孔直接喷射到纸张表面。

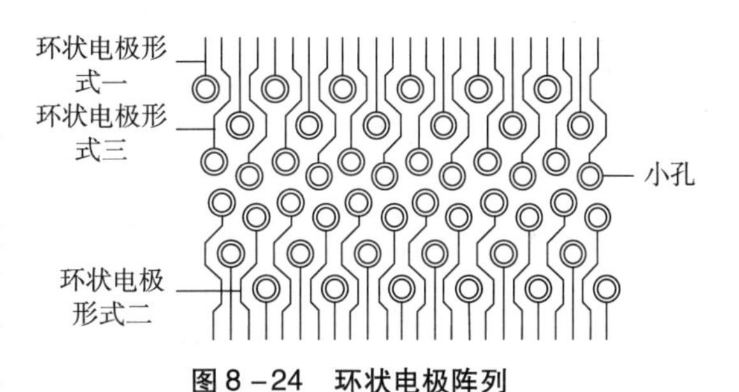

图 8－24 环状电极阵列

8.5.4 墨粉的行为特征

少量信号错误墨粉颗粒总会在传输墨粉时出现，任何墨粉源均有可能。这些墨粉颗粒的行为特征对已有的静电场来说都不希望出现，导致墨粉流动路径的非期望变化，造成图像密度和清晰度变化并影响印刷质量。对采用屏蔽电极区域的大开口打印头结构以及静电照相非磁性单组分墨粉常规输送装置来说，在相对短的时间周期内均可能发生墨粉毫无遗漏地黏结到打印头结构的背电极一侧的非期望结果，导致图像质量严重劣化。

解决墨粉黏结问题最好的措施是控制墨粉颗粒的电荷/质量比，在最佳电荷/质量比条件下输送墨粉颗粒并建立墨粉处理工艺，例如采用磁刷和双组分显影装置的组合，并与墨粉成分“浓缩”滚筒（称为充电墨粉输送器 CTC，后者是 Charged-Toner-Conveyer 的缩写）结合起来使用，如此则可以得到最佳的印刷效果。

对于包含多行小孔的打印头结构，与第二排小孔相比，第一排小孔将消耗更多的带电墨粉颗粒，因为第二排小孔必须从墨粉供应滚筒选择带电墨粉颗粒，而此时滚筒表面的一部分墨粉已经消耗掉了。这种两排小孔的墨粉消耗差异会逐步累积起来，导致最后一排小孔形成的印刷密度不够，颜色暗淡，并在印刷方向形成白色条纹，通常称为墨粉损耗。

改变打印头的几何结构可以增强墨粉路径的集中或分散程度。另一种改进墨粉损耗的方法是利用偏转电极，使墨粉直线喷射路径向左或向右偏转，但引入偏转机制容易导致墨粉喷射打印机的工作速度下降。

如果墨粉黏结性能下降，则可以采用仅包含2排小孔的打印头结构，借助于对两排打印小孔执行暗调修正技术可以复制出良好的灰度等级密度区域。因此，通过调整时间的调制技术，可使得两排小孔的墨粉供应差异得以补偿。

据说，利用 Agfa ChromaPress 数字印刷机的双组分显影系统有助于得到最佳的印刷效果，这种显影系统由磁刷和带电墨粉输送装置构成，墨粉特征适合于极端狭窄的的电荷/质量比分布，要求电荷/质量比稳定而可靠，以及优异的墨粉流动特征。如果墨粉颗粒的电荷/质量比超过了$|-17\mu C/g|$，则会造成最高密度急剧性的下降，且打印出来的线条清晰度减弱；墨粉颗粒的电荷/质量比低于$|-7\mu C/g|$时会发生墨粉飞舞问题，导致图像的灰雾度上升，并引起墨粉“喷嘴”孔阻塞。墨粉颗粒与墨粉源表面的黏结力太高时，不仅会损失印刷品的最高复制密度，且图像会变得“起伏不平”。

问题很清楚，为了获得良好的印刷效果，墨粉颗粒物理化学特性的调整以及墨粉熔化后的流变特性调整都是极为重要的。

8.5.5 记录点偏转控制

借助于记录点偏转控制（Dot Deflection Control）技术，只需一个小孔就可以具备多个水平记录点位置的寻址能力。如果两个偏转电极部分地“环抱”小孔，则能够建立不对称的电场，从而可以通过在两个记录点偏转控制电极间施加电压差的方法方便地控制墨粉的喷射轨迹，如图8-25所示。

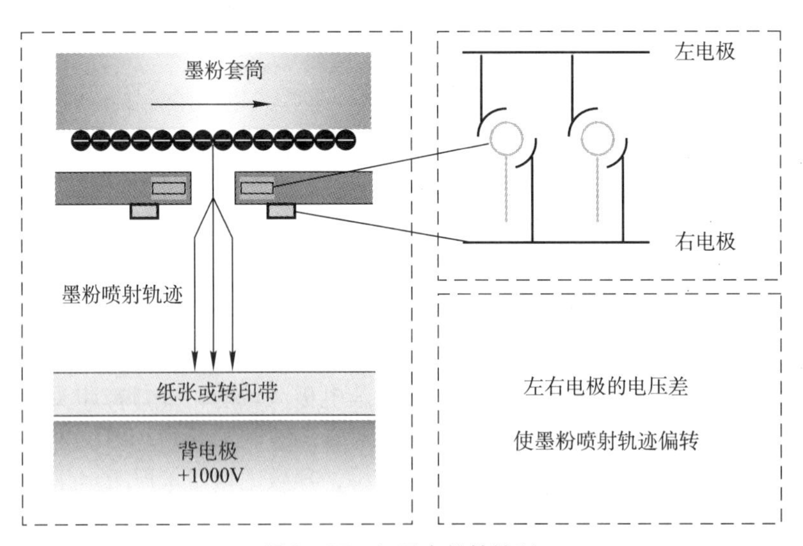

图8-25 记录点偏转控制

墨粉喷射技术曾经使用过6排小孔，每英寸包含100个孔，形成600dpi的分辨率，但由此带来两大主要问题。首先，小孔数量众多意味着需要太多的驱动电路，导致制造成本增加；其次，实地区域复制结果不均匀，原因在于墨粉供应方向容易引起孔的搭接。环状电极直径必须大于期望的记录点尺寸，因而定义墨粉抽取面积的环状电极对相邻记录点来说导致小孔搭接。上述先天性的缺陷造成所有小孔沿相对于墨粉供应方向的颗粒流偏离，从而引起墨粉供应量不足，记录点的黑度不够，实地区域的均匀性变差。

在完善墨粉喷射技术的过程中取得不少进展：第一，实现了记录点偏转控制，小孔数量减少到原来的三分之一；第二，减少了小孔的宽度，有助于减少记录点搭接，但仍然保持相同的面积；第三，发明了新的软件控制方法，通过每一行小孔监视墨粉消耗量。

记录点偏转控制墨粉喷射打印头的优点主要表现在，小孔数量可以少于可寻址水平记录点位置的数量。例如，假定要求实现分辨率600dpi 的墨粉喷射印刷，每一个小孔能够寻址三个水平记录点的位置，则柔性印刷电路板内的小孔布局将变成每英寸 600/3 = 200 个小孔。认为小孔布局和数量改变而带来优点的理由如下：

（1）只包含两行小孔的打印区域搭接现象明显减少，标准布局的第一行环状电极与第二行环状电极大约搭接 20%，布局改变后小孔搭接现象不再存在。

（2）小孔数量越少，则需要的集成电路也越少。

（3）柔性印刷电路更容易制造。

墨粉喷射印刷设备配置了记录点偏转控制功能后，也使得相关的软件能够控制水平记录点分辨率，实现方法是利用每一个小孔打印时改变偏转记录点的数量。

8.5.6 密度控制

光学密度是衡量印刷质量的重要指标之一。从前面叙述的墨粉喷射原理不难看出，被复制对象的印刷密度与每一个记录点的密度有关，而记录点的密度则取决于事先定义好面积内堆积的墨粉颗粒数量。因此，确保记录点密度的前提是预定面积必须与打算复制的记录点尺寸和密度一致，且应该堆积数量足够的墨粉。由此可得出如下要点：首先，考虑到小孔面积将决定记录点的大小，因而其面积不能改变，但可以改变形状；其次，既然记录点的复制密度与穿过小孔的墨粉数量有关，则小孔的形状也很重要，例如矩形孔无法确保墨粉颗粒顺利地通过小孔。由此可见，小孔面积必须保持在特定的数值，才能保证足够的印刷密度，避免墨粉在小孔内累积起来而阻塞小孔。然而，印刷密度对于小孔面积的要求通常会限制缩小墨粉抽取区域的可能性，这意味着通过降低小孔尺寸的方法缩小墨粉抽取区域将面临困难，除非椭圆孔可以作为圆孔的函数。在保持相同面积的前提下椭圆孔的宽度缩小（长度增加，如图 8 – 26 所示），测试结果证实椭圆孔避免墨粉累积的效果与圆形孔同样好，从而也证明了小孔的重要参数并非形状，而是面积。

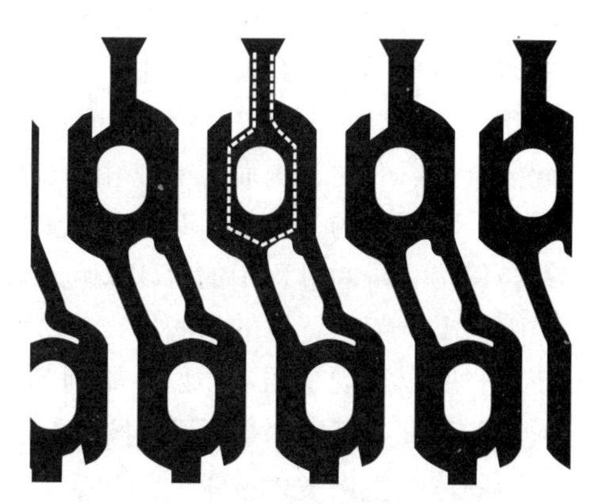

图 8 – 26 柔性印刷电路板椭圆小孔与控制电极形状

虽然记录点偏转控制和椭圆形小孔几乎完全避免了搭接现象，但以每个小孔打印的三根线条中的第二根线条密度仍然不够。从供应滚筒释放墨粉时存在对时间敏感的工艺选择问题；墨粉颗粒受前一排不打印小孔的影响，因而需要更多的释放时间。即使供应滚筒上有足够的墨粉提供给第二排小孔，但无法如同第一排那样容易释放。要求第二排与第一排以相同方式打印时，应该延长脉冲时间，要求的打印脉冲长度将是第一排打印条件的函数。时间比与灰度等级和第一排小孔打印的记录点数量有关。

8.6 固体油墨声发射印刷

凡喷墨印刷都需要借助于喷嘴将墨滴喷射到纸张，且除了相变喷墨外，由于墨水包含大量的液体，导致绝大多数喷墨方法不能在普通纸上印刷高质量图像。本节要讨论的固体油墨声发射印刷与常规喷墨印刷不同，也不同于使用固体油墨的相变喷墨印刷，不仅能够在普通纸上建立高质量图像，且墨滴生成和喷射无须喷嘴。

8.6.1 技术概述

原则上，以喷墨打印头直接标记应该能体现相对于静电照相数字印刷在成本和结构简单性上的明显优势，然而由于传统水性墨的性能限制，无法以普通纸获得高质量图像；尽管可以采取强制干燥的措施，但必须使用大功率的干燥装置。

固体油墨喷射技术突破了一般喷墨打印机不能在普通纸上产生高质量图像的限制，适合于办公室应用的中等印量市场。固体油墨喷射复制技术通过熔化蜡形成墨滴，喷射到承印材料表面后迅速冷却，与纸张形成牢固的黏结关系。以固体油墨通过喷射动作复制的彩色图像饱和度相当高，即使在粗糙表面纸张上也能得到精细线条的细节。自从施乐收购著名的 Tektronix 打印机分部后，就成立了施乐办公打印商业部（Xerox Office Printing Business Unit），进一步发展原 Tektronix 的固体油墨打印机（也称相变喷墨打印机）。泰克的这种打印技术能复制出质量优异的图像，完全可以在普通纸上打印。

固体油墨声发射印刷也称为声发射油墨印刷（Acoustic Ink Printing），可产生摄影（照片）质量的印刷效果。声发射喷射技术是一种新颖的数字印刷方法，以经过聚焦的超声波束为产生类似常规喷墨印刷墨滴的激励源，墨滴从液体的自由表面喷射，喷射出直径处于控制状态下的离散墨滴。测试结果表明，声发射固体油墨喷射技术能成功地复制出照片质量图像，测试阶段使用室温状态下的水性墨水。测试成功后，声发射固体油墨喷射打印头安装到温度为150℃的系统上，这种系统采用体积为2.7pl 的墨滴喷射熔化状态的蜡质固体油墨。

声发射固体油墨印刷技术对墨滴喷射器几何配置的微小缺陷不敏感，墨滴尺寸由声发射波束的大小决定。以2.7pl 的熔化蜡（即固体油墨）打印图像时，质量等级超过彩色静电照相系统普通纸印刷效果；当系统升级到具有1.5pl 墨滴体积的喷射能力时，印刷图像质量等级接近于标准卤化银摄影和后处理技术可以达到的复制效果。目前，声发射固体油墨印刷系统仍然在开发过程中，空间寻址能力按基本上每英寸600个记录点考虑，通过发射0~5个或0~10个墨滴改变记录点尺寸，取决于复制精度要求。由于形成记录点的墨滴数量可以变化，因而能够以相当高的分辨率获得多个灰度等级复制效果。

这种新颖的“喷墨”印刷系统的打印头以薄膜工艺制造，与专门开发的机械装配技术结合使用。研制过程中的打印头包含1024个喷射器，以每英寸600dpi 的密度排列，可一次喷射1.7英寸宽度的墨滴群，在25kHz 的墨滴喷射频率下操作。由于应用了几种新颖的技术，所以实现了相邻喷射墨滴列的无缝连接，图像质量和印刷速度不受影响。

8.6.2 声发射墨滴喷射过程

固体油墨声发射技术利用聚焦到液体表面的声波从该液体喷射墨滴，图8－27给出了声发射油墨喷射技术的墨滴喷射原理。实心棒的一端附有压电传感器，另一端为灌入了液体的球形凹坑，除容纳墨水外该凹坑也兼做聚焦声波的“镜头”单元。当压电传感器受到射频能量阶调破裂信号的激励时，传感器产生的声波在实心棒中向“镜头”方向传播；凹坑“镜头”使传播过来的声波朝向液体表面聚焦，经调整后在焦平面上形成能量高度会聚的超声波束；声波撞击引起的破裂导致液体从表面隆起，这种位置高出表面的隆起源于声波的辐射压力效应，如果入射声波的能量足够高，则由于 Rayleigh-Taylor 不稳定性原理而导致从隆起表面分裂出墨滴，脱离液体表面时墨滴的喷射速度可能达到每秒钟几米高的速度。喷射动作结束后，液体表面松弛下来，在隆起面的附近形成毛细波，以放射形式向外部方向传播。通过上述方式喷射的墨滴尺寸、速度和方向都很稳定。

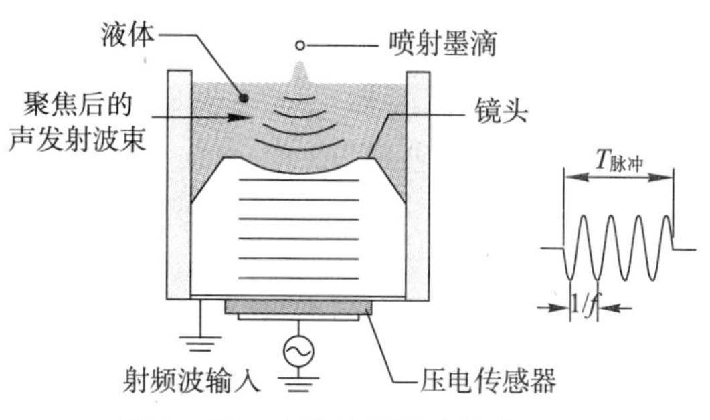

图 8－27　声发射墨滴喷射过程

固体油墨声发射印刷技术产生的墨滴直径与聚焦后声波束的侧向尺寸相当。由于声波的聚焦在典型场合受衍射的限制，因而喷射墨滴尺寸与声波在液体中的波长同一量级，例如当声波频率为 150MHz 时在大多数水溶性液体中的波长约 10μm，生成的墨滴体积在微微升（Picoliter）量级。

声发射固体油墨印刷的优点在于，即使不使用尺寸很小的喷嘴（固体油墨声发射印刷称为墨滴喷射器）也照样能获得极小的墨滴，导致优异的墨滴喷射方向性，而标准喷墨印刷技术的墨滴喷射方向对喷嘴孔的几何误差相对敏感。声发射喷墨的墨滴喷射速度往往受毛细波在墨滴喷射后的稳定时间所限制，典型墨滴喷射速率是 kHz 的几十个量级。

8.6.3　墨滴喷射器

从图 8－27 可大致了解墨滴喷射器的结构，其特点是制造成本相当低。制造时，墨滴喷射器布置在平面状的基底层上，由菲涅尔镜头阵列聚焦的声发射能量处于基底层的背面一侧。打印头包含两块板，底部平板为 1.1mm 厚度的玻璃板，声发射传感器和平面状的菲涅尔镜头分别附于该玻璃板的反面和正面；第二块板用于液面控制，与玻璃板连在一起，目的在于使油墨高度保持在声发射镜头的焦平面上。

声波传感器是声发射固体油墨印刷系统的关键部件之一，就设备制造角度而言问题归结为采用何种加工工艺。技术开发者曾经使用过高效率的氧化锌薄膜沉积工艺，通过沉积法形成的传感器确实可以生成声发射波。采用这种工艺时，厚度为 10μm 的氧化锌层通过标准照相平版印刷技术沉积到基底层材料上，按规定的“图案”排列。

为了在液体油墨层内集聚足够的声发射能量，综合考虑系统的光学和几何结构要求后选择了菲涅尔衍射镜头，其主要优点体现在这种镜头的平面几何结构，成为与其他形式的镜头相比制造工艺相对简单的主要原因。这种菲涅尔镜头需组成镜头阵列，采用四相镜头几何条件配置。

打印头使用的声发射波聚焦成细小的声束，聚焦深度为 10μm 量级。为了以如此高的精度在每一个焦平面内得到液体油墨的表面位置，需要在玻璃板上附加第二个基底层，即前面提到过的液面控制板，厚度约 100μm，包含由光蚀刻工艺加工成的“光圈”（以下称为小孔）。两层基底间以液体油墨填充时，在小孔开口处的表面张力保持液面水平，位置靠近包含小孔之液面控制板的顶面。值得指出的是，小孔开口（直径 100μm）相比喷射墨滴的直径（10μm）而言要大得多，因而小孔形状的正确性和制造工艺导致的误差对墨滴尺寸和喷射方向的影响是相当小的。

由于每一排喷射器的中心距为 336μm，而液体油墨喷射到纸面后因扩散和渗透效应，必然使实际形成的记录点尺寸比声发射的墨滴喷射尺寸大，通过实验确定大约为42μm。根据上述两种尺寸提供的几何空间估算，可以布置成8行交叉排列的喷射器。这种处理方法的直接好处体现在：一方面，打印头的结构变得相当紧凑，合理地利用了空间；另一方面，避免了多次通过打印可能引起的定位误差，一次通过就能打印出连续分布的区域。

如同其他喷墨打印机那样，无论何种形式的打印头都需要特定的驱动机制配合，才能喷射出符合预定要求的墨滴，声发射固体油墨印刷技术也不例外，原因在于这种印刷方法虽然没有常规喷墨打印机那样的喷嘴阵列，但同样需要向外喷射墨滴。注意，喷射器仅仅提供喷射墨滴的基础条件，喷射器本身也需要驱动。针对喷射器的结构布局特点，采用矩阵驱动结构应该是合理的选择，包括安装在玻璃板上的驱动芯片和附加的印刷电路板，用于在打印一行的时间内按次序驱动8排传感器中的每一排传感器。

8.6.4 打印方法

摄影冲扩对质量有严格的要求，应该达到相对高的处理速度，为照片复制提供成本效益合理的解决方案。标准喷墨打印机必须借助于多次通过打印才能获得足够的细节，避免墨滴定位误差导致的人工赝像，使眼睛很难觉察细小线条的不连续。

针对摄影质量要求和标准喷墨打印机的驱动特点，研究者开发了一种能产生高质量印刷效果的方法，既不会由于人工赝像而导致的质量劣化，也不会明显降低打印速度，这种技术可以用图8－28说明。打印方法的处理步骤如下：首先，按彩色照片特点确定阶调复制曲线，在此基础上对每一个被复制像素的每一主色打印0～10滴墨水；通过对每一个像素的多次喷射，由此产生的墨滴形成附加的色调等级，使得等高线质量曲线几乎察觉不到；打印头以两次通过的方式打印出每一个喷射带，由一半数量的墨滴组成喷射带（Swath）之半，除喷射带尾部少量因加速和减速而导致的细小差异外，不会由于两次通过打印方式造成明显的打印速度下降；打印头在每一次通过时进行必要的移位（一半喷射带宽度）操作，以降低墨滴定位误差导致的人工赝像。

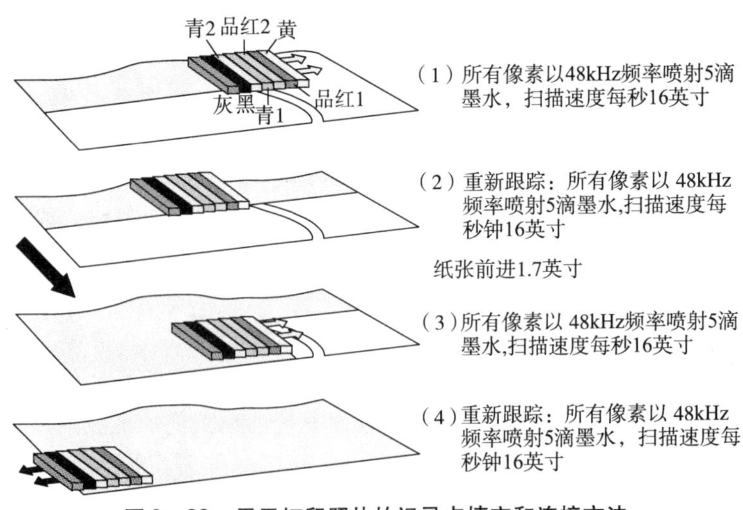

图8－28 用于打印照片的记录点填充和连接方法

为了减少喷射带打印误差的可察觉程度，所有喷射带结尾处的最后100次喷射或相应数量的像素调制成锯齿状图案，在此期间打印头必须进行移位操作，以使得锯齿状图案能相互搭接。这种技术导致相邻喷射带的模糊过渡，眼睛几乎察觉不到喷射带的连接误差。由于锯齿图案搭接区域引起的打印速度下降微乎其微，过渡区域尺寸不会超过打印头喷射宽度的10%，因而喷射带的连接效果相当好。

8.6.5 面临的技术挑战

初始阶段的测试研究使用标准的水性油墨声发射固体油墨打印头，仅做微小的修改就可用于在高温条件下操作。下面列出的大多数技术挑战主要来自150℃温度下13cp数值的高黏度油墨，以及与温度关联的油墨黏度变化。

研究高黏度油墨特性后发现，液面控制板小孔相对于声发射聚焦点轻微的对准不良导致喷射墨滴方向错误，弯月面曲率变得更大时这种效应更明显。矩形小孔尺寸的特殊设计使垂直于印刷方向的弯月面曲率增加，而该方向恰恰对条纹最敏感。测量结果表明，特殊小孔形状的灵敏度很高，使小孔中心与镜头中心沿垂直于印刷方向对匹配不良的响应能力增加，导致印刷图像质量下降。由于制造误差，小孔与镜头相隔9.5μm，造成印刷宽度误差163μm。因此，镜头加工到更理想的尺寸很重要，方向敏感性问题上应通过严格的制造工艺控制予以解决，才有可能达到可接受的程度。了解特殊打印头的误差来源后，有必要限制打印宽度，建议不超过15列，相当于120个喷射器宽度。

与水性油墨相比，固体油墨的黏度更高，而表面张力则较低，两种因素导致循环处理系统的操作流体压差降低。低表面张力引起在相同的压力作用下更大的弯月面位移，而较高的黏度则造成更大的阻抗压力损失。

第一代固体油墨声发射打印头面临的另一技术挑战是功率的均匀性。工程建模的分析结果表明，打印头应该有合理的均匀性，功率波动不超过1分贝，焦距补偿由已知效应给定时尤其需要严格控制，已知效应包括弯月面松弛波动和液面控制板变形等。实际使用的打印头的均匀性比预想的差许多，非均匀性上升到3分贝。热传导模型揭示出了“横跨”打印头油墨温度的非均匀性计算结果。根据打印头喷射器的结构特点知道，液体油墨通过入口管道进入，扩散到加热器下面的支管，然后流入液面控制板下方和玻璃表面间的薄板，玻璃表面上布置了镜头“图案”。此后，液体油墨流到打印头的外边缘，在加热器下面驻留较长的时间。如图8－29所示的热传导模型计算结果表示温度的量值大小。

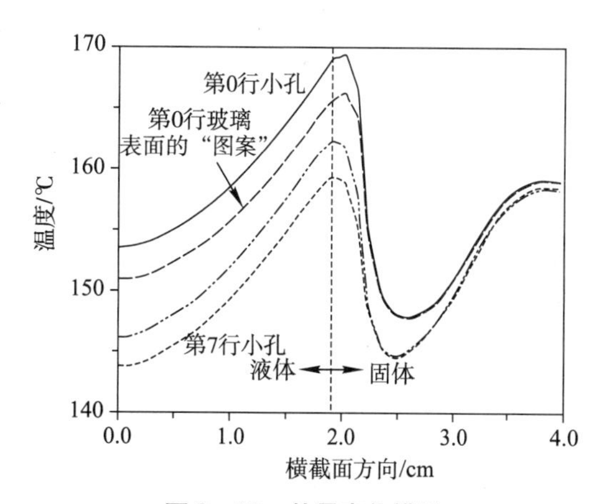

图8－29 热量变化模拟

图8－29的水平原点是打印头的中心，垂直虚线代表交叉工艺方向（垂直于印刷方向）结束处的喷射器。打印头中存在很大的温度差异，结束处的喷射器温度大致比开始位置喷射器的温度高15℃；固体油墨在这种温度差作用下将导致2分贝的附加非均匀性上升。这些问题可通过加热器和墨水流动路径的自定义设计予以消除。

8.7 阶调喷射印刷

颗粒尺寸与胶印油墨着色剂颗粒尺寸相当的墨粉与比重相同的液体配制成悬浮液，通过静电照相过程在纸张表面建立记录点，这就是液体显影静电照相数字印刷获得高质量图像的关键。如果油墨应用到纸张的方法改成喷墨，则产生特殊的数字印刷方法，发明者称其为阶调喷射（Tonejet），适合于包装印刷，或其他相关领域。

8.7.1 包装印刷面临数字技术的推动和挑战

由于提供成本效益良好的按需和短版印刷能力，因而数字印刷成为对包装领域有高度吸引力的技术。随着生产者的目标消费群体变得越来越狭窄，包装印刷领域出现按需和短版印刷需求且继续发展的趋势。

对包装产品信息的法律规定和最小字符印刷要求增加了库存的数量，意味着以传统印刷实现时由于成本控制的原因对最低印量有一定的要求，而个性化需求的发展导致每批印件印刷数量数量少，以至于许多产品积压在仓库中，库存数量增加是必然的。数字印刷不仅重视适应这种趋势，也打开了满足特殊按需印刷需求的大门，符合个性化印刷要求，特别适合于会议、贸易洽谈会（产品展示）和体育赛事，也适合于极短版的个性化印刷。

数字印刷工作流程的简单性消除了许多传统印刷必需的中间硬件要求，例如印版和滚筒，导致数字印刷的成本效益比传统印刷更高。不仅如此，数字印刷的周转时间短，工作流程的简化意味着可以快速响应当前事件，比如特殊包装产品的成分变化，或特殊包装产品对于新信息的快速反应，满足全球性或局部区域的产品促销需求。

数字印刷对包装领域具有许多优点，已经渗透到各种产品包装领域，规模与其他印刷领域大体相当。根据2009年的统计数据，数字印刷占全球印刷市场的份额已经超过12%，但包装印刷市场的占有率却很低，仅1%左右，主要影响因素如下。

1. 产能、质量和可靠性

在已经过去的一段时间内，数字印刷不能同时满足包装部门对印刷的严格要求，比如生产能力、质量和可靠性，而这些要求对包装印刷来说至关重要。

2. 成本

数字印刷在按需印刷方面具有高度的成本竞争力，但为了从狭窄的应用范围扩展到主流印刷方法，数字印刷必须在中长版印刷方面与传统印刷展开竞争。

3. 实践限制

若数字印刷能进入包装业，则必然缩小生产者和消费者之间的距离。数字印刷确实具备不少优势，但也面临商业上的挑战。例如，为了全面地实现利润，数字印刷机必须集成到包装生产线或建立与包装生产线的密切关系。这样，印刷品将不再来源于远程位置，需要运输时间，成为包装生产过程的一部分。实现上述对工作流程的明显改变要求仔细的准备和必要的资金投入，得到所有包装印刷参与者的支持和合作。

8.7.2 成本比较

数字印刷的市场不再局限于办公室，正在向各种商业印刷领域渗透，对不同的工业部门产生了不可估量的冲击。数字印刷应用的扩展并非需求的缺乏，也不能算工业产品加工者长期期待和坚持拒绝传统印刷的结果，而是数字印刷的使用者们对于按需印刷和大批量印刷各自的优点有了更好的理解，也由于迄今为止尚未出现可以满足成本、质量、生产能力和可靠性组合的印刷机产品。

阶调喷射技术及其产品的出现将改变这种局面，目前已经有能力提供与成本水平等所有需求匹配的印刷产品，有足够的能力满足产品包装个性化的需求，印刷质量也令人满意，相信经过一段时间后相关用户将整体转移到数字印刷。

图8－30用于说明阶调喷射印刷的技术和市场优势要点，并非可以简单地释放短版或

按需印刷市场，而是试图切切实实地告诉包装印刷服务商们从数字印刷、尤其是阶调喷射印刷可以获利的事实，通过阶调喷射数字印刷控制和印刷图像的可变性形成有吸引力的成本点，为此需要研究印刷业务的时间要求分布。

图 8－30 仅提供阶调喷射、凹印和其他数字技术的印刷数量与价格的相对关系，由于具体数字因数字印刷的发展阶段不同而异，因而无法也没有必要提供细节数字。

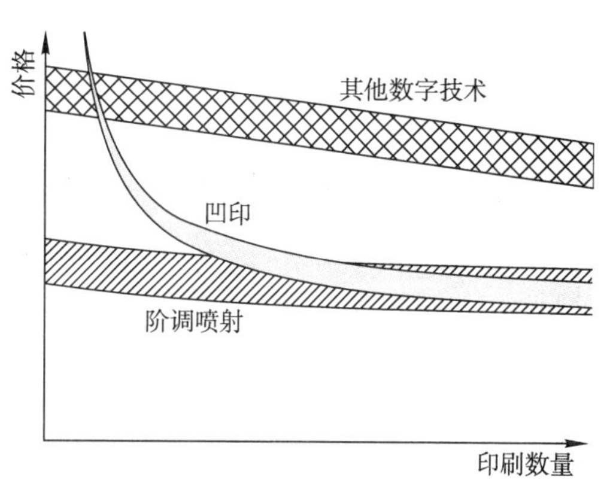

图 8－30　阶调喷射、凹印和其他数字技术的成本比较

除商业需求外，工业市场已经建立了准确的标准，比如按色彩匹配、耐久性以及技术与工艺链的兼容性等评价印刷结果。不仅如此，特殊的工业部门还有某些严格的附加要求，对油墨成分和处理机制提出附加的限制，例如食品包装业。

8.7.3　印刷过程

阶调喷射属于非接触式的数字印刷技术，配制成悬浮液的油墨通过静电喷射过程转印到承印物。这种过程借助于打印头产生液滴流，朝向承印材料飞行。

阶调喷射打印头由指向性的喷射器阵列组成，每一个喷射器包含可各自独立寻址的电极控制功能。图 8－31 是打印头结构和喷射过程的简单演示，射流由电压脉冲启动，借助于电极的控制，液滴通过静电力的作用直接撞击到承印材料的表面。

液体油墨在图 8－31 所示的结构内连续地流动，在喷射区域总会补充新鲜液体。阶调喷射数字印刷使用的油墨是基于合成异构烷油的悬浮液体，包含带正电荷的固体着色剂颗粒。需要对电极施加正电压，使带电的颗粒在特定的喷射器中向液体油墨表面移动；如果有足够的电压加到喷射器，以至于超过临界电场，则弯月面向前运动，导致以射流的形式向外喷射微小的液滴流。喷射器阵列的前端布置前面板，上面开有单个小槽口，使液体油墨可以穿过面板入射到承印材料表面。

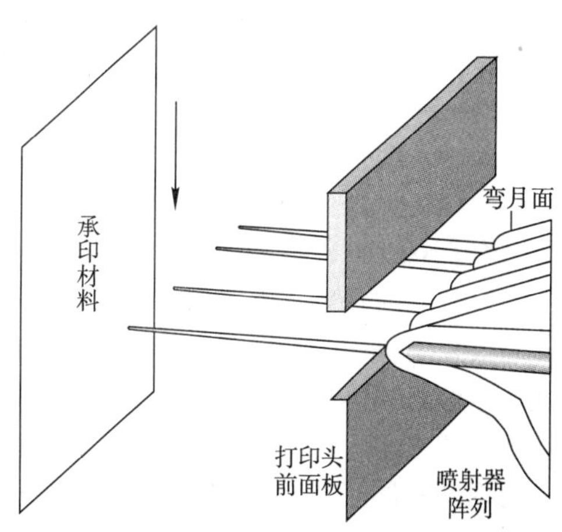

图 8－31　阶调喷射打印头与喷射演示

8.7.4　技术特点

阶调喷射技术的开发针对工业印刷需求，包括包装应用在内。包装印刷是产品增值的重要手段，产品类型的多样性决定了包装印刷要求的多样性，某些要求甚至很特殊，主要表现在生产能力、图像质量、单位生产成本和工作可靠性等方面。

图 8－32 可以说明阶调喷射的特点，浓缩的油墨（由墨粉颗粒和惰性载体配制成的悬浮液）先经过稀释处理，通过液体泵输送到阶调喷射头；在静电因素的作用下，通过开口的稀释悬浮液转换成圆柱形射流，经阶调喷射工艺处理后再次浓缩并喷射，在纸张上建立记录点并形成印刷品；系统在阶调喷射过程中循环使用悬浮液，以液体泵送回稀释槽。

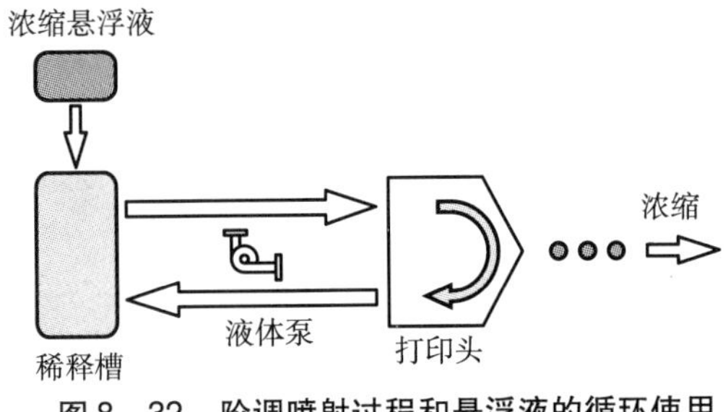

图 8-32　阶调喷射过程和悬浮液的循环使用

阶调喷射打印头弯月面对电场变化的响应速度很快，在几微秒的量级。在这种时间尺度上的弯月面控制导致记录点尺寸和定位精度高，阶调喷射打印头适合于任何通过固定打印头位置的承印材料，在每秒钟 1m（相当于每分钟 200 英尺）的速度下，以 600dpi 的分辨率打印全覆盖印张灰度图像，实际图像质量达到 600dpi 的精度。

阶调喷射数字印刷机的喷射器在脉冲电压的作用时间内产生液体射流，喷射出的液体油墨体积由脉冲长度控制，通过脉冲宽度调制可实现灰度图像印刷。在脉冲作用的有效时间内，喷射器以每秒钟 1m 的速度打印 600dpi 的记录点，飞行到承印材料表面的油墨体积可控制在 0.4～2 微微升之间，典型喷墨技术喷射的墨滴体积范围在 2～42 微微升。由此可见，阶调喷射具有按 600dpi 分辨率打印可变记录点尺寸的能力，等价于 1440dpi 分辨率的二值印刷，因而图像质量可满足包装工业的要求。

测试数据充分地表明阶调喷射印刷过程的高度有效性，可以在承印材料表面堆积最小重量的颜料，光学密度符合包装印刷质量要求。

以阶调喷射印刷形成的墨膜重量与许多传统的非数字印刷技术相当，甚至比传统印刷形成的墨层更轻；以墨膜重量与阶调喷射印刷单位体积油墨成本组合起来考虑时，在不计其他因素的前提下比较，单位印刷成本（每件包装品的印刷成本）与传统印刷相当，甚至在中长版印刷领域也可与某些传统印刷方法一争高下。在短版印刷方面，阶调喷射相对于其他数字印刷技术更有成本优势。此外，由于阶调喷射印刷形成的墨膜重量轻，干燥后的墨层厚度必然相当薄。如果与 UV 喷墨印刷相比，则阶调喷射印刷形成的墨层可弯曲而不出现裂纹，也不存在 UV 喷墨容易出现的纹理。

8.7.5　阶调喷射油墨

阶调喷射打印头由精致的喷射器阵列构成，每一个喷射器都配备油墨供应机构，以成像电极控制每一个喷射器的寻址操作。阶调喷射印刷使用的油墨是颜料颗粒配制成的悬浮液，与称为载体的合成异构烷油的液体混合在一起。喷射器对阶调喷射印刷的意义在于促使液体油墨的弯月面成形，作为对成像电脉冲的快速响应结果。当脉冲作用到喷射器时，喷射内的悬浮液先形成弯月面，向外突出并建立细小的悬浮液射流，经过加速的液滴喷射到承印材料表面。重要的问题在于，电脉冲产生的力直接作用于悬浮液中的颜料颗粒，不仅体现在优异的时间响应特点，也意味着喷射过程中形成的液滴比流过打印头的液体浓缩度更高，从而有利于喷射到承印材料后的快速干燥。

由此可见，阶调喷射油墨不同于喷墨印刷使用的墨水，自然也不同于通过喷嘴的墨滴喷射。与喷墨印刷相比，阶调喷射油墨的配方拥有更大的自由度，便于选择合理的配方。如果再考虑到阶调喷射应用的针对性，则油墨的配方应该按应用需求设计。

举例来说，包装应用往往需要使用白色油墨，这种应用特点构成了对于油墨成分某种程度的特殊要求，例如确定正确的墨粉颗粒尺寸和形状，注重悬浮液喷射到承印材料表面后的堆积高度，才能符合实际要求的光学密度。阶调喷射过程的灵活性使技术开发者面临确定各种技术参数匹配的挑战，但也给予开发者更多的选择权，可以按印刷结果的质量要求和包装应用的特殊要求配制油墨，选择配方的自由度更大。

事实上，虽然各种包装应用的特点不同，对油墨必然提出不同的要求。然而，对油墨的要求再特殊，配制油墨的原材料总与传统油墨原材料相似，原因在于印刷品质量要求的相似性，而质量要求对油墨性能提出的要求也相似。由此可以认为，传统油墨使用的原材料大多符合阶调喷射特征，只要合理地配制，就可以满足客户的各种要求。联系到油墨的生产成本，既然阶调喷射油墨的原材料与传统油墨类似，则阶调喷射油墨的原材料不至于比传统印刷油墨原材料高出很多，完全有可能取得与传统油墨接近的成本点。

8.7.6 记录点的连续控制

阶调喷射的技术核心和相对于其他数字印刷方法的特点，依赖于阶调喷射头和阶调喷射油墨两样东西。阶调喷射头是一种带开口的结构，为油墨提供连续流动的条件。喷射动作的发生不同于喷墨印刷过程，油墨并非通过喷嘴向外喷射，而是来自于阶调喷射头的喷射器阵列。每一个喷射器定义良好控制的弯月面形状，通过应用点脉冲从开口中牵引出带电墨粉颗粒，高度集中的射流彼此排斥，脱离喷射器后继续前进，撞击到承印材料表面。

阶调喷射器的形状加工成弯月面响应时间很短的结构，更重要的是记录点的尺寸可以通过调制脉冲长度而连续地控制。根据使用经验，对于记录点尺寸的控制置于图像再现算法内，可以在任何类型的承印材料上形成高质量的数字印刷图像。典型地，阶调喷射头以24kHz的像素频率驱动，建立经过调制的记录点流，可以按每秒钟1m的速度复制出高质量的灰度图像，分辨率达到600dpi。图8-33所示为按上述速度连续控制灰度图像的特征。

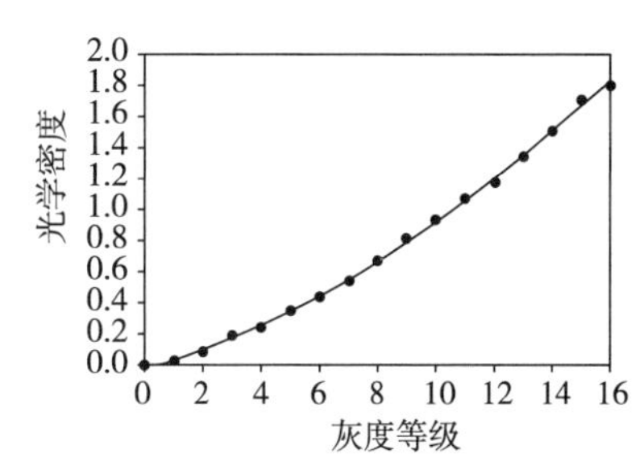

图8-33 灰度图像记录点的连续控制

图8-33中的曲线表明，阶调喷射按总共17个灰度等级调制记录点的密度，其中灰度等级0对应于纸张白色，意味着无须调制。由于悬浮液中的墨粉颗粒带电，因而记录点流的喷射行为服从静电喷射过程的本质，喷射结果具有高度的均匀性。若考虑到所有页面对象都由记录点构成，则记录点间距和线条也高度均匀。

8.7.7 阶调喷射应用例子

欧洲的Ball Packaging Europe公司成立于1880年，从事各种饮料的包装加工。阶调喷射印刷技术的开发者已经与该公司合作，制造成功第一台机器，可以生产高质量罐装饮料，进入Ball Packaging Europe公司的商业市场，这种包装印刷系统的核心是172mm宽的打印头，仅一个装置就覆盖罐头长度，在印刷白色背景的基础上“装饰”罐头。

由于阶调喷射包装印刷系统以数字方式工作，因而具备其他数字印刷技术那样的按需印刷和可变数据印刷能力，可以生产个性化的罐装饮料包装印刷品。根据Ball Packaging Europe发布的消息，阶调喷射印刷技术在德国纽伦堡的Brau贸易洽谈会上取得历史性进展，设备已经安装在德国的一家罐头工厂。

阶调喷射印刷设备的制造商正与大量的参与者展开合作，以确保这种技术的商业化进程和进一步的技术发展，满足包装领域的需求。阶调喷射技术拥有者不仅提供打印头，也通过合作伙伴提供支持技术和相关硬件，例如驱动电子器件、数据处理系统和液体油墨输送系统等。通过这种方式，可以在阶调喷射技术应用过程中引入数字印刷业已成熟的端对端生产和服务模式，使各方参与者应用该技术的门槛降低到合理程度。阶调喷射技术的合作者已经有三个，前面提到的Ball Packaging Europe公司是其中的例子，目前已开发成金属罐阶调喷射数字印刷机；其他两家合作伙伴都是油墨公司，包括Sun化学公司和INX公司，授权为阶调喷射应用者提供油墨。

阶调喷射印刷系统的可靠性是固有的，反映这种数字印刷技术的本质属性，成为推动金属罐数字印刷领域采纳阶调喷射的关键因素。阶调喷射各种优点或特征的组合是相应印刷系统可靠性的根源，提供为工业包装应用所要求的高可靠性，表现在：阶调喷射印刷的静电喷射机构、没有喷嘴和悬浮液油墨的流动性等。

目前已形成适合于包装应用的阶调喷射印刷系统，主要针对塑料薄膜、纸张和纸板包装印刷市场，包括卷筒纸和单张纸两种类型。

8.8 墨粉云束数字印刷

使用墨粉的印刷方法在非撞击印刷技术中占有很重要的地位，例子有静电照相数字印刷、离子成像数字印刷、磁成像数字印刷、直接成像数字印刷和墨粉喷射印刷等，这些方法通过控制手段使墨粉转移到纸张。本节介绍墨粉云束技术，通过在电极间施加电压限制墨粉云的范围；如果有抽取电场作用于墨粉云，则就能从墨粉云中抽取出墨粉束。

8.8.1 墨粉印刷技术回顾

对于墨粉材料的控制是某些非撞击印刷技术的要点，印刷过程的主要评价项目包括印刷质量、印刷速度和印刷机制的简单性。其中，印刷质量与墨粉材料吸附到纸张表面的位置精度控制有关，也取决于吸附墨粉材料数量的可控制性。

除静电照相数字印刷利用静电效应和墨粉外，也有称得上静电印刷的其他方法，例如电子成像印刷涉及静电效应，也要求使用墨粉。这种数字印刷方法需使用特殊的涂布纸，以多个刻针电极组成的阵列在涂布纸上形成静电潜像后显影。静电印刷方法相当简单，应用于早期传真机，也曾经用于宽幅彩色印刷。

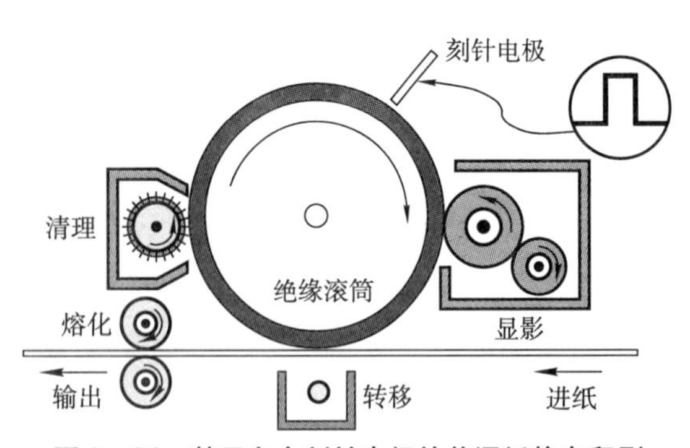

图8－34　基于多个刻针电极的普通纸静电印刷

静电印刷后来发展到普通纸印刷，基本工作原理如图8－34所示，这种数字印刷机制可以在绝缘材料制成的滚筒上组成静电潜像，为此需要使用多个刻针电极。

刻针电极形成的静电潜像利用墨粉显影，得到的墨粉图像转移到纸张，再通过加热滚筒的处理熔化和定影。这种静电印刷没有必要使用光导体，只需一个步骤就形成静电潜像。类似的静电印刷在前面讨论过，即离子成像印刷，以离子控制法代替刻针电极。

虽然静电照相的印刷机制相对复杂，但印刷质量和印刷速度很优异，因而静电照相有条件成为广泛使用的主要非撞击印刷技术之一。目前，在实现新的印刷机制上已付出了巨大的努力，墨粉喷射是一种重要的尝试，该方法有选择地将墨粉传送到纸张，比静电照相数字印刷的印刷机制更简单。如果新的数字印刷技术具备更简单的印刷机制、更高的印刷质量以及更好的稳定性和可维修性，那么付出极大的努力实现这种技术一定很有意义。

8.8.2 记录点成形机制

假定使用的墨粉有导电能力，电极间作用的电压超过了某一特定的数值，则导电墨粉将在电极间上、下运动。理解上述现象并不困难：由于作用到电极对上的电压超过了某一特定的数值，因而形成的电场满足产生墨粉云的条件；当墨粉处于这对电极之间时，处于电场作用下的墨粉通过该电极对充电，使墨粉颗粒转换到带电状态；墨粉之所以能够被充电并带电，是由于电场力对墨粉做功的结果；墨粉带电后继续受电场力作用，力的大小等于墨粉带电量与电场强度的乘积。根据 Y. Hoshino 等人的研究结果，如果电极对中有一个电极呈现内（下）凹的形状，则可以使导电的墨粉颗粒限制在这对电极之间。

限制墨粉运动范围的实现方法仍然离不开电场，要求电场作用沿包含内（下）凹电极的电极对朝着中心轴方向。图 8－35 给出了电场分析的例子之一，从该图可以看到等电位线在内凹的斜面区域部分发生变形，电力线也在相同位置倾斜。当墨粉按图 8－35 向上的方向运动时，朝向电极中心轴的电场力对于向上运动墨粉颗粒的作用（做功）效率要大于向下运动的墨粉颗粒，这种电场力的做功差异源于墨粉运动的速度差。

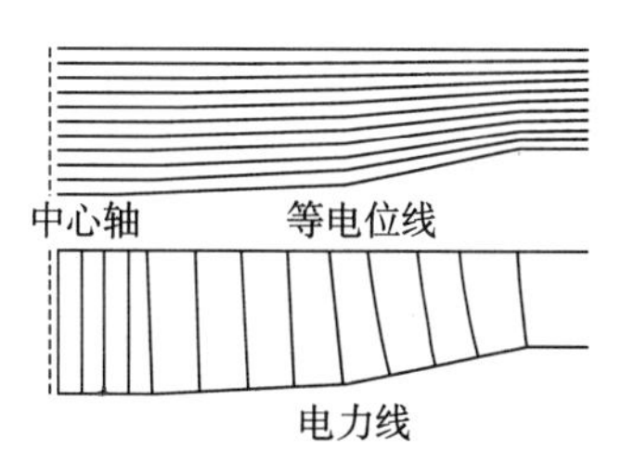

图 8－35 电场分析结果

根据平面（抽拉）电极与下凹电极的几何配置特点，带有负电荷的墨粉向上运动；当加到顶部（上）控制电极的电压高于加到底部（下）控制电极的电压时，向上运动的墨粉能够通过下控制电极小孔；但如果作用于上控制电极的电压低于下控制电极，则墨粉不能通过下控制电极，原因在于下控制电极小孔内的电场方向被阻塞了。

8.8.3 带电墨粉行为的约束

前面已经说明，墨粉云束技术以导电的墨粉颗粒印刷，在绝缘介质上显影成墨粉图像后再做其他必要的处理。根据静电学知识，导电的颗粒置于加有电压的电极间时将来回地跳跃，带电墨粉颗粒同样如此。通过研究发现，导电墨粉颗粒遇到凹形电极对组合（两个电极中有一个电极的中心部位下凹）附近时，其行为特征将限制为云状墨粉束，由电场形成的对带电墨粉颗粒的约束可以用图 8－36 说明。

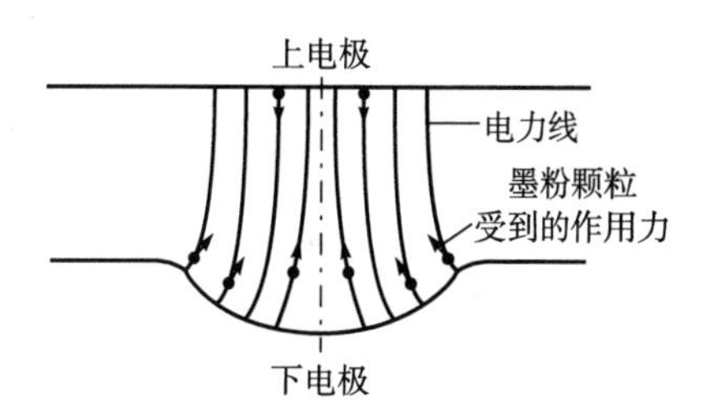

图 8－36 凹状电极约束带电墨粉行为

根据图 8－36 所示的约束机制，比较容易接受的看法是集合成云状的墨粉颗粒通过控制作用于电极的电压从电极间抽取出来并转移到纸张，由此可发展成独特的墨粉型数字印刷方法。建议的印刷机制称为墨粉云束数字印刷，工作原理如图8－37所示。

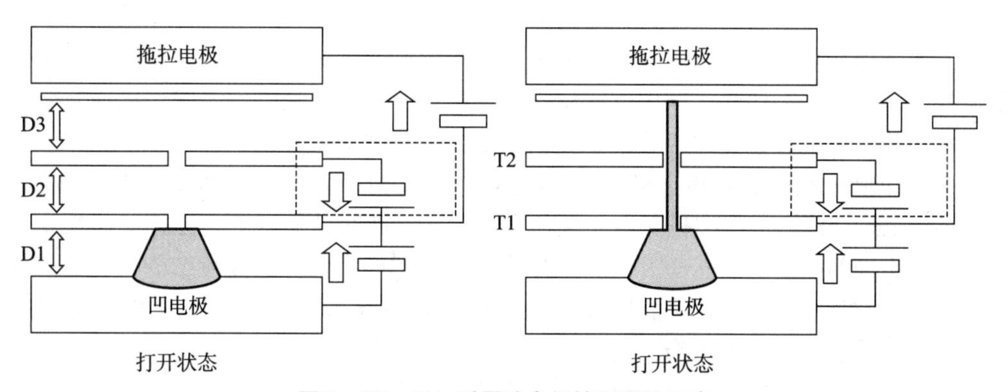

图 8－37 以一对圆孔电极控制墨粉云束

8.9 铁电印刷

铁电体与铁磁体是两种不同的物质，它们都有永久记忆能力。既然铁磁体可应用于数字印刷，为何铁电体不可以？本着这种想法，德国凯姆尼兹大学印刷和媒体技术学院提出铁电体印刷的建议，也开展了有益的尝试，这种技术的未来需要验证和更多的实践。

8.9.1 铁电性和铁电体

介质材料铁电性研究的起源不是出于物理学家，而是一位药剂师。1655 年，法国罗息的药剂师赛格涅特最早制成了酒石酸钾钠（$NaKC_2H_4O_6 \cdot 4H_2O$）晶体，这种晶体后来被称为罗息盐。1920 年，凡拉塞克发现罗息盐晶体在外电场作用下的极化强度曲线具有类似于磁滞回线的形状（如图 8－38 所示），表现出特殊的非线性介电行为，人们将罗息盐的这种非线性的介电行为称为赛格涅特电性。

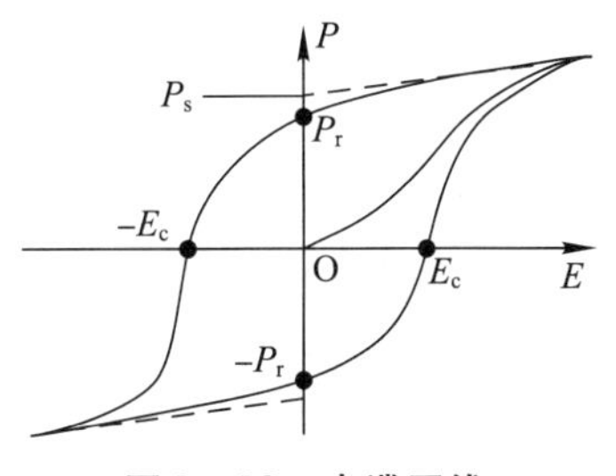

图 8－38　电滞回线

由于凡拉塞克发现罗息盐晶体的非线性介电行为前，人们已经对铁磁体的磁滞回线已相当了解，而图 8－38 所示的迟滞回线形状（电场强度与极化强度关系）与铁磁体的磁滞回线形状（磁场强度与磁化强度关系）又十分相似，因而称这种曲线为电滞回线，并与铁磁体产生的磁滞回线现象（铁磁性）类比，将赛格涅特电性称为铁电性，具有铁电性的物质称为铁电体（Ferroelectrics）。铁电体的得名并非因为材料的晶体中含有铁，而是从铁磁体类比而产生，既然具有磁滞回线的材料称为铁磁体（含铁），那么呈现电滞回线现象的材料即使没有铁也就命名为铁电体了。

早期，人们曾经认为判断电介质铁电性的依据是材料在电场作用下是否出现电滞回线现象，但不幸的是这种依据没有唯一性。例如，电容器中的电介质具有非线性电阻变化特点，如果用通常观察电滞回线的方法也可能发现回线现象，可见测量方法本身并不能判断回线是电介质的铁电性引起还是源于其他因素。此外，某些具备铁电性的材料因为电阻率太低，以至于无法加上足够的电场强度来观察到电滞回线现象。因此，只能认为出现电滞回线现象是铁电体的重要特征之一，观察到电滞回线只是发现材料铁电性的第一步。

8.9.2 铁电印刷概述

铁电印刷属于电子成像（Electrography）印刷技术的范畴，主要的成像部件和图像载体是铁电陶瓷材料，可通过外部电场极化而产生成像信息。成像过程导致的结果由材料极性状态的局部差异定义，对应于铁电陶瓷的表面静电位；这种静电位的差异形成静电图像，此后可利用墨粉转移到纸张，如同其他电子成像或静电照相印刷那样。铁电印刷与其他电子成像和静电照相印刷的主要区别表现在墨粉转移后电荷图像仍然保留，这正是进一步研究铁电印刷的兴趣所在。铁电体成像结果是永久性的，但又可以擦除，因而具备计算机到滚筒的技术特征，例如凹印滚筒和套筒性柔性版印刷使用的印版。

适合于印刷的铁电材料以 PZT 一类的陶瓷最为典型，英文缩写 PZT 指 $PbZrO_3$ 和 Pb-TiO_3 的混合晶体结构。在这种材料中，两种稳定极化状态间的能带隙由晶体结构决定，但可以借助于添加剂改善。目前已开发出几种技术，用于形成合理的颗粒结构、厚度和同质（均匀）性的 PZT 层，其中包括厚膜和薄膜两种技术。对印刷系统使用的 PZT 层来说，要求能涂布到滚筒表面，例如涂布到钢材或氧化铝制成的滚筒。

尽管极化成像显得特殊，但可以通过电荷转移到铁电体表面的方法实现，成像过程达到矫顽磁场区域时结束，这是一种利用离子打印头的非接触成像技术，其中离子打印头用于控制局部放电。进一步的电荷转移不会改变材料的极化状态，但自由电荷将被约束在铁电材料表面，失去其自由运动能力，因而成像结果是稳定的。

对于以墨粉为信息转移载体的印刷工艺而言，主要参数是材料表面附近的电场，由局部矫顽极化分布导致的成像结果属于近表面电场之一，可以利用静电电压计测量铁电体的表面电压。人们对这种测量方法并不陌生，比如在研究静电照相印刷的光导体时使用。

铁电印刷目前处于实验阶段，倾向于采用液体墨粉，一种基于异链烷烃的碳氢化合物为载体（液体）的特殊油墨。这类墨粉有诸多的优点，未来的应用范围会相当宽。

8.9.3 印刷单元

铁电印刷样机应用特殊的设计手段，可以灵活地配置，所有印刷工艺必须的零部件也能灵活地控制。这种数字印刷样机基本上是一台小型的卷筒纸数字印刷机，专为铁电印刷研究和技术开发设计和制造，这种印刷系统的结构简图可参阅图 8－39。

印刷滚筒的直径 220mm，表面涂布厚度大约为 100μm 的 PZT 层。铁电体材料的典型颗粒尺寸在 3～5μm 之间，绝缘常数平均值 800 左右，范围从 650～980。

作为复制工艺的第一步，铁电体滚筒通过对充电滚筒（导电橡胶）表面施加＋480V 电压的方法进行极化处理，使滚筒达到均匀极化状态，并利用酒精去除铁电体滚筒表面残留的自由电荷。此后，铁电体滚筒以 300dpi 分辨率的离子谱打印头成像，使负电荷（主要为电子）沉积到成像滚筒表面，导致局部极化电场超过原先定义的表面电压。两者的电压差可以用静电电位计测量，数据可以在成像和印刷期间以在线的方式记录。

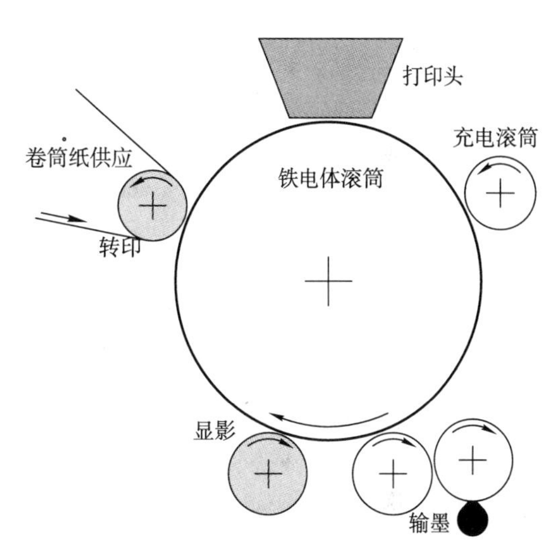

图 8－39 铁电印刷系统简图

转印用液体墨粉配置成含大约 1% 体积百分比的固体成分，液体采用含 95% 以上异构烷成分的合成异构烷油；墨粉颗粒带正电荷，因而凡铁电体滚筒表面通过打印头沉积负电荷的区域将覆盖带正电荷的墨粉颗粒。为了提高图像显影速度，有必要采取对接地极施加＋200V 电压的措施，接地极在铁电体陶瓷层下面，导致非图像区域形成的表面电压对墨粉颗粒起排斥作用。成像系统还包含附加显影滚筒，用于去除因黏结效应残留的墨粉颗粒。

显影图像从铁电体滚筒转移到纸张需要外部电场的作用，为此对转印滚筒施加 2.3kV 的电压，也正是转印滚筒与铁电体滚筒构成了复制工艺必须的转印间隙。转印滚筒由导电的橡胶材料制成，表面涂布绝缘覆盖层，以 $80g/m^2$ 的非涂布纸印刷。

印刷速度限制于每秒钟 0.2m，但原则上可达到更高的速度，至少每秒钟 2m。限制样机印刷速度的主要原因是墨粉转移系统沿卷筒宽度方向颗粒的均匀分布特性，既非墨粉系统和铁电体滚筒构成的显影间隙，也非从铁电体滚筒到纸张的转印过程。

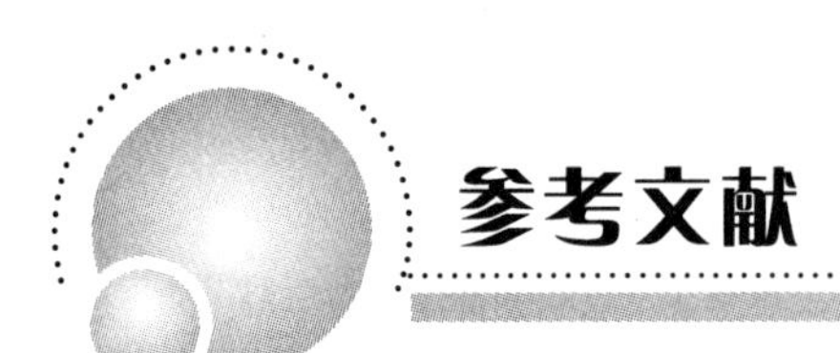

参考文献

[1] Noboru Ohta and Mitchell Rosen, Color Desktop Printer Technology, Taylor & Francis Group, 2006.

[2] Helmut Kipphan, Handbook of Print Media, Springer, 2001.

[3] J. L. Zable and H. -C. Lee, An overview of impact printing, IBM Journal of Research & Development, Vol. 41 No. 6, November 1997.

[4] Typewriter, http://en. wikipedia. org/wiki/Electric_typewriter.

[5] Dot Matrix Printers Technology, http://mimech. com/printers/.

[6] Line Printer, http://encyclopedia. thefreedictionary. com/band + printer.

[7] Dot Matrix Printer, http://www. crn. com/encyclopedia/dotmatrixprinter.

[8] Drum Printer, http://www. crn. com/encyclopedia/drumprinter.

[9] Band Printer, http://www. crn. com/encyclopedia/bandprinter.

[10] Daisy Wheel, http://www. crn. com/encyclopedia/daisywheel.

[11] Chain Printer, http://www. crn. com/encyclopedia/chainprinter.

[12] James R. Williams, Thermal Printing for the 21st Century, NIP25 and Digital Fabrication 2009, Technical Program and Proceedings.

[13] Hidekazu Akamatsu, Naoto Matsukubo and etl, Maximum Performance of Thermal Printhead, NIP23 and Digital Fabrication 2007, Technical Program and Proceedings.

[14] Hidekazu Akamatsu, Naoto Matsukubo, Daisaku Katoh, Takashi Aso and Akihiro Fukami, Development of High Speed Real Edge Printhead for Card Printer, NIP24 and Digital Fabrication 2008, Technical Program and Proceedings.

[15] Yoshinori Muya, Masato Ooba and Tadahiro Fukazawa, Technological direction for Thermal Print Head, IS&T's NIP 22: 2006 International Conference on Digital Printing Technologies.

[16] Itaru Fukushima, New Intelligent Thermal Printing Technology, NIP22 International Conference on Digital Printing Technologies.

[17] Hisashi Hoshino and Hirotoshi Terao, Thermal analysis technology of full color thermal printing, NIP 23 and Digital Fabrication 2007, Technical Program and Proceedings.

[18] Tadashi Yamamoto, Tadayoshi Sato and Masatoshi Nakanishi, Optimization of Thermal Printhead for expanding application, NIP 23 and Digital Fabrication 2007, Technical Program and Proceedings.

[19] Peter Barnwell, Thick Film Thermal Print Heads, Electrocomponent Science and Technology 1980, Vol. 6.

[20] Kazuyoshi Sakamoto, Hidekazu Akamatsu, Yoshihiro Niwa and Kouji Ochi, Development of High Efficiency Thermal Printhead, NIP26 and Digital Fabrication 2010, Technical Program and Proceedings.

[21] Hirotoshi Terao, Noboru Tsushima, Takashi Shirakawa and Ikuo Hibino, Study of a Thin Film Thermal Print Head, for High Definition Color Imaging Use, IS&T's NIP 15: 1998 International Conference on Digital Printing Technologies.

[22] Hideo Taniguchi, Ellery W. Potash and Jiro Oi, Segmented Multi-Digit Thermal Printhead, NIP25 and Digital Fabrication 2009, Technical Program and Proceedings.

[23] Ultra Compact Thermal Printers, Fujitsu Components America, Inc., 2001.

[24] Youichi Moto, Hidekazu Akamatsu and etl, Development of Ultra High Density Thermal Printhead, NIP25 and Digital Fabrication 2009, Technical Program and Proceedings.

[25] Hirotoshi Terao, Toshifumi Nakatani, Noboru Tsushima and Ikuo Hibino, Study of 1200dpi High Resolution Thermal Print Head, IS&T′s NIP 17: 2000 International Coference on Digital Printing Technologies.

[26] Hidekazu Akamatsu and Yoshiaki Kutsuzawa, Development of True Edge H Series Printhead, IS&T's NIP20: 2004 International Conference on Digital Printing Technologies.

[27] Direct Thermal vs. Thermal Transfer Label Printers, http: //www. rightertrack. com/.

[28] Hldeo Taniguchi, Shlgemasa Sunada and Jiro Oi, Development of New Multi-Purpose Heating Head, IS&T′s NIP26 and Digital Fabrication 2010, Technical Program and Proceedings.

[29] Kyoji Tsutsui, Rewritable Printing System Using Leuco Dyes, IS&T′s NIP20: 2004 International Conference on Digital Printing Technologies.

[30] Jiro Oi and Hideo Taniguchi, New Erase Head for Thermal Rewritable Media, NIP22 international Conference on Digital Printing Technologies Final Program and Proceedings.

[31] Eiichi Sakai, Junichi Yoneda and Akira Igarashi, Image Stability of TA Pap, IS&T′s NIP 15: 1999 International Conference on Digital Printing Technologies.

[32] Thermochromism, http: en. wikipedia. org/wiki/.

[33] Ludwik Buczynski and Eryk Klucinski, Analyze of Image Quality Parameters on Thermal Paper as Proposal to Extension Standard ISO/IEC 13660, IS&T′s NIP20: 2004 International Conference on Digital Printing Technologies.

[34] Fariza B. Hasan, Application of Thermal Printing Technology for Security Printing, NIP23 and Digital Fabrication 2007, Final Program and Proceedings.

[35] Jiro Oi and Hideo Taniguchi, New Erase Head for RFID Thermal Rewritable Media, NIP 23 and Digital Fabrication 2007, Final Program and Proceedings.

[36] Takako Segawa and Yoshiyuki Takahashi, Quasi-Fixable Super Heat Resistant Direct Thermal Paper, IS&T′s NIP 15: 1999 International Conference on Digital Printing Technologies.

[37] Nobuyoshi Taguchi, Yukikazu Oochi, Kumio Nago, Yukihiro Shimazaki and Shigeru Yoshida, New Thermal Offset Printing Employing Dye Transfer Technology (Tandem TOP-D), IS&T' s NIP17: 2001 International Conference on Digital Printing Technologies.

[38] Katsuyuki Oshima, New Thermal Dye Transfer Recording Method by Using an Intermediate Transfer Recording Medium, IS&T′s NIP 14: 1997 International Conference on Digital Printing Technologies.

[39] Jacob J. Hastreiter Jr. and William H . Simpson, Matte Finish on Thermal Prints, IS&T′s NIP20: 2004 International Conference on Digital Printing Technologies.

[40] Gerard Baudin and Guy Dizambourg, Digital Proof Systems: Are Sublimation Devices Compatible With ISO 12647 – 2 Standard? IS&T′s NIP 15: 1998 International Conference on Digital Printing Technologies.

[41] Richard A Hann and Andrew A Clifton, Photo Printing by Dye Thermal and Inkjet Techniques – Status and Prospects, NIP17: International Conference on Digital Printing Technologies.

[42] Haruo Yamashita, Takeshi Ito and Toshiharu Kurosawa, Stable Reproduction of Highlight Density for Dye Sublimation Printers, Journal of Imaging Science and Technology, 50 (2), 2006.

[43] Po-Jen Shih, Narasimharao Dontula and Teh-Ming Kung, The Role of a Thermal Dye Receiver in Thermal Dye Transfer Printing – A Modeling Approach, NIP24 and Digital Fabrication 2008 Final Program and Proceedings.

[44] Daisuke Fukui, Slipping Stability Improvement in Thermal Dye Transfer Printing System, NIP24 and Digital Fabrication 2008 Final Program and Proceedings.

[45] Fargo Electronics, Inc. , A Comparison of Reverse Image Dye-Sublimation Printing and Resin Printing Technologies, September 30, 2003.

[46] M. Kinoshita, K. Hoshino and T. Kitamura, Mechanism of Dye Thermal Transfer from Ink Donor Layer to

Receiving Sheet by Laser Heating, Journal of Imaging Science And Technology, Volume 44, Number 2, March/April 2000.

[47] Tatsuhiko Asada, Hiroshi Kobayashi and Hirotoshi Terao, Study of a D2T2 Printing for High-Speed Print, IS&T's NIP20: 2004 International Conference on Digital Printing Technologies.

[48] Richard P. Henzel, D2T2 Printing after Two Decades, IS&Ts NIP 22: 2006 International Conference on Digital Printing Technologies.

[49] Thermal Transfer Printer, http: en. wikipedia. org/.

[50] Tom Rogers, Kevin Conwell and Kathy McCready, Cohesive Ink Failure in Thermal Transfer Printing, IS&T's NIP17: 2001 International Conference on Digital Printing Technologies.

[51] T. C. Chieu and O. Sahni, Ink Temperatures in Resistive Ribbon Thermal Transfer Printing, IBM Journal of Research and Development, Vol. 29 No. 5 September 1985.

[52] Ribbon Selection Guide, http: // www. intellitech-intl. com.

[53] Keith S. Pennington and Walter Crooks, Resistive Ribbon Thermal Transfer Printing: A Historical Review and Introduction to a New Printing Technology, IBM. I. Res. Develop. Vol. 29 No. 5, September 1985.

[54] D. J. Sanders, Heat Conduction in Thermal Transfer Printing, Can. J. Chem. 63, 184 (1985).

[55] John C. Briggs, Application Note: Thermal Transfer Ribbon Print Quality Analysis, Quality Engineering Associates (QEA), Inc.

[56] Hideo Taniguchi, Shigemasa Sunada and Jiro Oi, Novel Approach to Thermal Transfer Ribbon Residual Security Problem, NIP 27 and Digital Fabrication 2011 Technical Program and Proceedings.

[57] Daniel J Harrison and Pam Geddes, New Developments in Thermal Transfer Imaging, IS&T's NIP 17: 2000 International Conference on Digital Printing Technologies.

[58] Thermal Transfer, THEBIGPICTURE, January/February, 2002.

[59] Masafumi Hayashi and Kazuya Yoshida, Recent Developments in Thermal Dye Transfer Prints, IS&T's NIP 22: 2006 International Conference on Digital Printing Technologies.

[60] T. G. Twardeck, Characterization of a Resistive Ribbon Thermal Transfer Printing Process, IBM J. Res. Develop. Vol. 29, No. 5, September 1985.

[61] Nathan M Moroney and J A Stephen Viggiano, Color Imaging Using Variable Dot Thermal Wax Transfer, Proceedings of the IST/SID 1994 Color Imaging Conference.

[62] T. Ohno, M. Mizuguchi, Y. Yamaguchi, T. Inoue, T. Ohzeki and M. Nagashima, High-Speed Thermal Ink-Transfer Recording and its Application, Journal of Applied Photographic Engineering, Volume 7, Number 6, December 1981.

[63] Norio Kokaji, Naoyuki Fujiya and Taku Ono, Study on Magnetic Force Acting on the Magnetic Toner in the High Pixel Density Magnetic Printer With Longitudinal Recording, IS&T's NIP17: 2001 International Conference on Digital Printing Technologies.

[64] Norio Kokaji, Analysis of the Magnetic Force Acting on Magnetic Toner in Magnetography with Longitudinal Recording, IS&T's NIP 14: 1998 International Conference on Digital Printing Technologies.

[65] Jean-Jacques P. Eltgen, Mechanistic Statistical Study of the Speed Dependence of Magnetic Background, IS&T's NIP 15: 1999 International Conference on Digital Printing Technologies.

[66] David Dunn, Magnetographic Solution for High - Speed Non - impact Printing Applications, SPIE Vol. 1252 Hard Copy and Printing Technologies, 1990.

[67] Jean-Jacques P. Eltgen, Bull Périphériques, Advances of Magnetography in Very High Speed Electronic Printing, SPIE Vol. 1252 Hard Copy and Printing Technologies, 1990.

[68] Norio Kokaji, Analysis of the Magnetic Force Acting on the Magnetic Toners from the Adjoining Magnetic Transition Regions in Magnetography, IS&T's NIP 15: 1999 International Conference on Digital Printing

Technologies.

[69] Norio Kokaji, Experimental Study on the Magnetic Force Acting on the Toner Using an Enlarged Model in Magnetography, IS&T 's NIP20: 20041nternational Confere nce 0 11 Digital Printing Technologies.

[70] Norio Kokaji, Analysis of the Magnetic Force Acting on the Toner in the Black Image Area and White Image Area in Longitudinal Recording Magnetography, IS&T's NIP22: 2006 International Conference on Digital Printing Technologies.

[71] Leoni Napoleon J. , Birecki Henryk, Gila Omer, Lee Michael H. and Hanson, Eric G. , Small Dot Ion Print-Head, NIP 27 and Digital Fabrication 2011, Technical Program and Proceedings.

[72] N. K. Sheridon, Practical Air-assisted Ionographic Printing, SPIE Vol. 1252 Hard Copy and Printing Technologies (1990) .

[73] Napoleon Leoni, Henryk Birecki, Omer Gila, Michael Lee, Eric Hanson and Richard Fotland, Small Dot Printing with Ion Head, 2012 Hewlett-Packard Development Company, L . P.

[74] Thomas D. Keelman, Ion Pin—Array Printing, SPIE Vol. 1252 Hard Copy and Printing Technologies (1990) .

[75] Igor Kubelik, Charge Emission Stability of lonographic Print Heads, SPIE Vol. 1252 Hard Copy and Printing Technologies (1990) .

[76] Richard A. Fotland, Ion Printing: Past, Present, and Future, SPIE Vol. 1252 Hard Copy and Printing Technologies (1990) .

[77] Jun-Chieh Wang and Mark J. Kushner, Numerical Simulations of Dielectric Barrier Discharges in a High Resolution Ion Print Head, NIP 27 and Digital Fabrication 2011, Technical Program and Proceedings.

[78] Igor Kubelik, Limiting Factors of High Resolution and Gray Scale lonographic Printing, SPIE Vol. 1252 Hard Copy and Printing Technologies (1990) .

[79] Koji Masuda, Aperture Alignment Effect on Ionography Head, SPIE Vol. 1252 Hard Copy and Printing Technologies (1990) .

[80] Kosar Award Paper, Findings from 15 Years of TonerJet Research, IS&T's NIP 17: 2001 International Conference on Digital Printing Technologies.

[81] Hans Peter Starck-Johnson and Anders Berg-Palmqvist, Uniformity in Solid Areas with the TonerJet Printing Technology, IS&T's NIP 15: 1999 International Conference on Digital Printing Technologies.

[82] G. Desie, J. Leonard, H. Vanden Wyngaert, M. De Kegelaer, L . Deprez and L . Joly, Industrial Digital Printing using EleJet Technology, IS&T's NIP 17: 1999 International Conference on Digital Printing Technologies.

[83] Jochem Brok, Simulation of Prints Made with Océ's 7 Color Direct Imaging Printing Technology, IS&T's NIP 22: 2006 International Conference on Digital Printing Technologies.

[84] Marcel Slot and René van der Meer, Smart Printhead Electronics controls Print Quality in Océ's Direct Imaging Process, IS&T's NIP 17: 2000 International Conference on Digital Printing Technologies.

[85] Susann Reuter, Arved C. Hübler, Sigrid Franke, Klaus Wolf and Michael Schönert, Ferroelectric Printing: Electrical Surface Conditions and Print Quality, IS&T's NIP 17: 2001 International Conference on Digital Printing Technologies.

[86] Daniel Mace, Tonejet: A Multitude of Digital Printing Solutions, NIP26 and Digital Fabrication 2010 Final Program and Proceedings.

[87] Y. Hoshino and H. Hirayama, Dot Formation by Toner Beam from Toner Cloud, IS&T's NIP 15: 1999 International Conference on Digital Printing Technologies.

[88] Guy Newcombe, Tonejet: Delivering Digital Printing to the Mass Market, NIP24 and Digital Fabrication 2008 Final Program and Proceedings.

[89] R. Sprague, B. Hadimioglu and etl, Acoustic Ink Printing: Photographic Quality Printing At High Speed, IS&T's NIP 17: 2001 International Conference on Digital Printing Technologies.

[90] Yasushi Hoshino, Kai Li, Disna J. Karunanayake and Takeshi Hasegawa, Toner Printing Technology, NIP25 and Digital Fabrication 2009 Final Program and Proceedings.

[91] Gerhard Bartscher and Domingo Rohde, Contact Electrography - A New Electrographic Printing Technology, IS&T's NIP 17: 2000 International Conference on Digital Printing Technologies.

[92] S. Elrod, S. Buhler and etl, Acoustic Ink Printing with Solid Ink, IS&T's NIP 17: 2001 International Conference on Digital Printing Technologies.

[93] Guy Newcombe, Tonejet: Delivering a Complete Solution for Packaging, NIP25 and Digital Fabrication 2009 Final Program and Proceedings.

[94] 姚海根. 数字印刷. 北京: 轻工业出版社, 2009.

[95] 姚海根. 成像技术. 上海: 上海科技出版社, 2004.